U0882990

《国家环境保护“十二五”规划》前期研究对外委托课题成果摘要

环境保护部规划财务司
环境保护部环境规划院 编著

中国环境科学出版社·北京

图书在版编目（CIP）数据

《国家环境保护“十二五”规划》前期研究对外委托课题成果摘要/环境保护部规划财务司，环境保护部环境规划院编著. —北京：中国环境科学出版社，2012.5

ISBN 978-7-5111-0994-1

Ⅰ. ①国… Ⅱ. ①环… ②环… Ⅲ. ①环境保护规划—研究成果—汇编—中国—2011～2015 Ⅳ. ①X322

中国版本图书馆 CIP 数据核字（2012）第 075882 号

责任编辑 张维平
文字编辑 宋慧敏
封面设计 玄石至上

出版发行 中国环境科学出版社
（100062 北京市东城区广渠门内大街 16 号）
网 址：http://www.cesp.com.cn
电子邮箱：bjgl@cesp.com.cn
联系电话：010-67112765（编辑管理部）
发行热线：010-67125803，010-67113405（传真）
印装质量热线：010-67113404

印 刷 北京市联华印刷厂
经 销 各地新华书店
版 次 2012 年 12 月第 1 版
印 次 2012 年 12 月第 1 次印刷
开 本 787×1092 1/16
印 张 27.75
字 数 600 千字
定 价 90.00 元

【版权所有。未经许可，请勿翻印、转载，违者必究】

前　言

规划是政府履行宏观调控、经济调节和公共服务职责的重要依据。编制和实施规划对实现国家战略目标，弥补市场缺陷，有效配置公共资源，促进经济社会发展具有十分重要的意义和作用。环境保护规划作为国家规划体系的重要组成部分，是国家经济社会发展总体战略和宏观布局在环境保护领域的深化、细化和落实，更是环保部门在宏观经济政策制定、转变经济发展方式、调整结构优化布局等方面发挥重要作用的基本途径和关键所在，对有效配置公共资源、履行公共服务职责、实现环保任务目标具有重要意义。

“十一五”以来，我国经济处于持续快速的发展中，环境保护也呈现出前所未有的良好发展态势。党中央、国务院把环境保护摆上了更加重要的位置，提出了建设生态文明和建设资源节约型、环境友好型社会的战略任务；环境优化经济发展的作用逐步显现，环境保护在经济社会全面协调可持续发展中的作用显著增强；把主要污染物减排作为经济社会发展的约束性指标，污染防治和主要污染物减排取得明显成效。《国家环境保护“十一五”规划》确定的各项环保目标任务全面完成，这些成绩的取得，科学编制和实施规划发挥了重要作用，也为我国环境保护站在新的起点上争取更大的发展奠定了坚实基础。

“十二五”时期是我国全面建设小康社会的关键时期，也是环境保护工作重大的战略机遇期，编制出台一份更加适应形势发展需要、工作实际要求、全体环保工作人心声的环保规划，首先就要从理论上弄清新时期环境保护的特点和规律，确立新时期加强环境保护的新思路，拿出好的措施和办法，才能保证环保工作的正确方向，增强工作的预见性、科学性和有效性，从而提高环保工作水平，这是一个重大课题和严峻考验，规划前期重大问题研究是规划编制系统工程的重要组成部分，是解决这些问题的必由之路和关键选择。

2009 年 4 月 27 日，环境保护部召开全国环保系统规划财务工作会议，认真总结全国环保规划财务工作，科学评估“十一五”环保规划实施情况，研究部署了“十二五”环保规划编制的前期工作，要求以科学发展观指导规划的前期研究，充分发扬民主决策精神，编制一个紧扣时代脉搏、顺应群众期待、突出环保重点工作和充满创新精神的规划，正式拉开了规划前期研究工作的大幕。

在历时近三年的前期研究过程中，环境保护部规划财务司、环境规划院成立了专门的工作机构，建立了月调度、季分析等一系列工作机制，锚定规划需要解决的“十二五”期间的环境保护工作思路、工作重点及政策措施等重大问题，遵照“开门编规划”的原则，采取内部深入研究和外部发散研究相衔接、国家层面研究与地方实践总结相补充、平行研究与纵深滚动研究相结合的方式，联合各领域各方面的研究单位，针对“十二五”期间环境保护重点、难点和热点问题，精心设计了“国家环境保护‘十二五’规划前期研究”的55项对外委托课题，向社会公开选聘了中国科学院、国务院发展研究中心、北京大学、清华大学、国家发改委宏观经济研究院等70家单位承担研究任务。对外委托课题涵盖规划理念、规划目标、现状评估、污染防控重点、污染物减排战略、环保政策、投入保障、地方案例分析等八个方面，最终形成了500万字的研究成果，这是规划编制和项目管理工作的有益探索，提升了“十二五”环保规划编制工作的影响力和公信力。

泰山不让土壤，故能成其大；河海不择细流，故能就其深。“十二五”环保规划编制凝聚社会各界的努力和全系统的共识，全面而发散的前期研究取得的丰硕成果，为规划编制出台奠定了坚实基础，这是近千名专家和学者共同努力的智慧结晶。本书将“十二五”环保规划前期研究对外委托课题成果摘要结集成册，分为国家规划编制、重点要素、重点领域、政策与试点、技术方法与其他六部分，供环境保护工作管理者、实践者和研究人员参考、借鉴。还需要说明的是，规划前期研究初衷是“听百家之言，纳百家之策”，研究方法、思路和结果是课题承担单位的一家之言，有关规划的目标指标、主要任务和重点领域等内容以《规划》为准。

由于前期研究对外委托课题的研究领域点多面广，加之编者水平有限，难免有疏漏或错误之处，敬请广大读者和同行专家批评指正。

编　者

2012年秋　北京

目 录

第一部分 国家规划编制

国家"十二五"环保规划思路与政策创新研究 3
国家"十二五"环保规划理念创新研究 8
环保规划与国民经济和社会发展规划思路衔接研究 13
主体功能区规划与环保规划衔接研究 20
我国环境规划编制创新研究 24
我国环境规划体系创新研究 29
基于2020年全面小康目标的"十二五"环境要求研究 35
2020年全面小康目标与"十二五"环保规划衔接研究 41
"十二五"生态文明建设指标体系研究 45
"十二五"环境保护重点领域及其路线图研究 55
"十二五"环境保护重点领域公众调研报告 61
排放总量控制完善优化及其配套政策研究 66
重点流域水环境管理思路设计研究 71
区域分类指导的环境保护规划任务与对策措施 77
"十一五"环保十大工程评估与"十二五"环保工程设计 85
环境质量考核体系设计及其推进措施 89

第二部分 重点要素

国家水环境质量目标可达性分析研究 97
基于水环境质量改善的总量控制目标研究 102
近岸海域水污染防治规划前期研究 107
珠江口海域水污染防治规划前期研究 114
大气环境质量与监测现状评估研究 119
大气污染防治规划框架设计与规划指标体系研究 126
区域大气污染联防联治与空气质量管理机制研究 132
氮氧化物污染防治思路与总量控制方法研究 140
颗粒物污染防治思路与控制对策研究 146
挥发性有机物控制对策与策略研究 155

有毒有害废气控制思路与对策研究 166
工业锅炉主要大气污染物控制技术路线研究 172
“十二五”土壤污染防治重点与对策研究 178
污染场地土壤环境管理与修复对策 183
“十二五”农村环境保护目标指标研究 190
农村环境综合整治绩效评估及“十二五”建议 195
“十二五”生态保护目标指标体系研究 200

第三部分 重点领域

“十二五”生活垃圾和危险废物防治重点研究 207
“十二五”工业固废防治重点研究 212
“十二五”医疗废物污染防治重点研究 216
“十二五”城市污泥污染防治重点研究 221
循环经济与“十二五”环境保护规划研究 227
“十二五”期间危险化学品风险防控重点研究 234
“十二五”期间国际公约履约基本思路研究 239
“十二五”期间国际公约履约工作重点研究 243
基于风险防范的环境监管体系构建研究 249
环境风险防范制度与对策措施研究 256
污染物产生量评价与控制政策制度措施研究 261
环境保护产业需求与支撑研究 266

第四部分 政策与试点

公共服务均等化研究及其对环保政策借鉴 273
化工行业环保政策研究 278
钢铁行业环保政策研究 284
“十二五”时期环保投入研究 289
“十二五”环保公共财政政策研究 294
区域和跨界水环境保护协调管理制度与政策研究 299
环境保护规划实施和考核机制研究 304
非环保系统资金投入、项目运作经验与借鉴 308
焦化行业结构减排潜力与实现途径研究 313
宁夏环境监测能力建设重点领域方案案例研究 319
宁夏饮用水源保护管理体系试点研究 325
四川饮用水源保护管理体系试点研究 329
江苏省主要大气污染物排放总量控制目标确定与分配方法研究 335
山西省主要大气污染物排放总量控制目标确定与分配方法研究 343

第五部分　技术方法

污染源普查动态更新调查分析与基数测算方法研究 353
试点省份资源、能源、环境与经济预测研究 359
基于输入响应的小流域水污染防治方案研究 369
农业源污染防治框架、技术与减排测算方法研究 375
规划实施绩效与社会经济成本案例分析 381
省级环境保护五年规划技术指南编制 386
城市环境保护规划编制问题及建议 391
城市环境保护规划技术指南前期研究 398
费用效益分析方法在贵州省“十二五”环保规划编制中的应用 403
战略环评法在湖北省“十二五”环保规划中的应用研究 409

第六部分　其他

环境规划文献检索分析与综合评估研究 417
环境规划院（所）发展评估报告 422
环境规划学科发展评估 427

后　记 433

第一部分

国家规划编制

国家“十二五”环保规划思路与政策创新研究
国家“十二五”环保规划理念创新研究
环保规划与国民经济和社会发展规划思路衔接研究
主体功能区规划与环保规划衔接研究
我国环境规划编制创新研究
我国环境规划体系创新研究
基于2020年全面小康目标的“十二五”环境要求研究
2020年全面小康目标与“十二五”环保规划衔接研究
“十二五”生态文明建设指标体系研究
“十二五”环境保护重点领域及其路线图研究
“十二五”环境保护重点领域公众调研报告
排放总量控制完善优化及其配套政策研究
重点流域水环境管理思路设计研究
区域分类指导的环境保护规划任务与对策措施
“十一五”环保十大工程评估与“十二五”环保工程设计
环境质量考核体系设计及其推进措施

国家“十二五”环保规划思路与政策创新研究

一、课题研究背景与目标

从总体上看，“十二五”时期我国环境保护面临经济社会快速发展的战略机遇期，工业化、城镇化、人口老龄化不断加速，资源生态环境问题与发展的矛盾更为凸显，环境安全问题更加突出，国际环境形势更加复杂多变。

工业化进程不断推进，环境与发展矛盾突出。从整体上看，我国经济发展正处于工业化中期，处在重化工业化阶段（重化工业主要包括电力、钢铁、有色、石化、建材、化工等行业），是经济发展与环境和资源矛盾最为突出的阶段。

2020 年前我国工业仍将为国民经济发展的主力军。人均资源能源消耗水平、人均 GDP 仍将继续提高，大部分工业企业正处于由大变强的过程中。由于我国仍处于工业化中期，人均国民总收入、人均能源消费量、居民消费支出占国内生产总值支出比例还处在较低水平，从工业化进程看，人均资源消耗仍会持续增加。从发达国家人均 GDP 增长看，人均 GDP 达 1 万美元之前，主要靠工业发展拉动，因此我国未来依然是以工业拉动人均 GDP 增长的发展模式为主。

人口城市化、消费转型给未来环境造成巨大压力。未来一段时期内，随着城市化的迅速推进，我国将有更多的农村人口变为城镇人口，随之而来的生活水平和消费水平提高、消费模式的转变将对资源和环境造成巨大压力。

全球化给我国环境保护带来新挑战。从全球环境保护与可持续发展的进程看，环境问题已经与经济、政治、社会和文化问题日益紧密地交织在一起。从自身角度看，中国已经成为影响全球环境变化的重要因素和环境利益攸关者。随着经济全球化进程的推进，可以预见，未来中国对全球环境的影响力和面临的国际环境压力仍将持续增长，全球环境问题也会对中国经济、政治、社会和环境产生深远的影响。

二、研究思路

本研究是国家环保“十二五”规划前期研究课题的第一子课题。本报告围绕“需要什么样的环保、怎么环保”这个中心问题，针对“十二五”环保规划需求，以生态文明建设和探索中国特色环境保护新道路为两个基本着眼点，分析了“十二五”时期我国环境保护面临的形势，阐述了环境保护的两大重要使命和功能，提出了六大环保理念和“十二五”环保规划的指导思想，探讨了 4 个方面 18 项政策创新建议。

三、研究内容

理念 1：把建设生态文明作为"十二五"环保规划的最高理念及主线，贯彻到治国理政的各个环节

如何在"十二五"环保规划中体现建设生态文明的理念？首先要树立生态文明的整体利益观、建立系统化的综合思维模式，综合考虑短期利益和长期利益，经济、社会和环境发展的不同需求，不同利益群体的要求，当代人与后代人的需要，建立利益共享机制；强调生态建设和环境保护是社会的共同责任，在环境管理方式上由"政府直控"向"社会制衡"的方式转变，形成政府、企业和公众共同管理的格局。其次，要探索环境与经济融合的发展模式，实现发展方式的生态化转向。从生态系统观点出发，发展需要充分注意自然-社会系统的各个功能组成部分按比例协调发展，即生产能力、消费能力与分解能力（污染物和废弃物处理能力）相协调。第三，坚持制度保障优先，创新生态文明建设的制度安排。

理念 2：把"促进经济发展与环境保护高度融合"作为"十二五"环保规划的核心思想，推动历史性转变向中、高级阶段全面发展

"经济发展与环境保护高度融合"是指提高环境保护对经济发展的引导和调控作用，把环境保护的理念和要求纳入经济发展的全过程之中，推动加快转变经济发展方式，使经济发展与环境保护全面和深入地融合在一起，实现经济发展与环境保护的"双赢"。作为我国环境保护中长期规划的"十二五"环保规划，应该把这个要求作为总的核心思想来贯彻。周生贤部长首先提出并多次使用"经济发展与环境保护高度融合"这个表述，比较集中和深入地体现了"并重、同步和综合"的要求，用作"十二五"环保规划的核心思想是适当的。在当前经济增长速度大大超过环境保护力度的时候，应当合理控制粗放型的经济增长，加快经济增长模式的转型。2009 年我国"保八"目标顺利实现的同时，扭转了过剩产能高速增长的势头，可持续发展产业得到长足发展，实现了环境与经济融合的第一步。

理念 3：保护生态环境，让重要的生态系统休养生息

环境问题反映了生态系统功能的减弱或丧失，因此我们过去所长期沿用的针对表象采取治理措施的做法应该改革。回顾过去，我国在江河湖海等生态系统的治理中，试图在不减轻环境负荷的情况下进行达标排放，效果不彰，说明这种方式存在较大局限，应该从根本上更新思路，实行休养生息的新政策。在"十二五"环保规划中，应提出对江河湖海等生态系统进行治理，结合已有的污染防治做法，实行"轻徭薄赋"、休养生息的新政策，通过控制"两高一资"产业的过快增长，加快淘汰落后产能，关闭违法排污企业，退出一批产业，更新一批产业，推动循环经济和清洁生产，促进产业结构优化升级、合理布局，减轻环境负荷，摆脱困境，重获生机。

理念 4：突出强化环境保护的国家意志

在推动环境保护历史性转变、实现经济发展与环境保护的高度融合中，应该充分动员国家、地方、社会等各个方面的力量，其中，国家又占有更加突出的地位。只有国家才能对环境有关的基本法律关系作出规定，才能影响、调控甚至决定地方和全社会的环境保护行为。

理念5：建立国家与社会联动的新型环境治理结构

"十二五"环保规划应构建政府、企业、社会相互合作和共同行动的环境保护新格局，扩展企业和社会的环境保护义务和权利，鼓励和保护全社会对环境保护的有序参与，发挥环境保护民间组织和力量的作用。

理念6：以积极和务实的态度参与全球环保国际合作发展进程

中国经济的高速发展对全球环境的影响也在加大。中国政府已充分认识到经济发展中存在着资源环境代价过大的突出问题，并积极采取措施节能减排。同时，国际社会对我国承担国际责任和作用的期望值也在不断提高。此外，"中国环境威胁论"和"中国资源威胁论"等也不时地出现。随着中国经济发展，国际社会对中国给全球环境带来负面影响的担心也在增加。中国国内的环境问题已经发展成为了一个全球性议题。对此，我们处理得好，可以得到"双赢"的效果，既推动全球环境问题的解决，树立良好的国际形象，又可以为国内发展赢得良好的国际环境，促进国内环境问题的解决，加快我国环境保护历史性转变的实现。相反，处理得不好，不仅影响中国的可持续发展，同时也会对全球环境产生深刻的影响，并且会由此受到国际社会的持续压力，影响我国抓住和用好发展的重要战略机遇期，影响我国全面建设小康社会的进程。

四、指导思想

"十二五"环境保护规划指导思想：高举中国特色社会主义伟大旗帜，深入贯彻落实科学发展观，以增强国家可持续发展能力和维护人民群众健康为重点，推动经济发展与环境保护高度融合，对重要的生态系统实行休养生息，采取从紧和严厉的环境保护政策，在特殊区域或领域实行环境优先方针，积极推进生态文明建设，努力探索中国环境保护新道路。

五、政策建议

建议一：科学区域，实施休养生息战略，对重点开发区开展战略和规划环境影响评价

以维护国家环境安全为宗旨，以生态环境区划为依据，实施分类指导、分区保护的策略。以水源涵养、土壤保持、防风固沙、生物多样性保护和洪水调蓄5类主导生态调节功能为基础，确定50个关系全国或较大区域范围生态安全的重要生态服务功能区域。坚持保护优先、适度开发的原则，严格禁止或限制破坏主导生态功能的产业发展。

建议二：从经济发展的全过程加强环境保护，完善和充实国家经济政策体系

稳步推进税收制度的绿色化。建立针对污染排放、污染产品、生态保护和二氧化碳排放的独立型环境税，同时，完善现有税种纳入环保因素的融入型环境税。根据污染物排放和产品的污染性，分别设立二氧化硫税、废水排放税和碳税等税目，并作为政府间税权划分方面的改革试点；在用地、用电等方面制定并实施鼓励企业治污的优惠政策；提高资源税税率和资源使用费；倡导适度消费，继续扩大对奢侈品、一次性消费品征收消费税的商品范围，对水、电等能源类消费品的使用采取价格累进制。加大排污收费以及污水垃圾处理收费制度改革力度，提高收费标准及其可操作性。

建议三：加强环境法制建设，推进国家法律生态化

“十二五”期间，应进一步加大力度推进我国环境法制化建设，应积极推动以强化政府环境保护责任为重点的《环境保护法》修改；推动《大气污染防治法》、《噪声污染防治法》、化学品、重金属污染防治等重要环境保护法律修改和制订，建立健全相关法律制度；应以维护和保障公民合法环境权益为目的，积极推动环境污染损害赔偿相关法律的建立。作为贯彻落实科学发展观的重要实践，应以科学发展观为指导，开展国家重要法律生态化评估，推进刑法、民法、物权法、行政法、资源法、经济法等国家重要法律对环境保护的支持，形成体现科学发展观和生态文明观的国家法律体系；充分发挥人民法院和检察院在环境司法方面的作用，推进司法对环境保护的保障。在民事诉讼方面，应进一步完善污染损害事故的评估和定级标准，为建立污染损害赔偿法律制度提供技术保障。应鼓励有条件的地区建立专门的环境法庭，将包括环境民事公益诉讼在内的环境民事诉讼、环境行政诉讼、环境具体行政行为的裁定执行等事务集中到该庭集中审理。

建议四：加速建立健全党政领导干部环境保护问责制度

根据中共中央、国务院《关于建立促进科学发展的党政领导班子和领导干部考核评价机制的意见》，依照《行政监察法》、《关于实行党政领导干部问责的暂行规定》、《环境保护违法违纪行为处分暂行规定》等法律和规定，“十二五”时期要建立和完善党政领导干部环境保护问责制度。应在总结地方试点和实践经验的基础上，尽快制定和出台体现科学发展观的党政领导干部环境保护绩效评价考核体系，制订考评办法，并尽快在全国施行。

建议五：增加国家环保投入，建立健全环保投入稳定增长的长效机制

（1）通过财政手段，促进环境基本公共服务均等化。调整财政支出结构，增加环境保护等公共服务领域的资金投入，向环境保护事业发展的薄弱环节倾斜、向环境问题严重的地区倾斜、向受环境健康影响严重的困难群众倾斜。加大转移支付力度，促进地区间、城乡间基本公共服务均等化，加大国家对民族地区、边疆地区、革命老区等的环境保护转移支付力度。

（2）建立长期稳定的环保经费增长机制。2006 年财政部正式把环境保护纳入政府预算支出科目，当前的主要任务是将其做实，确保“有渠有水，源源不断”。应将环境保护提升到与农业、教育、科技等并重的位置上，构建环保支出与 GDP、财政收入增长的双联动机制，确保环保科目支出额的增幅高于 GDP 和财政收入的增长速度，并将新增财力的一定比例专门用于环境保护。同时，为了保证这一经费增长机制的顺利实施，应将这一机制指标化，作为官员政绩考核的指标之一，并配与相应的奖惩、问责制度。

未来应积极创造条件，提高排污合理收费标准，做大做实环保专项资金投入。随着环保需求不断增加，投入规模也要相应增大，以强化国家财政对环保的支持力度。

建议六：以温室气体排放绩效管理为核心，开展我国承诺的降低碳排放强度的自主减排行动，发展低碳经济

采取全过程控制和源头削减的管理策略，以“温室气体排放绩效系统管理”的方法，全面监管《京都议定书》6 种温室气体，以及间接温室气体排放。在能源、工业、交通、废弃物、农业领域全面实施温室气体排放绩效管理。生产领域建立企业—行业—部门—国家多层次管理体系；消费领域建立居民—社区—地区—国家多渠道的减排途径。结合国家控制过剩产能、淘汰落后产能等节能污染减排工作，将温室气体排放绩效管理纳入我国环境管理体系中，以降低温室气体绩效管理的行政成本，实现环境与经济、社会协调发展的目标。

发展低碳经济，要通过技术创新、制度创新和发展模式的创新，发展太阳能、风能、水能等可再生资源为能源，以提高能源利用效率和创建清洁能源结构为核心的，以低能耗、低排放、低污染为基础的新的低碳经济模式。通过推行环境税收、绿色信贷等环境经济政策，推动企业主动节约能源、开发和利用气候友好型技术；利用现有已建成了的污染物排放的监测管理体系，加强监督管理，积极推动低碳经济发展。

国家“十二五”环保规划理念创新研究

一、课题研究背景与目标

（一）研究背景

党的十七大报告明确指出，深入贯彻落实科学发展观，建设生态文明。这标志着在新的发展阶段，既要通过严格的环境管理而改善经济发展方式，达到优化和促进经济发展的目的，更要通过改善环境实现“以人为本”的宗旨。环境保护面临一个新的历史机遇与挑战。在机遇与挑战并存的情况，如何实现环境保护的历史性突破，如何以建设生态文明为导向走出环保新道路，这是摆在全国人民面前的新课题，如何在国家“十二五”环保规划中全面融入生态文明建设的战略并对“十二五”环保规划的理念与思路进行创新则是“十二五”环保规划中需要切实考虑的问题。本项目课题组，在承担国家发展和改革委员会的“十一五”规划前期研究《新时期国家环境战略研究》以及“十二五”规划前期研究《生态文明建设战略研究》的基础上，深入总结归纳我国 30 余年环境保护的历程，从经济发展、社会进步、环境改善的广视角，对国家“十二五”环保规划的思路、理念和政策创新提出了独立见解。

（二）研究目标

以可持续发展的三大支柱——经济增长、社会发展和环境保护互为因果关系的系统原理为理论基础，以深入贯彻落实科学发展观为导向、以倡导生态文明建设为新的动力，力图探索解决环境保护被动于经济发展、环境管理受制于综合决策、环保行动迟于社会需求的新理念与思路，以提升环境规划的地位，以实现主动引导社会经济发展，以政策的创新实现经济、社会、环境的统筹规划安排，为国家“十二五”环保规划的创新提供战略指导与技术支撑。

二、研究思路

在深刻理解科学发展观与生态文明建设战略基本内涵的基础上，通过对我国环境保护在新的发展阶段面临的形势、机遇与肩负的历史重任与特殊使命的动态把握与分析，分析我国环境与发展战略转型的必然性、特征与出路。在此基础上，研究分析我国环境规划在整个国民经济社会规划及我国环境管理中应有的战略定位、着力点、作用，提出“十二五”环境规划的新思路、理念的总体框架以及“十二五”有可能推行的创新政策。

三、研究内容

（一）我国生态环境现状与发展趋势分析研究

以全国统计数据分析全国面上一般的环境污染状况，以典型案例研究分析经济发展与生态环境的深层次矛盾，结合我国改革开放以来经济发展与环境问题的演变过程，分析生态环境问题的发展趋势；剖析经济、社会、环境相互作用、相互制约的内在规律。

（二）生态文明建设与环保新道路的研究

从人类发展历史的纵向视角与现代社会发展、财富剧增、生态环境问题频发的横向视野，剖析了生态文明建设与环境保护的关系；以统筹“五个文明”为抓手，探索将环境保护工作嵌套到各项工作的新途径，以生态文明建设战略为导向，探索环保新道路的取向与路径。

（三）“十二五”环保规划思路、理念与政策的创新研究

基于对经济、社会与生态环境内在规律的认识，探索统筹环境、经济社会协调发展的新体系，提出“十二五”环境规划的新理念、总体思路、政策建议及“十二五”实施建议。

四、主要结论

（一）我国环境总体趋势

1. 我国污染严重地区环境质量有所改善，但整体呈区域性、流域性蔓延势态

据统计分析，我国经济已得到高速发展的区域都曾污染严重；而环境质量尚好的地方面临巨大的发展压力。在加快发展的同时，全国环境质量的总体趋势是污染随着经济扩展迅速由已受污染的区域向环境质量好的地方蔓延，导致环境质量恶劣的地方久经治理后有所好转或得到遏制，但质量尚好的环境在不断地迅速减少，尤其是水污染在全国各流域迅速蔓延；灰霾现象在全国大城市与城镇密集区已普遍出现。

2. 我国环境问题呈日益严重的复合势态

据对我国多个典型区域的研究，环境面临着水、大气、土壤、声等多种环境介质同时受污染的多面困扰，已呈现环境质量区域性下降和生态退化的双重困境；水环境面临黑臭问题、富营养化问题、POPs 问题的复合性压力；大气环境也面临着 SO_2、NO_x、微颗粒物、臭氧的复合性压力；土壤则面临着地力退化、重金属与农药污染、水土流失的复合压力等。

3. 环境保护战略被动

长期以来，我国的环境保护工作被动于经济发展，环境规划是依发展规划出来才制订，待执行环境规划时，经济的增长早已超过预期，所以我们总是水黑后才开始治理，天灰后才开始减排。直到目前，我国对压缩型、聚集型、交叉型、复合型污染的认识还不足，缺乏系统的基础理论指导；见污治污总体战略乃陷于被动；解决中国特色的污染问题需要中

国特色的办法；已有的措施与方案侧重于解决存量问题且存量不清，对增量须另谋求新路。

（二）必须实现主动于经济发展的环境战略

1. 目标

过去30年，我们以环境为代价支撑了30年的发展，此后我们应以环境可持续利用主动引导发展，以最小的环境代价支撑未来的发展；新的战略需要新的理论与方法支撑。

2. 提出主动引导发展的环境系统控制战略框架图

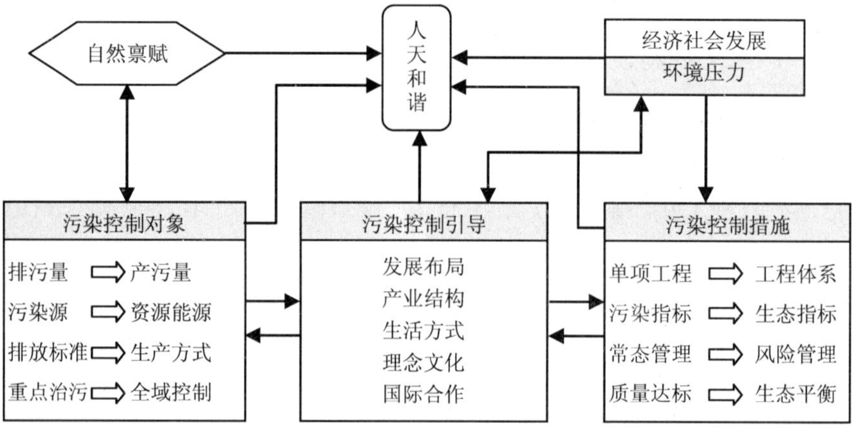

图1 主动引导发展的环境系统控制战略框架图

3. 提出了十点战略转变措施并倡导进行探索

（1）从被动地治理污染转变为主动引导经济社会发展布局、调整产业结构、转变生活方式、创新理念文化、改变对外合作格局。

（2）从孤立治污转变为主动分析环境压力，主动掌握污染源动态，系统掌握水环境的自然禀赋，主动把握经济社会发展趋势；识别环境压力的演变规律，学会综合自然特征与发展特色的污染控制决策方法；完善现有的环境统计体系；改变只见水变黑、天变灰，不见源增长的被动状况。

（3）研发经济社会发展与污染源相互映射弹性系数。

（4）从控制污染物排放总量转变为控制其产生量，产生污染物便意味着环境风险；只有监管产污量才能实现主动控污；产生污染物的实质是资源能源浪费；我国工艺水平与资源综合利用存在着巨大空间；注重源头控制才能争取主动引导产业结构调整；控制产污量将迫使我们重新调整国际合作框架；更加主动地建设与调度使用污染治理设施。

（5）从重视控制污染源的治理转变为更加重视控制环境质量不下降，治源是手段，保持环境质量才是目标。以水环境为例，受纳排水水体要限制在产污地附近，区域性贯通水体不宜再直接纳污；不宜再降低主要水体质量来换取环境容量。

（6）从控制排污、减排转变为实现生态环境的自然回归。仍以水为例，保护全国有足够的地域径流处于自然状况，是实施水污染流域控制的基础；建立区域自然回归排水新概念，在敏感区域实现水的仿自然回归，急需研发一系列新的工程技术；排污权不能资产化，这是一个值得探索的问题；创新各行业的规范与管理体制。

（7）从重点治理污染环境转变为全区域系统控制，保护流域优质水体和区域性良好大气质量是首要任务；如不抓紧保护优质水，全国都将喝不上干净的水，没有区域良好的大气，全国人民就不可能呼吸到清新空气。治理已污染环境是长期任务，以更大的力度控制污染蔓延则是当务之急；为发展只能付出可控制的环境代价。

（8）从考核浓度值转变为全年通量控制，必须将非常态排污纳入控制范畴；建立非常态控污工程新体系；建立年污染负荷通量监控新体系。提出污染流域区域系统控制工程体系，应包括产业点源控制工程系统、面源控制工程系统、片区（城镇）污水处理系统、河道净化与生态修复工程系统、生态调水与水回用系统等。

（9）建立痕量毒害污染物风险流域系统控制体系，从控制常规污染指标转变为常规与痕量毒害性指标并重，将国家环境管理唯有的常规污染治理战略转变为常规污染治理与痕量污染防范并重的环境保护战略。将粗放的国家环境管理体系转变为“定位、定量”的管理体系。提出“阻断说”，切实防护人的健康，以“分区、分类、分期多形式”的可实现措施取代“严要求、难实现”的环境承诺；将环境管理从“必然损害防范”逐步推向“损害风险防范”阶段。

（10）从人保护水转变为以水保护人的全面发展，保护水的根本目的是人类可持续用水；来自于水的人类需要水呵护其全面发展；建立用水新秩序；识别人类干扰状况下水生态环境平衡的新规律。

（三）环境规划总体思路

1．环境规划是国家综合规划

政府各部门制定相互包容、彼此嵌套、合成体系的规划已成为落实科学发展观的最重要行政手段。环境规划必须率先变被动应对为主动引导发展，以全面系统部署各部门的环境行动，发挥支撑经济社会发展、协调各部门共同管理环境的作用。中国特色环境道路的蓝图在于环境规划。

2．环境规划总体框架

环境规划包括环境功能区划、环境与发展规划、环境保护规划与环境工程规划 4 大类；

4 类规划的规划期包括中长期规划（10～50 年）、五年规划与年度规划，可以依需要加设 3 年规划；

4 类规划的规划区域包括全国、省（区、市）、市、县与建设区 5 级。此外，还可以根据环境介质的相关联性跨行政区设流域、区域、城市群等规划。

五、政策建议

（1）“维护民生”应是“十二五”环境规划的总纲；要切实遏制当前及今后一段时间有越来越多的国民生活在环境质量下降区域的趋势。

（2）如以“总量控制”为重要抓手，必须科学调整基数，将控制面扩大到工、农、生活等人类活动，将控制过程重点推到“污染物产生量”的源头控制，将控制行为分配到发改委、农业、城建、工信部等政府部门；谨增全国性控制指标，强化区域性特征指标。

（3）水环境的工作重点应转为“让人民喝上干净的水”。应对各大流域实行全面规划与控制，将工作重点转移到以保障饮用水源与主干流水质生态不下降为侧重点，彻底放弃见污治污、以治臭水为主的“重点流域规划”。因为当前的水形势是“水臭了首长要摘帽有人管”、“好水在变差看不见没人理”，而水污染的流域性蔓延正在危及中华民族大业的复兴。

（4）大气环境的工作重点要转为“让人民呼吸到清新的空气”，继续改善城市空气质量，预防出现新的区域性空气质量下降，要调整大气质量控制目标，掌握在不同空气质量条件下生活的人数，重视防控对人体有直接损害的指标，如 $PM_{2.5}$、臭氧等。

（5）土壤环境工作的重点要转为“让人民吃到安全食品”，系统严格控制耕地、住宅地受到新污染，系统标明受污染土地的全部信息，彻底阻断受污土壤对人群健康造成危害的途径。污染土壤修复要从长计议，不可能一蹴而就。

（6）全面控制噪声、电磁波、核、新型污染物扰民及对民众的心理影响，对心因性环境问题进行科学疏导，防止群体事件。

（7）加强环境科学研究与环境健康研究规划。

（8）对全国城乡区域的垃圾进行系统管理与控制，分别制定城市与乡村垃圾污染治理规划。

（9）扩大规划面。建议按总体指导性区划（即环境功能区划）、总体协调性规划（即环境与发展规划）、环境保护约束性规划与约束性工程治理规划 4 大类列出规划树，同时推进、分层落实。

（10）对规划的目标与指标要重新研究调整，要按历史性战略转变的要求，重新建立“维护民生”的人性化目标提法与具体指标体系，改变“见物不见人”的目标指标状况。

环保规划与国民经济和社会发展规划思路衔接研究

一、课题研究背景与目标

（一）研究背景

1.“十二五”时期我国国民经济和社会发展面临的国际环境和条件

“十二五”时期世界经济将处于后金融危机时代。在这个时代，和平与发展的主题不会改变，经济全球化、贸易投资自由化、区域经济一体化等基本趋势不会逆转。同时，受金融危机的滞后影响，短期来看，全球经济、贸易、投资等将会保持较低水平，在原有框架背景下的复苏也将呈现缓慢、曲折的过程；中长期看，随着各国对本次金融危机的反思、对体制和结构性矛盾的应对和对经济政策的调整，全球产业分工格局、贸易格局、经济力量对比及全球治理结构等都有可能发生重大调整和变化。这既会增加我国面临的外部环境的复杂性和不确定性，也蕴含着进一步发展的重要机遇。

2.“十二五”时期我国国民经济和社会发展面临的国内环境和条件

从国内条件看，“十二五”时期我国保持经济平稳较快发展的基本条件和长期向好的基本趋势不会发生根本改变，市场需求和供给能力方面的优势将进一步加强。同时，经济社会发展面临的资源、环境、社会稳定等方面的压力将进一步加大。这一时期既是加快发展的有利时期和关键时期，也是挑战大和矛盾多的时期。

（二）研究目标

从我国国民经济和社会发展的环境变化趋势出发，运用定量和定性相结合的分析方法，研究“十二五”时期我国经济社会发展的战略导向及环境保护的主要任务，深入探讨国民经济和社会发展新阶段对环境保护的客观要求，并在此基础上，提出加强我国环境保护的思路和政策建议，以期为“十二五”环保规划制定和环境与经济社会协调发展提供借鉴与推动力。

二、研究思路

首先，在环境和经济社会发展关系的理论分析基础上，系统分析“十二五”时期我国国民经济和社会发展面临的国际国内环境和条件、国民经济和社会发展的特点及环境保护形势和各地区经济社会发展的特点及环境保护形势；然后，通过运用 DRCCGE 模型，设定 3 种情景模拟分析“十二五”以至 2020 年我国经济、社会与环境发展情景；最后，提出加强我国环境保护的思路和政策建议，以期为“十二五”环保规划制定和环境与经济社会协调发展提供借鉴与推动力。

三、研究内容

（1）通过系统分析“十二五”时期我国国民经济和社会发展面临的国际国内环境和条件，确定“十二五”时期我国经济社会发展所处的阶段不会发生质的变化，我国仍然处在工业化进程的中后期，仍然是一个发展中国家，但是我国经济社会发展的国内外环境和条件将会有一些新的变化。

（2）通过系统分析“十二五”时期我国经济社会发展特点及环境保护形势以及“十二五”时期我国各地区经济社会发展特点及环境保护形势，指出环境保护形势同国民经济和社会发展阶段和发展特点密切相关。“十二五”时期我国经济仍将继续保持较快增速，工业化、城市化仍会继续快速推进，对外贸易结构将有所改变以及人民群众的环境意识和维权意识也将逐步加强。在此背景下，重点研究“十二五”时期我国经济社会发展所面临的环境问题与环境保护需要关注的导向性问题。

（3）基于如何促进经济社会全面、协调、可持续发展的考虑，运用 DRCCGE 模型，设定 3 种情景模拟分析“十二五”时期我国国民经济发展与主要污染物排放的前景。提出“十二五”时期我国加快发展方式转变对解决我国环境保护问题的重要性。

（4）结合国民经济和社会发展的战略导向以及对环境保护的主要任务，与国民经济和社会发展规划思路相衔接。从重点思路、改革原则、长效机制和支撑体系四个方面进行构建和执行环境保护的对策体系。

四、主要结论

（一）“十二五”时期我国面临的国际环境将更加复杂和不确定

“十二五”时期世界经济将处于后金融危机时期。在这个时期，和平与发展的主题不会改变，经济全球化、贸易投资自由化、区域经济一体化等基本趋势不会逆转。同时，受金融危机的滞后影响，短期来看，全球经济、贸易、投资等将会保持较低水平，在原有框架背景下的复苏也将呈现缓慢、曲折的过程；中长期看，随着各国对本次金融危机的反思、对体制及结构性矛盾的应对和对经济政策的调整，全球经济的再平衡将使产业分工格局、贸易格局、经济力量对比及全球治理结构等都有可能发生重大调整和变化。同时，全球气候变化以及与之相关的资源和环境问题将成为国际不稳定格局的重要因素；国际竞争将更加激烈，中等收入国家将面临发展中国家和发达国家双重竞争压力。这既会增加我国面临的外部环境的复杂性和不确定性，也蕴含着进一步发展的重要机遇。

（二）“十二五”时期我国环境保护形势更加严峻

“十二五”时期我国工业化和城市仍会继续推进，预计到 2020 年我国城镇人口将达到 7.75 亿人，2030 年达到 8.88 亿人，相应的城市化水平到 2020 年提升到 54.45%，2030 年提升为 61.6%。2005—2020 年城市化水平每年增加 0.8 个百分点左右；2020—2030 年城市化水平每年增加 0.7 个百分点左右，从 2030 年开始我国城市化发展进入缓慢增长的成熟阶段（国务院发展研究中心课题组，2009），工业化和城市化的进一步推进将使我国的环境保护压力更大。“十二五”时期促进我国经济增长的要素结构将发生重要变化，可贸易的资源需求量迅速上升，不可直接贸易的土地、淡水、生态和环境要素的约束更加突出。“十二五”时期我国产业结构将进一步优化，但是部分高耗能、高污染产业仍将保持增长态势；对外贸易结构将有所改变，但“两高一资”产品出口仍将保持一定的增长态势。而与此同时，随着生活水平和受教育程度的提高，人民群众对生活品质有更高的要求，环境意识和维权意识也将逐步加强，这使得提高环境质量的必要性将大大增强。综合考虑，即使只考虑完成减排指标，“十二五”时期环境保护工作的压力都不会减轻。

（三）中长期我国经济仍然有保持较快增长的潜力

预计“十二五”期间我国经济增长速度可望接近 8%左右；2016—2020 年年均增长速度可望保持在 7%左右。按照 2008 年不变价格计算，到 2015 年中国 GDP 总量将达到 7.46 万亿～7.63 万亿美元的规模。2015 年人均 GDP 超过 5 000 美元，到 2020 年人均 GDP 将超过 7 000 美元。

（四）加快转变发展方式，建立起能源资源节约高效的新型增长模式

加快转变发展方式，建立起能源资源节约高效的新型增长模式，从而降低经济社会发展对资源的依赖和对环境的压力，是我国保护环境的治本之策。如果按照已有的趋势外推（基准情景），我国能源消费总量在 2015 年将超过 40 亿 t 标准煤，比 2007 年增加 50%以上，到 2020 年达到 54 亿 t 标准煤，由此带来的 SO_2、粉尘、烟尘等各种污染物排放将进一步增加，这将给国内环境带来更大的压力，温室气体排放总量将从 2007 年的 66.24 亿 t 增长到 2015 年的 96.20 亿 t，到 2020 年将比 2015 年再增加约 26 亿 t，达到 123 亿 t，而到 2030 年达到 182.6 亿 t。如果能真正落实科学发展观，加快实现发展方式转型，则不仅可以保持较快的经济增长速度，而且经济发展持续性动力更强，经济发展与资源、环境更加和谐。在发展方式转变较快的情境下，预计“十二五”末期我国能源消费总量为 35.5 亿 t 标准煤，减少了 5.7 亿 t 标准煤。从温室气体排放看，2020 年排放强度约降低到 1.36t/万元，比 2005 年下降 55.7%。二氧化硫和工业 COD 的排放总量将有更大幅度的下降。反之，如果发展方式转变较慢，则不仅经济增长速度不高，而且增长质量较低，协调性更差，资源消耗和污染物排放还会有所增加。在风险情景下，预计“十二五”末期我国的能源强度（以标煤计）为 0.92 t/万元，比发展方式转变较快情景下的 0.82 t/万元高 0.1 t/万元，二氧化硫和工业 COD 排放强度也要比发展方式转变较快情景下稍高。

（五）进一步深化改革、加快发展方式转变

进一步深化改革、加快发展方式转变是促进我国节能减排和加强环境保护的关键。为此，“十二五”时期需要综合采取各种政策措施，促进发展方式转变，降低经济增长对能源资源的依赖和对环境的负面影响。要采取多种措施（特别是利用价格、税收等调节手段），促进资源利用效率持续提高。我国是人口特别多、人均资源储量不足、资源环境承载力相

对低的国家，要特别注意提高能源资源的利用效率。提高能源效率要多方面配合，包括压缩落后产能、优化产业结构、加强宣传教育等，特别重要的是利用税收和价格手段，包括征收碳税和调整污染费等，要通过价格引导企业和居民自觉节能降耗，也促进各种相关技术的创新研究和市场化推广。要进一步理顺、完善重要资源的价格体系，通过对重要资源特别是稀缺资源价格调整，发挥价格机制对调节资源开发和使用的市场引导作用，还要建立有利于促进循环经济发展的法律法规和政策支持体系，通过发展循环经济提高资源利用效率。要进一步完善服务业规制改革，加强对服务业的支持，促进服务业加速发展。服务业的发展对于优化经济结构、促进就业降低资源消耗都有重要的意义。在市场准入方面，要允许民营资本和社会资金进入金融、铁路、公路、航空、电信、电力及城市供水等基础和垄断行业；在财政税收方面，要进一步减免各种不合理的收费，推进税制改革，降低服务业税负水平；要进一步加快生产性服务业，例如金融、电信、交通运输行业的改革与发展，还要积极承接国际服务业转移、促进服务业出口。

五、政策建议

（一）“十二五”时期我国环境保护的重点与思路

“十二五”时期，我国环境保护的重点与思路应该从宏观、行业、地区和民众等多方面结合，将环保政策的实施建立在更坚实的基础上，以推进国民经济又好又快发展，顺利完成环境保护的目标和任务。

①着力监管治理高污染和高排放行业；②治理保护大城市、重金属污染区等重点区域；③发挥环境保护的规模经济效应，走集约治理的道路；④通过发展循环经济，将事后治理转向事前预防，加强对环境事故预警机制的建设；⑤加强生态保护和防灾减灾体系建设，实现人与自然和谐发展。

（二）“十二五”时期我国环境保护的改革原则与方向

“十二五”时期，中国经济社会的发展面临诸多的外部条件，环境保护的对策体系必须建立在这些外部条件和变化趋势的基础上。只有这样，环境保护的改革原则才能与经济社会发展的战略导向相结合，产生更好的效果。

①立足于经济增长方式转变和产业结构优化升级的方向；②坚持产业布局与落实主体功能区划相结合的原则；③坚持树立正确的政绩观，将环保上升到民生高度的方向；④坚持综合治理和全面治理的原则；⑤坚持治理与节约相结合的原则。

（三）“十二五”时期我国环保长效机制的建设

所谓“建立环保长效机制”，是指加快环境保护机制转型，尽快形成以经济手段为基础、法律手段作保障，辅以必要的行政手段的环境保护长效机制。在“十二五”乃至更长时期以结构调整升级为主要实现手段的新形势下，建立以经济手段和法律手段为主的环保机制尤为关键和紧迫。

①完善和促进环境保护的政策机制，拓宽环境保护的投融资渠道；②建立和完善能源

节约法律体系的同时，健全各级部门监督和管理责任机制；③不断深化能源资源品价格改革，建立新的资源配置机制，充分发挥市场规律在环境保护中的作用；④建立完善的绿色税收制度，加强政府的环境治理能力；⑤积极探索在不同主体之间开展碳交易，开创环境保护新局面；⑥动态和静态相结合，科学合理分配环保指标；⑦城市化水平的进一步推进，要求发挥环境治理的规模经济。

（四）“十二五”时期我国环保策略的支撑体系

在发展经济、推动社会进步的同时，要实现“十二五”规划提出的环境保护的目标和任务，需要构建如下的支撑体系。

①国家、行业、地区和地方各级政府之间加强交流、增进互信和协调；②调动企业、民众和非政府组织的力量，形成全社会环保的氛围和共识；③积极参与国际合作，创造良好的外部条件；④大力发展环保新技术，将环保工作建在技术创新的基础上；⑤借助中国财政支出结构的调整，为环保工作争取更多的财政资金支持。

附录

表 1　未来中国经济增长前景分析的情景设计

情景类别	情景设定
	所有情景共同的基本设定： 1．人口总量的变化趋势外生，直接利用中国社会科学院人口与劳动经济研究所对人口总量和结构的预测数据； 2．劳动力总量的增长外生，农业土地的供给变化外生； 3．除下面特别指出外，各种已有的税率和转移支付保持不变； 4．2010—2030 年国际收支将逐步达到收支平衡
基准情景（A）	设定如下： 1．城市化水平及城乡人口外生，2007—2020 年城市化率年均提高 0.9 个百分点，2021—2030 年城市化率年均提高 0.7 个百分点； 2．政府消费增长率外生； 3．全要素生产率（TFP）外生，假设 2005—2020 年的全要素生产率的增长率仍然延续过去 25 年的趋势，即整体保持在 2%左右的水平[①]； 4．技术进步的偏向性及中间投入率的变化外生

① 基准情景中制造业的 TFP 要比服务业高 0.5～1 个百分点。

情景类别	情景设定
发展方式转变较快情景（B）	设定如下： 1. 征收能源税/碳税、提高能源利用效率。 2010—2015 年资源税税率在基准情景的基础上逐步提高 10%，2010 年开始征收碳税，税率从 10 元/tCO_2 逐步提高至 50 元/t CO_2。2010—2030 年间能源利用效率平均比基准情景高 1 个百分点。碳税收入主要用于企业能源效率改进、高技术行业创新的税收激励。 2. 加大政府对教育、医疗及科研和社会福利的投入。 调整政府公共支出的结构，增加教育、医疗及科研和社会福利方面的支出比重。 3. 加快城市化进程，逐步消除劳动力转移的壁垒。 2010—2030 年城市化率比基准情景每年提高 0.25 个百分点，加快城乡劳动力的转移。 4. 调整国有企业、垄断企业的分配体系。 提高国有企业回报上缴比重，2010—2030 年间逐步提高三成至四成，增加政府公共支出；提高政府对贫困地区和贫困人群的转移支付；2010—2030 年比基准情景提高 10%～15%。 5. 完善服务业规制改革，降低服务业税负。 2010—2030 年服务业 TFP 比基准情景高 0.9 个百分点，逐步使服务业的税负降低 10%
风险情景（C）	设定如下： 1. 城市化进程缓慢，劳动力转移变缓。 2010—2030 年间城市化率比基准情景每年低 0.2 个百分点，城乡劳动力的转移速度也比基准情景缓慢。 2. 世界经济缓慢恢复，贸易保护日趋严重。 与基准情景中出口需求短期即可恢复正常增长不同，国际市场对中国出口的需求“十二五”以后方可恢复正常，2015—2030 年间受贸易保护主义增强等因素的影响，出口增速低于基准情景。 3. 国际能源价格攀升，能源进口受到限制，国际原油价格回归 100 美元/桶以上。 4. 体制改革进展缓慢、技术创新和效率改进不快等，导致 TFP 比基准情景低 0.4 个百分点左右

表 2　3 种情景下 2008—2020 年的我国经济增长率

情景类别	2008—2010	2011—2015	2016—2020
基准情景	8.7	7.9	7.0
发展方式转变较快情景	8.7	8.4	7.2
风险情景	8.7	7.0	5.7

数据来源：DRC-CGE 模型计算结果（下同）。

表 3　我国基准情景下能源消费和污染排放情况

	2005	2007	2010	2015	2020
能源					
消费量（以标煤计）/万 t	224 682	265 583	301 995	412 496	539 889
能源强度（以标煤计）/（t/万元 GDP）	1.23	1.15	1.02	0.95	0.89
温室气体（CO_2）					
排放量/100 万 t	5 625.6	6 623.9	7 242.3	9 620.9	12 270.3
排放强度/（t/万元 GDP）	3.07	2.86	2.44	2.22	2.01

	2005	2007	2010	2015	2020
二氧化硫					
排放量/100 万 t	2 549.3	2 468.2	2 159.4	2 246.7	2 348.6
排放强度/（t/万元 GDP）	0.013 9	0.010 7	0.007 3	0.005 2	0.003 9
工业 COD					
排放量/100 万 t	554.70	511.00	438.72	419.06	403.56
排放强度/（t/万元 GDP）	0.003 0	0.002 2	0.001 5	0.001 0	0.000 7

注：GDP 以 2005 年价格计算。

表 4　我国发展方式转变较快情景下的能源消费和污染排放情况

	2005	2007	2010	2015	2020
能源					
消费量（以标煤计）/万 t	224 682	265 583	301 995	355 235	403 889
能源强度（以标煤计）/（t/万元 GDP）	1.23	1.15	1.02	0.82	0.66
温室气体（CO_2）					
排放量/100 万 t	5 625.6	6 623.9	7 242.3	7 815.1	8 286.8
排放强度/（t/万元 GDP）	3.07	2.86	2.44	1.80	1.36
二氧化硫（全部）					
排放量/100 万 t	2 549.3	2 468.2	2 159.4	1 862.3	1 651.4
排放强度/（t/万元 GDP）	0.013 9	0.010 7	0.007 3	0.004 3	0.002 7
工业 COD					
排放量/100 万 t	554.70	511.00	438.72	422.17	403.95
排放强度/（t/万元 GDP）	0.003 0	0.002 2	0.001 5	0.001 0	0.000 7

注：能源强度和排放强度均以 2005 年价格计算。

表 5　我国风险情景下的能源消费和污染排放情况

	2005	2007	2010	2015	2020
能源					
消费量（以标煤计）/万 t	224 682	265 583	301 867	400 025	488 702
能源强度(以标煤计)/(t/万元 GDP)	1.23	1.15	1.02	0.92	0.80
温室气体（CO_2）					
排放量/100 万 t	5 625.6	6 623.9	7 244.1	9 299.7	11 073.8
排放强度/（t/万元 GDP）	3.07	2.86	2.44	2.14	1.82
二氧化硫					
排放量/100 万 t	5 625.6	2 468.2	2 159.6	2 186.6	2 139.6
排放强度/（t/万元 GDP）	0.030 7	0.010 7	0.007 3	0.005 0	0.003 5
工业 COD					
排放量/100 万 t	554.70	511.00	436.91	407.18	374.90
排放强度/（t/万元 GDP）	0.003 0	0.002 2	0.001 5	0.000 9	0.000 6

主体功能区规划与环保规划衔接研究

一、课题研究背景与目标

（一）研究背景

《全国主体功能区规划》把国土划分为国家优化开发的城市化地区、国家重点开发的城市化地区、国家限制开发的农业和生态地区以及国家禁止开发地区。国家优化开发的城市化地区要率先加快转变经济发展方式，着力提升经济增长质量和效益，提高自主创新能力，提升参与全球分工与竞争的层次，发挥带动全国经济社会发展的龙头作用。国家重点开发的城市化地区要增强产业和要素集聚能力，加快推进城镇化和新型工业化，逐步建成区域协调发展的重要支撑点和全国经济增长的重要增长极。国家限制开发地区包括农业地区和生态地区。农业地区要严格保护耕地，稳定粮食生产，保障农产品供给，努力建成社会主义新农村建设示范区；生态地区要保护和修复生态环境，提高生态产品供给能力，建设全国重要的生态功能区和人与自然和谐相处的示范区。国家禁止开发地区为国家级自然保护区、风景名胜区、森林公园、地质公园和世界文化自然遗产等 1 300 多处国家禁止开发的生态地区，要依法实施强制性保护，严禁各类开发活动，引导人口逐步有序转移，实现污染物零排放。围绕《全国主体功能区规划》，环保规划如何在规划目标、规划内容及政策上相衔接是本课题研究的基本出发点。

（二）研究目标

本课题的研究目标是主体功能区规划和环保规划的一致性问题，确保“十二五”主体功能区规划的关键目标与环保规划目标的衔接，实现两大规划体系的有机对接。不同类型主体功能区发展导向要以环保指标为依据，在政策制定上要与环保规划目标相衔接。主体功能区规划与环保规划相衔接，是探讨限制与禁止主体功能实施目标下的区域生态环境保护与社会经济发展的功能协调模式的基础。同时，根据国家划定的 4 类主体功能区在环保规划中制定不同的差异化政策。

二、研究思路

主体功能区和环保两大规划体系在规划目标导向和重点内容设计上不同，两者的衔接主要应体现在不同区域类型的环境政策导向上的一致性、发展理念的一致性、规划目标的兼容性、规划基础的协调性等。

首先要对比和分析我国主体功能区规划和环保规划体系的一致性和差异性。将已经形成的两大规划体系的规划目标、规划原则、规划内容等进行比较研究，分析两者的关系。其次，对两大规划体系的政策导向进行评估。分类型区比较和分析两大规划体系在政策支撑、特别是环保政策上的一致性和差异性。第三，立足不同类型主体功能区导向，梳理和评价相应的环保政策需求。以衔接主体功能区的相关规划内容为目标，梳理已有的环保政策体系，在此基础上，研究面向不同主体功能区的环保政策导向。第四，分析和提出不同类型区的环保政策。构建两大规划体系政策导向一致、发展理念统一、规划目标兼容的环保政策导向建议。

三、研究内容

（一）不同主体功能区环境保护导向

优化开发区的环境保护导向：优化开发区要根据不同地区资源环境状况，实行更加严格的能耗、水耗、污染物排放等产业准入标准，限制高载能、高耗水、重污染产业发展，加快淘汰、转移高投入高消耗高排放的低附加值产业，着力发展省地、节能、环保型产业，积极发展先进制造业、高技术产业和现代服务业，推动产业结构向高效益、精加工和价值链高端方向转变。严格控制现有特大型城市蔓延式扩张，城市之间要保留开敞的绿色空间，建成区内部扩大绿色空间比重，保护好水系、林地和自然文化遗产，严禁超采、滥采地下水。

重点开发区的环境保护导向：在工业化、城镇化过程中，重点开发区要坚持发展与保护并重，改善人居环境，事先做好生态环境、基本农田等的保护规划，切实保护好耕地、水面、林地等绿色空间，减少工业化和城镇化对生态环境的影响，避免出现土地过多占用、水资源过度开发和环境过度污染等优化开发区出现过的问题。要杜绝可能对大江大河产生重大水污染产业的发展，构建以大江大河为纽带的区域生态框架，推进区域性环境协同保护，保护大江大河水资源利用和水源地。综合治理陆源污染，削减入海污染物排放量。保护与恢复沿海湿地红树林、珊瑚礁、海草床、河口、港湾湿地等重要海洋生态系统，恢复近海生态功能，建设一批海洋生态功能区和保护区。

限制开发区的环境保护导向：限制开发区包括生态类限制开发区和农业类限制开发区。生态类限制开发区要求严格控制工业用地规模，并对现有工业用地进行整合。鼓励利用原有工业用地发展新兴产业，降低用地成本，促进工业产业升级和用地结构优化。对生态与环境影响比较大的工业及其用地，需要转产、停产或禁止开发；对于适合本地发展的产业用地需要合理规划，适度集中，采取集中工业园区规划等形式，加强规模经济，集中进行污染处理等手段、保持良好的生态与环境效应。严格禁止污染性企业进驻本类区域。农业类限制开发区要求严格保护耕地，稳定粮食生产，保障农产品供给，努力建成社会主义新农村建设示范区。

禁止开发区的环境保护导向：要依法实施强制性保护，严禁各类开发活动，引导人口逐步有序转移，实现污染物零排放。

（二）主体功能区规划对环境保护的需求

环境政策是实现优化开发区主体功能的重要支撑手段，优化开发区对环境保护的需求主要体现在以下几个方面：①发挥其约束和激励功能，配合产业政策、土地政策，共同促进经济增长方式的转变。②与投资政策相配合，通过引导社会资本投入和市场化运作的机制，提高环境基础设施水平，加强环境保护与生态建设，改善生态环境质量，恢复生态系统的完整性。③采取更有针对性的政策措施和探索性的经济手段，促进环境治理与生态恢复成本的合理负担，调节生产和消费行为，为进一步集聚人口和产业创造条件。

重点开发区对环境保护的需求：①结合投资政策，加快环境基础设施建设，加大重点流域的水污染治理力度，有效维护区域资源环境承载能力，严格控制污染物排放总量，为产业和人口聚集奠定良好的环境基础。②严格环境标准，把好准入关口，有选择地引进产业和企业，坚持环境与经济协调发展，科学合理利用环境承载力推进工业化和城镇化，避免在产业转移过程中把一些高消耗、高排放、不符合区域发展导向的企业引入区内。③配合产业政策、土地政策和财税政策，理顺资源产品价格，严格市场约束，促进产业结构优化升级，增强经济社会可持续发展能力。

限制开发区对环境保护的需求：①注重从根源上预防和后期治理同时并举，改变污染控制类的政策与生态建设的政策发展不平衡问题。②引入排污权交易制度和生态保护横向转移支付等市场化的手段，利用市场的手段来引导实现期望的政策目标，让市场去决定污染物的排放限制应该如何在区域和企业之间进行分配，并促进企业进行技术创新，以利益激励机制有效地鼓励竞争和创新，促进地方政府从环境的角度来进行区域产业结构优化，落实主体功能区划。

禁止开发区对环境保护的需求：要求依法实施强制性保护，严禁各类开发活动，引导人口逐步有序转移，实现污染物零排放。

四、主要结论

（一）主体功能区规划与环保规划在政策导向上是一致的

环境政策是落实主体功能实施的重要支撑手段，4 类主体功能区关于环境保护的政策导向与环保规划在目标、内容上基本一致。如优化开发区重点是加快转变经济发展方式，改变依靠大量占用土地、大量消耗资源和大量排放污染实现经济较快增长的模式，把提高增长质量和效益放在首位，实现经济又好又快发展。环保政策要体现环境管制的重要性，严格环境标准，坚决淘汰浪费资源、污染环境的工艺、设备和产品；同时也倡导在加强利用环境政策中的市场手段来调节生产和消费行为。对生态类限制开发区要求严格控制工业用地规模，农业类限制开发区则要求严格保护耕地，稳定粮食生产，保障农产品供给，建成社会主义新农村建设示范区。

（二）环境政策与其他政策相结合形成组合政策体系对主体功能区作用更大

通过政策体系的综合设计和制度约束，加强政策之间的相互补充和协调性，把环境保护的要求逐步渗透到财政政策、投资政策、产业政策、土地政策、人口管理政策、绩效评价和政绩考核等各项政策的制定和执行之中，形成组合政策体系，相关环境政策对主体功能区形成和发展作用更大。

（三）不同主体功能区需要建立差异化的环境政策

优化开发区的需求体现在发挥环境保护政策的约束和激励功能，配合产业政策、土地政策促进经济增长方式的转变，配合投资政策引导社会资本投入和市场化机制运作，提高环境基础设施水平，采取更有针对性的政策措施和探索性的经济手段，促进环境治理与生态恢复成本的合理负担，调节生产和消费行为，为进一步集聚人口和产业创造条件。重点开发区环境保护需求既包括结合投资政策，加快环境基础设施建设为产业和人口聚集奠定良好的环境基础，还包括严格环境标准有选择地引进产业和企业，同时配合产业政策、土地政策和财税政策，理顺资源产品价格、促进产业结构优化升级。限制开发区环境环保需求是通过不同类型的政策设计，改变现有生态环境的“末端治理模式”为“全过程控制”模式，通过建立全国垂直统一的环境监管体系推进环境管理体制改革等。

五、政策建议

（一）环保规划要在优化开发区和重点开发区发挥更有力的作用

对于优化开发区环境政策的重点是要发挥其约束和激励功能，促进经济增长方式的转变，既要缓解既有的结构性污染，又要控制新增污染。对于重点开发区要加强环境影响评价和环境风险防范，采取“预防为主，综合防治”的环境保护模式，重视从源头控制污染。

（二）环境政策要与其他政策形成组合政策体系

单一的政策通常会出现“头痛医头，脚痛医脚”的缺陷，把环境政策与财政、税收和土地等政策相结合，对推进主体功能区具有重要的作用。

（三）尽快出台与各类主体功能区相配套的环境政策

根据“十二五”规划，主体功能区规划是所有规划的上位规划，环境规划要在推进各类主体功能区上发挥更大的作用，尽快出台针对各类主体功能区的相关环保政策体系，推进主体功能区的形成。

（四）加快研制和出台《全国环境功能区划》

全国环境功能区划是与全国主体功能区划衔接的主要组成部分，要进一步发挥环境功能区划对全国层面经济、社会和环境可持续发展的作用，应加快研制和出台《全国环境功能区划》方案和政策体系。

我国环境规划编制创新研究

一、课题研究背景与目标

（一）研究背景

进入“十一五”以来，我国环境保护的思路发生了巨大的变化，明确提出环保工作的三大历史性转变，在国民经济与社会发展规划纲要中明确提出节能减排，国务院出台了具体的考核办法，有力地推动了环境保护工作的发展。而党的十七大则明确提出“资源节约型、环境友好型社会”，建设“生态文明”，这是中国共产党人对世界发展观的巨大贡献，也是我国环境保护的重要转折点。因此开展我国环境规划编制实施与规划体系创新研究，系统总结我国环境规划实践中的经验与教训，提出新时期的环境保护规划思路、方法及创新点，系统指导我国“十二五”环境保护规划的编制工作，具有重要的意义。

（二）研究目标

通过对我国过去环境保护规划和其他部门“十一五”规划编制工作的总结，提出“十二五”环境保护规划编制在衔接实施、体系建设和机制保障上的建议，以及国家、省、地市级别的环境保护规划体系方案，为“十二五”环境保护规划提供科学依据。

二、研究思路

本课题研究的总体思路为：通过文献调研、专家咨询两条线，系统总结我国环境保护规划编制工作的经验、教训，分析其发展趋势，并通过已经开展和正在开展的各类环境保护规划和规划环评工作，提出我国“十二五”环境保护规划编制新体系方案（包括横向衔接和纵向衔接）。

技术路线见图 1 所示。

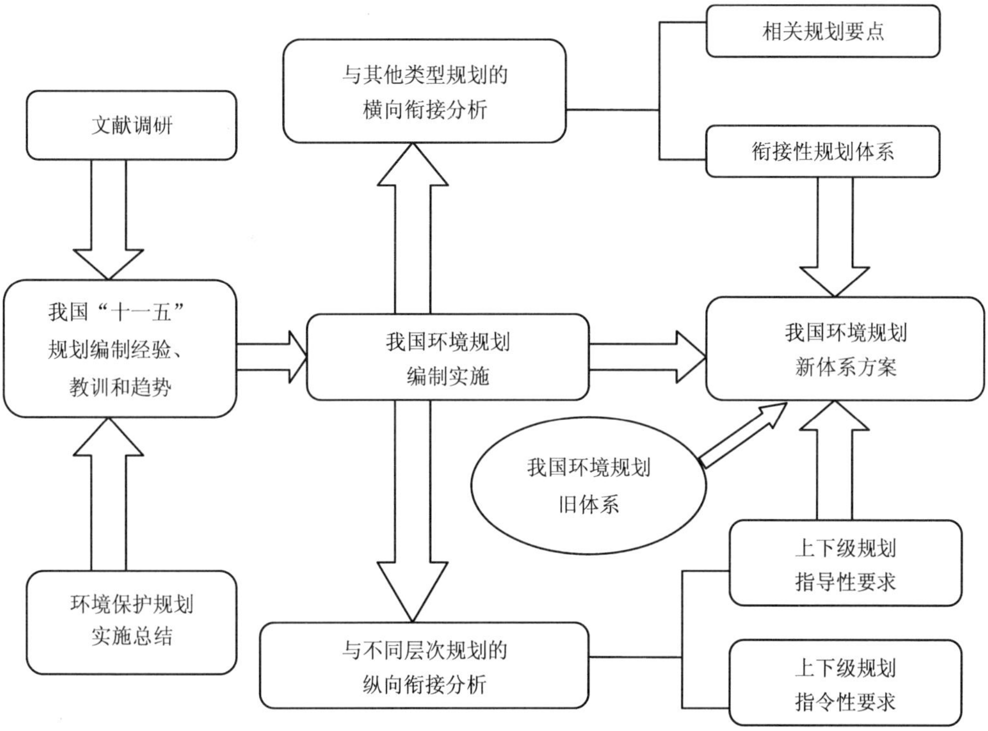

图 1 技术路线图

三、研究内容

（一）我国环境规划编制和实施的经验、教训和发展趋势研究

系统总结 35 年来，尤其是“十五”环境规划及相关规划编制和执行的经验教训，分析规划发展趋势进行分析，提出对“十二五”规划编制和实施的建议。本专题主要研究内容如下：

1. 我国环境规划编制和实施总结

总结我国从“六五”以来环境保护规划编制内容的变化、实施的主要过程，分析过去我国环境规划存在“规划规划、墙上挂挂、随便画画”的历史原因和体制原因，对我国环境保护“十一五”规划和中长期环境保护规划的经验、教训进行归纳。

2. 相关领域“十一五”规划编制和实施总结

重点对国民经济与社会发展“十一五”规划、产业发展“十一五”规划，发展改革、水利、国土、建设、资源、农业、林业、科技、信息业等相关领域“十一五”规划关于环境保护方面的内容进行总结，同时，总结这些“十一五”规划编制与其他规划衔接、实施等方面的经验、教训，为环境保护“十二五”规划提供借鉴。

3. 我国环境规划编制和实施的趋势分析

紧紧围绕环境保护历史性转变的战略任务，在以往经验和教训的基础上，根据国民经济和社会发展规划的总体要求，提出我国环境规划编制和实施的趋势分析结果，尤其是规划衔接、功能区划、规划指导、规划体系和规划体制的趋势分析。

（二）“十二五”环境保护规划编制衔接性研究

分析提出如何实现环境规划与其他规划（尤其是主体功能区、城乡规划体系、国民经济和社会发展规划）的衔接和结合，分析环境保护规划跨系统和部门特征，研究“十二五”规划编制衔接；分析上下级环境保护规划的关系，研究上下级规划衔接。本专题主要研究内容如下。

1. 环境功能区划衔接性研究

采用对比和参照法，研究我国各类功能区划的衔接点和保持一致的基本原则和关键点。

2. 相关领域规划衔接性研究

重点对国民经济与社会发展规划、城市总体规划、城镇体系规划、土地利用规划、产业发展规划等与环境保护规划的衔接性进行研究，提出与环境保护规划衔接的内容要求。

3. 环境保护上下级规划衔接性研究

将环境保护指标分为指导性和指令性 2 种，对上下级环境保护规划进行分别要求。提出环境保护上下级规划出现不协调的处理原则，以及下级环境保护规划分解性内容的要求。

（三）我国环境保护规划编制新体系研究

研究提出尊重环境保护规律的国家环保规划新体系建议，提出省、地市环境保护规划体系推荐方案建议，明确各自定位和侧重点。本专题主要研究内容如下：

1. 我国环境保护规划编制内容体系研究

在我国现有环境保护规划编制内容的基础上，将相关规划衔接性、上下级规划衔接性、功能区划衔接性等内容纳入我国未来环境保护规划的编制内容体系中，并设立衔接性规划专章。

2. 我国环境保护规划新体系研究

我国环境保护规划新体系包括内容体系、实施体系和反馈体系 3 部分。着重提出环境保护规划的实施主体、实施责任、实施过程、实施效果评估等实施要义及其反馈体系，并将其列入《中华人民共和国环境保护法》修订的重要内容，从法律上保障环境保护规划的权利。

3. 各级环境保护规划体系建议方案

在我国环境保护规划新体系的框架下，研究并提出国家级、省级、地市级、县级、乡镇级环境保护规划（“十二五”规划和中长期规划）的内容体系、实施体系和反馈体系建议方案。

四、主要结论

我国环境规划的发展趋势具体而言，包括以下几个方面：

1. 环境保护规划的新定位

引导国民经济与社会持续健康发展的战略性、前瞻性规划。时间上分为近期建设规划、中长期建设规划；指导属性上分为概念性规划、总体规划、专项规划。

2. 加强环境规划理论研究

我国目前的环境规划理论研究明显滞后于规划的实践，是目前环境规划体系中的薄弱环节，亟待加强。环境规划理论的突破要从思维方式和理论模式的变革着手，把研究对象当成具有复杂性的整体来研究，以探索人地系统协调发展机理为中心任务，更新规划理念，真正为引导经济发展具有空间导向性提供理论根基。

3. 制定《环境规划法》或《环境规划条例》

国家法律及各项相关法规、制度、条例、标准等是制定实施环境规划的依据。但我国在环境规划的法制化方面做得还很不够，具体的《环境规划法》尚未出台，国家一级的环境规划法规体系刚成雏形，地方性的环境规划法制建设也还未全面开展，因此在环境规划的编制实施过程中缺乏一定的依据和约束。建议国家制定《环境规划法》或《环境规划条例》，建立新的环境规划体系（包括战略规划和应用规划），并在此基础上制定各种地方性法规条例，把规划编制、审批、实施、评估、问责和公众参与等过程以法律的形式固定化，形成全面的环境规划法规体系，做到环境规划制度有法可依、依法实施。

4. 制定各类型环境规划技术导则，并开展规划编制资质认证

鉴于我国的具体实际，规划导则可以在战略规划和应用规划 2 个层次上提出。在战略规划层面上，主要是对环境提出框架性的导则，对规划领域内基本认同的概念做出明确规定，对规划的操作过程提出原则性的指导，以框架性和前瞻性内容为主；在应用规划层面上，需要在战略规划导则的基础和指导下，重点对合乎区域情况的规划类型做出技术性的规定，进一步明确规划过程，操作性较强。在战略规划和应用规划两个层面，需要对编制单位的资质许可进行认证，制定环境规划编制资质许可管理办法。

5. 编制差异性规划，指标体现地区差异

由于战略规划和应用规划的不同以及我国东、中、西部地区的差异，制定一套统一的指标体系是不符合区域分异要求的。因此，需要针对国家和地方各级层次，规划体系不同要求以及区域特点，合理构建指标层次。规划指标应该涵盖污染控制、环境质量、环境管理、生态保护、人群健康和社会经济发展各个方面，但针对不同的区域应该不同。同时对于新出现的问题和在战略规划的新指引要求下，可以选择地区试点，将战略规划思想落到实处。

6. 完善规划制定、实施、评估管理体制

在环境保护规划的实施上，应当明确实施的主导机构以及协作机构，明确各部门的职责，避免职责的交叉以及职责缺位的情况发生。在环境规划的评估上，相关机构应当将定期检查与不定期抽查相结合。检查包括对工程完成情况的检查、资金落实到位情况的检查、污染设备运转情况的检查以及政策实施效果的检查。检查过程中要积极引入公众参与，同时提高监督检查的效率，对检查中发现的问题及时进行纠正。同时强化环境规划实施的评估、反馈及问责机制，完善管理体制。

7. 将环境优化经济发展规划作为导向性内容

加强区域产业系统性研究，仔细研究主体内的经济社会与资源环境系统关系，把环境

优化经济发展、引导经济发展作为比水、大气、噪声等环境要素保护规划高一层次的规划列入环境规划体系，编制专章，作为导向性内容。该规划包括基于环境承载力的产业优化布局、工业园区主导产业准入条件、重污染行业定点规划、生态工业示范园区建设等内容。

8．加强各部门规划衔接性研究，作为规划保障的重点

针对现有的部门规划环境保护目标指标不全面、不协调、不清晰的不足，需要着重强化各部门规划与环境规划的衔接性研究，作为环境规划保障的研究重点。在规划衔接性研究中要突出体现衔接的关键点，出现不衔接的反馈机制以及不衔接的问责机制，真正将环境规划问题作为整个社会经济问题的一部分进行考虑，实现环境规划观念的转变。

五、政策建议

国家“十二五”环境保护规划是承上启下的关键规划，是开创中国特色环保道路的火炬，因此建议在国家层面开展以下工作：

（1）开展国家综合环境功能区划，绘制国家发展环境红线图。

（2）制定环境规划条例（或环境规划审批管理办法）：明晰各类规划的定位、主要内容和审批程序，做到规划有依据、编制有技术规范、承担单位有资格规定。概念性规划是战略性、框架性规划，主要包括规划目标、规划理念和规划策略等，以指导环境总体规划和专项规划；总体规划是综合性、全局性的规划，既包括环境保护规划的目标和策略，也包括具体的行动计划和重点工程；专项规划是以环境要素和环境管理能力及政策为专题，制定相应的规划方案、策略、行动计划。

（3）制定环境规划编制技术规范（指南）：明晰各类规划编制的具体要求。

（4）明确环境规划编制承担单位的资质要求，目前城市规划、土地规划、旅游规划等都有专项资质要求，而目前环保规划没有基本的资质要求。建议规划分甲乙两级，甲级可以全国承担工作，而乙级只能在本省开展工作，环境规划承担单位应该配置相应专业人员。

我国环境规划体系创新研究

一、课题研究背景与目标

（一）研究背景

1．应对社会经济转型期环境保护工作的挑战

“十二五”时期我国即将基本完成工业化、城市化和农村现代化，迎来资源能源消耗和人口数量的高峰；同时为应对当前全球金融风暴，我国实施了扩大内需政策，出台了一系列“产业振兴规划”，这将进一步加剧环境问题的复杂性。

2．基于科学发展观对环境规划功能定位的重新审视

科学发展观要求全面、协调、可持续的发展，作为其实现关键的环境保护工作涉及政府各部门、各行业、各领域，但在现行规划体系下，环境保护规划与其他部门规划之间缺少有效、充分的衔接和协调，环境规划得不到其他部门规划的有效支撑。

3．环境保护战略转变对环境规划的新要求

中国环境保护战略正逐渐从“控制型”向“防治型”转变，污染防治手段从单一的末端污染物处理处置向综合型、根源型、多样化转变，环境保护工作从“政府主导型”向“全社会参与型”转变。但我国的环境规划体系存在着较大的缺陷，影响了环保工作的推进和实施。

4．环境规划理论和实践创新的迫切需要

当前我国环境规划的研究缺乏对环境规划体系及其实施评估的规范化和制度化探索。而环境规划不仅仅是技术性规划，更属于公共政策范畴。如何在理论和实践中突出其公共政策的本质属性，实现其作为公共政策的功能是亟待解决的问题。

（二）研究目标

（1）分析中国环境规划编制、实施和管理的特点，提出符合中国行政管理模式的刚性约束和灵活引导并重、并有助于促进部门协调和区域间合作的环境规划体系，归纳、总结环境规划的基本理论、技术方法、管理制度与规划实施的评价方法。

（2）研究环境规划与整个国民经济和社会发展规划体系中综合性规划、各专项规划之间的关系，重新审视环境规划在整个规划体系中的功能和定位，促进环境规划与其他专题规划的协同和衔接。

（3）从规划编制方法、规划实施和管理机制以及整个环境规划体系建立等角度，对即将开展的各行政层级《环境保护“十二五”规划》的编制与实施工作提出政策建议和对策措施。

二、研究思路

首先基于课题组近年在环境规划、生态规划和战略环境评价（包括规划环境影响评价）等领域的理论研究成果和实践经验，并结合以环境规划专家为目标人群开展的调查问卷，总结了环境规划尤其是"十一五"环境保护规划编制和实施的成就、经验与教训；然后通过与国外环境规划以及我国城市规划的理论与方法研究成果、管理制度建设与机制设计的对比，分析当前环境规划编制实施和管理中存在的问题；最后识别影响环境规划实施效果的关键背景因素、环境规划的主题要素，以及与环境规划密切相关的其他规划，通过"十二五"环境规划实施的情景设计与分析，以及规划实施相关部门的博弈分析，针对如何提高"十二五"规划编制科学性和实施有效性提出对策和建议。

三、研究内容

（1）重新审视当前环境规划体系，通过规划相容性分析，研究环境规划与主体功能区规划、国民经济和社会发展规划及其他规划之间的关系，论证环境规划在整个规划体系中的功能和适当定位，探索如何通过借用规划环评等政策工具，协调与衔接好环境规划与其他规划，提高环境规划的权威性与有效性。

（2）研究环境规划在环境管理中的作用和定位。重点研究环境规划与新颁布的环境法规以及执行力较强的环境管理制度（如排污总量控制制度、规划环境影响评价等）之间的联系，关注彼此之间是如何互补和相互支撑。重点研究环境保护规划与当前实施的规划环评的整合框架与方法，设计环境规划的法律保障体系。

（3）通过研究环境保护的总体规划与环境要素的专题规划之间、从国家到地方不同行政级别的环境规划之间、相邻的行政区环境规划之间、行政区环境规划与区域/流域的环境规划之间、城镇环境规划与乡村环境规划之间的纵向和横向关系、衔接和协调等，构建环境规划的行政体系，借鉴博弈论和机制设计的理论和思想，探索具有应对当前国情、符合环境保护战略发展方向、有效支撑社会经济发展、环境事权界定清晰，并能行之有效地预防和解决跨流域、跨区域性环境问题等特点的环境规划行政体系。

（4）从规划编制到实施的全过程系统地归纳和总结环境规划技术体系。

四、主要结论

（一）环境规划现状及存在的问题

（1）环境规划内容较好地与环保主管部门职能定位和环境战略相符，从"九五"到"十一五"期间，环保部门职能呈现出从薄弱到强化、从分散到集中、环境管理战略从单纯治理到综合发展的过程，相应地，环境规划表现为指标数量减少、内容设置更为集中、体现操作性和针对性，并且规划定位也逐渐从部门规划上升到综合性规划，对其他部门规划的刚性约束不断增强。

（2）环境规划理论研究系统性不足。首先缺乏对环境规划的本源、属性与功能定位、规划实施的规律与机制、规划全过程等方面的认知、分析和解释；其次缺少对环境规划编制和实施等研究理论的系统总结，尤其是缺少对规划运行机制的研究，因此，有必要从整个环境规划理论开展系统性的研究，对当前碎片式的环境规划理论、相互割裂开的环境规划实践经验进行系统整理、归纳和升华，以促进环境规划理论体系的形成与完善。

（3）环境规划行政体系存在着各级政府行政范围与环境要素范围不统一、环保行政主管部门职权与环保涉及领域不对称、各相关部门规划有关环保的内容不协调、各级政府之间的规划意图及价值取向不一致等问题。具体表现为：

① 从外部协调性看，环境规划在规划目标和指标、规划重点领域和具体措施等方面与国民经济和社会发展“十一五”规划纲要协调性较好，而与其他部门规划的协调性整体偏弱，其中流域综合治理规划颁布相对滞后，对各行政区环境规划的指导和约束力不强。同时，当前以要素环境功能区划为主导的环境功能区划体系很难与其他部门主要的功能区划方式，尤其是国家 4 类主体功能区划进行对接。

② 从内部协调性看，国家层面综合性环境规划与污染防治类专项环境规划协调性较好，生态创建类规划衔接性较差。此外，环境规划的编制方式、内容和类型受行政组织方式和规划主管部门职能定位的影响较大，而且与当地的经济社会发展水平也呈现一定相关性。

（4）中国尚未建立系统的环境管理机制，环境规划的实施得不到保障，具体表现为：

① 环境规划缺乏法律保障，行政或法律定位与规划功能不相匹配；

② 缺乏统一的环境规划编制技术指南，没有对各类环境规划编制的依据和基本内容等做出明确界定；

③ 当前中国的环境规划财政保障仍不完善，环境规划财政的落实受制于之后各年的财政安排，而且环保规划的行政问责也刚刚展开。

（二）基于环境规划体系创新研究的结论

本研究课题从环境规划理论体系和环境规划保障体系 2 个角度来设计，见图 1。

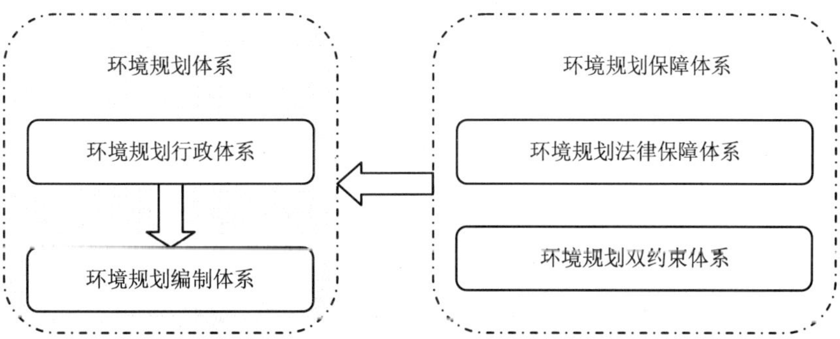

图 1　环境规划体系设计框架

（1）环境规划编制体系应该包括战略性规划和操作性规划 2 个阶段以及战略性规划、

环境综合规划、环境专项规划、环境行动计划4大类型，如图2所示。

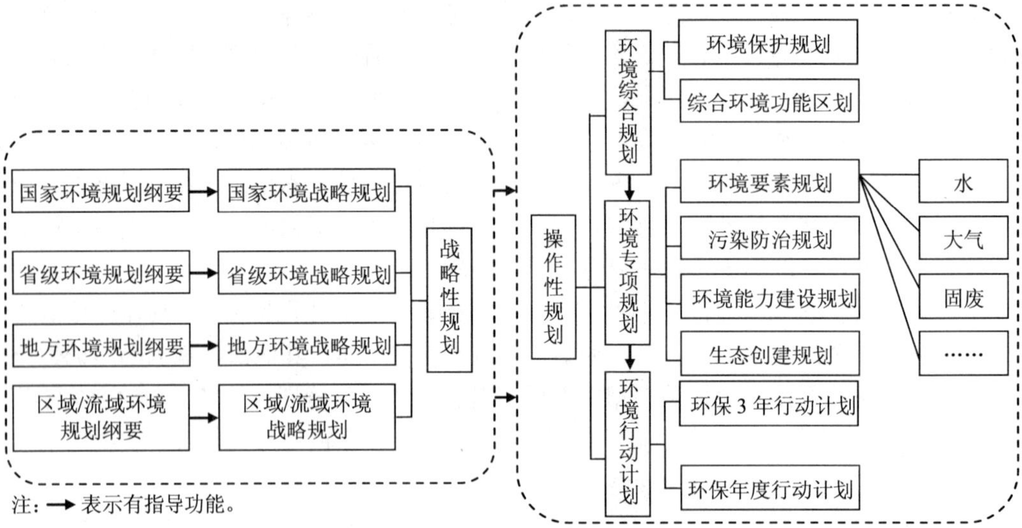

图2 环境规划编制体系框架

（2）环境规划行政体系可以将原来五级规划体系"扁平化"为三级体系，把市县放到一个级次平台上，形成中央、省、市县三级架构，如图3所示。

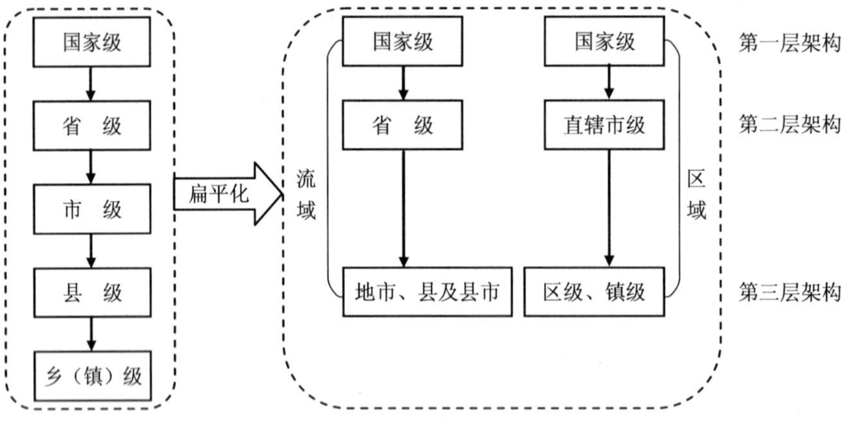

图3 规划行政层级扁平化示意图

按行政区划和管理层次可分为国家、省（直辖市和自治区）、县（区）和区域流域环境规划等。我国环境保护规划的行政层级见图4。

（3）建立完善环境规划保障体系。一方面通过立法，形成纵向上由"中央立法"+"地方立法"、横向上由"主干法规"+"相关法规"构成的环境规划法律保障体系；另一方面，通过整合环境规划、规划环评等环境政策工具形成"环境双约束机制"，提高环境规划对社会经济决策的约束力，促进可持续发展战略的实现。

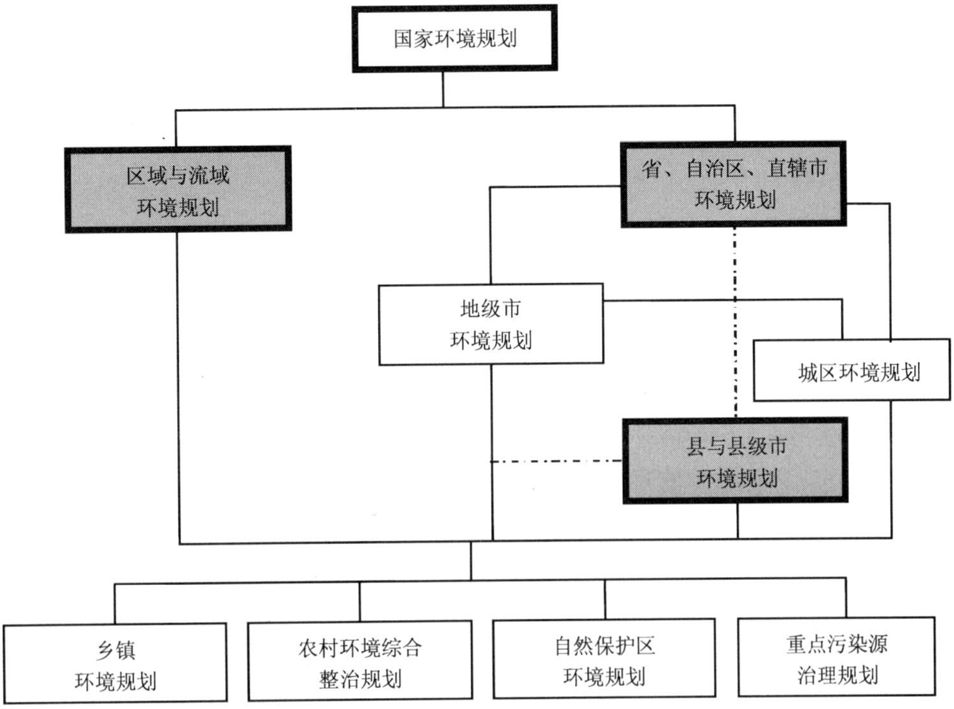

注：粗线框为规划体系的重点。

图4　我国环境规划的层级结构

五、政策建议

（一）编制战略性环境规划，完善环境规划体系

“十二五”环境规划应更具有宏观性、战略性的特点：一方面要提升环境规划的功能定位，摆脱部门规划的局限性，发挥其统筹和协调功能；另一方面还要对环境规划体系进行突破创新，形成从宏观到中观到微观的完整环境规划逻辑框架体系。

（二）增进部门沟通和协作，编制环境综合功能区划

（1）在国家环境规划编制过程中，要加强与相关部门之间的沟通和协调，提高环境规划对其他规划的约束力，摆脱“部门规划”的色彩，发挥综合性规划的功能。

（2）国家环境规划制定后，各省及地方在制定环境规划时需兼顾国家或上一级环境规划的政策目标和要求，同时与其他政府部门之间进行充分、有效、及时的沟通与协商，并兼顾和平衡企业、公众及其他社会群体等不同利益主体的需求，加强环境规划的有效性和可实施性。

（3）要改变“要素型环境功能区划”的思路，加强环境综合功能区划方案的研究和编制，做好与其他功能区划方式，尤其是与4类主体功能区的衔接，在协调性分析的基础上进一步建立统一管理和运作体系，促进部门联合管理机制的形成。

（三）应对焦点环境问题，灵活设置规划主题

“十二五”期间，环境规划主题应适时变化，国家层面的宏观和战略性环境规划可以根据难点和焦点性环境问题设置相应的规划主题，引导相关职能机构关注在环境保护中具有累积性、长期性、滞后性和重大影响的环境问题。

（四）重视地方环境规划，提高基层规划能力建设

（1）环境规划主管职能部门要重视对基层尤其是经济欠发达地区环境规划的能力建设，加强地方环境规划的基础研究，提高基层环境规划编制的合理性和科学性，打破当前环境规划的研究与实践中存在的“重中央、轻地方”等现象；

（2）突破城乡二元结构的思维，避免规划“重城市、轻农村”的现象，针对农村面源污染和分散式污染控制处理的特点，编制农村环境规划，建立从县垂直到村的环境管理体系；

（3）加大对地方环境规划编制的投入，增强地方的环境监测和信息系统的建设；

（4）加大县域环境技术人才的培养，为高水平基层环境规划编制与实施提供资金、数据和人力资源。

（五）整合环境政策工具，形成环境“双约束机制”

借助其他环境管理手段，引入并推广包括规划环评在内的战略环境评价，探索建立以环境规划为引导约束机制和以战略环境评价为评价监督工具的双约束机制，对不同层次开展的重大社会、经济决策从环保角度进行引导、约束和优化。

（六）完善规划实施保障体系，形成长效管理机制

（1）建立多方位、多角度的环境规划法律体系，包括以《环境规划法》为基本的主干法律和其他配套规章、技术标准和技术规范构成的专门法规体系；

（2）建立规范有效的环境规划行政体系，包括明确各级环境规划的编制和审批机构的管理职能和程序，并通过法律法规文件对相关要求和规定进行明确；

（3）形成环境规划跟踪评价和公众监督等规划长效管理机制，对规划实施情况进行监测、诊断、考核，并将评价结果及时反馈到规划主管部门，作为规划修编和调整的依据。

基于2020年全面小康目标的“十二五”环境要求研究

一、课题研究背景与目标

（一）研究背景

在20世纪末我国基本建成小康社会的情况下，党的十六大提出要在21世纪头20年，集中力量全面建设惠及十几亿人口的更高水平的小康社会，标志着我国进入全面建设小康社会新时期。“十二五”是我国全面建设小康社会承上启下的重要时期。一方面，我国经济社会发展水平不断提高，人民生活水平进一步改善，为我国全面小康社会打下了良好基础；另一方面，我国正处在社会矛盾频发时期，承受着来自人口资源环境等约束的巨大压力，亟须找到协调社会、经济、环境、资源的发展道路。

生态文明是全面建设小康社会的重要一环。党的十七大提出，我国要加强生态文明建设，基本形成节约能源资源和保护生态环境的产业结构、增长方式、消费模式；提高可再生能源比重；有效控制主要污染物排放，明显改善生态环境质量；在全社会牢固树立生态文明观念。然而，经过21世纪头10年的艰苦努力，我国粗放型经济增长方式仍未得以扭转、资源环境压力持续加大、基本环境状况恶化趋势总体尚未遏制住。未来10年，随着我国经济规模的持续扩张，资源环境的约束力将不断增加、瓶颈作用进一步凸显，可能对我国到2020年全面建成小康社会构成重大威胁。

在此背景下，开展基于2020年全面小康目标的“十二五”环境要求研究，多角度剖析和诠释全面小康社会的内涵和基本特征，研究提出全面小康社会的总体环境要求，提出2015年和2020年我国环境保护目标，对实现全面建设小康社会的目标具有重大意义。

（二）研究目标

本研究旨在认识和把握当前和今后一段时期内我国社会经济发展的阶段性特征及其态势，从经济、社会、人民生活等多角度剖析和诠释全面小康社会的内涵、实质和基本特征。按照环境系统与经济社会系统基本匹配的要求，综合分析、研究提出全面小康社会内涵及其总体环境要求，提出2015年和2020年我国环境保护目标及其实现的基本途径。

二、研究思路

通过文献综述和专家调研，判断当前和今后一段时期内我国社会经济发展的阶段性特征，并对我国目前到2020年间经济社会发展态势进行预测和综合分析。在此基础上，从经济、社会、人民生活等多角度剖析和诠释全面小康社会的内涵、实质，并提炼和总结出全面小康社会的标志性特征。与此同时，按照环境系统与经济社会系统基本匹配的要求，研究提出全面小康社会内涵及其总体环境要求，研究现有目标指标分类的合理性、目标的可达性、存在的主要问题和挑战，最终提出 2015 年和 2020 年我国环境保护目标及其实现的基本途径。

三、研究内容

（一）我国经济社会发展的阶段性特征及其态势研究

我国目前到 2020 年这一时期社会经济发展的阶段性特征和不确定性因素分析，包括工业化、城市化、社会结构、经济增长方式等方面阶段性特征分析，以及它们对环境系统可能产生的有利或不利影响分析。在目前国内外社会经济发展现状基础上，对我国目前到 2020 年间经济社会发展态势进行预测和综合分析。

（二）全面小康社会的内涵及其对环境的总体要求研究

① 清晰界定全面小康社会，包括生态文明的内涵和外延边界及其轮廓；② 提炼和总结出全面小康社会的标志性特征；③探索建设全面小康社会的基本路径；④同时根据环境系统与经济社会系统基本匹配原则，分析和揭示全面小康社会对环境的总体要求并寻求其相对比较具体的表达途径和方式。

（三）2015 年和 2020 年我国环境保护目标及其实现基本途径研究

① 研究现有目标指标分类的合理性、目标的可达性、存在的主要问题和挑战；②分别确定 2015 年和 2020 年环保的总体目标和具体细化目标或目标体系（指标体系）；③ 提出达到这些目标的战略重点和路径选择。

四、主要结论

（一）我国经济社会发展的阶段性特征及其态势

1. 我国正处在社会经济发展的重要转型期

当前及未来相当一段时期内，我国将处在社会经济发展的重要转型期，呈现出以下几方面的阶段性特征。

人口增长将步入“后人口转变期”。我国人口增长趋势减缓，进入了“低出生、低死亡、低增长”阶段。但由于人口基数巨大，全国每年仍将净增 700 万人左右，并给对环境造成的压力持续增加。

我国工业化进程刚刚过半，正处于工业化的中期向后期过渡阶段。工业高速增长已成为我国经济快速增长的主要推动力。

城市化进程正处于加速推进期。我国工业化进程创造了大量的就业机会，吸引大批的农村人口涌向城市，进而推动城市化进程。

我国步入经济增长与资源环境约束矛盾的尖锐期。技术水平落后、长期积累的结构性矛盾和粗放型经济增长方式尚未根本改变。经济增长的资源环境规模效应指数增长，经济增长与资源环境矛盾尖锐化。

正处在各种社会矛盾的凸显期。在体制变革、社会结构变动、利益格局调整时期，社会利益关系越来越复杂，不同社会群体之间的利益协调难度越来越大。这一系列的不利因素或矛盾严重影响社会稳定与和谐。

2．我国经济社会仍将保持快速增长

整体来看，21 世纪的前 20 年我国经济仍将保持较快增长，年均增长率将达到 8%左右，其中前 10 年高于 8%，后 10 年将有所放慢，但仍高于 7%。

产业结构迅速变化。预测 2005—2020 年，第一产业比重将不断下降，第二产业比重在波动中趋于下降，第三产业比重将稳步上升。分时期看，“十一五”期间，第二产业的比重将会继续上升，主要表现在对于能源需求的上升导致能源部门扩张以及高投资率带来的资本品需求的上升。到“十二五”和“十三五”时期，随着采矿业和低技术产业比重的下降，第二产业比重将逐步回落；随着居民收入水平的上升，居民对服务业消费需求的不断增加以及工业快速发展带来的对于生产性服务业需求的增加，第三产业比重将不断上升。

（二）全面小康社会的内涵、标志特征及实现途径

1．全面小康社会的内涵

全面小康社会是相对于低水平的、不全面的、发展很不平衡的小康而言，追求物质文明、精神文明、政治文明和生态文明的有机统一。

全面小康社会的核心是实现经济又好又快发展。全面建设小康社会仍旧以经济建设为中心，但需要“实现经济又好又快发展”。这要求经济增长必须建立在优化结构、提高效益、保护环境的基础上；要转变经济发展方式，由外生发展向内生发展转变；突出消费拉动，提高人民生活质量。

全面小康社会的本质是人的全面发展。在经济发展的基础上，不断提高人民群众的文化生活和健康水平；要尊重和保障人权，包括公民的政治、经济、文化权利；要创造人们平等发展的社会环境。

2．全面小康社会的标志性特征：实现五大均衡

（1）经济发展与社会发展的平衡。全面建设小康社会需要建立有效的体制机制促进社会公平和社会发展。

（2）效率与公正之间的平衡。在未来 20 年左右的周期内，使工农差别、城乡差别和地区差别扩大的趋势逐步得到扭转。

（3）公共服务需求与供给的平衡。中国已经从“生存性需求”转向“发展性需求”，表现为对教育医疗资源、社会保障等公共服务的质量和分配提出了更高的要求。

（4）社会经济发展与公共治理结构的平衡。政府要不断地改善公共治理并提高政府公共的服务，最后达到建立与市场经济相适应的公共产品体系的目的。

（5）环境与发展之间的平衡。全面小康社会要求人与自然之间的和谐相处。

3．建设全面小康社会的基本路径：实现六大创新

（1）管理创新：建设全面小康社会需要全社会共同努力，要从政府单向推动管理向政府与公民社会合作互动的治理转变。

（2）制度创新：加强体制机制改革和创新，建立和完善相应的政策保障体系，包括生态化的制度体系。

（3）科技创新：创造小康社会所必需的物质技术基础。

（4）文化创新：建立与全面小康社会相适应的文化体系，发展文化产业。

（5）观念创新：树立科学发展观，注重发展的质量并摒弃过去单纯追求规模扩张的经济增长模式，走绿色经济的发展道路，倡导绿色消费观念。

（6）产业创新：构建绿色产业或产业链，包括发展技术含量高的高新产业和近零排放服务业。

（三）全面小康社会的环境总体要求及其目标

1．全面小康社会的环境总体要求

（1）生态环境质量能够满足人民健康生活的需求。一是使人民群众能够喝上干净的水、呼吸上清洁的空气、吃上安全的食物；二是构建舒适的居住环境；三是改善优质环境资源分配的不均衡性。

（2）形成节能环保的经济增长方式。逐步扭转粗放型经济增长模式并形成节约资源、保护生态环境的产业结构、增长方式、消费模式应是全面小康社会的重要战略目标。

（3）形成生态友好的可持续消费模式。由于人口多、资源少，构建合理的消费模式和生活方式、确保人民群众能够以更低的人均资源能源消费拥有与发达国家居民相类似的舒适程度，是中国必须考虑的战略问题。

2．全面建设小康社会的总体环保目标和具体目标

全面建设小康社会的总体环保目标是以提高资源环境绩效为核心，通过结构调整、技术创新、政策调控、加强管理等途径，力争在2015年实现主要污染物排放总量的零增长，2020年主要污染物排放总量稳定下降，生态环境质量明显改善，资源节约、环境友好的产业结构、增长方式、消费模式初步形成。

从全面建设小康社会的角度出发，依次确定了“十二五”末期、“十三五”末期的具体目标。

	具体指标	单位	现状	2015	2020	备注
生态环境质量指标	环境空气质量在二级以上区域的人口比例	%	75（2005）	79	82	
	国控断面水环境功能区达标率	%	50（2007）	67	75	
	植被覆盖率	%	43（2005）	50	55	
	农业用地土壤环境质量达国家二级标准的比例	%	—	90	95	

	具体指标	单位	现状	2015	2020	备注
污染排放指标	SO_2	万 t	2 468（2007）	2 080	1 880	
	COD	万 t	1 382（2007）	1 200	1 000	
	氮氧总量	万 t	1 643（2007）	1 350	1 200	
环境绩效指标	单位 GDP 的 SO_2 排放	kg/万元 GDP	13（2007）	7	4.5	2000 年价格
	单位 GDP 的 COD 排放	kg/万元 GDP	7.1（2007）	4	2.5	2000 年价格
	单位 GDP 的氮氧排放	kg/万元 GDP	8.4（2007）	4.5	3	2000 年价格
	单位播种面积农药施用量	kg/hm^2	10.6（2007）	8.5	7	发达国家的警戒线 7 kg/hm^2
	单位播种面积化肥施用量	kg/hm^2	332（2007）	250	225	发达国家的警戒线 225 kg/hm^2
资源绩效指标	单位 GDP 能耗（以标煤计）	t/万元 GDP	1.34（2008）	0.9	0.7	2000 年价格
	单位 GDP 水耗	m^3/万元 GDP	274（2007）	145	90	2000 年价格
	单位 GDP 碳排放	t/万元 GDP	0.97（2005）	0.73	0.48	2000 年价格
	固体废弃物综合利用率	%	62.1（2007）	70	80	
	城市生活垃圾无害化处理率	%	66.03（2008）	75	85	
	工业用水重复利用率	%	82.0（2007）	85	95	
	环保产业产值占 GDP 比重	%	—	5	8	
	可再生能源比重	%	9（2008）	12	15	国家发改委：2020 年非化石燃料所占比重为 15%
环境人文指标	居民出行公共交通选乘率	%	—	27	35	
	生态环境意识普及率	%	—	75	85	
	规模以上企业 ISO 14001 认证率	%	—	20	30	ISO 14000 国家示范区规定比例为 15%

五、政策建议

（1）提升环境绩效。考虑中国发展的阶段性特征，针对工业生产和终端用能效率的低下，以提高资源环境绩效为核心，通过部署先进节能环保技术的大规模应用，促进经济目标与资源环境目标的协同共进。

（2）优化经济结构。加快推进产业结构调整，抓住其他重点用能单位和部门，依据控制增量调整存量的思路，尤其针对部分行业已经出现产能过剩的局面，淘汰落后产能并严把新建项目能效关。

（3）统筹城乡环境。基于城乡统筹的思路，在建设环境友好型城市的同时，加强农村环境建设，并避免城市垃圾向农村转移。针对当前农村环境监测的薄弱性与非全面覆盖性，着手提升农村环境监测能力。

（4）兼顾生产生活。关注工业节能减排的同时，探索生活领域的节能减排，从需求端控制污染物的排放和资源能源的消耗，积极探讨建立可持续的消费模式。

（5）强化能力建设。结合当前节能减排的工作重心，继续推进环境监察、监管能力建设，健全能源统计指标体系和统计制度，为科学制定和合法执行环境保护政策提供有力的支撑。

2020 年全面小康目标与“十二五”环保规划衔接研究

一、课题研究背景与目标

改革开放以来，我国的经济社会发展取得了举世瞩目的成就，经济总量迅速提升，经济实力不断增强，人民生活总体上达到了小康水平，我国的经济体制、社会结构和发展方式等，也在发生着深刻变革。然而，这种变革带来了巨大的发展活力，也蕴含着深层次的矛盾与问题，尤其是经济增长的资源环境代价过大已成为我们面临的突出困难，并成为我国在未来一个阶段需要优先解决的，关系到国家长治久安、社会稳定的主要问题。

基于对我国发展形势的正确判断，中国共产党第十六届全国代表大会提出了“全面建设小康社会”的目标，并将环境目标提升到了与经济发展目标同等的战略高度，党的十七大又进一步提出了建设生态文明的新要求。可以说，全面小康环境目标能否实现将决定全面小康的建设进程：良好的生态环境是全面小康社会的外在体现，也是实现全面小康社会经济发展目标的基础条件与重要保障；环境问题更是民生之基，妥善解决环境问题是维持社会和谐稳定的重要途径；全面小康环境目标的实现更将大大促进社会主义政治文明和民主法制的进程。

从当前的发展形势来看，全面小康的经济发展目标完全有可能提前实现。然而，我们必须清醒地认识到，我国的环境压力在短期内仍难以缓解，经济发展带来的污染物排放总量在一定时期内仍将超过环境的承载能力；环境质量恶化的趋势正在由东部向西部的生态脆弱地区逐步扩散；环境风险事故和环境污染事件频发，严重威胁着人民群众的生产生活。未来全面小康经济发展目标的实现，必将给我国本已严峻的资源环境形势带来更大的压力与挑战。因此，在当前的新形势下，本研究旨在对与全面小康社会相适应的环境要求进行科学、深入的研究，明确具体的基于全面小康的环境目标和指标，为相关环境目标的制定与实施提供科学支撑与理论依据，并为未来一段时期的环境保护工作奠定基础。

二、研究思路

研究基于对 2020 年我国经济、社会及环境宏观形势的判断，详细剖析环境目标在全面小康社会建设中的意义与地位，以及全面小康社会的资源环境要求。在此基础上确定基于全面小康的环境目标和指标并进行指标分解分类。最终提出保障“十二五”期间目标实施的落实机制。

三、研究内容

（一）2020 年我国经济社会宏观态势判断

对我国经济社会发展进行阶段性回顾，并对“十一五”规划中主要经济、社会和环境目标的实现进行中期评估；分析我国当前经济社会发展所面临的资源环境形势和存在的主要问题；在此基础上，对 2010—2020 年我国经济与环境的宏观情景进行分析，并结合发达国家与我国类似经济社会发展阶段时的发展经验，对 2010—2020 年我国经济与环境宏观态势进行总体判断。

（二）基于全面小康内涵的环境要求分析

系统全面分析全面小康社会建设的历史背景与意义，以及环境目标在全面小康社会建设中的意义与地位；通过全面小康社会建设进展的回顾与分析，识别全面小康社会建设进程中所面临环境压力的主要领域；在此基础上，提出全面小康社会建设在环境领域的核心要求，以及在资源能源、环境质量等方面的具体需求。

（三）全面小康的环境要求：目标与指标

基于全面小康社会建设对资源环境的核心要求，提出与全面小康的环境要求以及全面小康的资源环境需求相对应的环境目标；以体现十七大精神和“环保优先”要求、导向性和分类指导、前瞻性和可操作性为原则，对总量控制、环境质量、资源节约和环境风险 4 类环境指标进行分解分类和详细分析；在此基础上，最终确定基于全面小康环境要求的“十二五”环境保护指标。

（四）“十二五”环境目标的落实机制

“十二五” 环境目标的落实，必须加快相关规划的制定，结合阶段目标，建立“十二五”环境目标的落实机制，确保目标实施的权威性、严肃性和延续性，研究结合基于全面小康环境要求的“十二五”环境保护指标，提出在政策法规、组织保障、资金保障、指标监测、公众参与等方面的实施保障机制。

四、主要结论

当前，我国已经基本跨入小康社会，正由小康社会向全面小康进一步跨越和转变。然而，在高速的经济增长过程中，不尽合理的发展模式也带来了深刻的矛盾与问题，在这其中，资源环境问题已经越来越突出，严重威胁到国家的长治久安和社会稳定。经济发展对资源的消耗总量依然很大，与国际先进水平相比，我国的能源、资源利用率低，污染物排放强度高，环境绩效水平普遍较差，资源能源需求增长和资源能源短缺的矛盾非常尖锐。全国范围内主要污染物排放已超过环境承载能力，环境事故频发，环境形势十分严峻，资源环境问题开始成为诸多社会矛盾和问题的重要诱因。2020 年左右我国将基本完成工业化，人均 GDP 将大大超过十六大提出的全面小康目标，人均收入和人民的生活水平也将进一步提高。与此同时，随着工业化的进程加速、人们消费水平的提高与转变，我国经济社会发展对环境的压力在今后的 10 年间还将持续增加，增长的资源环境代价还将在一定时期内居高不下，到 2020 年，中国环境将面临着来自产业发展和居民消费双重压力的高峰期。与发达国家的比较分析显示，在人均 GDP 达到和跨越 3 000～3 500 美元时，重化工业的发展一般会持续一段时间，对能源的需求急剧上升，同时加速环境污染，这也导致了一些发达国家在经济加速发展时期出现了一系列的环境污染事件。我国目前正处于高能耗、高污染、高环境风险的类似时期，我们必须引以为鉴，克服发达国家在工业化道路上出现的环境问题，这样才能在 2020 年既实现全面小康的经济目标，又实现环境目标。

面对全面小康进程中巨大的环境压力，各级政府已经意识到了环境问题的重要性，并将全面小康的环境目标提升到了战略性的高度，以期实现环境保护应急治理向源头控制的转变。党的十七大提出了中国实现全面建设小康社会奋斗目标的 5 个新要求：①增强发展协调性，努力实现经济又好又快发展；②扩大社会主义民主，更好保障人民权益和社会公平正义；③加强文化建设，明显提高全民族文明素质；④加快发展社会事业，全面改善人民生活；⑤建设生态文明，基本形成节约能源资源和保护生态环境的产业结构、增长方式、消费模式。这为小康社会注入了新内涵，是全面小康的新的具体要求，也为我们的发展提供了新思路。在这其中，生态文明高度概括了全面小康的发展导向，即将生态化的理念贯穿全面小康经济发展、社会发展、民主法制发展的始终，最终实现环境良好、经济发达、人民富足、社会文明、政治清明的全面小康社会。要建设这样一个小康社会，必须达到生态文明、经济发展和环境良治的核心环境要求，即：①将资源节约的理念贯穿经济发展的始终，降低经济发展的资源能源强度，从源头减少资源消耗和污染物排放；②将环境质量的改善作为经济发展的前提条件，将解决与人民群众生产生活息息相关的环境问题作为环境保护工作的优先领域；③将环境风险纳入常规管理，最大限度地降低威胁人民群众生命、健康安全的环境风险，减轻因环境事故和环境问题引发的社会矛盾，维持社会的和谐稳定。这些环境要求具体体现为全面小康社会的三个"型"，即全面小康社会必须是节约型的——资源能源得到高效利用；保障型的——群众的生活环境质量得到保障；安全型的——环境风险降到最低水平。唯有如此，才能满足全面小康社会对能源保障、环境质量、环境安全等多方面的资源环境需求，才能真正以人为本，从根本上建立社会主义和谐社会。

在当前的新形势下，应紧紧围绕节约型、保障型和安全型社会这三大全面小康的环境要求，以提升资源能源利用效率、削减污染物排放总量、改善环境质量、保障环境安全为核心，确定具体的全面小康环境目标。围绕节约型社会，实现重点行业污染物排放强度明显下降，单位 GDP 的 CO_2 排放强度显著降低；围绕保障型社会，有效控制主要水污染物排放，城市集中饮用水水源和农村饮用水质、全国地表水质和近岸海域海水水质明显好转，基本解决 SO_2 引起的大气污染，所有重点城市大气质量全年达到二级水平，土壤污染问题得到有效缓解，灌溉污水水质监测和土壤环境管理显著加强，化肥农药施用强度明显降低；围绕安全型社会，在主要污染物总量削减、生存空间得到保障、生态服务功能得到提升的基础上，建立完善的环境风险应急体系，有效控制环境事故，基本实现环境风险最小化。到 2020 年，形成公众普遍对环境质量较为满意、公众普遍参与环境保护、生态文明观念在全社会牢固树立的和谐局面。

五、政策建议

“十二五”期间是全面小康建设的攻坚阶段，全面小康的环境目标对“十二五”期间的环境保护工作提出了更加明确的要求，本研究提出：在继续推进主要污染物减排的基础上，要将 NH_3-N、NO_x 总量控制纳入“十二五”环境保护总量指标，将 CO_2 排放强度纳入节能减排体系；重点解决空气质量、水环境质量以及农村环境问题，将近岸海域海水好于Ⅱ类水体的比例、重点城市集中式饮用水源地水质基本达标、受保护的国土面积比例、农业用地土壤环境达国家二级标准比例纳入环境质量指标；将环境风险管理纳入常规环境管理领域，到 2015 年，各级政府建立较完备的环境风险应急预案体系。同时，要通过加快相关规划的制定，结合阶段目标，建立“十二五”环境目标的落实机制，确保“十二五”环境目标与指标的落实，为全面小康环境目标的实现奠定坚实基础。

“十二五”生态文明建设指标体系研究

一、课题研究背景与目标

（一）研究背景

“十二五”是中国实现全面小康目标的关键时期——发展方式的转变应基本成型且主要发展指标应在这个时期末逼近目标。为完成全面建设小康社会的环境保护和生态建设目标，党的十七大报告指出了一条路径——“建设生态文明，基本形成节约能源资源和保护生态环境的产业结构、增长方式、消费模式”。沿着这条路径，可以根据中国经济发展阶段和环境保护能力，针对下一阶段中国主要环境问题，按照以人为本的科学发展观提出“十二五”期间的生态文明建设思路、目标和指标体系。当前，“十二五”规划的编制也已经全面启动，应将生态文明理念融入并引领 “十二五”规划的编制与实施，深入分析生态文明建设的概念、内涵和体系构成，从区域经济社会发展的总体需求出发，探讨生态文明建设的总体目标和重点任务，在此基础上，研究构建生态文明建设指标体系的思路、方法和框架，促进“十二五”期间生态文明建设的持续开展与长效管理。

（二）研究目标

（1）基于“十二五”期间我国面临的形势问题分析以及对国家近年来提出的落实科学发展观、全面建设小康社会、构建和谐社会、建设“资源节约型、环境友好型”社会、发展低碳经济等日标与要求的解析，提出不同时期我国生态文明建设的总体目标及重点任务，为未来我国的生态文明建设提供导向。

（2）以生态文明的基本概念和内涵研究为基础，以国家生态文明建设的总体目标和关键指标为导向，参考国家和地方颁布的生态省、市、县，以及环保模范城市、城市环境综合定量考核、卫生城市、园林城市等指标体系，针对各级行政区的管理体制和模式，构建各级行政区生态文明建设的指标体系框架。

（3）针对建立的各级行政区生态文明指标体系，构建科学的评估体系，以期全面客观地反映各级行政区生态文明建设水平，为地方各级决策者制定有效的地方发展战略提供依据，通过“自下而上”的模式践行生态文明建设要求，推进实现国家生态文明建设总体目标，推进全国生态文明建设的持续开展和长效管理。

二、研究思路

（一）研究思路

（1）针对当前已有的各类生态文明指标体系开展研究，总结、归纳其研究成果、实践经验和现存问题，明确生态文明指标体系的整体要求和设计原则；

（2）基于对生态文明概念内涵、基本原则等研究成果及相关建设领域的发展目标与要求解析，提出国家生态文明建设的总体目标与重点任务；

（3）综合前 2 点的研究结论，提出生态文明建设评价指标的筛选标准和“三位一体”的指标体系构建思路，并对各级行政区管理体制和模式进行分析；

（4）确定以国家生态文明建设总体目标及关键指标为导向的“自上而下”式各级行政区生态文明建设指标体系框架；

（5）分别从“差距”、“水平”、“进步”3 个方面构建生态文明指标体系的三维评价体系，提出各级行政区生态文明建设考核方案建议。

（二）技术路线

课题研究技术路线见图 1。

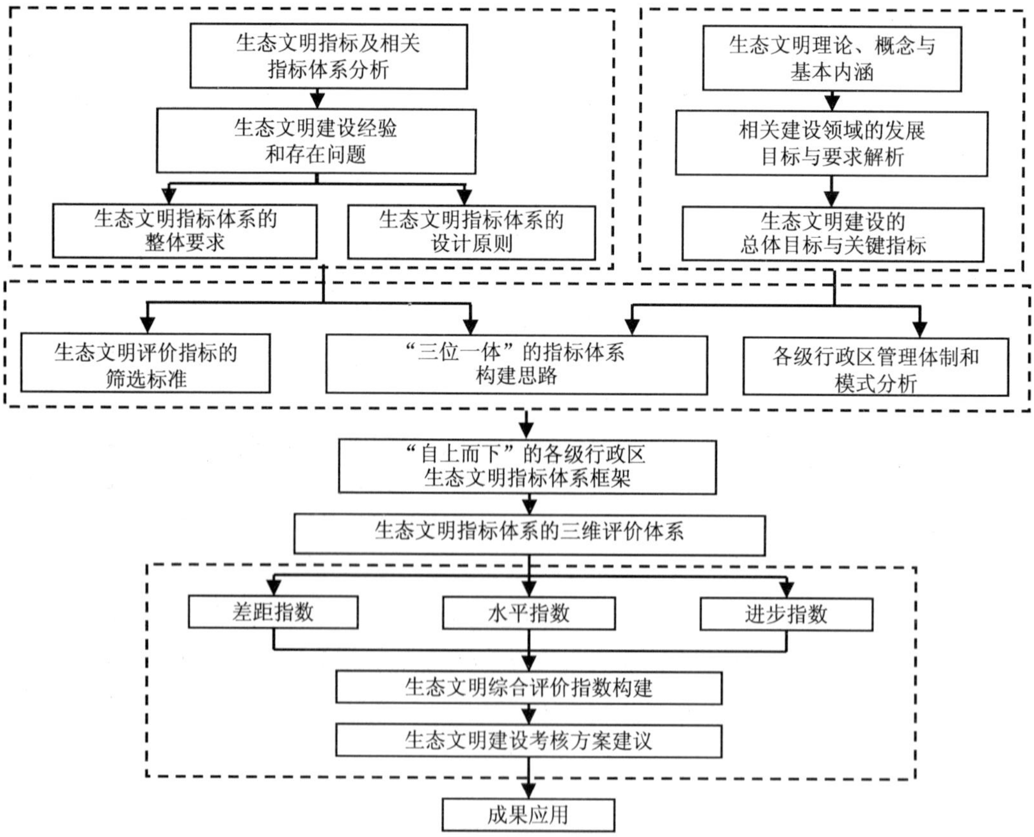

图 1　技术路线

三、研究内容

（一）“十二五”期间国家生态文明建设关键指标及指数构建

基于“十二五”期间我国生态文明建设的总体目标和重点任务，确定我国生态文明建设的 12 个关键指标分别为：出生时预期寿命、人均受教育年限、人均国民总收入、万元 GDP 能耗、万元 GDP 用水量、人均耕地面积、SO_2 排放强度、CO_2 排放强度、COD 排放强度、氨氮排放强度、氮氧化物排放强度、工业固体废物综合利用率、生活垃圾无害化处理率，涵盖了生活福利、资源利用、污染控制 3 大领域。并在此基础上，参考联合国开发署最新修订的人类发展指数（HDI）构建模式，同时构建了资源节约指数（RSI）和污染减排指数（PRI），组成我国“十二五”期间生态文明建设 3 大指数，并最终进行综合，形成国家生态文明建设水平评价指数（ECI），全面反映我国在国家层面上的生态文明建设水平。

当 RSI≤1，且 PRI≤1 时，ECI=HDI×100；

当 RSI≤1，且 PRI＞1 时，ECI=（HDI/PRI）×100；

当 RSI＞1，且 PRI≤1 时，ECI=（HDI/RSI）×100；

当 RSI＞1，且 PRI＞1 时，ECI=（HDI/ RSI /PRI）×100。

根据生态文明建设水平评价指数（ECI）的取值，确定对应生态文明发展阶段为：

生态文明初级发展水平：0～40；

生态文明中等发展水平：41～70；

生态文明高等发展水平：71～85；

生态文明极高发展水平：86～100。

（二）“十二五”各级行政区生态文明建设指标体系

以国家生态文明建设的总体目标为导向，同时设置指标筛选的技术标准，构建市（县）级行政区生态文明建设指标体系框架；以市（县）级行政区生态文明建设指标体系为核心，以国家生态文明建设总体目标及重点任务为依据，向上提炼出省级行政区生态文明建设的控制指标及国家生态文明建设的关键指标；同时，根据镇（乡）级行政区及行政村的特征及在市（县）级生态文明建设中的功能定位，从市（县）级行政区生态文明建设指标体系中选取镇（乡）级生态文明建设的控制指标。最终，形成“自上而下、上下互动”式的“橄榄型”各级行政区生态文明指标体系层次结构（见图 2）。

依据以上构建思路，形成适用于省级行政区的生态文明建设指标体系（20 项指标）、适用于市（县）级行政区的生态文明建设指标体系（46 项指标）、适用于乡镇级行政区的生态文明建设指标体系（25 项指标），详见附表 1～附表 3。

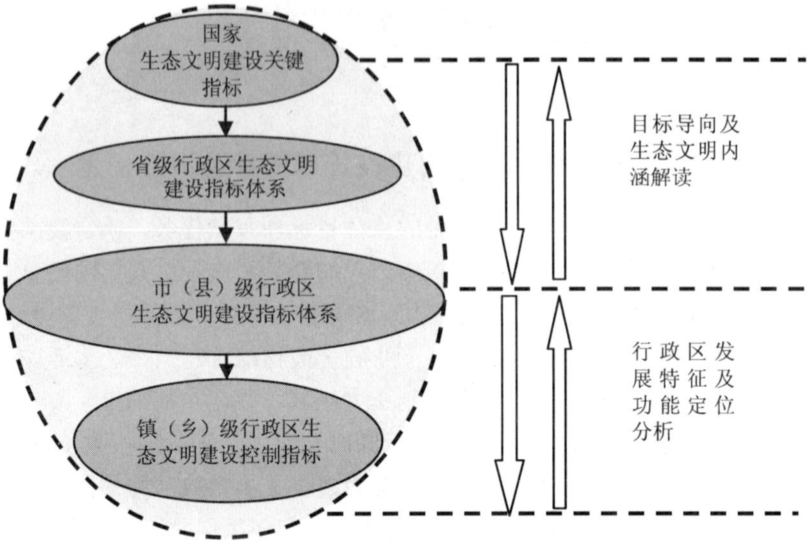

图 2 "橄榄型"各级行政区生态文明指标体系层次结构

（三）"十二五"各级行政区生态文明建设指标体系考核方案

1．省级行政区

根据生态文明建设工作的实际，综合考核省级政府生态文明建设指标的完成情况，指标共 20 项，每项指标满分 5 分，每项指标分为三星级（生态文明高级阶段）、二星级（生态文明中级阶段）及一星级（生态文明初级阶段）3 个等级，达到三星级标准及以上的给 5 分，达到二星级标准的给 3 分，达到一星级标准的给 1 分，未达到一星级标准的给 0 分，其余用内插法赋值。

根据指标体系的考评结果，分为无星级、一星级、二星级、三星级 4 个等级。考核达到总分 80 分以上的认定为三星级，考核达到 40～80 分的认定为二星级，考核达到 20～40 分的认定为一星级，考核为 20 分以下的不予认定星级。

2．市（县）级行政区

作为有效评估市（县）级行政区生态文明建设水平的指标体系，应不仅在各指标现状数据的基础上科学反映现状与规划目标的差距，以明确示意今后需努力的方向。同时，还应客观反映各指标与自身历史水平相比的进步程度、各指标与同属于上一级行政区内的其他同级行政区相比所处的位置。故对于市（县）级行政区生态文明指标体系的评价体系应至少从 3 个方面来考虑，即：与目标水平相比、与历史水平相比、与所属区域的整体水平相比。最终，建立三维评价体系对市（县）级行政区生态文明指标体系进行综合评价，构建市（县）级生态文明综合评价指数，见图 3。

根据指标体系的考评结果即生态文明评价综合指数，分为优、良、中、合格、不合格 5 个等级。生态文明评价综合指数达到 0.80 以上的认定为优，生态文明评价综合指数达到 0.60～0.80 的认定为良，生态文明评价综合指数达到 0.40～0.60 的认定为中，生态文明评价综合指数达到 0.20～0.40 的认定为合格，生态文明评价综合指数未达到 0.20 的认定为不合格。

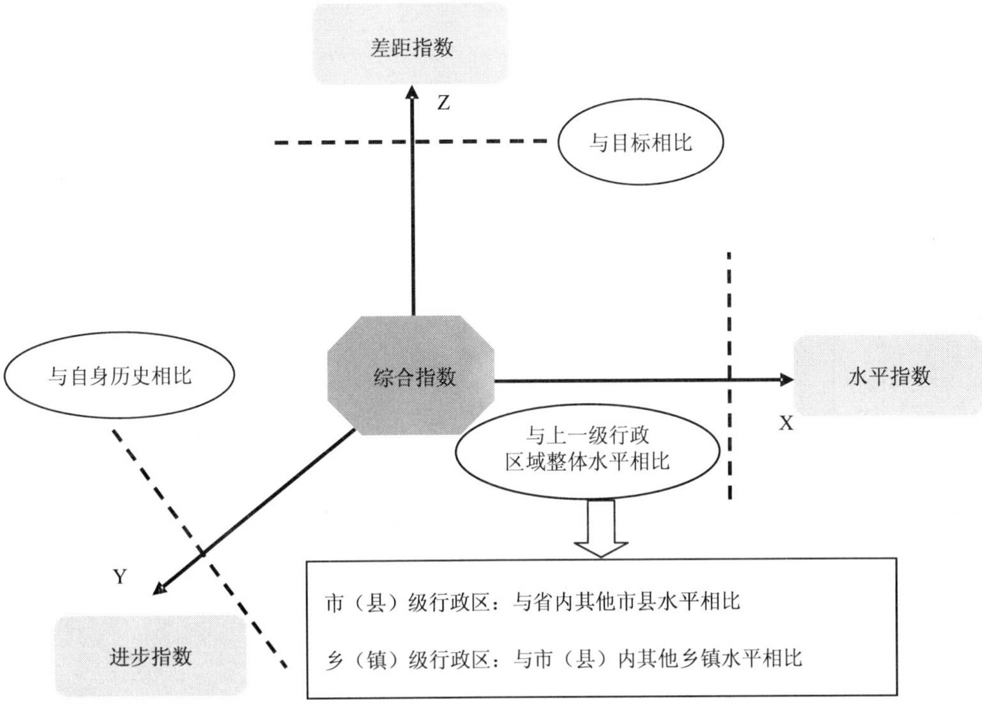

图 3　生态文明指标三维评价体系

（四）“十二五”乡镇级行政区生态文明建设指标体系评价实证研究

根据生态文明建设的三维评价体系及综合评价指数计算方法，以建立的乡镇级行政区生态文明建设指标体系为依据，对江苏省太仓市现辖璜泾镇、浮桥镇、城厢镇、双凤镇、沙溪镇、浏河镇、陆渡镇 7 个乡镇进行生态文明建设综合指数的计算（图 4 和图 5）。

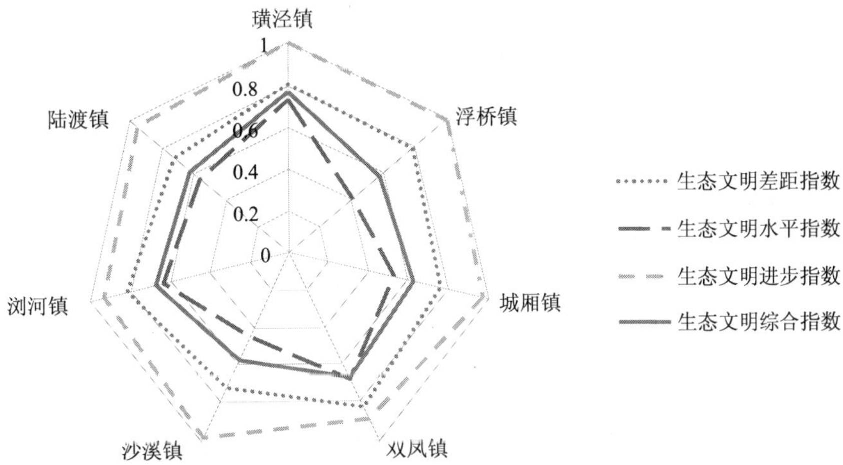

图 4　太仓市各镇生态文明建设分指数评价

就生态文明差距指数来说，太仓现辖 7 个乡镇中以双凤镇为最高，指数值为 0.82，其次为浏河镇和璜泾镇，分别为 0.81 和 0.8。就生态文明水平指数来说，最高的为璜泾镇，指数值为 0.73，其次为双凤镇，指数值为 0.67，接下来为浏河镇，指数值为 0.63。就生态文明进步指数来说，以璜泾镇和浮桥镇为最高，分别为 1 和 0.99，说明其各项指标较上年相比均有所进步；相对较低的为双凤镇和浏河镇，说明其部分指标与上年相比退步较明显。根据生态文明综合评价指数计算结果，最高的为璜泾镇，指数值为 0.76，处于“良”的水平，最低的为沙溪镇，指数值为 0.57，处于“中”的水平。

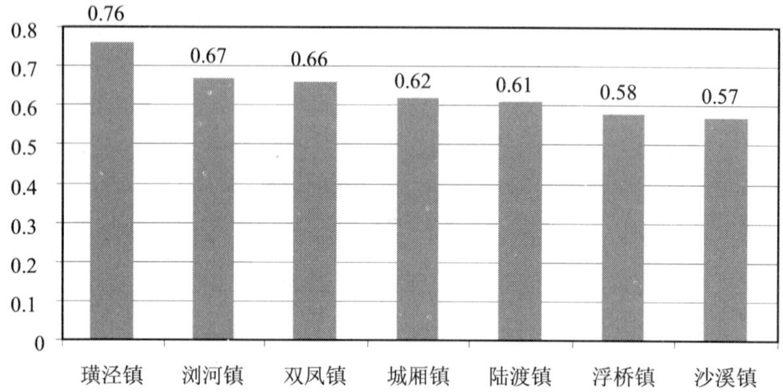

图 5 太仓各镇生态文明建设综合指数评价

四、主要结论

建立生态文明指标体系是量化生态文明建设最有效的手段，是保证生态文明各领域建设活动有效开展和落实的重要途径。本研究基于“十二五”期间我国面临的形势问题，分析提出了不同时期我国生态文明建设的总体目标及重点任务，构建了各级行政区生态文明建设的指标体系框架，并提出了考核方案建议，为地方各级决策者制定有效的地方发展战略和管理决策提供了依据，通过“自下而上”的模式践行生态文明建设要求，推进了“十二五”期间全国生态文明建设的持续开展和长效管理。

（1）基于对“十二五”期间我国生态文明建设的总体目标和重点任务，确定我国生态文明建设的 12 个关键指标。并在此基础上，参考联合国开发署最新修订的人类发展指数（HDI）构建模式，同时构建了资源节约指数（RSI）和污染减排指数（PRI），组成我国“十二五”期间生态文明建设 3 大指数，并最终进行综合，形成国家生态文明建设水平评价指数（ECI），全面反映我国在国家层面上生态文明的建设水平。

（2）根据构建的各级行政区生态文明建设指标体系框架，提出各级行政区生态文明建设评价考核方案建议。对于市（县）级及乡（镇）级行政区生态文明指标体系的评价体系从 3 个方面来考虑，即：与目标水平相比、与历史水平相比、与所属区域的整体水平相比，建立了三维评价体系对市（县）级及乡（镇）级行政区生态文明指标体系进行综合评价，构建生态文明综合评价指数。

五、政策建议

（1）指标体系必须使决策者关注与生态文明建设相关的关键问题和优先发展领域，同时也使决策者掌握这些问题的状态和进展情况。

（2）指标体系必须引导政策制定者和决策者在制定各项政策和决策时，能够以生态文明为目标或按相关原则办事，使各项政策相互协调，保证不偏离生态文明的轨道。

（3）指标体系应该成为决策者和管理者的调控工具或预警手段之一。通过指标体系序列，决策者和管理者可以预测和掌握区域生态文明建设的发展态势和未来走向，有针对性地进行政策调控或系统结构的调整。

六、附表

附表 1　省级行政区生态文明建设考核指标及标准

准则层	子准则层	要素层	序号	指标层	一星级（1 分）（初级阶段）*	二星级（3 分）（中级阶段）**	三星级（5 分）（高级阶段）***
社会公平进步	居民生活福利	收入及消费	1	（居民人均收入/人均GDP）/%	30	45	60
			2	恩格尔系数/%	50	40	30
		社会公平与保障	3	基尼系数/%	0.5～0.6	0.4～0.5	0.3～0.4
			4	城乡基本社会保险覆盖率/%	20	60	100
	绿色行政管理	环境管治能力	5	环境质量是否纳入党政领导干部政绩考核体系	是		
		风险应急管理水平	6	应急响应与管理体系完善性	尚不完善	基本完善	完善
	生态文明意识与知识培育	意识与知识教育及传播	7	人均受教育年限/a	10	12	14
			8	全民环境教育普及率/%	50	70	90
		意识与知识培育平台建设	9	财政性教育经费支出占国内生产总值比例/%	4	5	6
经济优质高效	发展状态	增长水平	10	人均 GDP/美元	5 000	10 000	20 000
		经济结构	11	第三产业比重/%	30	50	70
			12	无公害、绿色、有机农业基地面积比重/%	30	60	90
	增长质量	资源效率	13	上地产出效率/（万美元GDP/km²）	3 000	6 000	10 000
			14	二氧化碳排放强度年均下降率/%	2	3.5	5
			15	水资源消耗强度/(t/万元GDP）	150	110	70

准则层	子准则层	要素层	序号	指标层	一星级（1分）（初级阶段）*	二星级（3分）（中级阶段）**	三星级（5分）（高级阶段）***
	增长质量	环境代价	16	化学需氧量（COD）排放强度/（kg/万元 GDP	<3.5	<2.8	<2.1
			17	二氧化硫（SO_2）排放强度/（kg/万元 GDP）	<4.5	<3.6	<2.7
生态和谐安全	生态环境质量	自然生态状况	18	森林覆盖率/%	山区≥70	山区≥75	山区≥80
					丘陵区≥40	丘陵区≥45	丘陵区≥50
					平原地区≥16	平原地区≥18	平原地区≥20
					高寒区或草原区林草覆盖率≥85	高寒区或草原区林草覆盖率≥90	高寒区或草原区林草覆盖率≥95
	可持续资源利用	水环境质量	19	地表水环境功能达标率/%	80	90	100
			20	水源地水质达标率/%	90	95	100

附表 2　市（县）级行政区生态文明建设考核指标

目标层	准则层	子准则层	要素层	序号	指标层	单位
生态文明综合指数	社会公平进步	居民生活福利	收入及消费水平	1	居民人均收入/人均 GDP	—
				2	恩格尔系数	—
			生活质量	3	基尼系数	—
				4	人均受教育年限	年
			社会保障与公共服务	5	城乡基本社会保险覆盖率	%
				6	公共文化设施免费开放程度	—
		绿色行政管理	环境与发展综合决策	7	规划环境影响评价执行率	%
				8	重大决策环保部门参与程度	—
			环境管治能力	9	环保投资占 GDP 比例	%
				10	环境质量是否纳入党政领导干部政绩考核体系	—
			风险应急管理水平	11	应急响应机制体系完善性	—
				12	风险与安全防范体系有效性	—
		生态文明意识与知识培育	意识与知识教育及传播	13	全民环境教育普及率	%
				14	户外及公共场所环保公益广告比例	%
			意识与知识培育平台建设	15	中小学绿色学校比例	%
	经济优质高效	发展状态	增长水平	16	人均 GDP	万元/人
			经济结构	17	第三产业比重	%
				18	无公害、绿色、有机农业基地面积比重	%
		增长质量	增长效率	19	土地产出效率	万元 GDP/km^2
				20	能源消耗强度	t/万元 GDP
				21	水资源消耗强度	m^3/万元 GDP

目标层	准则层	子准则层	要素层	序号	指标层	单位
生态文明综合指数			环境代价	22	COD 排放强度	kg/万元 GDP
				23	SO_2 排放强度	kg/万元 GDP
			企业绿色化水平	24	ISO14000 认证率	%
				25	循环经济试点企业比例	%
	生态和谐安全	生态环境质量	自然生态状况	26	生态环境状况指数	—
			人居生态环境	27	建成区人均公共绿地面积	m^2/人
			水环境质量	28	地表水环境功能达标率	%
				29	水源地水质达标率	%
			环境空气质量	30	二级以上空气质量天数比例	%
			声环境质量	31	声环境功能区达标率	%
			土壤环境质量	32	居住区土壤环境质量	—
				33	农田土壤环境质量	—
			群众满意程度	34	群众投诉环境问题处理率	%
		污染控制	污染源控制	35	污染源达标排放率	%
				36	化肥施用强度	kg/公顷
			废物资源化利用	37	工业固体废物综合利用率	%
				38	规模化畜禽养殖场粪便综合利用率	%
			环境基础设施	39	城乡生活污水处理率	%
				40	固体废物无害化处理处置率	%
		可持续资源利用	能源	41	清洁能源比例	%
				42	二氧化碳排放强度	$kgCO_2$/万元 GDP
				43	重点能耗企业能源审计率	%
			水资源	44	工业用水重复利用率	%
				45	农业节水灌溉技术普及率	%
			土地资源	46	非建设用地面积比例	%

附表 3 乡（镇）级行政区生态文明建设考核指标

目标层	准则层	子准则层	要素层	序号	指标层	单位
生态文明综合指数	社会公平进步	居民生活福利	收入及消费	1	农民人均纯收入/人均 GDP	—
				2	人均居民储蓄余额	万元/人
			社会公平与保障	3	城乡基本社会保险覆盖率	%
		绿色行政管理	环境管治能力	4	建设项目环评执行率	%
		生态文明意识与知识培育	意识与知识教育及传播	5	全民环境教育普及率	%
				6	教育支出占财政总支出比例	%
				7	公共文化设施免费开放程度	—
	经济优质高效	发展状态	增长水平	8	人均 GDP	万元/人
				9	人均粮食产量	kg/人
			经济结构	10	第三产业比重	%
				11	无公害、绿色、有机农业基地面积比重	%

<table>
<tr><th>目标层</th><th>准则层</th><th>子准则层</th><th>要素层</th><th>序号</th><th>指标层</th><th>单位</th></tr>
<tr><td rowspan="14">生态文明综合指数</td><td rowspan="7">经济优质高效</td><td rowspan="7">增长质量</td><td rowspan="4">资源效率</td><td>12</td><td>耕地面积比例</td><td>%</td></tr>
<tr><td>13</td><td>土地产出效率</td><td>万元/km^2</td></tr>
<tr><td>14</td><td>二氧化碳排放强度</td><td>kg/万元 GDP</td></tr>
<tr><td>15</td><td>水资源消耗强度</td><td>m^3/万元 GDP</td></tr>
<tr><td rowspan="3">环境代价</td><td>16</td><td>COD 排放强度</td><td>kg/万元 GDP</td></tr>
<tr><td>17</td><td>SO_2 排放强度</td><td>kg/万元 GDP</td></tr>
<tr><td>18</td><td>建成区绿地覆盖率</td><td>%</td></tr>
<tr><td rowspan="7">生态和谐安全</td><td rowspan="2">生态环境质量</td><td>土壤环境质量</td><td>19</td><td>农田土壤环境质量</td><td>—</td></tr>
<tr><td>群众满意程度</td><td>20</td><td>群众投诉环境问题处理率</td><td>%</td></tr>
<tr><td rowspan="5">污染控制</td><td rowspan="2">污染源控制</td><td>21</td><td>污染源达标排放率</td><td>%</td></tr>
<tr><td>22</td><td>化肥施用强度</td><td>kg/hm^2</td></tr>
<tr><td>废物资源化利用</td><td>23</td><td>规模化畜禽养殖场粪便综合利用率</td><td>%</td></tr>
<tr><td rowspan="2">环境基础设施</td><td>24</td><td>生活污水处理率</td><td>%</td></tr>
<tr><td>25</td><td>生活垃圾无害化处理处置率</td><td>%</td></tr>
</table>

“十二五”环境保护重点领域及其路线图研究

一、课题研究背景与目标

“十二五”时期是实现 2020 年全面小康社会建设目标的关键时期，也是需要着力解决重大环境保护问题的关键时期。通过分析新的历史时期提出的环境保护任务和目标的进展情况、掌握环境质量变化状况、了解现阶段环境形势所发生的重大变化、广泛听取专家意见，判断“十二五”环保工作将面临的形势和工作重点，提出重点环境领域问题分阶段的控制策略、解决方案和路线选择等，具有十分重要的理论和现实意义。

本课题的目标是：通过重点领域环境问题的发展态势、“十二五”时期环境保护的重点需求等分析，判断“十二五”环保工作重点，提出“十二五”环境保护重点领域的主要任务，研讨重点环境问题的解决方案和分阶段控制路线选择。

二、研究思路

本课题研究以文献资料分析、专家调研和广泛征集意见的方式完成。首先，根据重点领域环境问题的各种分析线索，结合专家调查、咨询和研讨，提出“十二五”环境保护重点领域，并分析确定各重点领域在“十二五”期间需要控制的主要环境问题。然后，针对提出的各重点领域环境问题，通过专题研讨和借鉴分析，提出我国重点领域环境问题的分阶段控制目标和策略、部署，形成重点环境问题的控制路线图。在此基础上，组织专家对提出的重点环境问题的解决方案和路线选择等进行研讨、修正。

三、研究内容

（一）“十二五”环境保护重点领域和主要任务分析

（1）进行我国当前污染减排形势的诊断分析，掌握环境保护传统重点领域当前的发展态势。主要根据政府部门当前环境保护重点任务目标和要求、相关战略决策和政策、环境保护部重要领导发言、国内各种环境质量状况、主要环境保护任务和目标的实现情况以及各种会议研讨成果等进行分析。

（2）分析正逐步显现的新的、突出的环境问题或一些隐性环境问题；通过重点环境问题的承继、调整和新增，提出“十二五”环境保护重点领域，如水环境、大气环境等。

（3）延续当前环境保护重点任务和目标，提出“十二五”环境保护重点领域的主要任务指标，即明确重点领域环境问题的主要控制对象。如水环境领域内氮、磷、COD等污染物的控制，大气环境领域内SO_2、NO_x、可吸入颗粒物、CO_2、VOCs等污染物的控制等。

（二）重点环境问题解决方案和控制路线研究

（1）分析重点环境领域的关键问题，提出我国重点环境问题的分阶段控制路线图，即提出主要控制对象不同时期、分阶段的具体控制目标。如：在“十二五”期间，在水环境领域内，除了COD外，是否应进行氮、磷等污染物的控制，以及可能达到的总量削减目标或环境质量指标体系；大气环境领域内，SO_2、NO_x、VOCs、CO_2、可吸入颗粒物等污染物的先后控制顺序，以及可能达到的总量削减目标或环境质量指标体系。

（2）针对重点环境领域的关键问题提出解决方案，明确控制政策和策略。例如，在水环境领域内根据COD、氮、磷等污染物的控制需要，在大气环境领域内根据SO_2、NO_x等污染物的总量控制目标或需要达到的环境质量指标体系的需要，选择减排方式，如排污总量削减目标、具体污染物控制、重点控制行业、重点治理项目等；建立总量减排体系，如相应的节能减排立法、提高生产工艺效率、末端污染处理等。

（3）分析相应的政策需求、基础工作需求，明确实现目标需要的政策投入、技术投入和经济投入。分析实现控制目标需要制定的联合政策，如减排“前端”的资源能源管理，减排“中端”的控制污染物新增排放、联合环保立法和地方政策体系以及监督核查与评价等；需要的技术支持能力建设，如全过程的减排技术体系分析等；需要建立的政绩考核体系，如地方环保执法、污染减排指标等；需要建立长效减排机制，如经济政策的改善、市场调节机制的建立等。

四、主要结论

（一）环境保护形势和工作重点

“十二五”是实现全面建设小康社会奋斗目标承上启下的关键时期，环境保护应紧紧围绕提升发展质量和效益这个中心，将污染控制、自然生态和资源保护、制造业绿色化引向纵深发展，同时将气候变化等全球环境问题摆上重要位置，完善与此相关的法制建设、制度建设、政策体系建设，并且进一步加强公众参与、社会民主监督机制、体制、制度建设。需要着力解决的重大问题包括：

（1）在污染控制方面，以城市、流域、饮用水源为重点，注重建设和完善全防全控的、可持续的污染控制保障体系；

（2）以保障人体健康和环境安全为环境管理首要目标，坚持和完善污染总量的遏制和控制，总量控制与环境质量改善相衔接，在继续SO_2、COD减排的同时深化环境质量管理，把NO_x、空气悬浮颗粒物、NH_3-N、挥发性有机污染物的控制提升到新水平，构建重点突出、可达可测可核评、体现总量和质量挂钩的目标指标体系；

（3）将城镇污染控制向农村延伸，以江河湖泊、饮用水源为重点，规划控制农村生活污水、垃圾、畜禽养殖污染，结合农村环境综合整治提升乡镇工业污染控制水平；

（4）创新产业污染双轨控制机制，调整和完善行业污染控制标准和法治，推行新环境经济政策助推清洁生产、循环经济、低碳经济发展；

（5）围绕污染控制目标加强成套环境技术装备研发与生产，促进环境服务业发展，落实财政、税收、金融、科技扶持政策发展环保产业；

（6）以水生态、水资源和生物多样性保护为重点，推进生态补偿政策的实施，加大生态恢复和保护投资等；

（7）强化地方环境立法，充分运用“地方环境标准”和“地方环境政策”，构建区域环境与经济健康发展的格局。

（二）“十二五”规划目标和指标

“十二五”是我国污染防控体系基础建设的关键阶段，规划目标应重在建设；在以往规划的基础上适当调整污染控制的方向和范围、突出重点，加大生态资源保护的力度，统筹规划推进农村污染控制；提出相关体制机制和政策保障体系建设的明确要求。

“十二五”规划目标的基本考虑：①环境基础设施建设明显加强，领域、区域、流域污染控制体系基本形成，工业与生活污染稳定控制，主要环境污染物大幅削减，重点城市和重点流域环境质量明显改善；②全面推进农村环境保护，重点地区重点流域农村污水、垃圾、畜禽养殖污染得到基本控制；③环境科技与环保产业支持与保障能力进一步加强，较好满足污染控制和生态保护的需求；④环境法制建设不断完善，基本克服“守法成本高，违法成本低”的法治障碍；⑤环境经济政策体系基本形成，环境宏观调控能力明显加强。

“十二五”规划指标的基本原则：①突出管理重点、符合环境要素演变规律，选择能以引导整体环境质量不断改善的主要指标；②按照污染控制指标与质量管理指标相协调的原则，调整、组合规划指标体系结构；③总量指标与强度指标相结合；④坚持统一性（约束性指标）、兼顾差异性（行业、地域差异性）、突出必要性（对健康、生态的危害性），实行共同但有差别的指标管理，提高执行环境标准的科学合理性；⑤指标数量坚持少而精，根据突出环境问题选择阶段优先指标，注重可达可测可核评。

“十二五”规划指标的基本结构：可按约束性指标和引导性指标构建，考虑区域、流域、领域、行业等的差异性后，进一步把约束性指标分为统一性指标和差异性指标。

（1）统一性指标包含：①COD 排放总量；②NH_3-N 排放总量；③NO_x 排放总量；④重点断面达标率（注：重点断面包括出境断面、国控断面）；⑤SO_2 排放总量；⑥城镇垃圾无害化处理率。

（2）差异性指标包含：①对“三河三湖一海一库”等重点流域，增设 TN、TP 排放总量；②对于主要城市污水处理厂增加考核出水 BOD、TN、TP 达标率；③电力、钢铁、水泥等重点行业除尘效率；④石化等重点行业 VOCs 排放量；⑤重点重金属排放行业增加重金属排放量；⑥对经济发达地区，增加规模化养殖场污水达标率。

（3）引导性指标包含：①万元 GDP COD 排放量；②万元 GDP TN 排放量；③万元 GDP SO_2 排放量；④万元 GDP NO_x 排放量；⑤重点城市二级良好天数；⑥危险废物安全处置率；⑦机动车污染控制；⑧重点城市加油站燃油蒸气控制。

五、政策建议

（一）大气环境领域

“十二五”大气环境保护应以促进国民经济的可持续发展和保护人民身体健康为出发点，以改善城市和区域大气环境质量为目标，以削减氮氧化物、二氧化硫、细颗粒、VOCs和重金属等大气污染物的排放量为重点，综合运用法律、经济、信息、行政管理等综合措施推动全国范围的区域大气污染控制体系建设，尽快实现大气污染的有效控制，保障我国经济社会高速发展进程中公众和生态系统的大气环境安全。控制指标与重点控制对象如下：

（1）控制指标（包括质量指标和污染控制指标）建议

质量指标包括：①重点城市环境空气质量良好天数；②环境空气质量指标：NO_x、SO_2、细颗粒（PM_{10}）、臭氧等。

污染控制指标包括：①针对重点区域、重点行业、重点城市分别提出 NO_x、SO_2、细颗粒、VOCs、重金属等；②反映环境优化经济的指标：万元 GDP NO_x 排放量。

其中，行业污染控制指标中，①所有工业行业：全部安装除尘设备、除尘效率；电力、钢铁、水泥、有色行业全部配置高效除法设备；②重点行业：电力行业（NO_x、SO_2、烟尘、除尘效率）、水泥行业（NO_x、粉尘浓度、除尘效率）、钢铁行业（粉尘、SO_2、重金属、除尘效率）、有色冶金（SO_2、烟尘、重金属、除尘效率）、工业锅炉（SO_2、烟尘、除尘效率）。重点区域中包括珠三角、长三角、京津冀地区及部分大气污染控制重点城市，指标包括：NO_x、SO_2、烟尘和粉尘、工业 VOCs、除尘效率、城市扬尘、提前实施更严格的机动车污染控制标准及与实施标准相一致的清洁车用燃料使用率、加油站 VOCs。

（2）约束性指标（包括全国性约束性指标和差异性指标）建议

①全国性约束性指标包括：重点城市环境空气质量良好天数、NO_x 或万元 GDP NO_x 排放量、SO_2 排放量。②差异性指标包括：电力行业（NO_x、SO_2、烟尘、除尘效率）、水泥行业（NO_x、粉尘、除尘效率）、钢铁行业（SO_2、重金属、粉尘、除尘效率）、有色冶金（SO_2、重金属、烟尘、除尘效率）、工业锅炉（SO_2、烟尘、除尘效率）；珠三角、长三角、京津冀地区（NO_x、SO_2、烟尘和粉尘、工业 VOCs、除尘效率、城市扬尘、提前实施更严格的机动车污染控制标准及与实施标准相一致的清洁车用燃料使用率、加油站 VOCs）；其他重点城市（NO_x、SO_2、烟尘和粉尘、除尘效率、加油站 VOCs 等）。

（3）“十二五”重点控制对象：大气污染控制以化石燃料的污染控制为主、大气污染控制以城市及周边地区为重点、大气污染控制以多种污染物协同控制为主。

（4）总体思路为：在继续进一步控制 SO_2 和颗粒物排放的基础上，逐步将控制重点转向 NO_x 的排放控制，将其纳入总量控制范畴。同时开展可吸入颗粒物（PM_{10}）和挥发性有机物（VOCs）控制，并提出与 GDP 挂钩的 NO_x 减排量约束性控制目标。

（5）为实现我国大气环境保护目标，需要采取一系列控制措施，其措施体系的建立，应遵循以下几方面的要求：产业结构调整和优化能源结构相结合，以实现环境与经济的协调发展；清洁生产工艺和全过程控制相结合，从源头上控制污染物的排放；节能减排措施和末端治理措施相结合，以较小的治理成本获取较为显著的环境效益。重点行业点源污染物削减和其他行业面源污染物减排相结合，以取得最大限度地减少污染物排放；污染物达标排放和区域总量控制相结合，单污染物控制与多污染物协同控制相结合，以进一步控制源头的污染物排放，改善区域性的大气环境质量。经济发展的不均衡，导致不同地区的环境问题也不相同，中小城市控制 1 种污染物（如 SO_2）就足以改善空气质量，而大城市或城市群则应以多种污染物协同控制为主。

（二）水环境领域

以构建健全的水污染防治体系为主线，系统整合水污染减排、水环境质量改善和水生态安全，全力保证污染减排目标的实现，强化饮用水安全和流域协同治理，综合运用环境经济政策、环境法规标准、环保产业导向、环境科技进步、社会公众环境意识，创新管理机制和体制，构建新型水污染防控体系，保障在经济高速增长背景下的水环境质量稳步改善。

（1）控制指标体系（包括质量指标、污染控制指标、分类指标）建议

质量指标包括：①主要水系、饮用水源；断面水质；②水质指标：根据不同水体自然环境、经济社会特征构建相同但有区别的不同组合的指标集，如 COD、BOD、NH_3-N、特定危险污染物；COD、BOD、TN、TP 等。

污控指标包括：①对于主要水系、饮用水源或者以区域水资源回收为目的 COD、营养盐总量指标；特定危险污染物（持久性污染物）控制指标；②反映环境优化经济的指标：万元 GDP COD 排放量。

分类指标包括：①城镇污水：处理率、处理量、COD 处理达标率、氨氮以及 TN、TP 削减总量；②农村污水，重点针对规模化畜禽养殖：处理率、处理量、COD、氨氮；③工业污水：处理率、处理量、COD、氨氮以及 TN、TP 削减总量。

（2）约束性指标（包括统一性指标和差异性指标）与引导性指标建议

基于环境负荷统一控制的要求、环境质量控制的要求、控制水平评估考核的需要等，设置就全国来说需要统一进行评估、考核以及控制的统一性指标。主要包括：①区域/流域 COD 排放总量；②万元 GDP COD 排放量；③万元 GDP TN 或 NH_3-N 排放量；④出界断面达标率、⑤重金属（Hg、Cd、As 等）。

对于不同地区之间，由于自然环境与经济社会发展基础和现实环境质量上存在差异，设置差异性指标、实现分类指导。主要包括：①面对对象的排放总量：对“三河三湖一库”等重要地区和流域，建议在指标值上相对严格，增加重金属等特定危险污染物；②对于主要城市污水处理厂：建议率先考核出水 BOD、TN、TP 达标率，以进一步控制有机污染物，降低水体富营养化风险；③农村污水处理考核，在“十二五”不宜全面推开，应当实行共同但有区别的方针，可考虑首先对重点水源保护区、重要水体考核，以及其他需要控制的地区规定考核的要求，同时其他地区积极推动农村污水处理。

根据近年来各地污染防控效果的实际情况和水环境状况，建议“十二五”采取由约束性指标（统一性指标和差异性指标）、引导性指标组成的组合型控制指标体系。约束性指标中，①统一性指标包括：COD 排放总量、氨氮排放总量、重点断面达标率；②差异性指标包括：重点流域增设 TN、TP，重点流域及地市级以上城镇污水处理厂增加考核出水 BOD、

TN、TP 达标率，电镀、有色、制药等行业增加特定重金属排放量。引导性指标包括：万元 GDP COD 排放量、万元 GDP TN 排放量。

（3）在总体思路上：①突出重点与整体推进相结合，优先安排解决影响国家全局层面的重点流域、饮用水源、城市、重点行业的水环境问题；②当前重点任务与基础能力建设相结合，按照国家国民经济和社会发展"十二五"规划的要求安排好当前重点任务，同时给予水环境科学管理的基础能力建设以高度重视；③宏观规划与"细节管理"相结合，根据水环境的内在规律和特征，建立从上到下的一体化的规划管理机制和平台，将规划管理延伸到水污染防治体系的各个环节、各个关键节点，从而保证水环境规划真正落到实处。

（4）为实现我国水环境保护目标，需要采取一系列控制措施：①以构建健全的水污染减排体系为主线，夯实城镇污水集中处理和产业污染减排两道防线，推进水污染防治体系建设进入新阶段，体系的污染减排能力达到新水平；②以环境优化发展，健全可持续的水污染减排体系，发展清洁生产和循环经济，促进产业结构调整，提高水资源利用效率，进一步加强深度减排能力建设，建立健全适应我国经济社会发展要求的可持续的水污染减排体系；③以饮用水安全保障为主线，以外源为重点，内源外源并举开展综合整治，提高监控预警与应急反应能力，保障人民喝上干净的水；④以国家和区域重点江河湖库、近岸海域和城市水体为主轴，制定专项清水路线图，促进持续改善我国水环境质量大局的形成；⑤以农村畜禽养殖污染和生活污水为重点，制定配套扶持政策；适时启动并大力推进规模化畜禽养殖场、重点江河湖库、饮用水源地流域和重点控制单元农村面源污染减排计划；⑥以体制、政策、制度、规划、监测、科技等能力建设为支撑，构建水环境综合管理平台，全面提升水环境、水资源、水生态建设与管理绩效。

“十二五”环境保护重点领域公众调研报告

一、课题研究背景与目标

环境问题已成为当今世界各国必须面对的最严峻考验，中国作为发展中国家，在经济高速增长且对人口资源环境高度依赖的关键时期，对环境保护的需要显得更为迫切。在这个新的历史时期，我国的环境规划制定工作也面临新的机遇和挑战。

当前，公众参与在国际上已逐渐成为解决环境问题的一种重要方式，也是正在被积极实施的一项举措。公众参与环境规划是公众的权利，也是环境规划制定和实施的重要基础之一。环境规划中的公众参与，可以使公众了解规划以及由此可能引起的重大的、潜在的环境问题，增加公众对环境规划的认同感，增强规划的合理性和社会可接受性，并使公众的环境利益得以表达，从而有利于最大限度地发挥规划的综合和长远利益。因为公众来自社会各个层面和各个领域，最了解自己这个层面和领域的各种状况，他们为规划管理提供的依据，往往能够反映某一方面的真实情况和真实要求；来自多方面情况的真实反映，可以避免决策的盲目或由于情况不明造成的决策偏差，最终实现科学决策。公众参与正在世界各国和国际社会的环境规划工作中得到越来越多的推行。

环境规划制定中的公众调查是指将公众生活、工作中有关环境规划的一系列问题设计成问卷，通过一定的组织形式发放到公众手中，填写后集中收集，对调查数据进行分析整理，并把公众的意见作为编制环境规划参考依据的一种方法，这也是目前国际上最常采用的公众参与方法之一。

受环境保护部环境规划院委托，中国环境文化促进会承担了国家“十二五”环保规划环境保护重点领域及其路线图研究课题中的公众调查工作。本课题从公众的角度出发，通过社会调查的方式，希望能够反映出公众对“十一五”环境保护工作的总体评价以及对“十二五”环保规划的建议和设想；研究公众对“十二五”环保规划的感受、意见和思路；客观及时地反映关于环境保护工作的社会舆论和大众心理的一般状况，为“十二五”环保工作重点领域以及解决方案和控制路线的制定提供对策建议。项目目标为：

（1）帮助相关政府部门了解公众对“十一五”期间中国环保工作的评价；

（2）掌握公众参与环保的行为模式和态度；

（3）为政府制定“十二五”规划提供数据支撑；

（4）利用公众调查宣传环保知识、增强民众环保意识、带动社会大众参与环保活动。

二、研究思路

（一）前期研究

通过文献资料等形式，了解中国当前环境质量的现状与问题，识别本项目的主要需求因素，并设计出项目总体方案。

（二）制定研究技术路线图，设计调查问卷

通过专家研讨、论证等形式，制定本次调查的指标体系，设计调查问卷，包含公众对“十一五”环境保护工作的总体评价以及对“十二五”环保规划的建议和设想等方面的问题。

（三）调研队伍培训

调查员以 6 000 多名大学生环保志愿者为基础，经调查技术技能培训，了解调查的目的、方法、内容、注意事项等。调查员录用培训程序为：

（1）调查员应了解环保专业知识，并具有调查活动实践基础；

（2）专业知识培训后，通过考试，按实际所需调查员数量择优录取调查员；

（3）培训方式为通讯培训和区域培训相结合，培训的过程本身就是环保知识宣传的过程。①通讯培训：将培训内容以电子邮件定期发送至高校环保社团，由社团组织学习；②区域培训：在确定调查区域后，与地方环保局宣教部门配合，在当地对调查员进行集中培训，筛选考试。

（四）调查抽样

在全国省会城市范围内进行社会公众抽样调查，调查对象覆盖中国除港澳台以外的 31 个省、自治区的省会城市和直辖市，以及抽取全国 113 个环保重点城市中的 20 个城市，每个城市抽取 80 个样本。

样本为 18～65 周岁并在本地居住 2 年以上的居民，总样本量约 4 000 个。由经过专业培训的调查员完成问卷调查，调查过程全程质量督导，保证调查数据真实性、代表性、科学性。

（五）社会调查

调查方法有入户调查、街头调查、电话调查。

（六）数据统计及撰写

调查结束后问卷统一回收整理、数据录入，使用 SPSS 软件包进行统计分析。

三、研究内容

本项目是从公众的角度出发，系统地描绘出公众对“十一五”环境保护工作的总体评价以及对“十二五”环保规划的建议和设想、“十二五”期间环境保护的重点需求等问卷调查分析，研究公众和专家对“十二五”环保规划的感受、意见和思路，客观及时地反映关于环境保护工作的社会舆论和大众心理的一般状况，为“十二五”环保工作重点领域以及解决方案和控制路线的制定提供对策建议。

四、主要结论和政策建议

（一）环境已成为3大民生因素之一——环境规划应成为国家的基本战略规划

调查结果显示，在评价环境状况的重要性上，不同收入、不同地区、不同年龄、不同性别、不同教育水平、不同职业的人却做出了高度一致的选择：认为环境状况是选择居住地的3大影响因素之一。虽然将环境状况列为第一位的影响因素的选择占的比例并不多，为17.8%，但是把选择第一位、第二位和第三位的比例加起来，则反映了将环境列入“三甲”的人数的比例，却是最高的，为51.7%，高于经济状况（49.1%）和就业机会（44.4%）。如表1所示。

表1 对环境状况、经济状况和就业机会重要性的评估 单位：%

	环境	经济	就业
第一位	17.8	19.3	21.8
第二位	13.2	18.2	13.5
第三位	20.7	11.6	9.1
合计	51.7	49.1	44.4

调查结果显示，随着经济收入的增长，公众对环境质量的要求也越来越高。公众理解的环境保护的内涵远不限于环保部门的管理职能，公众对环境保护措施的理解也十分宽泛，即包括传统的对企业的管制，也包括对公众行为的约束；重视政策制度的建设，也关注科学技术的发展，特别地，将加强社会监督视为今后最重要的环境保护措施。

因此，可以看到，公众将环境状况选为民生三大要素之一，和对环境保护内涵和措施的理解是有一致性的。这说明，在公众的理解中，环境保护不再单纯是技术性的、部门性的、局部性的工作，而是与居民日常生活和国家政治制度建设均密切相关的。这个调查结果，同时也契合了目前我国对环境保护工作的基本定位：就是将环境保护作为转变经济发展方式的手段，作为建设“两型社会”和和谐社会的主要内容。因此，环境规划，特别是国家层面上的环境规划，不应是技术性规划，也不应是其他有关规划的附属，而是要增强其战略性、全局性和综合性，其地位应提高到国家的基础战略规划。

（二）公众对政府环保工作整体评价正面偏好，“对企业的污染整治”、“政府投资增加”和“政府环境信息公开”获得最高评价——环境规划应调动企业的主动性

本次调查主要在直辖市、省会城市和环保重点城市开展，在这些地区，环保政策能得到较好落实、措施手段相对完备、环保投入相对持续稳定，“十一五”期间污染减排工作成绩开始显现。9.4%的被调查者公众认为，自2006年以来，环境质量状况“变好很多”，56.9%的被调查者公众认为环境质量状况“有所好转”。在松花江流域和辽河流域，认为“有所好转”的比例超过了70%。在对水、大气等主要环境问题是否有所改善的调查中，表示“满意”和“基本满意”的比例均较高。对政府工作的评价方面，公众对“对企业的污染整治措施和力度加大”、“政府投资增加”、“政府环境信息公开”3项政府工作给予了较高评价。这体现出近年来政府下大力气推进企业污染减排、信息公开等工作取得的成效，这些做法应在“十二五”期间环保工作中继续完善和强化。

调查中也发现，企业仍然是公众理解中的污染主体，而且公众也希望未来企业能在污染治理方面更主动。因此，环境规划中应制定鼓励企业主动参与环境管理的机制，引导建立“政府-企业-公众”的三元环境治理结构。

（三）自身生活周边的问题是公众最为关注的环境问题——环境规划应与城市建设密切结合

调查显示，在对环境问题的认知（关键环境问题、环境问题严重程度等）上，公众更关注自身生活周边的问题，更关注自身利益——近期的和近距离的利益，对本人所在地区环境改善的满意度低于对整个国家环境改善的满意度。也就是说，公众基本满意国家在区域水环境和空气环境治理上的工作，而对自身周边的生活垃圾和噪声污染治理相对不满。从城市生活垃圾和噪声污染产生的根源来看，是与城市基础设施建设、城市规划布局和城市建筑管理等直接相关的，如果环境规划不能从源头上引导这些城市建设行为，或者至少与这些行为相结合，就很难根治垃圾污染和噪声污染问题。其实长期以来，对于环境规划，特别是城市环境规划与城市规划、土地利用规划、市政建设规划等相关规划之间的相互关系一直是困扰环境保护的难题，这次的公众调查结果表明，环境规划的地位必须得到提升，为城市规划等提供指导和引导。这也从一个侧面支持了本研究的第一个结论，即环境规划应成为国家发展的基本战略规划。

（四）加强社会监督被认为是最有效的环境政策——环境规划应充分考虑运用社会监督力量

这个调查结果既在意料之内，也有些出乎意料。媒体特别是网络媒体的崛起，使得人们对社会监督的力量和作用越来越有信心。从实践来看，环境保护往往在与地方经济利益的博弈中陷于被动，社会监督力量的介入应该会成为破解困局的出路。

官员环保业绩考核制度最近为环境政策界所看好，在公众调查中未获得支持，说明公

众对于政府内部的评估考核缺乏信任，一定程度上也是与看重社会监督有一致性的。环境规划在制定政策制度规划时，应充分考虑运用社会监督力量。

（五）公众已经成为可依赖的环境管理主体——环境规划应建设社区环境管理平台，并为公众参与提供切实的政策支持

相对目前的经济社会发展水平，公众在环境保护问题上已经具有一定的参与能力，意愿在加强、能力在提升，期待政府提供更多的信息与参与渠道。

对政府环保政策的支持方面，公众表现出较高的支持力度。比如对限塑政策的实施调查表明，大约七成的居民转变了“用过即扔”的消费方式。而在公众出行意愿调查中，公众优先选择搭乘公共交通（59.1%），其次是步行（38.5%）和骑自行车或电动车（38.4%），选择开私家车和乘出租车的比例比较低，分别为 12.3%和 15.1%。随着经济水平的提高，公众对环保产品、住宅等的购买意愿在逐步增强。对于生态补偿等政策措施，得到半数以上受访公众的支持。对于带来较大经济利益的污染企业，公众有意愿承受因环境保护可能带来的经济上的损失。

在环保公众参与方面，86%的公众参与过各种类型的环保社会活动，参与度较高。但是环保社会活动的形式较为简单，公众迫切需要了解绿色环保的生产、生活方式，期待能够更深层次地参与到环保社会活动中来。

调查显示，社区是公众参与环保的最重要载体与通道，这应当成为思考城市环境管理转型的角度。以社区为城市环境管理的基层载体，将会很好地统一居民环保意愿与切身利益，对于将生活垃圾、园林绿化和环境保护一体化管理有体制上的积极意义。

支持和加强民间环保团体的建设，民间环保团体也是公众参与的重要载体。调查显示，公众 14.7%的环保知识来自于环保团体，在环保团体刚刚兴起的当下，这个成绩是相当令人鼓舞的。

环境保护是最大的民生。环保涉及千家万户，关系人民切身利益，需要全民参与。建议在环保“十二五”规划的制定中，吸纳公众的意见与建议，增加公众对环境规划的认同感，增强规划的社会可接受性，并使公众的环境利益得以表达，从而有利于最大限度地发挥规划的综合和长远利益。

排放总量控制完善优化及其配套政策研究

一、课题研究背景与目标

（一）研究背景

污染物总量控制制度是国家对污染物的排放实施总量控制的法律制度。“十一五”以来，SO_2、COD 排放总量控制作为国家经济社会发展规划的约束性指标，污染减排得到各级政府的高度重视，工程减排、结构减排、监管减排扎实推进，环保工作取得了积极成效。在大量治污工程基本建成的形势下，如何确定“十二五”减排重点、任务、措施等将有更大的难度，因此需要深入研究总量和质量相联系的国家环境目标控制体系建立与推进问题，同时在污染源治理技术经济条件较强、管理水平较高的控制区域将容量总量控制法直接作为现实可行的总量控制技术路线加以推行。

（二）研究目标

通过研究，对“十二五”总量控制制度及配套政策提出具有操作性的优化建议。

二、研究思路

通过研究环境容量、环境质量及总量控制的相互关系，并分析我国目前在污染物总量控制过程中的经验及存在问题，提出“十二五”总量控制制度完善优化建议。同时，从环境管理实际需求出发，研究落实于环境管理的总量控制配套政策集成，探讨体现区域分类差异、分类指导的政策思路。

三、研究内容

（一）“十一五”总量控制典型经验

1. 建立统计、监测、考核三大体系

“十一五”期间发布的《主要污染物总量减排统计办法》，解决了减排指标的科学性问题、减排数据的准确性问题、减排工作的责任问题。

2. 通过环境经济政策有效推动减排

国家发展改革委和环保部联合颁布《燃煤发电机组脱硫电价及脱硫设施运行管理办法

（试行）》，运用脱硫加价政策极大地调动电厂安装脱硫设施的积极性，对 SO_2 的减排发挥了重要作用。

3．电力行业 SO_2 绩效分配

发电机组 SO_2 总量指标，按照所在的区域和时段，采取统一规定的绩效方法进行分配，综合反映电力企业生产过程中能源利用效率和污染物排放情况，是一种相对公正、合理的 SO_2 排放配额分配方法。

（二）“十一五”总量控制实施问题分析

1．总量控制指标单一

“十一五”我国的总量控制指标为 COD 和 SO_2，然而目前不少城市和水域影响环境质量的主要污染物并不与 COD、SO_2 有明确的对应关系。不少地区颗粒物已经成为城市空气质量的主要污染物，有些水域的非点源污染甚至超过了点源污染，N、P 已经上升为主要污染物而成为威胁水质的主要因素。

2．总量控制分配未完全体现出“公平、效率、可行”的分配原则

“十一五”期间我国主要污染物 COD 和 SO_2 的总量分配存在一定程度的不合理性。与 2005 年相比，2007 年各地区的 COD 排放强度、SO_2 排放强度下降，但是地区间差异较大，在总量分配及减排目标的制定上，排放强度相对较小的地区面临的污染物减排压力更大。

3．缺乏对基础数据的收集及监督

排污数据获取，主要通过环境统计、污染源调查、环境监测和排污单位申报登记等途径，这些方法渠道途径多，口径难以统一，导致基础数据很难确定，影响目标的正确制定。

4．缺乏对污染物达标的削减技术研究

总量控制方案仅仅是控制目标的分配，而往往忽视提出保障实现控制目标的措施和技术方案，影响了总量控制方案的实施效果。

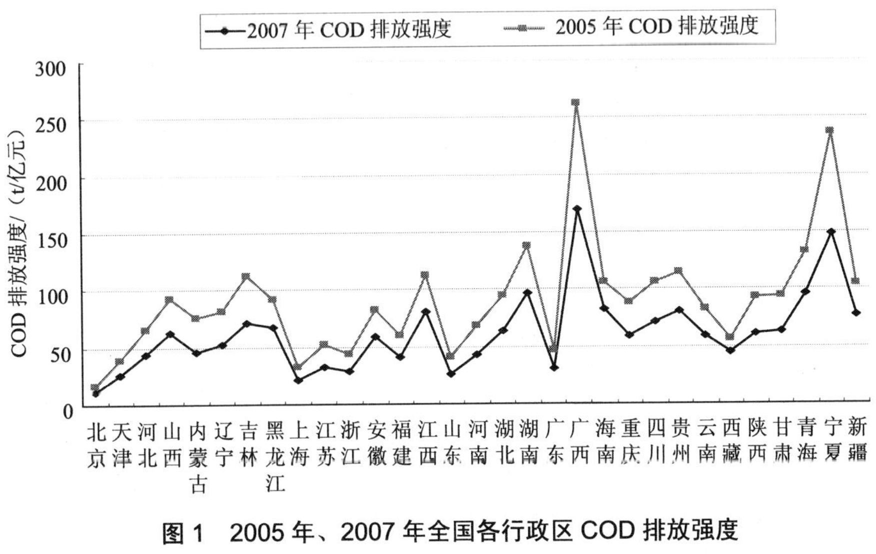

图 1　2005 年、2007 年全国各行政区 COD 排放强度

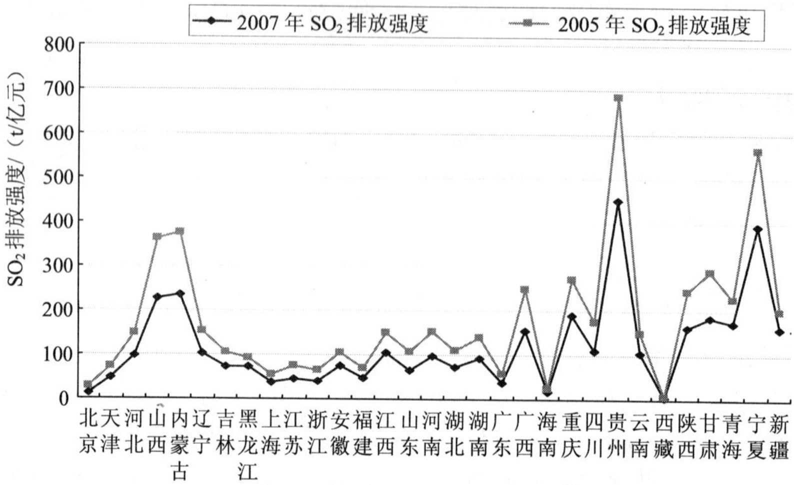

图 2　2005 年、2007 年全国各行政区 SO_2 排放强度

（三）“十二五”总量控制方案选择

1．总量控制与环境质量的关系

总量控制对环境质量的改善并不同步。污染物排放总量削减，环境质量并不一定立即改善，造成了有时候环保投入很大，却收效甚微的局面。究其原因有以下几个方面：第一，污染物排放总量要在生态系统承载能力之内，才能见到同步改善；第二，已被严重破坏的生态系统也需要一定的恢复时间；第三，环境质量与水量有密切关系，不同的水文条件，质量表现不一样。

2．总量控制方法

我国目前采用的是目标总量控制，即从削减污染物目标出发，结合国家排放标准和地区技术、经济特点，优化制定负荷分配方案，预测对环境的改善前景，确定决策实施方案。

3．总量控制方案建议

原有的浓度控制和目标总量控制制度没有建立水污染物排放量和水体水质之间的对应关系，也没有解决水污染物排放总量的点源分配问题。为实现总量控制的目的——环境质量的改善，总量控制总体目标的设定必将逐渐由目标总量控制向容量总量控制过渡。目前建议在个别环境容量测算成熟及经济条件发达的地区开展容量总量控制试点。

（四）“十二五”总量控制指标选择

1．重点流域和湖泊开展氨氮总量控制

随着 COD 排放总量下降，水体高锰酸盐指数总体下降，但 NH_3-N 成为影响水质达标的主要因素。建议在“十二五”期间，对主要的水质污染指标 NH_3-N 应严格要求，纳入总量控制及其考核体系，加大控制力度。

2．实施以火电厂为主的 NO_x 总量控制

未来 15 年中国 NO_x 的排放量将继续增长，势必对公众健康、生态环境和社会经济造成严重影响。中国 NO_x 排放的控制重点将首先是燃煤火电厂的 NO_x 排放控制。通过修订并

发布新的火电厂 NO_x 排放标准限值、建设敏感区域燃煤锅炉烟气脱硝工程示范、制定并实施统一的 NO_x 排放控制规划和相关政策、调整和优化火电点源的地区布局等措施控制 NO_x 排放量。

3．机动车尾气排放控制

交通运输排放的 NO_x 已超过全国排放总量的 30%，应制定严格的排放标准，控制城市机动车 NO_x 排放对改善中国大中城市的环境空气质量至关重要。

4．部分敏感湖库开展 TN、TP 总量控制试点

在“十二五”期间对敏感湖库尽快开展 TN、TP 控制的试点工作，湖库 N、P 控制试点应结合入湖河流 NH_3-N 总量控制进行。可以选择太湖等湖库，按照氮控、磷控的机理，开展基础调查，摸清底数，进行总量控制试点研究，开展工程建设示范。

（五）污染物减排潜力分析

1．水污染物减排

NH_3-N 减排潜力主要在印染、化工、食品和钢铁行业，TP 减排潜力主要在印染、食品行业，TN 减排潜力主要在印染、化工、食品、钢铁和电镀行业。

对于以生活污水为主的污水处理厂，如没有采用生物脱氮工艺，则需对现有生化系统进行改造，使其具有生物脱氮功能（如 A/O 工艺），并满足脱氮要求。

对于工业废水比例较高的污水处理厂，则需要对含氮废水先进行预处理，综合污水采取生物脱氮结合化学除磷来满足新标准的要求，对生物脱氮除磷有抑制作用的物质应先行去除。

2．大气污染物减排

我国 SO_2 排放量位于前 3 位的行业依次为电力行业、非金属矿物制品业、黑色金属冶炼业。目前我国 SO_2 减排高度依赖于火电机组脱硫，“十二五”期间，建议推进钢铁行业的 SO_2 减排。

（六）“十二五”总量控制目标分配

1．水污染总量控制目标制定和区域分类差异方法研究

在区域层面上使用基尼系数法对水污染物总量进行分配。通过综合考虑各区域人口、GDP、水资源量 3 个指标，以各指标的基尼系数的总和最小作为目标函数，通过设定合理的运算规则和约束条件构建目标规划方程，最终求出区域水污染物总量分配方案，以实现区域间排污权的公平分配。

2．大气总量控制目标制定和区域分类差异方法研究

“十二五”大气污染物总量控制目标的制定遵循“区域区别对待、行业区别对待、实行综合控制”的原则。“行业区别对待”建议火电继续采用排放绩效的方法；对其余行业大气污染物总量控制确定方法可以采用“历史数据法＋等比例削减法”。“区域区别对待”根据国务院拟划分的“四大功能区”（优化开发、重点开发、限制开发和禁止开发）进行划分。

（七）"十二五"总量控制配套政策研究

1. 总量控制制度政策体系集成

建立污染物总量控制及节能减排长效机制，加快排污交易制度建设，完善相关法规和政策体系，制定减排工艺设备及产品名录。

2. 总量控制制度管理体系集成

以点源管理为抓手，实现总量控制全程监管；完善监测、监督手段，提供有力的总量控制基础数据；围绕"三大体系"，提高总量控制、污染物减排能力建设；加强各级政府执法监管力度；加大减排科研力度，提高污染防治水平与标准；建立服务支持系统；建立公众参与体系。

四、主要结论

"十一五"期间总量控制提出以 COD、SO_2 作为控制指标，对减少污染物排放、改善环境质量起到了积极作用。但是从监测结果来看，目前不少地区影响环境质量的主要污染物并不与 COD、SO_2 有明确的对应关系，NH_3-N 等污染因子成为环境质量不达标的主要影响因子。因此建议"十二五"总量控制因子增加 NH_3-N、NO_x。在总量控制目标指定和分解上，考虑地区差异、行业差异。在总量控制配套政策制度上，强调政策体系、管理体系的集成，将总量控制贯穿于整个环境保护管理工作中。

重点流域水环境管理思路设计研究

一、课题研究背景与目标

（一）研究背景

未来一段时期是我国经济发展和整体环境形势的重要转折时期。我国将基本完成工业化、城市化和农村现代化，迎来资源能源消耗和人口数量的高峰。“十二五”时期，是实现 2020 年全面小康社会建设目标的关键时期，也是需要环境保护规划着力解决重大问题的关键时期，环境保护规划编制和实施将面临严峻挑战，需要从战略高度看待中国的环境保护问题，超前谋划，统筹兼顾，为“十二五”乃至 2020 年期间我国环境保护工作进行总体设计奠定良好的基础。

为了进一步集思广益，充分发挥科学民主，提高环境保护规划的针对性、可操作性和执行力，编制和实施好国家环境保护“十二五”规划，环境保护部规划财务司和环境保护部环境规划院决定对“十二五”国家环境保护规划前期研究中若干课题面向社会公开选聘承担单位。河海大学在课题 8“重点流域水环境管理思路设计研究”中标。

（二）研究目标

“十二五”坚持科学发展观为指导，以改善水环境质量为目标，以保障饮用水安全为首要任务，以提高重点河流和湖泊水质为重点，流域环境综合整治尤为关键。以目标总量和容量总量相结合的方法，制定“丨二五”水污染物总量控制值；采取政策管理与技术措施相结合的方法着重治理 NH_3-N 和 N、P 的面源污染；通过建立健全水环境管理体制和运行机制，努力形成流域水环境的生态系统良性循环，恢复水体的自然风貌，实现经济社会和环境效益协调发展、人与自然的和谐共处。

二、研究思路

根据项目要求确定技术路线，见图 1。

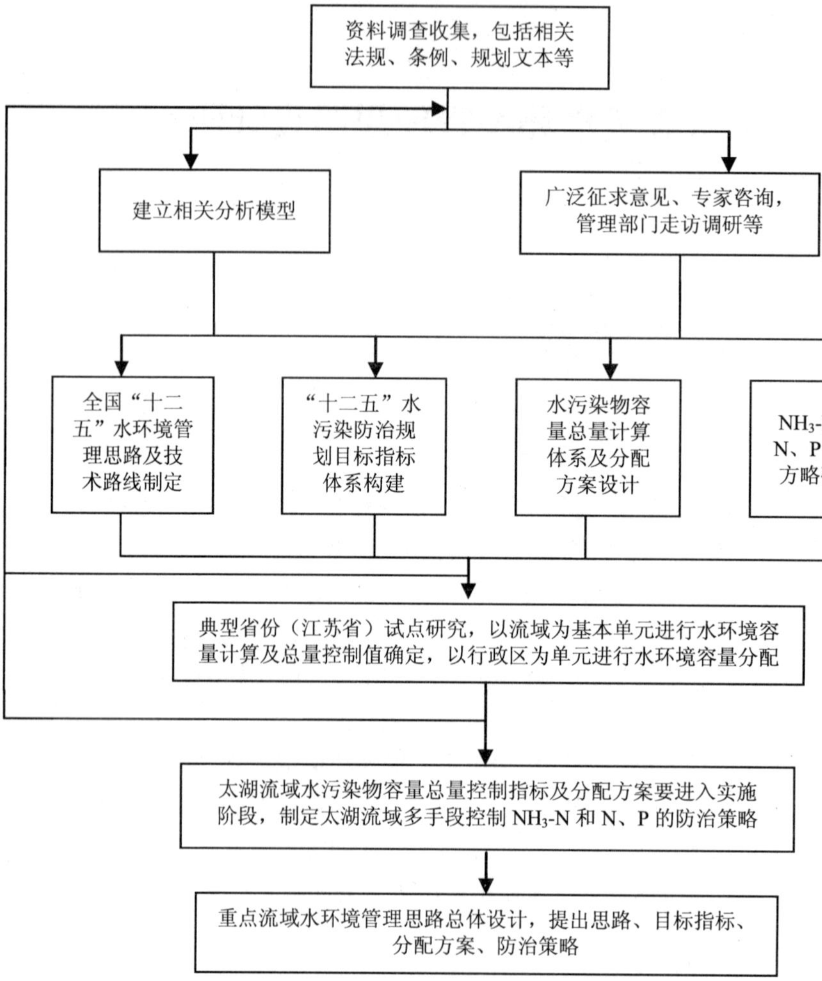

图1　重点流域水环境管理思路设计研究技术路线图

三、研究内容

（1）收集有关资料，现场踏勘；广泛征求意见，包括专家咨询、管理部门走访调研等。

（2）建立相关水环境容量等分析模型。

（3）制定全国“十二五”水环境管理思路及技术路线；构建“十二五”水污染防治规划目标指标体系；设计水污染物容量总量计算体系及分配方案；研究NH_3-N和N、P控制方略。

（4）以江苏省作为典型省份开展试点研究，以流域为基本单元进行水环境容量计算及总量控制值确定，以行政区为单元进行水环境容量分配。

（5）制定太湖流域多手段控制NH_3-N和N、P的防治策略；太湖流域水污染物容量总量控制指标及分配方案进入实施阶段。

（6）提出重点流域水环境管理思路总体设计，提出思路、目标指标、分配方案、防治策略。

四、主要结论

（一）管理思路及指标体系

1. 我国“十二五”水环境管理思路

在国家层面确立水环境管理总体思路，选取交界断面并制定断面水质考核机制。强化污染物总量控制及节能减排措施。

在流域层面，根据不同流域的水环境质量及管理现状，结合污染源调查，分析流域主要污染因子，在此基础上，确立指标值：包括总量控制指标、污染物排放削减指标及分配、交界断面、考核断面水质指标及事故风险考核指标等。

在区域层面，通过区域污染源及水质调查，确立主要污染因子，结合流域水环境管理指标，确立并执行各个区域的污染物总量及削减量方案，提出水质断面达标时污染控制方案及敏感水体水污染控制方案。

2. 水质控制断面考核中的问题及区域水质达标率计算方法

考核断面设置应尽量设置在具有较大水体交换量的河流和环境敏感地区，同时尽可能多设置考核断面。考核断面主要反映出经过该断面的污染物通量值，故需要考虑水量水质同步监测问题，且由于监测断面的水文条件一般变化较大，故需要考虑考核断面的监测频次问题，以便能反映监测断面的水文变化规律。

针对控制断面水质监测中的问题，建议采取如下公式进行区域考核断面水质综合达标率的计算：

$$\alpha=\frac{\beta}{\gamma}\times\frac{W_{考核}}{W_{区域}}\times 100\%+\left(1-\frac{W_{考核}}{W_{区域}}\right)\times 区域水质达标率\times 100\%$$

式中：α ——考核断面水质综合达标率；

β ——达标（基本达标）断面数；

γ ——考核断面总数；

W ——水资源量。

3. 指标体系

水污染防治规划目标指标体系指标分考核指标和评价指标两大类，考核指标用于对各地区环境状况及污染控制状况的考核，评价指标作为对各地区污染防治指标、环境管理指标、风险控制指标的评价，详细指标见表 1。

鉴于目前我国各类有毒有害物质的排放产生了很多环境问题，建议在评价指标中增加水源地风险指标。水源地风险评价指标体系分为风险事故发生度指标与风险事故危害指标。其中，风险事故发生度指具体包括企业工艺技术装备水平、管理制度水平、应急预防系统以及监控断面情况。风险事故危害指标包括风险事故发生后对水源地水质造成的最大水质超标倍数、水质超标持续时间、污染源到达时间等。

建议在指标体系中增加污水处理厂污泥处理率、面源治理情况以及在总量考核因子中

增加 NH_3-N 等。

表 1 “十二五”水环境防治规划目标指标体系

<table>
<tr><th colspan="3">指标内容</th><th>城考</th><th>创模</th><th>小康</th><th>生态</th><th>本次提出</th></tr>
<tr><td rowspan="3">环境质量指标</td><td colspan="2">考核断面水质达标率</td><td>√</td><td>√</td><td>√</td><td>√</td><td>+</td></tr>
<tr><td colspan="2">城市集中式饮用水源地水质达标率</td><td>√</td><td>√</td><td>√</td><td>√</td><td>+</td></tr>
<tr><td colspan="2">地表水功能区水质达标率</td><td>√</td><td>√</td><td>√</td><td>√</td><td>+</td></tr>
<tr><td rowspan="2">总量控制指标</td><td colspan="2">本年度新增污染物排放量（COD、NH_3-N 等）</td><td></td><td></td><td></td><td></td><td>+</td></tr>
<tr><td colspan="2">本年度新增污染物削减量（COD、NH_3-N 等）</td><td></td><td></td><td></td><td></td><td>+</td></tr>
<tr><td rowspan="10">污染防治指标</td><td colspan="2">工业废水集中处理率（或达标排放率）</td><td>√</td><td>√</td><td></td><td></td><td>—</td></tr>
<tr><td colspan="2">城市生活废水集中处理率</td><td>√</td><td>√</td><td></td><td>√</td><td>—</td></tr>
<tr><td colspan="2">县城、小乡镇生活污水处理率</td><td></td><td></td><td></td><td>√</td><td>—</td></tr>
<tr><td colspan="2">城市生活垃圾无害化收集处理率</td><td>√</td><td>√</td><td></td><td>√</td><td>—</td></tr>
<tr><td colspan="2">县城、小乡镇生活垃圾无害化收集处理率</td><td></td><td></td><td></td><td>√</td><td>—</td></tr>
<tr><td rowspan="2">规模化养殖场和集中式养殖区畜禽养殖区</td><td>污水排放达标率</td><td></td><td></td><td></td><td>√</td><td>—</td></tr>
<tr><td>畜禽粪便综合利用率</td><td></td><td></td><td></td><td>√</td><td></td></tr>
<tr><td colspan="2">农田面源治理率</td><td></td><td></td><td></td><td></td><td>—</td></tr>
<tr><td colspan="2">农药化肥减施率（或农药化肥使用量）</td><td></td><td></td><td></td><td>√</td><td>—</td></tr>
<tr><td colspan="2">污水处理厂污泥处理率</td><td></td><td></td><td></td><td></td><td></td></tr>
<tr><td rowspan="3">环境管理</td><td colspan="2">重点企业清洁生产水平审核通过率</td><td></td><td></td><td></td><td></td><td>—</td></tr>
<tr><td colspan="2">重点企业污染源自动在线监控率</td><td>√</td><td></td><td></td><td></td><td>—</td></tr>
<tr><td colspan="2">重点污染源排污许可证发放率</td><td></td><td></td><td></td><td></td><td>—</td></tr>
<tr><td>风险控制指标</td><td colspan="2">水源地风险评价等级</td><td></td><td></td><td></td><td></td><td>—</td></tr>
</table>

注：＋为考核指标；—为评价指标。

（二）总量控制

我国目前对于总量控制，主要是以目标总量控制为主。目前的目标总量控制值是以 2005 年为基准年的排污量来确定总量值的。目标总量在两个方面存在不合理性：①存在地区间分配的不合理性，给经济欠发达地区的经济发展形成一定的障碍；②和水体水质的对应关系不好，难以掌握环境容量控制后区域水体水质的状况，建议国家在“十二五”水污染物总量控制中逐步采用容量总量控制的方法。

1．容量总量的计算及用途思考

（1）设计水文条件选取思考

对于人工闸坝控制作用明显的水体（例如太湖流域），其最枯月水体水量不一定少，而非最枯月水体水量也不一定多，故对于这些地区可先根据年均水量的 90%排序选取典型年；再根据典型年中最枯季的流量或水位选取作为设计流量或设计水位值；对于季节性河流明显的地区可先根据年均水量的 90%排序选取典型年；再根据典型年中具有流量时间的水量或水位平均值选取作为设计流量或设计水位值；对于基本无人工闸坝控制的水体，按最枯月 90%的水文保障率排序求得设计水文条件。

（2）容量总量计算成果的用途

利用目前的容量总量计算成果，制作全国总量分布图，确定总量的可开发区、适度开发区和限制开发区，最大限度地发挥容量总量的作用，使容量总量直接为宏观决策服务。

校核目标总量与容量总量明显不适合的地区，采用容量总量进行修订，修订方法为：

$$W_{管}=\xi W_{容}+（1-\xi W_{目}）$$

式中：$W_{管}$——水环境管理总量；

$W_{目}$——目标总量；

$W_{容}$——容量总量；

ξ—— 介于0～1之间的1个系数，根据容量总量的实施具体情况，各地逐步加大ξ值。

对于条件相对成熟的地区，如太湖流域，可直接采用容量总量控制。

2．总量减排核算存在的问题和建议

（1）需要增加NH_3-N等因子作为考核因子。在“十一五”期间的水环境只是主要污染物COD的减排，目前我国一些地区NH_3-N等因子超标严重，在国家“十二五”水污染物总量考核中建议在各地逐步增加NH_3-N等因子作为考核指标。

（2）考核中需要考虑面源的影响。面源影响在N、P中影响份额较大，即使对于太湖流域等点源影响比较大的地区，也占到了将近一半，对于经济不太发达地区，可占到一半以上，故在国家“十二五”水污染物总量考核中，要逐步考虑增加对面源考核的份额，这样便于地方加大对节水灌溉、科学施肥的重视。

（3）有条件地区减排量核算中增量部分也要采用项目核算制。原先采用的分行业GDP产值的测算方法无法和减量部分中项目一对一的测算法相匹配。建议减排量核算中增量部分从新建、改建、扩建项目的核查资料可以找到新上项目的基本资料，包括新增污染物量的情况，从这部分资料中可以计算出企业污染物的增量部分。

（4）其他必须采用GDP核算的地区采用适宜系数。对于COD排放强度，要根据各地特点，对行业进行细化、统计计算，尽可能减少误差。

（三）NH_3-N和N、P控制方略

1．NH_3-N和N、P污染源状况

从2007年统计的七大水系NH_3-N污染情况来看，总体形势并不乐观，有超过一半（51%）的断面出现过样品NH_3-N超标情况，有1/3（33%）的断面NH_3-N年均值超标。其中，海河的NH_3-N污染最严重，73%的断面出现过样品NH_3-N超标情况，60%的断面NH_3-N年均值超标，超标的最高质量浓度52.9 mg/L，超标达52倍。黄河、淮河和辽河的NH_3-N污染也较为严重。仅有珠江水系相对较好。

从我国代表性水体的水质监测结果分析可知：我国水体中NH_3-N和N、P的水质浓度与地域性和经济发展状况密切相关，水体中NH_3-N和N、P的水质浓度与人均GDP数值基本成正比关系。

从太湖流域NH_3-N、TN以及TP的排放总量来看，面源贡献率分别为占到40%、48%、66%，所以太湖流域面源N、P的贡献已占到所有污染源贡献的一半以上，对于其他经济

欠发达地区，面源贡献率可能会更高。

2．控制 NH_3-N 和控制 TN 两种方法的考虑

根据我国实际情况，建议"十二五"期间，在国家层面上仍以控制 NH_3-N 为主，对于富营养化严重的湖泊而言，需要重点控制 TN，原因如下：

（1）NH_3-N 相对流域层面来说对水体的危害较大，而 TN 主要是对湖库的富营养化构成威胁；

（2）NH_3-N 和 TN 具有协同去除效益，在陆域控制 NH_3-N 的同时，TN 也会相对减小；

（3）目前国家无河流 TN 的水质标准。

3．太湖流域工程处理 NH_3-N 费用及协同效益

对于太湖流域的 NH_3-N 控制，污水处理厂的单位 NH_3-N 削减费用要高于面源控制工程的单位 NH_3-N 削减费用。

污水处理厂处理过程中的 COD 和 TP 对于 NH_3-N 的协同效益要高于面源工程的 COD 和 TP 对于 NH_3-N 的协同效益。

五、政策建议

（1）针对我国环境保护还处于初级阶段的现实，应结合各地实际情况尽快选取交界断面并制定断面水质考核机制。强化污染物总量控制及节能减排措施以减少环境污染。

（2） 各个流域根据流域水环境质量及管理现状，结合污染源调查，分析流域主要污染因子，在此基础上，确立指标值：包括总量控制指标、污染物排放削减指标及分配、交界断面、考核断面水质指标及事故风险考核指标等，并尽快应用到实际。

（3）通过区域污染源及水质调查，确立主要污染因子，结合流域水环境管理指标，确立并执行各个区域的污染物总量及削减量方案，提出水质断面达标时污染控制方案及敏感水体水污染控制方案。保证区域内部污染物可控，保证流域各指标达标。

区域分类指导的环境保护规划任务与对策措施

一、课题研究背景与目标

（一）研究背景

我国地域辽阔，地理与气候条件复杂多样。区域间自然条件、历史进程和人文环境差异显著。各地区社会经济发展的阶段和模式各异，对生态环境的胁迫强度不一。这些因素的共同作用使我国各地区环境管理面临的主要矛盾和需要优先解决的生态环境问题不同。不同区域需要根据其面临的主要生态环境问题，以及区域自然、社会、经济背景，采取针对性的环境管理对策，才能在促进区域经济发展的同时，实现生态环境的持续改善。

（二）研究目标

根据我国自然条件、社会经济发展阶段和水平、生态环境状态和问题、环境保护基础设施建设水平的区域差异，明确我国“十二五”期间生态环境分区、分类管理方案，以及环境管理需要重点关注的区域。分析各环境管理分区和环境管理重点区需要重点优先解决的环境问题。在此基础上，明确“十二五”期间各环境管理分区和重点区域环境保护的重点任务与战略措施。

二、研究思路

辨明社会经济系统和环境系统的区域差异，是制定分区、分类及重点区域管理方案的基础。因此，研究以较大的篇幅，通过不同的指标分析了我国社会经济系统、水环境系统和大气环境系统的空间分异格局。在此基础上，结合 GIS 空间叠加分析，提出“十二五”期间我国环境的分区分类管理方案，并根据人口、经济及各类污染物排放密度的空间分异格局，提出“十二五”期间环境管理需要重点关注的地理区域。

三、研究内容

（一）我国社会经济系统的空间分异格局及其生态环境影响

采用人口密度、人口城市化率、经济密度、第二产业产值密度、“三高”产业产值密度等指标，分别从省级和地级两个尺度，分析了我国人口、经济、城市化等社会经济因素的空间分异格局，及其对区域生态环境可能造成的直接和间接影响。系统梳理和总结我国重点经济区和城市群地区产业发展特征及其面临的主要环境问题，以及国家大型煤炭能源化工基地、矿产基地建设对生态环境的潜在影响。

（二）我国大气环境的分区分类管理研究

分别从省级和地级两个尺度，分析了我国单位国土面积各类大气环境污染物排放密度、单位 GDP 各类大气污染物排放强度、城市大气环境质量、大气环境治理基础设施建设现状等指标的空间分异格局，辨识我国不同区域大气环境管理面临的主要问题。在此基础上，结合我国社会经济系统的空间格局特征，采用 GIS 叠加分析，提出了我国大气环境污染控制的减排分区、综合管理分区、以地级行政区为基本单元的大气环境管理重点区、以重点经济区和城市群地区为基本单元的大气环境管理重点区划分方案。同时，针对不同分区、不同重点区，提出了大气环境管理的政策、措施建议。

（三）我国水环境的分区分类管理研究

分别从流域、省级、地级 3 个尺度，分析了我国的人均水资源、水资源开发利用强度、单位地表水资源接纳的废水及其中各类污染物排放量、单位国土面积工业废水及其中各类污染物排放密度、单位工业产值工业废水及其中各类污染物排放量、人均生活废水排放量、水环境质量、水环境治理基础设施建设现状等指标的空间分异格局，辨识我国不同区域、流域水环境管理面临的主要问题。在此基础上，结合我国社会经济系统的空间格局特征，采用 GIS 空间叠加分析，提出了我国水环境污染控制的减排分区、综合管理分区、工业废水重点减排区、生活污水重点减排区以及需要重点治理的河流水系。同时，针对不同分区、不同重点区，提出了水环境管理的政策、措施建议。

四、主要结论

（一）我国大气环境的分区分类管理方案

1. 大气环境管理综合分区

综合考虑各地区各类大气污染物排放密度、城市环境空气质量现状以及环境污染治理基础设施建设现状，以省级行政区为基本单元，把我国划分为 5 类综合管理区（图 1）。

第一类综合管理区（A-1），大气污染物排放密度大，而大气环境治理基础设施建设又较为滞后，使得城市大气污染较为严重。加强工业大气环境污染治理基础设施建设力度，实施工程减排是该类区域“十二五”期间的战略重点。

第二类综合管理区（A-2），大气污染物排放密度大，工业生产各类大气污染物去除率较高，但是由于工业企业密集、人口密集，使得大气污染物排放总量较大，城市大气污染较为严重。促进产业结构调整和升级，实施结构减排是该类区域“十二五”期间的战略重点。

第三类综合管理区（A-3），从整个区域来看，大气污染物排放密度较小，但是由于工业企业密集分布于一些较大的城市，而且这些工业企业资源利用效率低下，使得这些城市污染物排放密度较大，而大气环境治理基础设施建设又十分滞后，加上恶劣的自然环境，使得部分城市大气污染十分严重。因此，加强重点污染城市大气环境治理基础设施建设力度，提高工业行业技术水平和资源环境效率是该类区域“十二五”期间的战略重点。

第四类综合管理区（A-4），大气污染物排放密度较小，虽然环境治理基础设施建设较为滞后，但大部分城市环境空气质量较好。加强环境准入制度建设和大气环境治理基础设施建设是该类区域“十二五”期间的战略重点。

第五类综合管理区（A-5），大气污染物排放密度较小，环境治理基础设施建设水平较高，大部分城市环境空气质量较好。加强环境准入制度建设，防止工业化发展和“三高”行业转移到该类区域加大环境压力是该类区域“十二五”期间的战略重点。

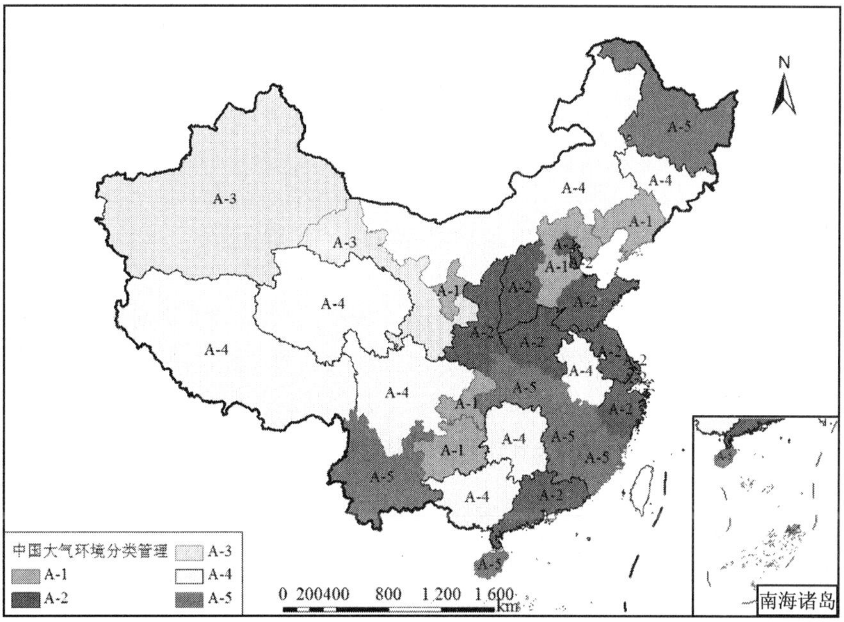

图 1 中国大气环境的分区分类管理

2. 大气环境管理重点区

由于工业 SO_2 排放强度与工业烟尘排放强度具有显著的相关性，因此采用单位国土面积工业 SO_2 排放量及单位工业总产值工业 SO_2 排放量两个指标反映各地区大气环境质量风险。按照这两个指标，以地级行政区为基本单元，把我国划分为 4 类大气污染物控制区域（图 2）。经统计，2008 年，I 和 II 类控制区国土面积共占全国的 26.04%，人口共占全国的 49.96%，而排放的工业 SO_2 共占全国的 70.52%，排放的工业烟尘共占全国的 61.87%，排放密度大、总量高，而且这些地区人口密集、环境风险大，应该作为我国工业大气污染物排放总量控制的重点区域。其中 I 类控制区需要重点通过提高资源环境效率、加强大气环境治理基础设施建设，促进工业大气污染物总量减排；II 类控制区需要重点通过产业结构调整和升级，促进工业大气污染物总量减排。

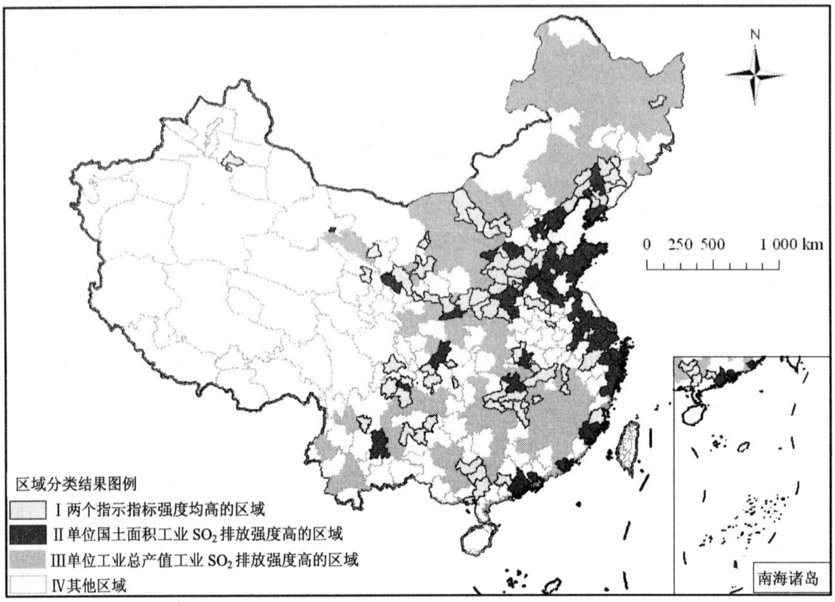

图 2 中国大气污染物重点控制区

从城市群和经济区的角度看，长江三角洲、珠江三角洲、京津冀都市圈等 16 个重点经济区和城市群地区工业大气污染物的排放密度较大（表 1）。2008 年，这 16 个区域国土面积占全国的 14.81%，人口占全国的 44.08%，排放的工业 SO_2 占全国的 57.92%，工业烟尘占全国的 52.63%，给这些区域带来了巨大的环境风险，需要加强污染物排放总量控制。

表 1 2008 年我国工业废气排放密度较大的城市群或经济区域

区域	工业 SO_2 排放密度/（10^4 t/km^2）	工业 SO_2 排放强度/（t/万元）	工业烟尘排放密度/（10^4t/km^2）	工业烟尘排放强度/（t/万元）
长江三角洲	14.259 2	13.882 8	3.619 8	3.524 3
珠江三角洲	9.447 9	7.876 6	3.073 3	2.562 1
京津冀都市圈	6.005 4	27.145 0	1.817 8	8.216 7
中原城市群	12.735 2	48.759 9	5.164 3	19.772 9
关中天水经济区	11.146 0	142.249 0	1.407 0	17.956 6
沈阳经济区	8.157 2	44.282 7	4.126 5	22.401 4
长株潭城市群	6.835 0	41.367 6	3.517 1	21.287 0
武汉城市群	6.463 3	39.324 3	2.180 6	13.267 5
成渝经济区	5.471 1	72.255 9	1.463 3	19.326 1
太原城市群	5.319 4	90.806 0	3.172 9	54.163 6
呼包银经济区	4.373 6	145.928 8	1.318 3	43.987 1
山东省	9.352 3	23.277 2	2.087 4	5.195 5
安徽马芜铜经济圈	22.273 2	43.791 4	5.670 7	11.149 2
广西桂中经济区	8.682 8	166.742 7	1.756 4	33.729 1
黔中城市群	6.389 1	184.027 6	1.252 5	36.075 3
福建夏漳泉都市群	4.544 4	13.777 5	1.138 6	3.452 0
合计	7.473 3	29.264 0	2.220 6	8.695 3
全国	1.911 6	36.243 7	0.628 2	11.911 6

（二）我国水环境的分区分类管理方案

1. 水环境管理综合分区

综合我国各地区地表水环境质量、废水排放强度和水环境治理基础设施建设水平，以省级行政区为基本单元，把我国划分为 7 大类水环境综合管理区（图 3）。

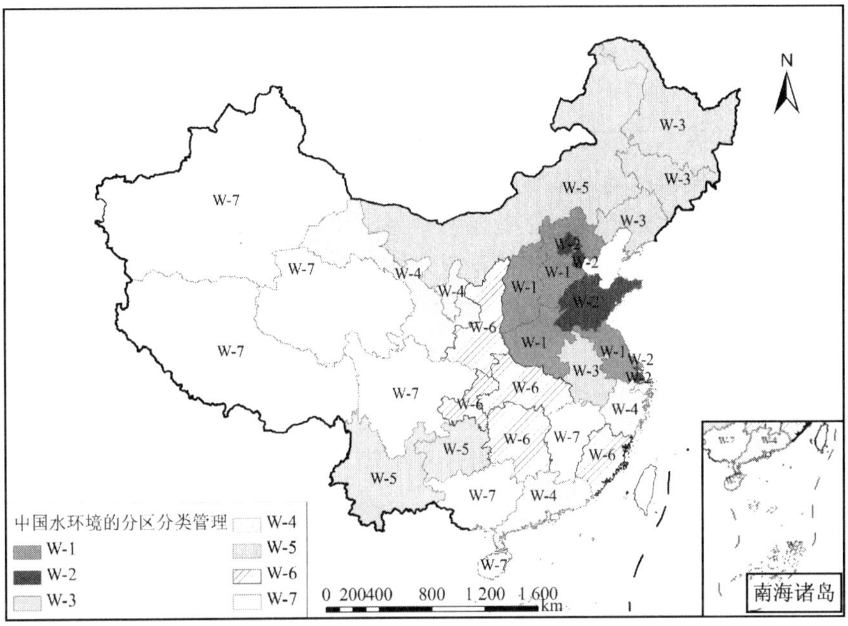

图 3 中国水环境的分区分类管理

第一类综合管理区（W-1），废水排放强度大、水环境质量差，同时水环境治理基础设施建设滞后。需要重点加强工业废水或城镇生活污水处理基础设施建设力度；优化产业结构，淘汰高耗水、高废水排放强度行业和小企业；制定更为严格的区域性污水综合排放标准，加强环境污染事故预防和应急能力建设。

第二类综合管理区（W-2），废水排放强度大、尽管水环境治理基础设施建设水平高，但水环境质量还是很差。需要重点促进城镇生活污水处理厂的升级改造，重点提高城镇生活污水处理回用率和工业用水重复利用率；制定更为严格的区域性污水综合排放标准，加强环境污染事故预防和应急能力建设；优化产业结构，淘汰高耗水、高废水排放强度行业和小企业。

第三类综合管理区（W-3），废水排放强度较大，但水环境治理基础设施建设滞后，水环境质量较差。需要重点加强城镇生活污水或工业废水处理基础设施建设力度；优化产业结构，淘汰高耗水、高废水排放强度行业和小企业。

第四类综合管理区（W-4），废水排放强度较大，水环境治理基础设施建设滞后，水环境质量一般。需要重点加强城镇生活污水或工业废水处理基础设施建设力度；优化产业结构，淘汰高耗水、高废水排放强度行业和小企业。

第五类综合管理区（W-5），废水排放强度小，水环境治理基础设施建设滞后，水环境质量较好。需要重点加强环境准入机制建设，防止沿海地区高污染工业行业转入；逐步提高工业废水处理基础设施建设水平。

第六类综合管理区（W-6），废水排放强度较大，尽管水环境治理基础设施建设滞后，但水环境质量较好。需要重点加强城镇生活污水和工业废水处理基础设施建设力度。

第七类综合管理区（W-7），废水排放强度小，尽管水环境治理基础设施建设滞后，但水环境质量较好。需要加强环境准入机制建设，防止高污染工业转入。

2. 工业废水重点控制区

采用单位国土面积工业废水排放量及单位工业总产值工业废水排放量两个指标反映各地区工业废水排放所带来的环境风险。按照这两个指标，以地级行政区为基本单元，把我国划分为 4 类工业废水排放控制区（图 4）。其中，排放密度和强度均较大的地区，以及排放密度大但排放强度小的地区应该作为我国工业废水排放重点控制区。其中，排放密度和强度均较大的地区需要重点加强工业用水效率，提高工业用水重复利用率，节约用水、减少排放。排放密度大但排放强度小的地区需重点调整产业结构，淘汰高耗水行业。

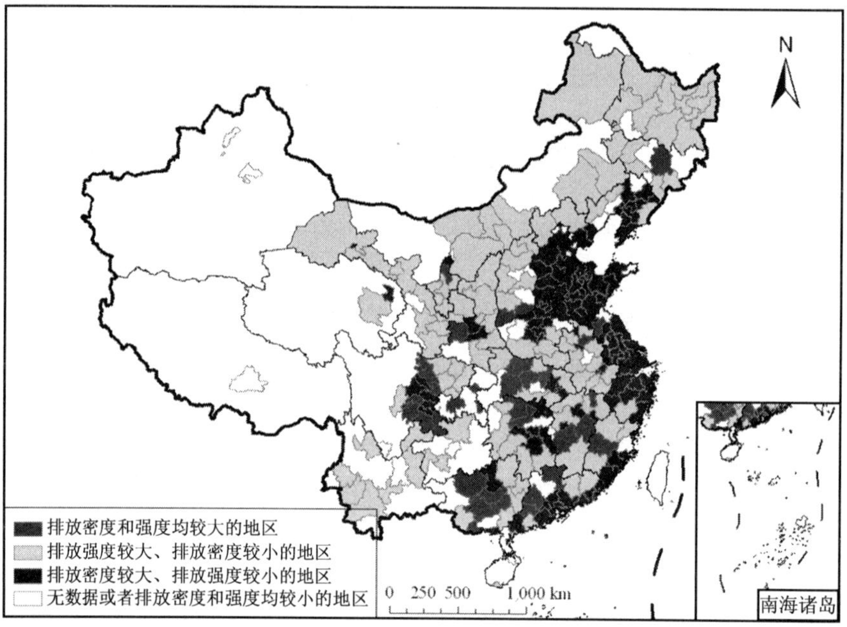

图 4 中国工业废水排放重点控制区

从城市群和经济区的角度看，2008 年我国工业废水排放密度偏大的地区主要分布在我国长江三角洲、珠江三角洲、福建沿海、华北平原、山东半岛、沈阳经济区、成渝经济区、中原城市群、武汉城市群、长株潭城市群、广西桂中经济区（表 2）。这些区域要加强工业废水排放总量控制和环境风险管理。

3. 城镇生活污水处理能力或处理工艺亟须提高的地区

根据各地区水资源禀赋、目前城市生活污水处理率以及水环境质量状况，研究提出了“十二五”期间我国城镇生活污水处理能力或处理工艺亟须提高的地区（图 5）。

表 2　2008 年我国工业废水排放密度较大的城市群或经济区域

工业废水排放密度大的重点区域	排放密度/（10^4 t/km^2）	排放强度/（t/万元）	排放量占全国/%	国土面积占全国/%	人口占全国/%	GDP 占全国/%
长江三角洲	3.832 4	3.731 3	17.48	1.14	6.33	17.95
珠江三角洲	2.572 6	2.479 7	5.87	0.57	2.20	9.89
京津冀城市群	0.679 1	3.069 6	5.13	1.90	5.53	9.92
武汉城市群	0.950 1	5.780 5	1.20	0.53	2.07	2.11
中原城市群	1.341 7	5.137 3	3.16	0.59	3.13	3.42
长株潭城市群	0.808 1	4.890 8	0.94	0.29	1.00	1.52
沈阳经济区	0.516 2	2.802 2	1.61	0.78	1.78	2.92
成渝经济区	0.691 6	9.134 3	6.90	2.50	8.05	5.39
山东省	1.129 5	2.811 4	7.33	1.63	7.09	10.33
关中天水经济区	0.474 7	9.321 2	1.75	0.93	2.18	1.56
福建厦泉漳大都市区	3.981 1	12.069 8	4.20	0.26	0.99	1.75
广西桂中经济区	2.830 9	54.363 5	3.76	0.33	0.47	0.39
安徽马芜铜经济圈	3.022 4	5.942 3	0.77	0.06	0.33	0.57
合计	1.325 6	4.185 6	60.89	11.53	41.13	67.72
全国平均	0.250 9	4.757 1	100	100	100	100

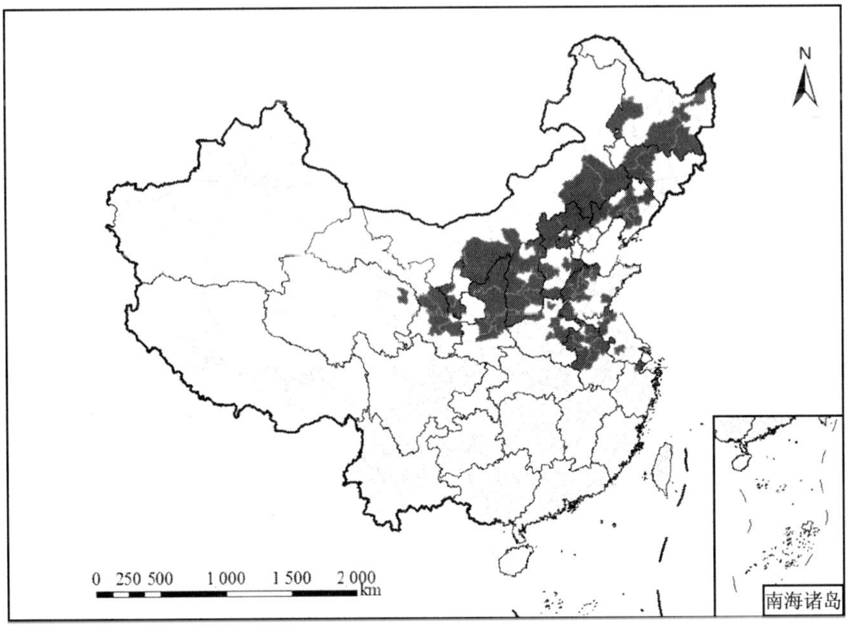

图 5　中国城市生活污水处理能力亟须提高的地区

具体包括：①海河水系的山西省忻州、长治、晋中等地，河北省邯郸、石家庄、沧州等市，山东省聊城、德州、滨州等市；②淮河水系的安徽省北部滁州、宿州、六安、阜阳市、亳州、蚌埠市、淮北等地，河南省开封、漯河、周口等地，江苏省宿迁和连云港市，山东省菏泽市；③辽河水系的赤峰、鞍山、辽源、四平市、抚顺市、通辽等地；④松花江水系的黑龙江省哈尔滨、齐齐哈尔、牡丹江、佳木斯等市，吉林省长春和松原市；⑤黄河水系的汾河流域的临汾、晋中、忻州等地，渭河流域的西安、咸阳、铜川、渭南等地。

五、政策建议

（1）完善区域环境管理评价标准体系，在 $PM_{2.5}$ 污染严重的重点城市群地区率先将 $PM_{2.5}$ 纳入环境空气质量标准体系，在水资源贫乏、水环境污染严重的区域，制定并实施更为严格的污水综合排放标准。

（2）采取总量减排和强度减排相结合的环境污染物减排目标设定和考核体系。在环境污染负荷大、污染严重的区域，以污染物总量减排为主；在环境污染负荷小、环境质量好的区域，以提高资源环境效率、降低单位产值污染物排放量为主，总量控制方面可以适当宽松。

（3）根据各地区环境污染负荷、环境治理基础设施建设水平和环境质量现状，进行分类管理。在环境污染治理基础设施建设水平滞后而环境污染严重的地区，重点加强环境污染治理基础设施建设力度；在环境污染治理基础设施建设水平高、但污染依然严重的地区，重点推动产业结构调整。

（4）重点加强长江三角洲、珠江三角洲、京津冀都市圈、中原城市群、关中天水经济区、沈阳经济区、长株潭城市群、武汉城市群、成渝经济区、太原城市群、呼包银经济区、安徽马芜铜经济圈、广西桂中经济区、黔中城市群、福建厦漳泉都市群等国家重点经济区和城市群地区的环境监管、保护和污染治理。

（5）重点加强我国大型亿吨级煤炭能源基地、大型煤化工基地、大型采矿区、西部新资源基地的生态环境监管、保护、污染治理和生态修复。

“十一五”环保十大工程评估与“十二五”环保工程设计

一、课题研究背景与目标

（一）研究背景

“十一五”期间，我国环保十大工程总体进展顺利，城市污水处理、环境监管能力建设等多项工程取得了跨越式的发展，为我国社会的和谐、可持续发展起到了重要作用。回顾环保十大工程的实施过程，项目进展顺利主要归功于责任落实明晰、资金投入加大、技术支撑增强、政策保障到位、机制创新活跃等多方面的因素，这为“十二五”期间环保工程的建设提供了丰富的可供借鉴的经验。

与此同时，各项工程在实施过程中也存在着诸多问题，其中既包括存在于各项工程自身的典型问题，也包括从整体上影响工程实施进度及效果的共性问题，例如：工程前期质量不一，影响后续建设和实施；部分工程实施进度相对滞后，影响环保职能的发挥；工程实施过程中，综合协调机制不完善，且存在重建设、轻管理的现象；环保设施建设中，环保设备国产化装备水平以及环保科研成果对工程建设支撑作用有待进一步提高；各类环境保护工程建设投资额依然不足，建设资金使用效率不高，资金投融资渠道有待进一步拓宽；工程内涵和范围需要进一步延伸和拓展；环保工程实施中各项支持性政策措施需进一步完善和加强等。

（二）研究目标

根据对“十二五”期间工程建设的需求分析，结合“十一五”期间十大工程的建设成果及经验问题，从改善民生、节能减排、加强农村及生态环境保护、提高环境公共服务质量、提升环境保护能力等多方面考虑，提出在“十二五”期间重点完成的十五项重大工程的建设，并针对各类工程提出了具体建设内容。

二、研究思路

首先，通过对“十一五”环保十大工程实施进展、取得的效益和存在的问题进行分析总结，为“十二五”环境保护阶段性需求及重点工程的设计提供基础；然后，根据“十二五”国家社会经济发展趋势及环境保护需求分析，提出在“十二五”期间重点完成十五项重大工程的建设，并针对各类工程提出具体建设内容；最后，为确保“十二五”期间各类工程的顺利实施及建设效果，分别从组织管理、投融资以及其他方面提出相关保障措施与建议。

三、研究内容

（1）分别从责任落实明晰、资金投入加大、技术支撑增强、政策保障到位、机制创新活跃等多方面，总结十大环保工程取得的跨越式进展，同时对各项工程在实施过程中存在的诸多问题进行分析，为“十二五”期间环保工程的建设提供丰富的可供借鉴的经验。

（2）根据国家社会经济发展对环境保护工作的要求，并结合环境保护工作自身发展特点，提出“十二五”我国环境保护工作的思路，重点分析“十二五”环境保护工程需求。

（3）为了实现“十二五”环境保护目标和任务，从改善民生、节能减排、加强农村及生态环境保护、提高环境公共服务质量、提升环境保护能力等多方面考虑，提出“十二五”期间应重点实施的十五项重大工程，解决各类突出环境问题。

（4）分别从组织管理、投融资以及其他方面提出相关保障措施与建议，确保“十二五”期间各类工程的顺利实施及建设效果。

四、主要结论

为了实现“十二五”环境保护目标和任务，从改善民生、节能减排、加强农村及生态环境保护、提高环境公共服务质量、提升环境保护能力等多方面考虑，“十二五”期间应重点实施以下十五项重大工程，解决各类突出环境问题。

（一）水环境保护工程

（1）城镇污水处理及再生利用：进一步加强城镇污水处理基础设施建设，加快未达标污水处理基础设施升级改造工作进程；缺水地区重点推行污水再生利用工作。

（2）工业水污染防治：综合推进工业行业水污染物减排；加强工业废水排放的监管工作，提高工业废水处理水平，鼓励推广工业园区集中式污水处理模式。

（3）重点流域水污染防治：有针对性地解决重点流域水环境保护的关键问题；继续实施重点流域水环境综合整治，选择部分区域实施TN、TP总量控制试点；建立严格的跨行政区河流界面考核方法，落实治污责任。

（4）地下水污染防治：重点开展地下水源地保护、地下水污染治理方面的综合调控和工程设施建设、地下水污染监测与评价体系建设、地下水污染预警应急体系建设、地下水污染防治技术体系建设、污染防治监管法律体系和管理体系建设等工作。

（二）城市饮用水水源地环境保护工程

（1）管理层面：建立和完善饮用水水源地保护法律法规体系，加快地方配套的法律法规体系建设；进一步明确各级政府及相关部门的职责，研究制定本辖区的分解实施计划；强化监督检查和评估考核，明确年度任务和检查要求；严格执行环境准入制度；积极拓展融资渠道，创新融资机制；充分发挥新闻媒介的舆论监督和引导作用，提高公众饮用水水源环保意识和法制观念。

（2）技术层面：完善饮用水水源地环境管理相关标准、规范技术体系；围绕水源地保护与管理、水质保护与生态修复、水质净化处理、水生态监测监控、事故预警等技术需求，有计划、有步骤地开展水源地污染防治和管理技术研究。

（三）大气污染防控治理工程

进一步加强 SO_2 排放控制；逐步开展 NO_x 排放控制；进一步强化一次颗粒物排放控制；及时启动挥发性有机物排放控制；逐步开展臭氧和细粒子污染控制；积极开展区域大气污染联防联控工程。

（四）危险废物处理处置工程

进一步加大危险废物处置工程设施建设力度，提升危险废物处置工程设施的运营管理效率；加强对典型工业污泥、非工业源危险废物、电子废弃物处理处置工作；积极稳妥推进综合性危险废物集中处置设施的建设，建立全国性危险废物处置网络，促进危险废物利用和处置行业产业化、专业化和规模化发展。

（五）土壤污染防治工程

加快农村地区土壤污染的统计工作；加强农村地区土壤修复工程建设；加快出台针对土壤环境的质量评价制度和监测标准，进一步明确工业企业的土壤污染治理责任，加强对工业土壤污染的监管，通过专项资金等政策性资金形式支持企业开展工业土壤污染修复工程；培育一批专业土壤污染治理企业。

（六）农村环境综合整治工程

加大农村生活污水处理力度；进一步规范畜禽养殖污染整治工作；大力推进农村生活污染治理；严格控制农村地区工业污染；控制农业面源污染；积极防治农村土壤污染；加强农村自然生态保护。

（七）生态环境保护工程

进一步完善生态保护区的区划工作，加强生态保护区管理；进一步加强重点生态保护区的建设工作；逐步开展与适应气候变化相关的生态保护工作；加强对生物多样性与生物安全的管理工作；加强资源开发的生态环境监管；继续推进生态示范建设；逐步开展我国河湖岸带保护工作；逐步建立数据共享的生态数据管理系统。

（八）脱硫脱硝工程

重点开展电力行业烟气脱硫、脱硝，钢铁行业烧结烟气脱硫，水泥行业与工业锅炉脱硝，非金属矿物制品业、化工、有色金属冶炼、石油加工和炼焦业脱硫等工作。

（九）城市垃圾处理工程

“十二五”期间生活垃圾处理能力达到 35 万 t/d，无害化处理率不低于 80%，环境保护重点城市无害化处理率应达到 85%以上；加大城市生活垃圾处置设施运行经费保障力度，实现城市生活垃圾无害化处理设施运行率达到100%。

（十）重金属污染防治工程

全面深入调查重金属污染状况；实施污染源综合防治；加强提升重金属污染源监管水平；加强重金属污染防治立法工作的科学性；强化资金和技术保证。

（十一）核与辐射安全保障工程

完善国家辐射环境监测网，开展核基地与核设施放射性现状监测与评价，加强核与辐射安全监管能力建设，开展放射性污染防治等，确保国家核与辐射环境安全。

（十二）环境监管能力建设工程

加强环境监测能力建设、环境监察执法标准化建设、污染源自动监控建设与运行、环境应急管理能力建设等工程，提高环境监管能力，开展专项调查和科技示范，初步建立环境监管公共服务体系。

（十三）环境经济政策体系工程

从绿色税收、环境收费、绿色信贷、生态补偿、排污权交易、绿色贸易、绿色保险7方面建立新的环境经济政策体系。

（十四）环保公众教育工程

加强环保宣传教育的能力建设；改变环保宣传教育工作重点；改革环保宣传教育方式，营造良好的社会氛围；成立环境宣传教育中心，建立环境宣传教育机制；实现环境信息公开化；让绿色创建活动成为推动公众参与环保的重要载体；充分发挥环保非政府组织的作用；突出环境公益诉讼的宣传报道。

（十五）环境信息化建设工程

重点开展环境信息网络平台建设、环境管理业务应用平台建设、环境信息资源共享平台建设、环境信息资源服务平台建设、环境信息化标准规范与安全建设。

五、政策建议

在组织管理方面，完善综合协调机制，合理划分部门权限以及中央与地方权限，健全法规标准体系，加大人才引进和培养力度，加强社会力量的参与；投融资方面，加大环境保护财政投入力度，完善环境保护投资监管评价体系，建立环保投资市场机制，拓宽投融资渠道；另外，增强科技产业支撑，加强国际环境合作。

环境质量考核体系设计及其推进措施

一、研究背景与目标

（一）研究背景

（1）我国的基本国情是人口多、底子薄、发展不平衡，资源相对不足，环境承载能力有限。在加速推进工业化、城镇化的进程中，随着经济总量不断扩大和人口继续增加，资源和环境的瓶颈制约越来越突出，环境压力不断增加、挑战越来越大。环境问题既是发展问题，又是民生问题。我国煤炭、水泥、钢铁等主要原材料年度消耗量已居世界首位，SO_2、工业粉尘等主要污染物排放量也已居世界首位。据测算，CO_2年度排放量也已居世界前列。我国的单位 GDP 能源资源消耗，已高于发达国家。

据 2009 年《中国环境状况公报》统计，全国地表水污染依然较重。长江、黄河、珠江、松花江、淮河、海河和辽河七大水系总体为轻度污染。203 条河流 408 个地表水国控监测断面中，Ⅰ～Ⅲ类、Ⅳ～Ⅴ类和劣Ⅴ类水质的断面比例分别为 57.3%、24.3%和 18.4%。其中，珠江、长江水质良好，松花江、淮河为轻度污染，黄河、辽河为中度污染，海河为重度污染（图 1）。

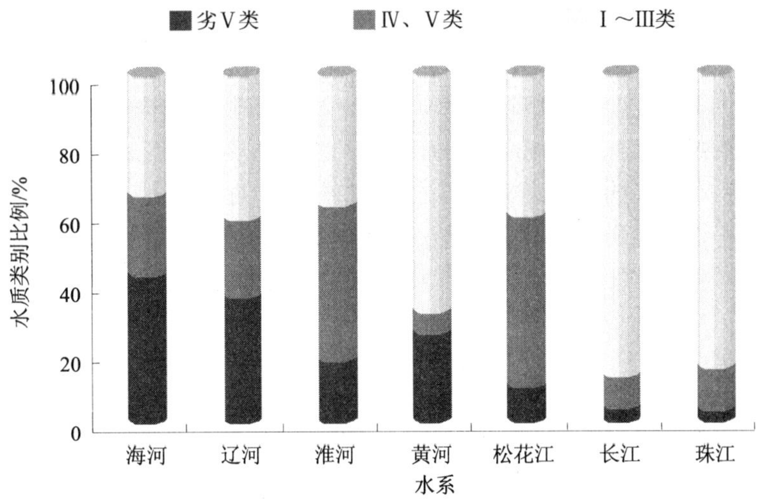

图 1　2009 年七大水系水质类别比例比较

湖泊（水库）富营养化问题突出。26 个国控重点湖泊（水库）中，满足Ⅱ类水质的 1 个，占 3.9%；Ⅲ类的 5 个，占 19.2%；Ⅳ类的 6 个，占 23.1%；Ⅴ类的 5 个，占 19.2%；

劣Ⅴ类的9个，占34.6%。营养状态重度富营养的1个，占3.8%；中度富营养的2个，占7.7%；轻度富营养的8个，占30.8%；其他均为中营养，占57.7%。

当前农村环境问题日益突出，形势十分严峻。在我国做好环保工作有异乎寻常的紧迫性，要搞好环境保护必须依靠政府的强力干预，要促进地方政府真正履行好环保职能，就要依靠行政考核和责任追究，目前，环保责任制的落实大都体现在对于重大环境事件相关责任人的责任追究上，而对于地方政府及有关部门因为经济发展决策失误而造成环境恶化、生态破坏等环境违法行为却难以问责，原因就是缺乏一套科学的评价制度和量化的指标体系，责任无从落实。当务之急，是要建立起一套可持续发展的制度框架，遏制环境污染继续恶化的势头，其中的首要任务之一当然是将环保纳入政府绩效考核的重要内容。总之，在当前特定的中国特色社会主义的初级阶段，环境质量考核是做好环保工作的第一抓手，不但十分必要，而且事关国家安全，对我国经济又好又快发展具有重要的战略意义。

（2）建立环境质量考核体系是环境管理的现实需要。我国现行环境质量考核评价办法种类繁多，涉及环境质量考核评价要素各不相同，评价方法、尺度标准不一，尤其缺乏一套指标选择、评价方式选定、权重设计、考核实施办法和推进措施系统化的理论技术规范。因此，尽快建立起一套适应今后较长时期环境管理需求，内容全面、层次分明、可操作性强的环境质量综合考核体系是当前环境管理工作的迫切需要。

（3）环境质量考核是环境管理的重要行政手段。通过将各环境要素纳入考核体系，对政府的环境保护工作进行监督、激励和考核，达到推进经济结构调整、污染防治各项工作，最终达到环境质量改善的目标。

（二）研究目标

目前，整体上我国各级环境考核评价体系种类繁多：从国家层面上，有如重点流域考核、城市环境综合整治考核、创建环境保护模范城市等多个考核指标和方法。评价要素各不相同，评价方法混乱、尺度标准不一、分析评价缺乏一套系统化的理论技术规范。因此，需要建立起适应“十二五”环境规划，内容全面、层次分明、逻辑响应强的环境质量综合考核体系，该体系既要符合国家层面对于环境保护管理的要求，同时又要对全国各地建立自身的考核体系具有较强的指导意义。通过该考核体系，促进“十二五”及其以后的环境保护工作，科学评价环境质量目标完成情况，是本研究的最终目标。

二、研究思路

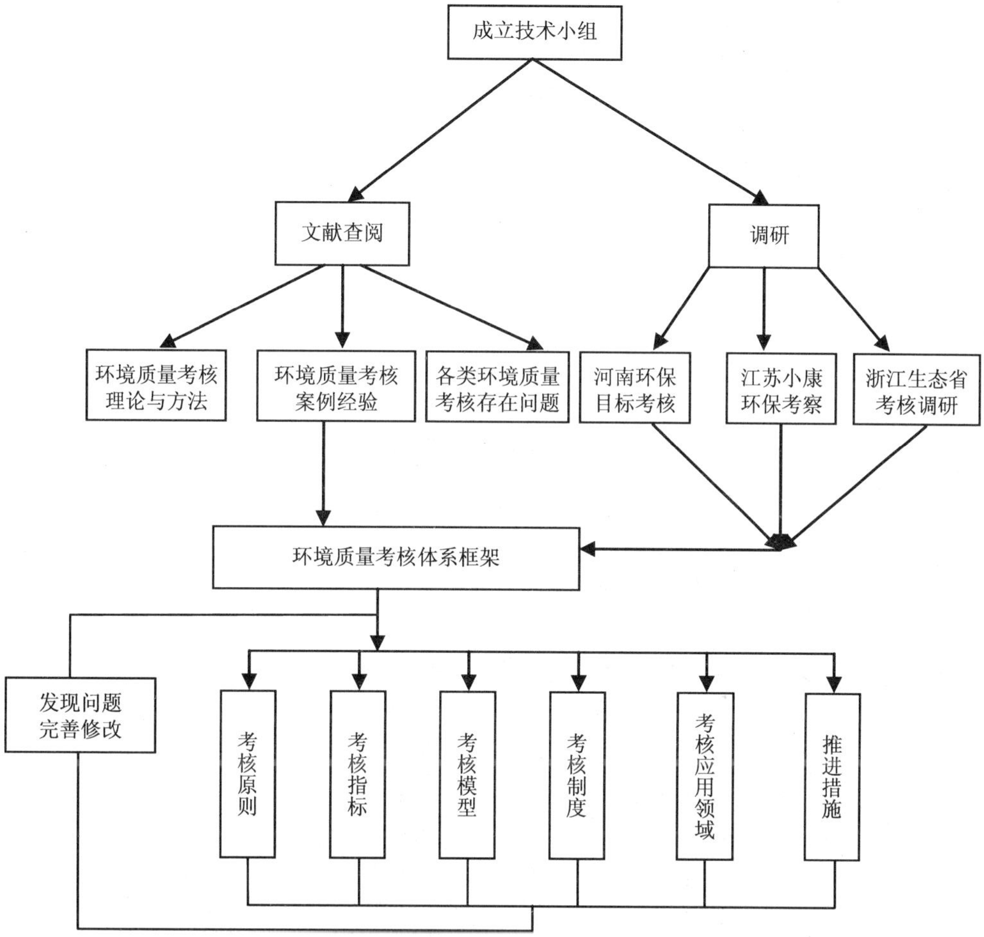

图 2　研究思路

三、研究内容

本研究以环境质量考核体系为研究对象，分析了目前各类环境质量考核办法存在的问题，在总结现有理论成果和工作经验的基础上，建立了一种层次清晰、涵盖面广、科学合理、易操作的环境质量考核模型；从完善组织机构、精细化环境质量考核对象、建立统一严密的监测和考核标准加大考核等方面，探讨了如何建立有效的环境质量考核制度，并将环境质量考核结果应用于政府目标考核、环境预警制度、环境专项考核行政责任追究以及与生态补偿机制等经济奖惩机制相挂钩，并对 “十二五”开展环境质量考核工作提出具体推进措施和分步实施建议。

本研究的核心成果是环境质量考核体系设计。该设计分析阐述了设计的指导思想、原则、目标、依据，明确提出了考核对象的范围、考核内容、考核指标，给出具体的计分方法，建立了共涉及 3 大类指标、7 大类 11 小类环境要素、269 项评价因子的环境质量考核模型。

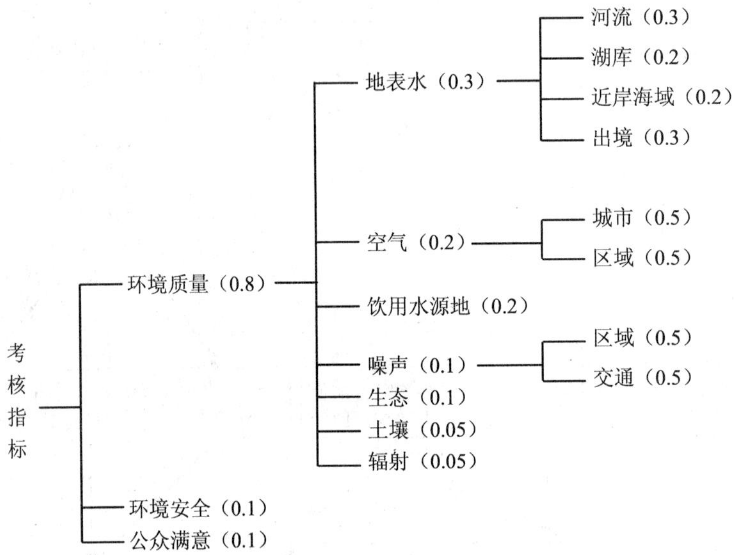

图 3　环境质量考核模型考核指标体系

最终形成考核模型如表 1 所示。

表 1　环境质量考核模型

考核指标	权重	分项指标	权重	单项指标	分权重	计分公式
环境质量指标	0.8	地表水	0.3	河流	0.3	100×（X−60）/20
				湖库	0.2	100×（50−X）/20
				近岸海域	0.2	100×（X−60）/20
				出境	0.3	100×（X−60）/20
		空气	0.2	城市		100×（X−60）/25
				区域		PM_{10} 100×（0.15−X）/0.05
						SO_2 100×（0.10−X）/0.04
						NO_2 100×（0.08−X）
		饮用水源地	0.2			100×（X−70）/15
		噪声	0.1	区域	0.5	100×（60−X）/5
				交通	0.5	100×（70−X）/2
		生态	0.1			100×（X−35）/20
		土壤	0.05			100×（X−3）/2
		辐射	0.05			
环境安全指标	0.1					
公众满意度指标	0.1					

四、主要结论

建立环境质量考核体系是当前环境管理的现实需要。我国现行环境质量考核评价办法种类繁多，涉及环境质量考核评价要素各不相同，评价方法、尺度标准不一，缺乏一套指标选择、评价方式选定、权重设计、考核实施办法和推进措施系统化的理论技术规范。

本研究针对环境考核工作现状，建立起一套适应“十二五”和今后较长时期的环境管理需求，科学合理、内容全面、层次分明、可操作性强的环境质量综合考核体系。

建立环境质量考核模型是环境质量考核体系设计的核心环节，在总结过去城考、环保目标考核、小康社会考核等各类考核模型的基础上，通过进一步深入研究确立的考核模型，相较于目前的一些环境质量方面的考核工作，具有以下几方面的优势和特点：

1．考核指标体系层次清晰、简洁直观

该考核指标体系归纳为环境质量指标、环境安全指标、公众满意度指标共 3 项一级指标，指标简洁且具有较强的代表性。一级指标下再设二级分指标，如环境质量指标下设地表水、空气、饮用水源地、噪声、生态、土壤、辐射 7 项二级分指标，部分二级分指标下再设三级分指标，如地表水下设有河流功能区、湖库、近岸海域、出境水 4 项三级分指标。这种设计层次清晰、形象直观，便于考核部门相关领导和社会公众理解各指标之间的相关性。

2．考核指标体系涵盖面广、体系完善

指标体系涵盖了 3 大项、11 个环境质量指标，各环境指标中除了地表水、空气、噪声等传统指标外，还根据目前和今后环保工作的发展，将目前较少涉猎的生态环境、土壤和辐射环境也纳入了环境质量体系，覆盖面比较全。在环境质量指标外，还增加了环境安全指标、公众满意度指标，使得整个考核体系更为完善，考核主体也更为多元化，考核设计中注重社会公众的参与性，考核结果更具有代表性、合理性和公正性。

3．考核指标体系注重创新、评价模式科学性、代表性强

在具体的一些环节要素评价上有所创新，比如地表水环境质量考核中，将水质功能和出境水质目标考核相结合，改变了过去水污染防治考核中，单纯考核出境水质情况，对于地表水环境质量的代表性更强。按照水环境功能考核，就是要结合区域功能定位、产业定位和发展战略目标等因素实行分类考核，因地制宜地确定不同的考核目标，不再简单用同一标准“一刀切”考核。在考核出境水质中，充分考虑了上游来水对于下游断面水质的影响，并建立了剔除污染叠加影响的计算模型，使得对于跨境水质污染的责任考核判断更为科学、合理，并为跨省水环境生态补偿机制的建立奠定了基础。

4．考核模型计算方法简单、操作性强

选用四则运算公式建立考核模型。在我国环保方面的考核，如“城考”、“生态省考核”、“小康社会考核”、“环保目标责任书”等，多采用这种公式，操作简单、方便快捷。不同于城考、环保目标责任书等考核中，各指标满分值各不相同的特点，本考核模型中各项指数均采用“百分制×权重”模式，这种模式考核结果更加直观、一目了然，易于被管理者和被管理者接受，也从而得到有力执行，也便于在其他一些专项考核中根据需要选取该考核模型的部分指标进行考核，根据实际情况调整权重，便于实施操作。

该考核办法在继承我国已有的环境质量考核实践的经验基础上，有所创新，形成了一套系统化的理论技术规范，具有较强的科学性、实用性和可操作性，对于“十二五”分步推进环境质量考核具有重要的指导意义。

五、政策建议

“十二五”环境质量考核工作，应紧密结合规划，应做到突出重点，既要强调可操作性，又要注意逐步提高质量考核的科学性和准确性，加强基础数据、监测评估体系等基础保障，逐步推进完善环境质量考核体系。

“十二五”考核一要以健全跨界水质评价体系为重点，完善环境质量考核体系，其关键点应建立上游断面污染超标对下游断面影响的剔除机制，科学评估跨省界水质。二要在重点流域跨界水质考核的基础上，逐步推进水环境生态补偿机制。三要提高质量考核的科学性、准确性，加强监测评估体系等基础保障。四要建立考核通报定期发布制度和污染预警机制，变年终考核为动态考核。五要加大环境质量考核责任追究力度，真正与领导干部的政绩挂钩。

总之，环境质量考核体系的设计与实践，是一项长期的系统工程，需按照上述的基本思路和框架，结合各地的具体情况，不断研究实践、验证和调整，环境质量考核真正成为促进区域经济、社会、环境协调发展，推动资源节约型和环境友好型社会建设的助推器，从而促进全国“十二五”环境保护工作全面完成。

第二部分

重点要素

国家水环境质量目标可达性分析研究

基于水环境质量改善的总量控制目标研究

近岸海域水污染防治规划前期研究

珠江口海域水污染防治规划前期研究

大气环境质量与监测现状评估研究

大气污染防治规划框架设计与规划指标体系研究

区域大气污染联防联治与空气质量管理机制研究

氮氧化物污染防治思路与总量控制方法研究

颗粒物污染防治思路与控制对策研究

挥发性有机物控制对策与策略研究

有毒有害废气控制思路与对策研究

工业锅炉主要大气污染物控制技术路线研究

“十二五”土壤污染防治重点与对策研究

污染场地土壤环境管理与修复对策

“十二五”农村环境保护目标指标研究

农村环境综合整治绩效评估及“十二五”建议

“十二五”生态保护目标指标体系研究

国家水环境质量目标可达性分析研究

一、课题研究背景与目标

为了在国家环境保护“十二五”规划中提出有针对性、切合实际、可达的水环境目标，需要了解和掌握“十一五”期间国家水环境质量状况、主要污染指标以及污染程度，为国家环境保护“十二五”规划的编制进行前期研究打好基础。因此，国家水环境现状以及其变化趋势的分析是“十二五”国家环境保护规划研究编制中需要掌握的关键基础之一。

二、研究思路

（1）收集整理国控 759 个断面 2005—2009 年的常规监测数据，整理后按照季度进行监测项目的浓度均值计算，并评价出各个断面的季度水质类别。

（2）按照以下标准进行分类：

① 5 年 20 个季度水质类别均能够达到III类水质的；

② 季度水质类别有波动但 5 年的年均值均能够达到III类水质的；

③ 5 年 20 个季度水质类别均为劣V类水质的；

④ 季度水质类别有波动但 5 年的年均值均为劣V类水质的；

⑤ 其余的。

（3）按流域分析 5 年来高锰酸盐指数、NH_3-N 以及 TP、TN 的浓度变化。提出以后 5 年的降低幅度。

（4）将这些降低幅度带入上面年度没有达到III类水质的断面，对该断面的水质类别进行重新评价。用重新评价后的水质类别进行全国地表水水环境质量评价。

提出“十二五”全国以及各个流域的环境质量目标以及各省环境质量目标分解方案。

（5）将重新评价后仍然为劣V类水质的断面收集汇总，提出消除劣V类水质还需要努力的目标。

三、研究内容

本项目收集和校核了 2005—2009 年全国地表水 759 个国控断面和 113 个环保重点城市饮用水水源地水质监测数据，进行了系统整理。对照“十五”末（2005 年）地表水和饮用水水源地水质状况，以季度为评价时间段，按流域和省份进行水质状况分析和水质变化趋势分析，筛选出主要污染指标，并对其浓度水平以及水质类别的变化趋势进行了评价。

四、主要结论

（一）地表水水质状况及变化

2005—2009 年总体来看，全国地表水均为中度污染，但是；Ⅰ～Ⅲ类水质断面比例明显上升，由 37.5%上升到 48.3%；劣Ⅴ类水质断面比例由 27.4%降低到 20.6%。各流域具体情况如下：

（1）长江流域水质良好稳定，与 2005 年相比 2009 年的水质状况有所好转。各项污染物浓度均低于Ⅲ类水质标准。云南省的螳螂川经常出现 Hg 超Ⅲ类标准现象。

（2）黄河流域水质以中度污染为主，至 2009 年略有好转呈现轻度污染水质。5 年来主要污染物石油类、挥发酚、高锰酸盐指数、BOD_5 和 NH_3-N 的浓度水平出现不同程度的下降。重金属超标断面的数量和超标倍数大大降低。

（3）珠江流域水质类别比例上下波动不大，水质状况保持在良好状态。除 NH_3-N 和石油类外，没有出现其他污染物超类水质标准的现象。除深圳河和珠江广州段外其他支流与河段水质均为优良。

（4）松花江流域水质状况也由 2005 年的中度、轻度污染好转为全年轻度污染。各主要污染物的浓度水平明显降低。

（5）淮河流域的水质状况已经从 2005 年的中度污染好转为 2009 年的轻度污染。挥发酚、NH_3-N、石油类、高锰酸盐指数和 BOD_5 等主要污染物的浓度降低了 24%～56%。2009 年全年没有出现重金属超标现象。

（6）海河流域水质一直处于重度污染状态。主要污染物 BOD_5、挥发酚、石油类、高锰酸盐指数和 NH_3-N 的浓度都有不同程度的降低。截至 2009 年仍有多个断面 Hg 超Ⅲ类水质标准，最大超标倍数为 3.3。

（7）辽河流域的水质状况虽然一直处于重度污染状态，但各主要污染物浓度水平出现不同程度的下降；2009 年大凌河锦州段仍有 Hg 超Ⅲ类水质标准的断面，最大超标倍数为 0.58。

（8）浙闽片水系主要涉及福建和浙江直接入海的河流，5 年来水质没有明显的变化，以轻度污染为主。主要污染物为石油类。2008 年和 2009 年均没有出现重金属超标现象。

（9）内陆诸河主要涉及甘肃和新疆流向中亚的部分河流，5 年来水质持续优良没有明显的变化。主要污染物石油类、NH_3-N 和 BOD_5 的浓度水平呈上升势头。没有重金属超标现象。

（10）西南诸河主要涉及云南和西藏高原上的河流，5 年来总体水质良好。特别是西藏区的河流水质为优。云南红河州元江的水质多为重度污染，主要污染指标是 Pb。

（11）太湖湖体水质均为重度污染。劣Ⅴ类水质断面比例 2009 年与 2005 年相比没有明显的下降，但是湖体的营养状态从 2007 年开始有所减轻。

（12）滇池湖体水质均为重度污染，自 2006 年第三季度起，湖体中 10 个国控监测点位的水质类别均为劣Ⅴ类，并呈现重度富营养状态。主要污染物 TN、TP、高锰酸盐指数、NH_3-N 和 BOD_5 的浓度水平均有所上升，没有重金属超标情况。

（13）巢湖湖体水质波动变化较大，劣Ⅴ水质断面比例呈缓慢下降趋势；主要污染物是 TP 浓度降低幅度明显；但是石油类浓度明显上升。湖体富营养化状态没有明显变化，呈季节变化趋势，夏、秋两季一般为中度富营养，春、冬季一般为轻度富营养。

（14）10 个重点国控大型淡水湖泊的水质和富营养状态程度差异较大，但都稳定在各自的水平上没有显著变化。

（15）10 座国控大型水库水质常年稳定，没有富营养化的现象出现。

（16）5 个城市内湖的水质污染程度较重，主要污染指标为 TN、TP、BOD_5 和石油类，而且已经出现了富营养化的状况。

（二）饮用水水源地水质状况及变化

113 个环保重点城市共监测 412 个集中式饮用水水源地，其中地表水水源地 251 个，地下水水源地 161 个。监测结果表明，重点城市年均取水总量为 195.5 亿 t，年均达标水量为 147.7 亿 t，占 75.5%。年均不达标水量为 47.8 亿 t，占 24.5%。5 年来，全国环保重点城市的取水量不断增加，水质达标率比较稳定，均在 70%以上。

从水源地达标情况看，地表水水源地的达标率稳定在 75%左右；地下水水源地的达标率在 90%左右；整体饮用水水源地达标率在 80%上下浮动。按年度统计对超标污染物出现的次数进行统计后发现，影响地表水饮用水水源地的主要超标污染物为粪大肠菌群、TN、NH_3-N、Fe 和 TP；影响地下水饮用水水源地的主要超标污染物为 pH、Fe、NH_3-N、总硬度和磷酸盐。其中，粪大肠菌群经自来水厂消毒处理后可以达标，TN 作为作为反映湖泊和水库营养状态的指标，对人体健康影响不大。地下水水源地 pH、Fe、Mn 超标主要是自然本底原因，通过深度处理可以去除。本研究将上述 5 项指标去除后，重新分析了 2007—2009 年饮用水水源地的监测数据，结果全国饮用水水源地达标个数百分比提高 10%左右，2009 年提高 14.4%。

本项目对照《国家环境保护“十一五”规划》提出的改善水环境质量的目标及其目标分解方案的要求，对各省水环境质量目标的达标情况进行了逐年统计。结果显示，虽然个别省存在不达标的问题，但是从全国的尺度上看，地表水劣类水质断面的削减任务和七大水系类水质断面的增加数量已经达到了《国家环境保护“十一五”规划》环境水质目标。

本项目提出了目前水环境监测中存在的问题和不足，并提出“十二五”期间应在地市级以上城市开展饮用水水源地常规水质监测；优化国控监测断面/点位；完善监测评价体系；提高监测技术与方法；加强监测数据质量控制、确保监测数据的准确。同时，在“十一五”成绩的基础上，继续从源头控制和削减污染，使污染物排放总量持续负增长；达到全国地表水环境质量总体为轻度污染，全国地表水国控断面Ⅰ～Ⅲ水质断面比例达 50%以上；七大水系国控断面Ⅰ～Ⅲ水质断面比例达 60%以上；长江、珠江流域以及浙闽片和内陆诸河水质优良，黄河、辽河、淮河、松花江流域轻度污染，海河流域中度污染，太湖湖体水质好转，巢湖和滇池湖体主要污染物浓度继续降低，其他主要湖泊水库水质保持稳定的水质目标。

759 个断面中仍然有 104 个监测断面的水质可能处于劣Ⅴ类水质状态，这些断面主要集中在河北、河南、山东、江苏、安徽、云南和陕西的海河、淮河、“三湖”和渭河等流域。影响河流水质的主要污染物为 NH_3-N、高锰酸盐指数、石油类等，影响湖泊水库水质的主要污染物为 TP、TN。

五、政策建议

（一）“十二五”期间水环境监测将会面临更大的挑战

百年前发达国家的工业化进程带来了十分严重的环境污染。从典型污染事件的监测发展到对源的监测与控制，再发展到对环境质量的监测及评价。至 20 世纪 70—80 年代工业化污染问题已得到解决，环境质量已恢复到良好状态。目前主要是对痕量、超痕量“三致”污染物质（如 POPs、金属形态、环境激素等）的监测，以及大范围的卫星遥感监测和全球环境变化监测。

我国环境监测工作与发达国家相比差距还是很大的。从污染程度和种类上说，我国处于工业化的初级阶段，常规的污染问题（如 COD、SO_2 等）尚未得到解决，新的污染问题（如 POPs、环境激素等）已经显现，呈现出复合型污染态势。

我国要实现工业现代化，要提高人民的物质生活水平，“十二五”期间经济仍需高速发展，另外，城市化进程也会进一步加快，人口继续增长，消费观念发生重大改变。因此，这一时期我国的能源消耗将持续加大，污染物的产生量和种类也会随之增加。

环境监测和环境保护与国家的经济发展模式及发展水平密切相关。因此我国的工业面临着产业结构调整和生产发展模式的根本转变，与此同时人民大众随着物质生活水平的提高也要求环境质量得到显著改善。因此在经济发展的同时将面临更加复杂、更加严峻的环境问题。

为达到经济增长与环境保护协调发展的目的，要从源头控制和削减污染，使污染物排放总量持续负增长；要强化监测，核实污染物减排目标的实现。准确说清污染源情况、环境质量现状和变化趋势以及潜在的生态与环境安全风险，准确掌握全国环境质量以保证在以后的若干年期间能够说清环境质量是否得到了明显和全面的改善。为国家环境保护政策的制订、调整及有效性评价提供有力的监测技术和信息支持。

（二）“十二五”期间饮用水水源地水质监测任务

落实国家关注民生、保障人民群众饮用水安全的各项政策与措施，在 113 个环保重点城市开展饮用水水源地水质监测的基础上，扩大范围，要求地市级以上城市均开展饮用水水源地的常规监测工作。

加强特定有机污染物的分析，掌握各地有机污染的现状。加强水质监测能力建设，使各省级环境监测站和部分地市级环境监测站有独立进行水质全分析的能力。

（三）“十二五”期间水环境质量目标展望

“十二五”期间水环境质量监测工作将进一步强化。优化国控监测断面/点位，完善监测评价体系，提高监测技术，加强监测数据质量的控制确保监测数据的准确。另外，在“十一五”成绩的基础上，继续从源头控制和削减污染，使污染物排放总量持续负增长；达到“十二五”水环境质量的预期目标：

全国地表水环境质量总体为轻度污染，全国地表水国控断面Ⅰ～Ⅲ水质断面比例达50%以上；七大水系国控断面Ⅰ～Ⅲ水质断面比例达60%以上；长江、珠江流域、浙闽片和内陆诸河水质优良，黄河、辽河、淮河、松花江流域轻度污染，海河流域中度污染，太湖湖体水质好转，巢湖和滇池湖体主要污染物浓度继续降低，其他主要湖泊水库水质保持稳定。

总之，“十二五”是极其关键的时期，既要保证宏观经济的持续发展，又要遏制住环境质量的恶化，同时使部分区域的环境质量有所好转，各级环保部门都面临着更加严峻的形势和艰巨的任务。

基于水环境质量改善的总量控制目标研究

一、课题研究背景与目标

（一）研究背景

我国政府在“十一五”规划中提出，截至“十一五”期末，5 年之内实现 SO_2、COD 等主要污染物排放总量减少 10%的强制性指标，成为具有法律效力的约束性指标。国务院总理温家宝在 2007 年《政府工作报告》中指出：2006 年全国其他所有“十一五”规划全国指标都超额完成，唯有环保指标没有完成，未能实现年初确定的主要污染物排放总量减少 2%的目标。国家环保总局也强调要加强流域水环境污染物排放总量控制工作，在未按期完成“十一五”水污染物总量削减目标的地区，对超过污染物总量控制指标、国家主要控制断面不能满足环境功能区划要求的河流流域采取“区域限批”政策。为加强水污染物减排工作，应当根据流域实际情况计算水环境容量，确定污染物减排量，制定污染物减排的有效措施。因此，整治水污染，是构建和谐社会的重要问题，有效地实施水污染防治方案是我国目前环境保护与管理工作的当务之急。

根据《国家环境保护“十二五”规划》拟定在“十二五”期间，COD、SO_2、NH_3-N 和 NO_x 四项约束性指标的总量控制目标初定为降低 8%、8%、10%和 10%。对此“双八双十”的目标，依据整体水环境改善为目标，进行重点水污染物的总量控制是当务之急，也是最根本的改善措施。

（二）研究目标

通过对国内外总量控制方法以及政策的综合分析，针对我国高位污染的现实国情，提出一套适合我国的、流域性的水环境改善的方法理论，此方法旨在揭示我国流域尺度上水环境容量与污染源的响应关系，构建一个流域水环境耦合模型。同时，展开对污染物分配方法的研究，提出一套适合我国的简单可行的分配方案。最终，提出流域范围内基于水环境动态逐步恢复的污染物总量控制方法。另外，还将对乌梁素海流域开展污染物总量控制目标的探索性研究。

二、研究思路

本课题研究从水环境容量的角度出发，根据规定的环境目标确定水体所能容纳的污染物量，然后按照总量控制的要求在区域内按照一定的模式和方法进行分配，制定相关的排放与治污措施，最终达到改善水环境的目的。其大致可分为三大步骤：水质目标的确定、水质目标与污染源的响应、污染物负荷分配。其技术方法体系如图 1 所示。

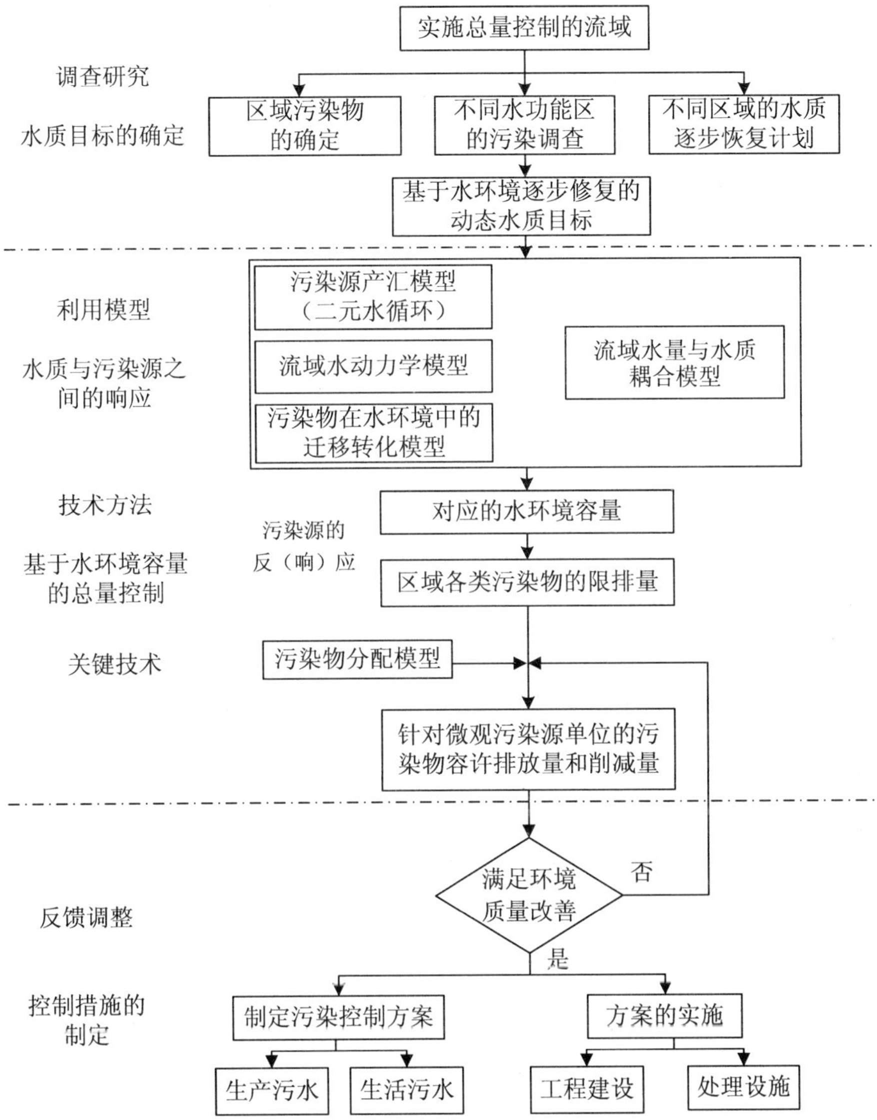

图 1　基于水环境质量改善的总量控制目标研究技术路线

三、研究内容

首先通过综合分析国外总量控制理论的发展，系统凝练国际上开展水环境质量与水环境污染物排放总量控制方面的先进经验及发展趋势。在系统阐述我国水污染总量控制发展过程和国外先进经验总结的基础上，总结我国水污染总量控制的发展阶段，剖析我国在这方面所取得的成绩与存在的不足，提出我国水环境污染总量控制的发展方向。

通过分析基础资料数据，识别水污染特征，确定主要控制水环境污染物；建立描述和评价目标的指标体系。建立起污染物总量指标体系后，解决了总量控制范围和总量控制重点，进而确定污染物总量控制水平，即各项污染物（或相关的经济和社会指标）的具体控制目标（总量指标）。在流域水环境质量控制单元内，对相应污染物的所有排放实行行业总量控制、目标总量控制、容量总量控制三者相结合的综合总量控制。

分析不同污染源主要污染物排放构成及变化趋势，结合流域/区域水环境的特点，进一步研究水环境污染物在不同子流域之间的分配方法。综合考虑流域/区域水环境单元的性质功能，并结合流域/区域的经济技术发展水平和环境管理水平，提出流域/区域水环境污染物总量分配的思路与策略。

根据控制单元进行污染物目标的分配，结合环境保护投资、污染负荷削减的可行性和经济、社会与环境效益等方面对分配方案可行性进行分析。在分析论证环境目标的可达性时，综合分析经济效益、社会效益与环境效益，“三个效益”的统一是环境保护工作总的落脚点。

最后，对乌梁素海流域基于水环境质量改善的总量控制目标的确定和分配。从黄河中上游流域系统考虑，将乌梁素海环境质量改善与流域总量控制联系在一起，建立总量控制目标确定的方法体系，从而为乌梁素海流域总量控制方案的科学制定奠定良好的基础。

四、主要结论

（一）现有水污染总量控制模式存在不足

在综述国外和国内总量控制模式的发展过程，结合我国水污染治理的实际问题，总结认为：我国目前所采取的目标总量控制制度，虽然具有便于操作和分解落实等特点，但是随着经济社会的发展，污染物越来越多元化和复杂化。同时，人们对水污染的关注程度越来越高，对水生态环境的要求也逐渐提高，单凭目标总量控制，而忽视水环境容量的确定，忽视水体本身的容纳能力会造成达到目标总量控制要求，但改善不了水环境的尴尬处境。面对我国人口众多、资源短缺，要解决快速发展经济和尽量减少环境污染及生态破坏的矛盾，在制定政策、规划和计划时，为了使社会经济与环境的协调发展，使之符合可持续发展的要求，应从水环境容量的角度出发，采取以改善水环境为目标的综合总量控制制度。

（二）综合性总量控制模式及其核心思想

我国的水污染程度在局部地区极度严重，在针对“大众期望”的良好的水质目标下，现实的污染排放量已然超过了或者远远超过了水环境容量，“大众期望”的良好水环境在现实经济、环境条件难以快速恢复，我们必须实施针对各地污染现状，配合目标总量控制，在控制总量目标的确定中，设定阶段性污染物控制目标，逐步地对水质进行恢复，降低阶段性的水质目标要求，以包容性增长的理念，人性化地扩大特定时间阶段区域的水环境容量，确定柔性的污染物削减计划，以缓和经济增长与水环境压力之间的矛盾。

但是，要真正起到保护水环境质量的作用，必须实行与区域水环境质量和水环境承载力相协调的综合总量控制制度。综合性的总量控制制度在其实施上，具体分为 3 个关键步骤：①动态水质目标的确定；②确定污染源排放的污染物与水质目标之间的响应关系（水环境容量的计算）；③污染物负荷量的分配。

（三）综合总量控制模式在乌梁素海的实例分析

利用综合性的总量控制理念，通过乌梁素海流域经济社会、生态环境、湖泊结构和功能、水系统、湖底地形等相关信息的调研及现场观测，模拟和预测不同库容及凌汛期补水方案、不同网格水道方案下，乌梁素海水动力水质变化特征，设定多种污染物入湖负荷情景，利用 EFDC 模型模拟不同情景下的水质情况，得到乌梁素海在满足动态水质要求时的各类情景下，污染物最大允许入湖量，即相应的水环境容量。

根据污染源解析和乌梁素海水环境容量的模拟计算，2010—2015 年，乌梁素海 COD、TN、TP 的环境承载力分别是 11 828.9 t、 722.3 t、40.5 t；2016—2020 年，COD、TN、TP 的湖泊承载力分别是 14 786.1 t、 963.0 t、45.4 t。而 2008 年，COD、TN、TP 的入湖量分别是 23 782.6 t、3 327.1 t、 439.8 t。污染物的入湖量远远超过了湖泊的承载力。考虑动态的水质恢复计划，为解决乌梁素海流域富营养化严重问题，设定了 2010—2020 年各年的水环境容量满足率，按照这个标准来计算每年模拟的削减量。并结合综合性的总量控制的理念制定了相应的逐年的削减计划。

并从污染控制的技术上和经济投资上对所提出的削减方案进行了论证，并在农业、工业产业结构的调整以及污染削减措施和污水处理方面提出了实际可行的建议，确保了所提出的综合性总量控制模式的可达性。

（四）综合性总量控制模式的技术可达性

通过制定这类的动态水质目标，在区域范围来实施逐年的水质恢复计划，虽然加大了水环境容量的计算频率和计算成本，使得制定管理方案的过程变得复杂，加大了人力投入成本，但是针对我国高位污染的现实，面对现今水环境保护政策在实施过程中遇到的困难，由动态水质目标所制定的水环境恢复政策在可行性以及可操控性上更强，更具人性化。正是这种细化的管理措施，才能更好更及时地反馈和调整水环境恢复政策，在刚性水质目标的基础上，即在水质恢复终极目标的一定的前提下，提出基于水环境逐步改善和符合实情的动态柔性水质目标。同时，可以依据不同的社会经济发展状况，利用目标总量控制的思想，将水环境容量在不同区域和时间尺度上进行人性化的扩充，反向调整水质目标，以缓解经济建设与环境恢复之间的矛盾，体现包容性增长的理念。这样在分析论证环境目标的可达性时，综合了经济效益、社会效益与环境效益，其具有现实意义和可行性。

五、政策建议

对于我国水污染防治，应以综合性总量控制为技术支撑，从污染源的产生与污染负荷的分配，对经济系统和环保政策进行两头优化，同时加强环保部能力、增加公众监督的机会和渠道。此次研究给出了水环境容量计算的模型，可达性分析的方法，并结合案例进行论证。我国幅员辽阔，流域之间的经济和自然条件空间分异大，对于特定流域，具体问题具体分析，建议如下：

（1）单凭目标总量控制，忽视水体本身的容纳能力已达不到水环境改善的目标要求。

但是我们也不能跨越性的、一步式的实行单一的容量总量控制。应针对我国现有的经济状况以及水污染现状，秉承实事求是的方针，在现阶段结合行业总量控制、目标总量控制和容量总量控制三种方法，以逐步改善水环境为理念，实施以动态水质目标为前提的综合性总量控制模式。

（2）水质目标的确定是总量控制的基础，也是能否改善水环境的关键所在。我国面临着高位污染的严峻形势，各地的经济发展和具体污染状况不尽相同，应该尝试拟定一套动态的水质标准，即针对各级水功能区应施行逐步改善水环境的动态水环境质量标准。也就是说，在最终目标的确定下，针对不同地区污染以及经济情况，不能妄想一步改善所有地区的水环境，使水环境在下一时刻或同一时刻全面达标。应保留目标总量控制的思想，结合经济形势和资本投资，提出适合特定区域的水环境改善目标。实现人性化、多样化的水质恢复目标，这样有利于环境措施的有效、稳固实施，也符合包容性增长的理念。

（3）在水环境容量计算上，应采用流域水质水量综合模型的方法，通过采用数学模型及数值计算等手段建立污染源与水质目标之间的响应关系，估算目标水体总的环境容量。从而得到在给定的水质目标条件下，污染源的合理排放量。并利用污染源与水质目标之间的反（响）应，确定各类污染物的待削减量或者待分配量，从而得到总量控制目标。另外，对在污染物负荷分配计算上，应多加强分配模型方法的引进和研究，增强对于基尼系数法和信息熵发的推广和应用。

（4）在弄清非点源污染所占的水环境容量比重的基础上，为使污染物允许排放总量的分配真正最优化、适应包容性增长的理念，应深刻挖掘污染物总量控制与国际先进理论、实践经验，譬如 TMDL 计划、欧盟水框架指令、排污交易制度之间的关系，使之成为我国控制水环境污染，改善水质的重要举措。

（5）我国的排污总量控制监测体系不完善，法律效力不够，排污企业监测能力等排污总量控制监测硬件的投入普遍不足。欧盟水框架指令中，对水质监测和监管异常重视，做好水质监测是制定水环境质量改善政策和实施总量的先决条件，应学习欧盟的全面的水质监测体系，完善我国的水环境监管监测制度。

近岸海域水污染防治规划前期研究

一、课题研究背景与目标

（一）研究背景

我国是一个海洋大国，海洋是支撑我国社会经济可持续发展的重要保障。自 20 世纪 70 年代以来，我国的海洋经济迅猛发展，加上陆地社会经济对海洋的环境压力，已经不同程度地导致了近岸海域环境的破坏，影响了海洋生物的栖息和繁衍，导致赤潮频发，渔业减产，滨海湿地受损，生物多样性下降，水产品食用安全性降低，严重威胁了沿海地区社会经济可持续发展。因此，我国必须高度重视和大力加强海洋环境保护工作，从而为实现经济社会又好又快地持续科学发展提供保障。保护好海洋环境、特别是我国近海海洋环境，是中华民族生存和发展的重大战略性任务。

（二）研究目标

“十二五”期间，我国近岸海域水污染防治规划的排放控制指标为 TN、TP，水质控制指标为无机氮、活性磷酸盐。以实现“生态文明”、建设资源节约型和环境友好型社会为目标，防治近岸海域污染，实现良好的海洋环境质量；保护海洋生态系统，维持海洋生态功能，逐步改善海洋生态系统健康状况；加强资源开发活动的生态保护监管力度，协调资源开发和环境保护的关系，实现海洋资源的可持续利用；完善海洋生态保护法律法规体系，提高公众的海洋生态保护意识，大力发展海洋环境科学和教育事业；提高国际履约能力。

二、研究思路

本项目研究以邓小平理论和“三个代表”重要思想为指导，坚持全面、协调和可持续的科学发展观。秉承“从山顶到海洋”的海洋环境保护理念，以保护海洋生态系统健康为目标，实施“一纵一横”的综合管理模式。在近岸海域水污染防治工作中坚持污染防治与生态保护并重。建立相关利益方参与的、统筹协调的监管机制。加强海洋环境监测和科学研究，大力推进科技创新和体制创新。树立海洋环境保护的全球视野，加强国际合作，积极推动海洋环境保护国际履约事务。

本项目研究的 4 个原则是：流域、区域经济发展与近岸海域水污染防治相协调；污染防治与生态建设并重；突出重点、因地制宜；技术保障、科学决策。水污染防治规划方略是：构建基于生态系统健康的近岸海域水环境管理体系；推行流域、区域、海域一体化的水环境保护模式；建立海岸带分类体系，进行海岸带分区管理；建立、健全近岸海域环境监控体系。

三、研究内容

（一）近岸海域水环境质量现状和变化趋势分析

2008 年，全国近岸海域一、二类海水面积 212 270 km^2，三类为 31 077 km^2，四类、劣四类为 37 665 km^2；按照监测点位计算，一、二类海水比例为 70.4%，三类海水占 11.3%，四类和劣四类海水占 18.3%，水质类别与分布见图 1。

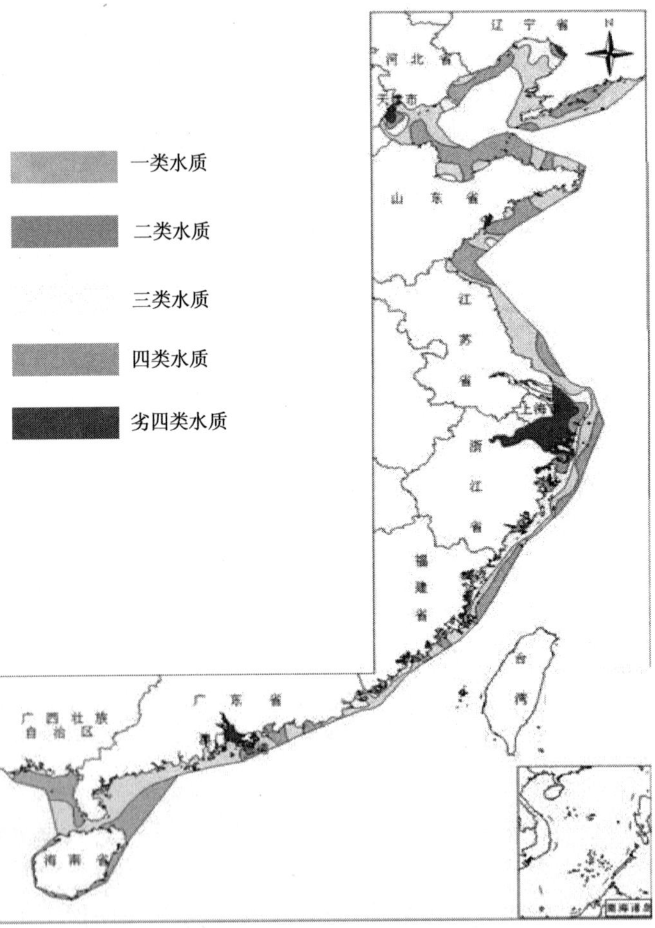

图 1　全国水质状况分布图

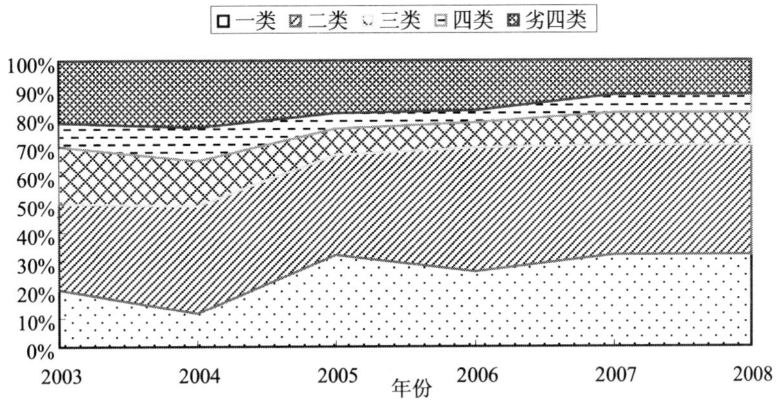

图 2　2003—2008 年全国近岸海域水质比例变化

海域	石油烃	总 Hg	Cd	Pb	As	六六六	DDT	PCBs
大连近岸	⇔	⇔	⇔	⇔	⇔	⇔	⇔	⇔
辽东湾	⇔	⇔	⇔	⇔	⇔	⇔	⇔	↗
渤海湾	⇔	⇔	⇔	⇔	⇔	⇔	⇔	⇔
莱州湾	⇔	↘	⇔	⇔	⇔	⇔	⇔	⇔
烟台和威海近岸	⇔	➚	⇔	⇔	⇔	⇔	⇔	⇔
青岛近岸	⇔	⇔	⇔	⇔	⇔	⇔	⇔	⇔
苏北浅滩	⇔	⇔	⇔	⇔	⇔	●	⇔	⇔
南通近岸	⇔	⇔	➘	↘	⇔	⇔	⇔	⇔
杭州湾和宁波近岸	⇔	⇔	⇔	⇔	⇔	⇔	⇔	⇔
三门湾和温州近岸	⇔	⇔	⇔	⇔	⇔	⇔	⇔	⇔
宁德近岸	⇔	⇔	⇔	↘	⇔	●	⇔	⇔
闽江口至厦门近岸	⇔	⇔	➘	↘	⇔	●	⇔	➘
粤东近岸	⇔	⇔	⇔	↘	⇔	↘	➘	➘
深圳近岸	⇔	↗	⇔	↘	⇔	⇔	➘	➘
珠江口	⇔	⇔	⇔	↘	⇔	↗	⇔	⇔
粤西近岸	⇔	⇔	⇔	➘	↘	⇔	➘	⇔
广西近岸	⇔	⇔	⇔	⇔	⇔	⇔	⇔	⇔
海南近岸	⇔	⇔	⇔	⇔	⇔	⇔	➘	⇔
图例说明	➚ 显著升高 ↗ 升高			➘ 显著降低 ↘ 降低			⇔ 基本不变 ● 数据年限不够	

图 3　1997—2008 年我国近岸海域贝类体内污染物的残留水平变化趋势

全国海域 2008 年共发生赤潮 68 次，累计面积 13 738 km^2（图 4）。我国近岸海域沉积物 2003—2008 年质量总体良好，综合潜在生态风险低。

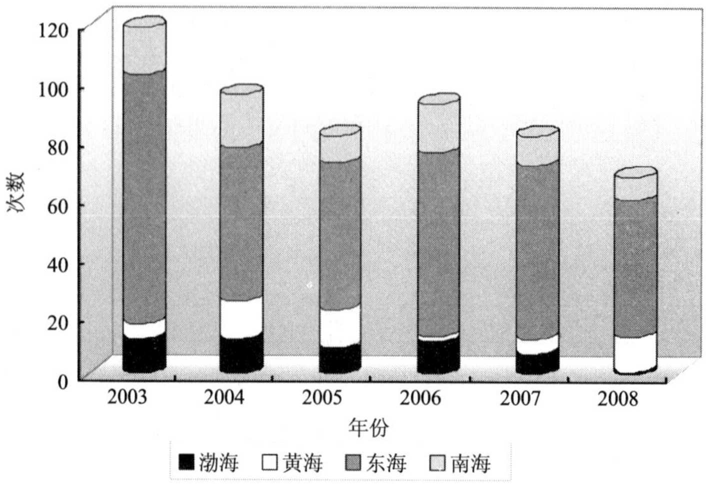

图 4　海域 2003—2008 年赤潮爆发频次变化趋势

2008 年全国近岸海域环境监测网进行监测的 198 个入海河流断面中，总体水质状况较差，主要污染因子是 COD_{Mn}、NH_3-N 和 TP。COD_{Mn}、NH_3-N、TP 和石油类的入海量始终处于较高水平。全国直排海污染源（污水日排放量 100 m^3 以上）污染物排海量从 2006 年开始一直呈下降的趋势。

此外，海洋油气开采、海洋人工养殖、海上船舶污染事故、海洋倾倒造成的污染物排放问题给海洋环境带来的压力越来越大。

（二）我国典型海域——长江口及毗邻海域生态环境质量状况

2008 年长江口及毗邻海域属于污染严重区域，四类和劣四类海水占该海域站位比例的 73.7%（图 5）。2003—2008 年始终处于严重富营养化状态，春季最高，其次是秋季。严重的区域主要分布在长江口和杭州湾。

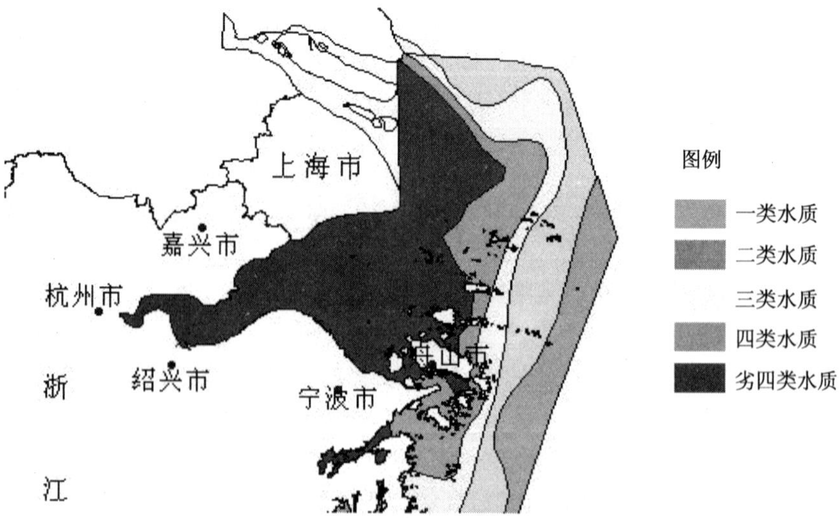

图 5　长江口及毗邻海域的水质状况分布图

2008 年，长江口是该区域入海河流污染物最主要的贡献来源。综合型排污口是直排海污染源中污染物最主要的来源，其污染物排海量占比重最大，COD_{Cr}、TN 和 TP 的排海量分别为 81 789 t、24 235 t 和 561 t，分别占总排海量的 75.4%、86.1%和 73.3%。

近 10 年该海域浮游生物种类数量上升；海域赤潮发生频次明显上升，甲藻种类占据绝对的主导地位。海域浮游生物的群落结构正在发生变化，浮游植物的甲藻群落正在迅速崛起，而浮游动物有向小型化、非饵料转变的趋势。

（三）近岸海域“十二五”期间的水污染防治重点任务

围绕近岸海域水污染防治的方略设计，重点完成 5 个方面任务：

1．进行陆海综合规划，使近岸海域水污染防治与流域污染控制相协调

将海洋陆源污染防治与流域污染控制有机结合起来，进行控制陆源污染、削减污染物入海总量、加强陆域有毒有机污染控制工作。

2．海岸带生态保护措施

开展海岸带分类、分区工作；严格控制沿海围海造地；开展生态修复，维护海洋生态系统的生态功能，最终达到生态系统的自我持续状态。

3．健全海洋环境监测、监视、预警、应急体系

提升海洋环境监测能力，逐步实现对海洋生态环境的立体监测。优化近岸海域环境监测指标体系和评价体系。完善海洋环境监测技术标准和规范。加强质量监督和管理，加强应急监测能力建设，编制国家重大海上污染事故应急计划。

4．启动国家河口计划，实施陆海统筹的近岸海域水污染防治示范

针对我国重点河口，制订国家河口计划；针对重点海湾和典型海域，制订重点海域生态系统保护行动计划。建议优先启动重点河口计划、海域环境保护行动计划。

5．加强海域污染控制

大力推广生态工程化养殖，防范海上溢油事故。

（四）长江口水污染防治“十二五”规划任务

1．强化工业源达标控制，推动清洁生产和循环经济

提高工业企业污染治理水平，推动清洁生产、生态工业园区试点建设，至 2015 年重点工业企业主要污染物排放稳定达标率达到 95%以上。

2．完善基础设施建设，提升沿海区域环境治理水平

完善环境保护基础设施建设是实现陆源污染物有效治理和削减、保证总量控制目标实现的一项关键任务。

3．重视和加强流域非点源控制

坚持“污染防治和生态保护”并重的原则，结合当地生态省（市）创建等工作，加强沿海地区生态保护和建设，防止陆域非点源污染。

4．加强海岸工程和海洋工程污染防治

强化海岸工程和海洋工程的环境影响评价，严格执行海洋功能区和近岸海域环境功能区，提高建设项目环境准入门槛，从源头上防止环境污染和生态破坏，禁止不合理开发活动。

5．建设沿海生态隔离带，构建陆海绿色屏障

加快和完善沿海三省市城市绿化、沿海防护林建设、湿地保护与恢复、沿海陆域自然保护区建设，构建海岸带绿色生态屏障，改善沿海地区人居环境，推进城乡绿化一体化进程。

6．加大海上生态保护力度，推进海洋生态建设

在加强上游流域、沿海陆域污染防治、生态保护的同时，加大海域生态修复及生物资源的保护力度，海陆统筹，共同维护长江口及毗邻海域生态系统健康。

7．进一步加强船舶污染防治，增强突发环境污染事件应急能力

沿海重化企业应制订污染事故的应急计划，加强监督管理，加强突发环境污染事件应急能力建设。

8．加强海洋环境监测监管力度，提升海洋综合管理能力

加强海洋环境监测监管投入，构建海洋环境立体监测网络、海陆统筹管理平台，为促进“两省一市”经济社会和谐发展、维护海洋安全提供科学保障。

四、主要结论

2003—2008 年，全国近岸海域水质恶化趋势总体缓解，传统污染物受到遏制，但局部区域仍然污染严重。2003—2008 年，无机氮浓度居高不下，是我国近岸海域主要污染因子；活性磷酸盐浓度呈逐步下降趋势；石油类和 COD 虽然还有超标现象，但已不再是主要污染因子。

长江口及毗邻海域属于污染严重区域，根据单因子判别法统计，四类和劣四类海水占70%以上；无机氮和活性磷酸盐依然是长江口海域的主要污染因子；入海河流所占的比重最大，COD_{Mn}、TN 和 TP 入海通量的贡献率分别占了 89.2%、94.7%和 85.5%，来自陆源的污染依然是导致该海域生态环境质量问题最主要的因素；水体富营养化程度严重，营养盐结构已严重失衡，导致该海域生物群落发生变化。

目前我国近岸海域水污染防治的法律体系、海洋监察执法体系已基本形成。环境保护部、国家海洋局、农业部分别组织开展近岸海域环境质量监测、全海域海洋环境监测和渔场海域环境质量监测工作。全国近岸海域环境监测网按照环境保护部要求开展监测工作。

在今后较长的一个时期内，我国的环境保护工作将面临新的挑战，近岸海域环境压力巨大。此外，履行国际公约将成为深刻影响我国生态环境保护的重要因素之一。

五、政策建议

（一）近岸海域水污染规划实施保障措施

1．建立创新环境监管机制

借鉴国外的经验，尽快推进规划环评和战略环评在中国的实施。特别是要协调我国沿海地区的快速发展和近岸海域水污染防治，更需要规划环评和战略环评的指导。

2. 完善我国海洋环境标准体系

为完善海洋环境标准体系，实施以下措施：扩充海水毒理指标；扩充沉积物标准及生物标准；开展富营养化指标的本底值调查。

3. 加强宣传教育，提高公众环保意识

我国的海洋环境国情教育使公众对我国的海洋资源与环境所存在的问题有所了解，唤起公众对海洋保护与海洋持续开发的认同感，并使他们能认识到树立现代海洋环境观具有必要性和迫切性。

4. 加强海洋环境科学研究

发展海洋科技是了解海洋、开发海洋和保护海洋的根本保障。

5. 开展国际合作

（二）长江口水污染防治“十二五”规划保障措施

1. 加强组织领导，明确责任分工

落实地方行政领导责任，地方政府是长江口及毗邻海域环境保护的责任主体。明确各部门责任和分工，在规划实施过程中，国务院各部门要履行职责，通力协作，相互支持和配合。

2. 项目资金的筹措

长江口水污染防治规划属公益性的国家重大战略规划，其项目资金应主要来源于国家公益性基金。应积极从相关部门争取足够的经费，用于项目的资料收集、监测、专家咨询和研究工作。

3. 监督检查机制和考核评估制度

为切实推进规划的实施，保证规划中各项任务和目标的实现，由多部门组织建立计划监督检查机制，负责对规划落实情况进行评估和考核。项目的考核主要是中期考核和最终考核。

珠江口海域水污染防治规划前期研究

一、课题研究背景与目标

（一）研究背景

改革开放 30 多年来，沿海地区一直是我国经济发展最具活力的地区，以占国土总面积 14%的陆域承载着全国 40%以上的人口和 60%以上的国内生产总值（GDP）。在未来一段时间里，沿海地区仍将是我国经济快速发展的地区，城市化、工业化和人口集聚趋势将进一步加快，这客观上加大了对陆域土地资源供给的需求及近岸海域环境的压力，经济的快速发展与近岸海域环境保护二者之间的矛盾将在一段时间内持续。

为了满足国家可持续发展的战略需求及近岸海域水环境保护的部署，亟须对近岸海域的水环境污染控制提出统一规划，保障沿海经济社会的可持续发展。基于此，国家环境保护“十二五”规划前期研究课题中提出开展近岸海域水污染防治规划前期研究，通过研究成果，为国家制定“十二五”规划提供技术支持。

本项目研究区域主要涉及我国南方沿海省市（区），包括浙江、福建、广东、广西和海南 5 个省（区），并把重点放在珠江口海域。

（二）研究目标

本项目以改善近岸海域水环境质量和维护生态系统健康为目标，以“陆海统筹”、“流域-海域一体”为指导，通过现状调查、资料收集及相关规划分析，系统阐明珠江口近岸海域水污染状况，分析论证“十二五”期间珠江口近岸海域水污染防治的目标指标、重点任务、政策措施目标，为“十二五”规划提供技术支持，提高规划的科学性、可操作性和规划目标的可达性。

二、研究思路

通过现状调查、资料收集及相关规划分析，系统调研国内外近岸海域水污染防治规划的先进经验及成功案例，分析对我国近岸海域水污染防治规划可借鉴的启示，据此提出我国近岸海域水污染防治规划可采取的技术方法。

以珠江口为研究对象，提出基于“陆海统筹”、“分区管理”与“目标管理”相结合的规划思路；在对珠江口现状污染物进行科学合理的评估基础上，结合区域经济发展的趋势，对近岸海域的污染物进行合理预测，分析论证“十二五”规划的目标及实现目标的社会经济成本及政策保障措施。

三、研究内容

（一）近岸海域水环境质量现状及变化趋势研究

系统调查、收集沿海 5 省（区），特别是珠江口入海河流污染物及沿岸混排口、直排口、市政下水口等陆源污染物的入海量，分析陆源污染对珠江口近岸海域水环境所产生的影响特点、影响程度及分布状况，定量评估近岸海域水污染的现状。

（二）流域水污染防治工作的实施评估和效果分析

通过对近岸海域相关规划实施情况及效果评估，研究珠江口河流入海污染物对近岸海域水环境影响的"分担率"，提出"陆海统筹"的水污染防治方略及保障措施。研究实现近岸海域水污染防治目标的制约性因素，提出差异性的"分区管理"和重点区域的"目标管理"相结合的规划技术方法及手段。

（三）近岸海域"十二五"期间的水污染防治规划前期研究

研究近岸海域"十二五"期间水污染防治规划的目标指标、重点任务和政策保障体系。以"陆海统筹"和"流域-海域一体"为指导，通过"总量控制"和"分区管理"等技术手段，确定近岸海域水污染防治的关键指标，重点区域及任务，提出我国近岸海域水污染防治"十二五"规划的技术路线及规划方法研究成果。

（四）近岸海域水污染防治规划试点研究

提出珠江口"十二五"规划方案和保障措施，提炼工作过程中的经验和教训，为国家"十二五"规划的编制提供建议。

四、主要结论

（一）近岸海域水污染状况

2008 年，浙江近岸海域无机氮含量总体呈下降趋势，污染程度有所减轻，但活性磷酸盐含量总体呈上升趋势，石油类污染情况明显好转。严重污染海域主要分布在杭州湾、甬江口、象山港、椒江口、瓯江口和鳌江口等港湾和河口海域。福建海域一类、二类水质占 58.5%，三类水质占 13.8%，四类和劣四类水质占 27.7%。广东 21.7%的近岸海域海水属轻度以上污染，11.2%近岸受中度或严重污染，珠江口、湛江港是主要污染海域。广西绝大部分海域为清洁和较清洁海域，污染区域主要分布在防城港、钦州湾、茅尾海以及北海市廉州湾近岸局部海域，主要污染物为无机氮和石油类。海南近岸海域水环境质量总体良好，绝大部分监测海域水质处于清洁状态，一类、二类海水占 84.5%，三类、四类海水的区域主要受无机氮、石油类、COD 和 BOD 影响。

研究结果显示，杭州湾、厦门湾海域、珠江口（内伶仃）及大亚湾海域海水近年来水质污染呈上升趋势。

（二）近岸海域水污染防治国外经验分析

1. 陆源污染物控制

陆源污染控制一直是世界各国控制近岸海域水污染的主要手段。在美国，控制陆源污染源的主要管理措施有国家污染物排放清除系统、最大日负荷总量计划和州净水循环基金。加拿大环境部和渔业与海洋部发起了保护海洋免受陆源活动污染的国家行动计划（NAP），重点关注来自陆地的海洋污染和土地利用的其他后果。澳大利亚已经通过数个重点项目加强陆源污染控制，如澳大利亚国家项目、沿岸集水区计划、礁区水质保护计划等。

2. 总量控制

美国为了清洁水域而制定了《清洁水法》，其中关于 TDML 的关键条款要求各州和国家环保局确定被污染的水域，划定重点区域，确定污染限制负荷值。

3. 海岸非点源污染控制

美国规定，已经通过“海岸带管理计划”的州必须制定海岸非点源污染控制规划，目的是要和流域内其他州以及地方政府紧密合作，开发一些控制非点源污染的管理措施并进行应用，以恢复和保护海岸水体。

4. 海上污染控制

英国颁布“预防污染指引”（PPGs），为各项社会生产活动提供减少污染的方式。针对近岸海域活动，主要对码头产生污染的预防进行了指引，污染来源分别为：燃料和油，防污剂、涂料和船体清洁产生的废物，码头上的燃料及油料设备，码头废水排放，船体上的燃料和油料，船板上的废水收集和处理，船只产生的废物和码头维护。

5. 营养盐管理计划

从 20 世纪 80 年代中期开始，美国就在 Patuxent 河口（切萨皮克湾的支流）中开始了营养盐管理计划，并将其管理经验推广到其他地方。澳大利亚在治理河口项目中，也十分重视营养盐的控制和管理。例如皮尔-哈维（Peel-Harvey）项目，逐步建立以皮尔河入海河段和哈维海滨区水中营养物质含量（尤其是 P）控制为基础的决策平台，制订减少该区河流和海滨水域中营养物质含量最经济的管理方案。

6. 环境修复工程

各国对受人类活动影响的重点海区/河口实施了不同的生态环境修复工程，这不但可以有效降低近岸海域环境污染，还能在一定程度上恢复生态、提高海岸带环境的稳定性。荷兰计划将河口三角洲部分围海造成的屯田还归于海，着手沿海湿地恢复工程。美国联邦政府通过法律（如《净水法》）、经济鼓励和控制措施、湿地合作项目和建立国家野生动物保护区等措施保护河口湿地，例如建立夏威夷珊瑚礁保护区。

7. 流域-海域一体管理

“沿海地区和河川流域综合管理”是基于流域-海域一体的管理思路所提出的。根据“沿海地区和河川流域综合管理概念框架和规划指引”的原则，UNEP/MAP 优先行动计划在 Cetina 河流域及毗邻海域开展案例研究，重点关注 Cetina 流域和相邻海域的问题，并研究了它们之间的相互关系，为地方管理部门在制订 Cetina 流域和相邻海域的综合河川径流和海岸地区管理和保护措施提供支持。

（三）对我国近岸海域水污染防治的启示

1. 以陆源污染控制为主

在编制近岸海域水污染控制规划过程中，陆源污染的防治仍是其中的重点。应在对原有污染源进行综合治理和改造的同时，对新污染源进行严格限制，不断加强工业废水和城市生活污水的处理能力，进一步完善总量控制制度和主要污染物的限定排放浓度。

2. 重视非点源的污染控制

非点源污染作为海湾、近岸海域水体富营养化的重要因素之一，应该引起管理者和学者的重视。在进行近岸海域非点源污染控制时，需加强流域土地利用变化与非点源污染负荷的规律研究，建立起非点源污染物入海通量的估算模型及计算方法，提出针对性的非点源污染的最佳管理措施及对策建议。

3. 流域-海域一体化规划思路

“流域-海域一体”的近岸海域水污染治理思想，既不会改变现有的部门管理模式，又可以保证近岸海域水污染防治规划中“陆海统筹”的防治方略的实现，提高规划的编制水平和可操作性。

4. 加强近岸海域环境综合管理

在近岸海域水环境管理过程中，加强海陆一体化的综合管理，提出污染物海陆一体化的分区调控模式，制定陆源污染和海洋污染排放与治理的直接目标与终极目标；制定近岸海域水污染控制规划及其污染控制与生态恢复的技术方法与措施。

5. 提高海洋环境管理的现代化技术水平

进一步提高海洋环境管理的科学化和现代化水平，构建陆海空一体、现场实时监测与自动监测相结合的跨部门、跨学科的海洋环境监测体系，不断完善海洋环境监测的基础数据库和信息交换机制。

（四）近岸海域水污染防治规划技术方法研究

1. 陆海统筹方法

按照河海统筹、陆海兼顾的原则，以海洋环境容量确定陆源入海污染物的总量控制目标，并据此提出流域或沿海陆源污染的允许排放量，核算陆源污染物的排海削减量，逐步形成“陆海统筹、以海定陆”的污染物总量控制思路和管理模式。

2.“分区管理”与“目标管理”相结合方法

将污染物的产生、转移与区域的经济社会发展和近岸海域的自然属性有机结合来进行分区管理。亟须在法律层面上提高近岸海域环境功能区划的法律地位，以有效管理近岸海域的水环境质量。

3. 海岸带空间布局规划及优化研究

及早开展海岸带空间布局优化，提出海岸带空间布局优化技术方法，制定海岸带禁止开发区、限制开发区及优化开发区的标准与管理对策。

4. 河口与海岸带生态建设规划研究

实行陆海联动，统一步调，统一规划，整体开发，建立适合海陆一体化管理的海岸带环境保护综合规划。在重点河口、港湾，加强沿海生态保护区的建设，切实保护及恢复沿海湿地、潟湖生态系统，开展污染治理和生态修复工程建设，并通过海岸生态隔离带等生态工程建设，削减和控制N、P污染物的入海量。

5. 上下联动污染控制战略

采取自上而下和自下而上相结合的方法，提出近岸海域水污染控制策略。制定与国家环境保护宏观战略、海洋经济发展及资源环境保护相一致的环境管理战略。

（五）珠江口近岸海域水污染防治规划方案

通过规划经验及技术方法的研究，本课题选择珠江口为重点研究区域，提出了珠江口近岸海域水污染防治规划的规划原则、规划目标等。并从以下9个方面提出水污染防治规划方案：工业陆源污染控制规划；港口、船舶污染控制规划；城市污水综合处理规划；固体废弃物的处理、处置规划；面源污染控制规划；水产养殖污染防治规划；生态保护与恢复规划；污染物入海通量控制规划；珠江口入海主要污染物总量控制技术和控制标准规划。在此基础上，分析了规划所需的投资概算、筹资方式和保障措施。

大气环境质量与监测现状评估研究

一、课题研究背景与目标

（一）研究背景

改革开放以来，我国经济快速发展，相应地能源消耗也大幅上升。这与美国 1950 年以来的主要经济发展历程基本一致；且由于在较短的时间内集中了发达国家数百年的发展历程，环境污染现象呈现出压缩型的发展历程。在环保政策上，我国也经历了与美国类似的历程，出现了由煤烟型污染向复合型污染过渡的过程。总体而言，我国的环境保护与经济发展轨迹与美国类似，环保响应政策比美国滞后二三十年。

我国的环境空气监测从 20 世纪 70 年代中期起步，为满足城市环境管理需求，以城市环境空气监测为主体，逐步发展起来。80 年代中后期，国家以各城市建立的环境监测站为基础，组建国家环境空气监测网络。

20 世纪 90 年代初，为了形成评价全国城市空气质量状况及其变化趋势的能力，通过二次优化，确立了由 103 个城市环境监测站组成的全国空气质量监测网络。90 年代后期，全国环境空气质量监测及其能力建设进入加速发展阶段，1997 年全国 46 个环境保护重点城市开始向中国环境监测总站上报城市环境空气质量周报。

2000 年国家组织 47 个环境保护重点城市开展城市环境空气质量日报工作，监测项目为 SO_2、NO_2 和可吸入颗粒物，于当年 6 月 5 日实现 47 个环境保护重点城市日报，2001 年 47 个环境保护重点城市实现了空气质量预报。

在环境空气质量日报和预报工作以及其他环境管理工作的推动下，全国环境空气质量监测网能力得到了极大的提高，“十五”期间，280 多个地级以上城市实现了环境空气质量自动监测，我国的环境空气质量监测从人工采样实验室分析的方法逐步转变为采用环境空气自动监测方法。监测数据的准确性和可比性大大提高。现有 120 个城市（包括全部 113 个国家环境保护重点城市和 7 个其他城市）向总站报送日报数据，340 多个城市向中国环境监测总站报送年报和公报数据。

“十一五”建设的国家酸沉降监测网包括 343 个地级及地级以上城市的监测站（或地级行政中心所属的监测站）、15 个地理位置重要的县或县级市。

环保部沙尘天气影响城市环境空气质量监测网，由 82 个环境监测站组成，覆盖我国北方 14 个省、自治区和直辖市。主要监测 TSP 和 PM_{10}，分析沙尘天气对环境空气质量的影响范围和程度。

在大气监测方面，城市监测布点设置仍然不足，全国范围背景和农村监测基本上一片空白，化工业区监测较少。受以往条件制约，我国目前的监测指标仍然局限在传统的煤烟型污染范围，缺乏对光化学反应污染、灰霾污染和其他新的有毒有害特征污染指标的监测，缺乏对环境变化等关键指标（温室气体）的监测。

（二）研究目标

准确判断我国大气环境的变化形势和大气环境质量的基本状况，全面评估全国大气环境质量和监测现状，为制定“十二五”大气污染防治的规划目标、建立合理的指标体系和确定污染控制重点奠定良好基础。

二、研究思路

调查和收集我国城市空气质量、区域酸雨污染现状，客观分析“十一五”以来全国大气环境质量的变化结果、变化趋势和变化的重点区域，解析内在原因。

调查典型城市群 O_3、区域灰霾的污染现状，以及农村大气环境质量状况。

评价我国大气环境质量监测状况，分析当前监测因子范围、监测布点设置存在的主要问题，提出“十二五”期间优化监测的建议方案，提出能力建设需求。

三、研究内容

（1）全国城市空气质量及酸雨污染情况变化评估；

（2）典型城市群大气环境质量现状与问题分析；

（3）农村大气环境质量现状分析；

（4）全国大气环境质量监测现状及优化方案。

四、主要结论

改革开放以来，我国社会经济获得了持续、高速的发展。在这一社会经济发展形势下，全社会对环境保护、环境监测工作也提出了越来越高的要求。进入 21 世纪，随着中国可持续发展战略的实施，现代环境管理正在走向科学化。环境监测现代化是现代环境管理的主要内容和手段，对于建设社会主义和谐社会非常迫切和重要。没有现代化的环境监测，就难以深刻认识环境质量状况及其变化趋势和规律、引起环境问题的复杂原因，因而也就难以进行准确、量化、科学的环境决策。因此环境监测必须加快迈向现代化。

本项目根据我国环境监测工作实际和环境管理的急需，为给“十二五”大气环境监测规划提供宏观管理依据，对我国环境空气质量现状和环境空气监测现状进行了如下分析研究。

（一）大气环境质量

分析大气环境监测结果，总结我国大气环境污染发展的变化趋势与规律，作为“十二五”宏观决策的依据，结论如下。

（1）传统煤烟型污染稳中有降。

（2）我国城市常规空气质量持续稳定改善，污染频率降低。

（3）区域酸雨污染基本保持稳定，我国总体硫沉降强度呈现降低趋势、氮沉降强度有增加趋势。

（4）颗粒物（PM_{10}）污染问题还很严重，城市空气污染形势还很严峻，不容乐观。

（5）重点区域和典型城市 O_3 和灰霾现象污染现状严重。

（6）细粒子（$PM_{2.5}$）问题成为新的关键，我国传统烟煤型和光化学烟雾污染复合型污染并存。

（7）农村大气环境质量受区域经济规模直接影响。

（8）背景监测作用不可或缺。

（9）特征有毒有害污染物增长明显，VOCs 污染在不断加重。

（10）我国空气质量水平与发达国家相比差距还很大。

（二）大气监测现状

评价我国大气环境质量监测状况，分析当前监测网络覆盖面、布点设置、监测因子范围等存在的主要问题，结论如下。

（1）经过持续努力，我国已经建立起以环保重点城市为主要节点、以地市级城市为骨干、向县镇城市扩展的全国城市环境空气监测网络。

（2）点位和网络布局方面：原有城市空气点位（常规监测）按照规范设置，但是对多数省市区总体而言，监测布点设置仍然不足；面向城市化迅猛变化，需要反映建成区的增加和全市优化；面向城市群的区域背景点位也需要建立，以反映城市局地排放临界状态和城市间大范围大气扩散条件的区域相互影响。

（3）我国目前的环境空气监测集中在城市地区，缺乏对农村地区和广大背景地区的有层次的关键监测。

（4）酸雨网络覆盖面基本完全，但是需要进一步覆盖郊区和区域监测点位，监测指标（干沉降）有待继续完善。

（5）沙尘暴网络覆盖面基本完全，对过程和立体的监测手段和监测指标有待继续完善。

（6）受以往条件制约，标准污染物和有毒污染物指标很不完整，我国目前的监测因子仍然局限在传统的煤烟型污染范围，缺乏对光化学反应污染和其他新的有毒有害特征污染的监测，缺乏对环境变化等关键指标（温室气体）的监测。自动在线和例行监测（监测方法）也缺乏有效结合体系或尚未开展。

（7）系统集成和集约化自动作业平台缺乏或未建立，整体网络效率低。

（三）大气环境质量演变成因

在给出大气环境质量变化现象的基础上，进一步剖析导致变化的主要原因，结论如下。

30 年我国经济的迅速发展，面临西方发达国家百年解决的污染问题和形势，污染类型增加和污染扩散问题交织在一起（图 1）。

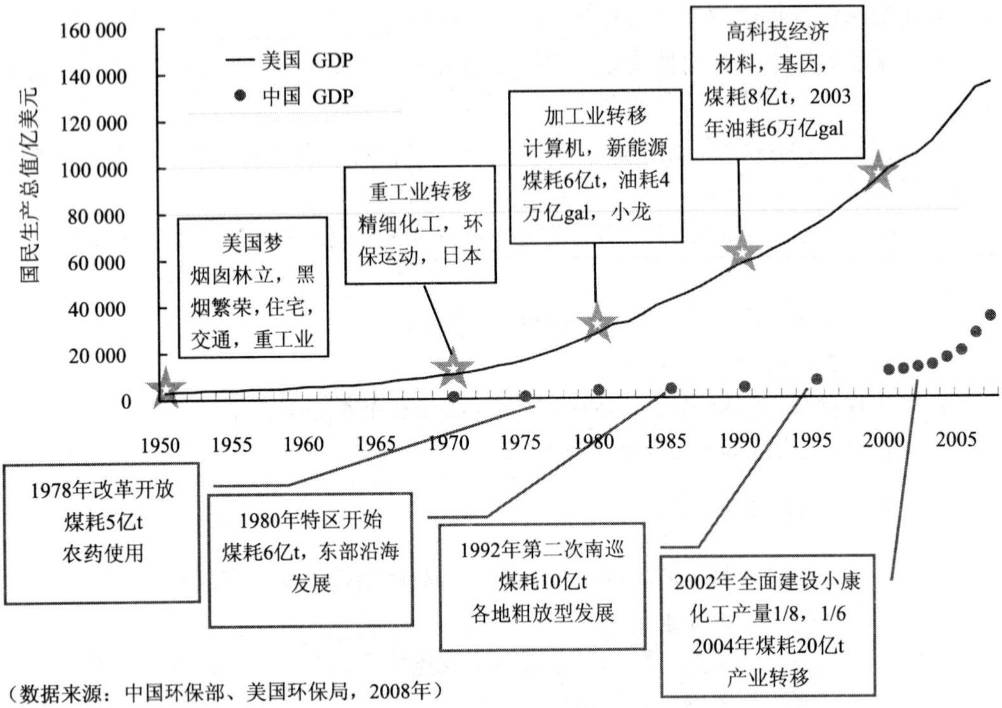

图 1　中美类似发展的必经阶段：工业化现代化

我国能源消耗持续增长，机动车拥有量迅猛升高，工业化和城市化进程加快（图 2），传统烟煤型和光化学烟雾污染复合型污染并存（图 3）。

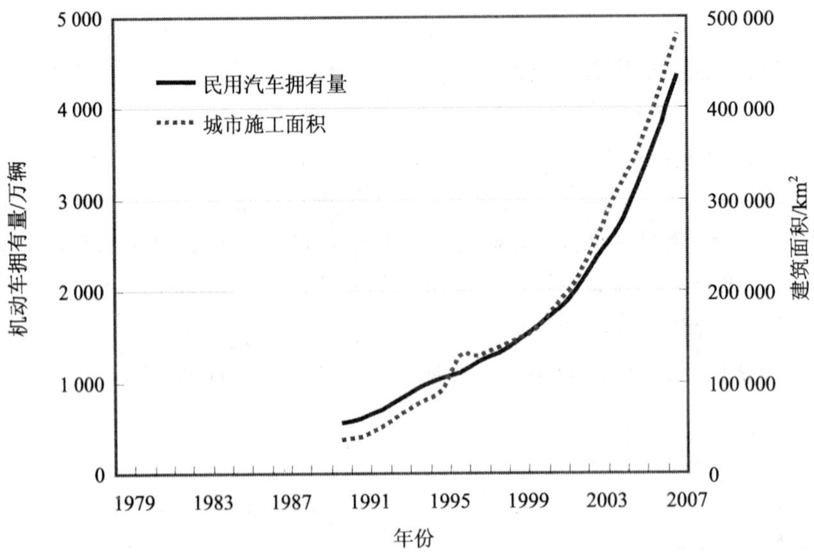

图 2　我国近年来机动车保有量与建筑面积变化趋势图

我国对烟煤型污染治理成果很大（图 3，图 4），煤烟型污染老问题尚未彻底解决，新污染问题接着出现。中西部的传统烟煤型仍占区域主要地位。东部化工区分布广泛，VOCs 污染问题需要特别引起重视（图 5）。

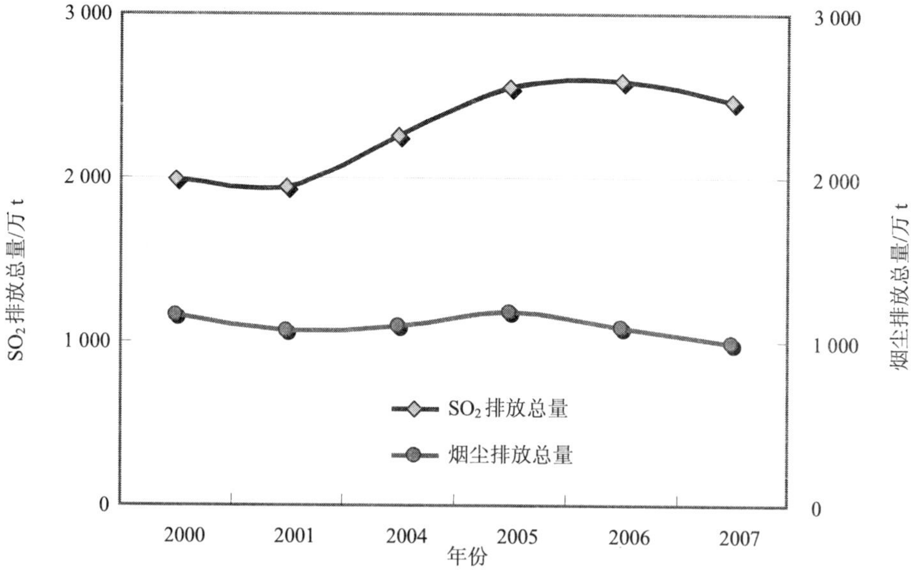

图 3 2000—2008 年我国烟煤型污染（SO_2）排放变化状况

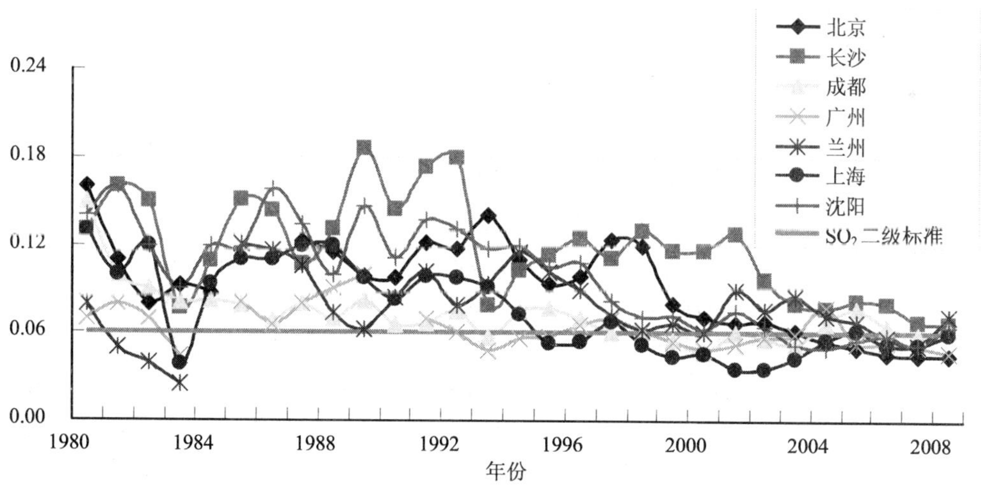

图 4 1980—2008 年全国 7 大区代表城市 SO_2 变化状况呈现下降趋势

五、政策建议

根据环境形势分析，基于环境质量改善需求，提出下一步我国环境监测网络布局、大气污染防治重点污染物和重点地区，明确“十二五”大气环境监测能力建设要求和目标，为国家环境保护管理提供宏观依据，总结如下。

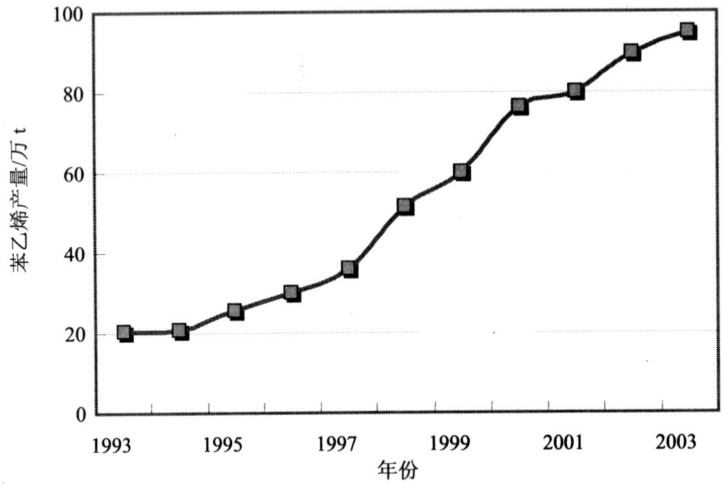

图 5　1993 年以来我国苯乙烯产量变化情况

（1）从重视城市环境空气质量，转向全面关注全国整体环境空气质量。明确“十二五”期间大气环境监测能力需求和目标，为国家提供宏观政策依据。

（2）网络布局重点关注国家背景站、农村站、温室气体试点监测网络、区域超级站等关键网络，结合国家城市网络形成整体监测能力。

（3）监测范围重点关注重点城市群 O_3、$PM_{2.5}$、VOCs 的在线监测，以及有机物和 Hg 等重金属颗粒物成分的周期性监测。

（4）监测管理重点关注建立全国一体化量值溯源为基础的 QA/QC 体系，研究实时网络数据传输、监控、分析系统。

（5）开展与环境卫星的合作，建设立体环境监测能力。

（6）适应新形势的要求，修订更新大气环境质量评价体系。

总体而言，“十二五”建设规划是以强有力的国家骨干网络为环境监测基干和龙头，全面地带动和控制全国环境监测的良好应用、建设和发展。全国监测网络以国家监测网络为主导，以地方监测网络为辅助和补充，明确地通过建设覆盖全面、背景—农村—城市特征地区分布层次分明、根据人口聚集分布网点分辨率密疏程度分布合理的国家骨干监测网络，有力地推进实施统一运行规范和系统的质量管理体系，整体推动式协调东中西部的均衡发展，高效益地实现国家—省市区—地方的网络数据共享，并带动地方辅助和专用监测网（如工业区）的良好发展（图 6，图 7）。

图 6 我国空气自动监测分布情况

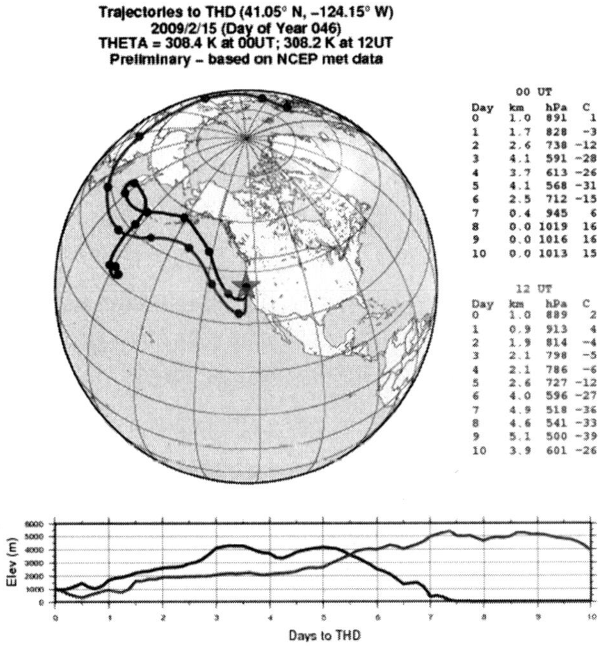

图 7 空气轨迹数值模拟系统产品

大气污染防治规划框架设计与规划指标体系研究

一、课题研究背景与目标

（一）研究背景

近年来，随着我国国民经济的持续快速发展，能源消费量不断增长，与之对应的二氧化硫（SO_2）、氮氧化物（NO_x）、颗粒物（PM）、挥发性有机物（VOCs）以及 Hg 等大气污染物的排放量也迅速增加，2006 年全国 SO_2 排放达到 2 588.8 万 t。党中央、国务院高度重视环境保护，将改善环境质量作为落实科学发展观、构建社会主义和谐社会的重要内容，把环境保护作为宏观经济调控的重要手段。《国民经济和社会发展第十一个五年规划纲要》提出了"十一五"期间单位国内生产总值能耗降低 20%左右，SO_2 排放总量减少 10%的约束性指标。在煤炭消费总量增加 9 亿 t 的情况下，2010 年排放总量比 2005 年下降 14%，提前一年实现"十一五"减排目标，部分地区和城市 SO_2 污染有所改善。

但是，总体而言我国的 PM 和 NO_x 污染仍处于较高的浓度水平。在经济快速发展的城市群地区，大气污染呈现出煤烟型与机动车尾气污染共存的区域性复合型特征，表现为大气氧化能力不断增强、高浓度细粒子使大气能见度下降，光化学烟雾、区域性大气灰霾和酸沉降污染频繁发生，有毒有害大气污染物环境风险愈来愈大，大气环境形势总体上进入了多污染物共存、多污染源叠加、多尺度关联、多过程演化、多介质影响为特征的复合性大气污染阶段，已经对我国公众健康和生态安全构成巨大威胁，并存在发生环境灾变的隐忧。

总之，我国目前的大气污染呈现出区域性和复合性的特点，这一新型的污染对大气污染防治规划提出了新的要求。因此，"十二五"期间是我国大气污染防治的关键期，如何确定有效抓手、显著改善大气环境污染严重的局面，如何确定科学的"十二五"大气污染防治规划目标并为目标分解提供强有力的技术支撑，如何在控制大气污染同时协同抑制温室气体排放，是需要在"十二五"大气污染防治规划编制前期研究中回答的关键问题。

（二）研究目标

本课题的研究目标是提出我国"十二五"及 2020 年大气污染防治规划框架、目标指标和主要大气环境问题的管理思路，为"十二五"期间全国的大气污染防治工作提供技术支持。

二、研究思路

研究思路如图 1 所示。

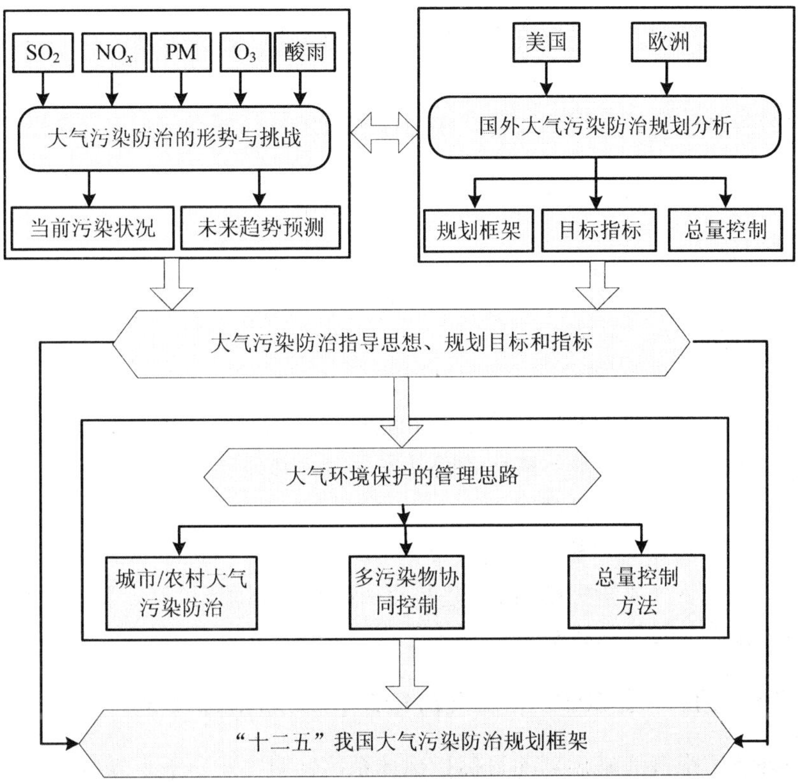

图 1　研究思路

三、研究内容

课题主要研究内容包括：

（1）研究美国、欧盟、日本大气污染防治规划体系及实施效果，分析在国家层面与地方层面编制实施规划的职责分工、主要差异，总结总量控制进程、主要政策手段及总量分配方法；

（2）提出我国“十二五”及 2020 年大气污染防治的规划目标和指标体系，分析可达性；

（3）研究提出“十二五”及 2020 年我国大气环境管理的基本思路，包括城市与农村大气污染防治关系和防治重点、区域性大气环境管理框架、多污染物综合控制方法、主要大气污染物的总量控制目标确定和区域分解方法。

四、主要结论

（一）“十二五”及 2020 年我国大气污染防治的指导思想

以生态文明为导向，以全面落实科学发展观为指导，以促进国民经济的可持续发展为出发点，调动社会各方面的积极性，强化大气污染的全过程控制，坚持多污染物协同综合控制，使区域整体空气质量得到改善，实现保护人民身体健康和生态环境的总体目标。

（二）“十二五”及 2020 年大气污染防治规划目标

1．总体目标

我国“十二五”及 2020 年大气污染防治规划的总体目标为：改善空气质量，保护人体健康，保障生态安全。

2．环境质量目标

（1）2015 年环境质量目标：重点城市和区域的环境空气质量有所改善，85%以上的城市达到国家二级空气质量标准；酸化趋势基本遏制；鼓励通过发展新能源和可再生能源、提高能源效率减少温室气体排放。

（2）2020 年环境质量目标：重点城市和区域的环境空气质量得到显著改善，95%以上城市达到国家二级空气质量标准；酸化趋势有所减轻；鼓励通过发展新能源和可再生能源、提高能源效率减少温室气体排放。

（三）“十二五”及 2020 年大气污染防治规划指标体系

借鉴国外清洁空气战略规划的目标指标体系，针对“十二五”及 2020 年大气污染防治规划的环境质量目标，即改善城市和区域环境空气质量、减轻酸沉降的环境影响、控制温室气体排放，大气污染防治的重点污染物是 SO_2 和 NO_x，同时加强对重点地区和重点行业的 PM、VOCs 和 CO_2 排放控制，如表 1 所示。

表 1 “十二五”及 2020 年大气污染防治规划的目标与指标

目标	子目标	主要控制指标	指标性质	负责主体
改善城市和区域环境空气质量	SO_2 浓度达标	SO_2 减排指标	定量	地方
	NO_2 浓度达标	NO_x 减排指标	定量	地方
	PM_{10} 浓度达标	PM_{10} 减排指标	定量	国家/行业/地方
		制定 $PM_{2.5}$ 空气质量标准	定性	国家
		制定能见度改善计划	定性	重点区域
	O_3 浓度达标	O_3 纳入 API 评价体系	定性	国家
		NO_x 减排指标	定量	重点区域
		VOCs 减排指标	定量	重点区域
	控制 HAPs 排放	制定有毒有害物质减排规划	定性	国家
减少酸沉降	硫沉降控制目标	SO_2 减排指标	定量	国家/行业
	氮沉降控制目标	NO_x 减排指标	定量	国家/行业
控制温室气体排放	温室气体	温室气体减排指标	定性	国家/行业

1. 国家大气污染防治目标

基于我国大气环境质量现状，提出“十二五”及 2020 年国家大气污染防治规划的目标建议，如表 2 所示。

表 2 “十二五”及 2020 年国家大气污染防治规划的目标建议

目标	2015 年	2020 年
改善城市和区域环境空气质量	85%以上的城市达到国家二级空气质量标准（含 O_3） 制定 $PM_{2.5}$ 空气质量标准 制定 VOCs 和 HAPs 减排规划	95%以上的城市达到国家二级空气质量标准（含 O_3） 重点地区试行 $PM_{2.5}$ 空气质量标准 减少 VOCs 和 HAPs 排放量
减少酸沉降的影响	SO_2 在 2010 年基础上减排 10% NO_x 保持 2010 年水平不增长	SO_2 在 2010 年基础上减排 20% NO_x 在 2010 年基础上减排 10%
控制温室气体排放	增加可再生能源比例 进一步降低单位 GNP 能耗	增加可再生能源比例 进一步降低单位 GNP 能耗

2. 重点区域大气污染防治目标

在国家划定的重点区域，制定区域大气污染联防联治规划，基于区域大气污染的来源、成因和特征，确定其 PM_{10}、$PM_{2.5}$、O_3、能见度的改善目标，以及相应的区域内各类污染源 PM_{10}、$PM_{2.5}$、NO_x、VOCs 及 NH_3 的减排目标。

表 3 区域大气污染防治规划目标和指标建议

子目标	主要控制指标	指标性质
PM 浓度达标 能见度改善	PM_{10} 减排指标	定量
	SO_2 减排指标	定量
	NO_x 减排指标	定量
	NH_3 减排指标	定量
O_3 浓度达标	NO_x 减排指标	定量
	VOCs 减排指标	定量

3. 城市大气污染防治目标

城市大气污染防治的目标是实现城市空气质量达到国家环境空气质量标准。

除满足国家和区域大气污染控制要求外，各城市根据源排放特点制定“十二五”大气污染防治规划。对于 SO_2，对执行国家总量控制要求和标准后仍达不到地方环境质量控制目标要求的城市，要根据城市环境质量现状与环境容量，确定 SO_2 控制目标和规划，力争在 2015 年所有城市的 SO_2 浓度达到国家环境空气质量标准。

五、政策建议

（一）城市与农村大气污染防治关系和重点

基于我国当前面临的主要大气污染问题及未来的发展趋势，“十二五”及2020年我国应以城市和重点区域大气污染综合防治为重点，综合改善城市和区域空气质量；农村地区重点推广燃料非固体化，以改善空气质量。城市和重点区域大气污染防治的重点是颗粒物、O_3和能见度。农村大气污染防治的重点是改善室内空气质量，严格控制农业废弃物开放式燃烧。

（二）颗粒物、SO_2、NO_x、VOCs污染物的管理思路

1．颗粒物

国家层面上：研究制定$PM_{2.5}$环境空气质量标准；划定大气污染联防联控重点区域，组建区域大气污染防治合作管理机构；出台水泥、钢铁、有色金属冶炼等行业结构调整和全过程污染控制政策，深化上述重点行业的颗粒物污染治理力度。

区域层面上：研究制订区域颗粒物和能见度改善计划，设定颗粒物、SO_2、NO_x减排总量目标和分配方法，提出区域颗粒物控制技术方案。

城市层面上：环境PM_{10}浓度不达标的城市，在国家和区域大气污染防治要求的基础上，通过控制扬尘和工业烟尘、粉尘排放，实现城市PM浓度达标。

2．SO_2

国家层面上：以减少硫沉降为目标，加强除燃煤电厂外的SO_2排放控制，保持SO_2排放在“十一五”的基础上持续下降。

区域层面上：基于区域颗粒物和能见度改善计划，制定区域SO_2减排技术方案。

城市层面上：环境空气SO_2浓度不达标城市，严格控制面源污染，通过改善能源结构、烟气脱硫等多种措施减少当地SO_2排放，实现SO_2浓度达标。

3．NO_x

国家层面上：以减少氮沉降为目标，制定和实施电力行业NO_x总量控制方案。

区域层面上：将O_3纳入区域空气质量评价体系；根据区域O_3和$PM_{2.5}$污染控制目标，设定NO_x减排技术方案，考虑在O_3重污染时段强化NO_x排放控制。

4．挥发性有机物

国家层面上：加快制定挥发性有机物的法律、法规，编制和发布须进行控制的挥发性有机物名录，制定挥发性有机物的环境空气质量标准、源排放限值标准和溶剂挥发性有机物排放的产品标准；研究制定VOCs排放控制规划，推动机动车排放标准的实施进程，加强加油站、储油库和油罐车油气污染治理。

区域和城市层面上：重点区域严格控制机动车和石油、化工、炼焦等工业的VOCs排放。全面禁止在居民区内露天进行喷漆、喷塑等生产作业。加强餐饮行业油烟治理，城市餐饮业油烟排放限期达标。

（三）总量控制思路

1. 重点行业大气污染物总量控制

（1）加强电力、冶金、建材、石化等重点行业大气污染物排放总量的控制

在加强火电脱硫的同时，应尽快对重点高耗能、高污染行业（如冶金、建材、化工等）实施 SO_2 总量控制措施。NO_x 排放总量控制的重点首先应是燃煤火电厂的 NO_x 排放总量控制，并逐步在冶金、化工、建材等其他重点行业实施 NO_x 的总量控制。基于“十二五”实施电力行业 NO_x 总量控制的需求，近期应完善 NO_x 的排放统计、加强在线监测数据校核。

（2）加快建立健全大气污染物排放总量控制法律法规和相关配套制度

加强电力、冶金、建材、石化等重点行业各主要大气污染物排放的计量管理，摸清各主要大气污染物排放的基数，评估区域环境容量，并抓紧出台《主要大气污染物排放总量控制条例》，为污染减排提供法律保障。

（3）建立经济发展、能源节约、污染减排之间的联动诊断机制

要充分认识经济发展、能源节约、污染减排 3 个指标的关联效应，建立 3 个指标联动的监测、分析和预警机制，定期进行 3 个指标的联动分析，找出当前经济增长中影响节能减排的问题和症结所在，并有针对性地解决。近期，应优先建立一个包括减排形势分析在内的大气环境形势短期诊断平台，加强数据分析和宏观预测，对主要大气污染物排放总量控制工作实施科学管理。

（4）利用经济杠杆减少主要大气污染物的排放总量

加快推进现有税收价格体系的改革，反映出资源的稀缺性、内部环境成本。运用经济杠杆，建立健全“谁污染、谁治理，谁投资、谁受益”的环境价格机制，补偿治理成本。对冶金、建材、石化等重点行业，效仿电厂脱硫的做法，实行差别电价政策，提高排污收费标准，扩宽征收面，加大征收力度。

2. 重点区域大气污染物总量控制

在重点区域，为减轻区域复合大气污染，尤其是区域 $PM_{2.5}$ 和 O_3 污染，在国家对重点行业进行总量控制的基础上，针对区域重点源（如机动车、石油化工、工业锅炉等）实施煤炭消费总量控制和颗粒物、SO_2、NO_x 和 VOCs 排放总量控制。

区域大气污染联防联治与空气质量管理机制研究

一、课题研究背景与目标

大气复合型污染在现象上表现为大气氧化性物种和细颗粒物浓度增高、大气能见度下降和区域范围内大气环境恶化，在本质上表现为多种物种之间的交互作用及互为源汇以及在大气中转化的多种过程的耦合。

我国大气环境形势依然十分严峻，特别是随着城市化、工业化、区域经济一体化的进程加快，我国大气污染正从局地、单一的城市空气污染向区域、复合型大气污染转变，部分地区出现区域范围的空气重污染现象，京津冀、长三角、珠三角以及其他部分城市群已表现出明显的区域大气污染特征，并呈蔓延加重趋势，严重制约了区域社会经济的可持续发展，威胁了人民群众的身体健康。

尽管中国在经济发展的过程中一直进行着大气污染的防治工作，但伴随着经济规模的扩张，新增的各类大气污染物排放不断抵消已取得的大气污染治理的成就，体现为一种“旧账未清，又添新账”的局面。这就要求我们从大气污染物“存量”和“增量”的角度分别去思考改善大气环境质量的对策。同时，现行的“属地”特征的环境管理制度安排无法满足污染物的跨界特征所需要的合作解决问题的要求，特别是 “十一五”期间及其后的一段时间，将是中国公共管理制度的实质性转折阶段，更加强调依法行政和提高行政效率，难以单纯依靠不计代价的行政手段实现环境保护的目标。

需要建立区域性的管理机制和方法，以应对酸雨、灰霾天气、$PM_{2.5}$和O_3超标等区域性复合型污染问题，达到改善区域空气质量的目的。

二、研究思路与研究内容

本课题在如下方面进行了深入研究，具体包括：

（1）典型城市群区域大气污染的形势和特征及影响的研究、总结与分析。核心任务是在分析我国典型城市群区域大气复合污染的形势和特征的基础上，识别和分析我国区域大气复合污染的主要原因。基于现有科研基础，继续深化研究我国区域污染的机理和大气污染物的区域迁移和转化以及复合污染的形成机制，特别是华北区域和珠三角区域，研究区域内和城市间的大气污染变化趋势和相互影响，评估典型城市群区域大气污染对社会经济以及发展的可能影响。

（2）中国大气污染防治现状评估。根据中国总体发展战略、区域发展战略以及产业配置和技术变化趋势等，识别区域发展模式、发展态势与大气复合污染的关系以及发展模式转型对复合污染的影响，评估中国以及区域大气污染防治现状，根据我国未来环境保护工作需求，识别和划分“十二五”期间和长期的重点大气污染控制区域以及推进我国区域大气污染联防联治与空气质量管理机制的重点区域。核心任务是：中国大气污染问题的发展趋势与沿革；梳理中国大气污染防治的制度和政策体系与框架；评估现行大气污染防治措施的有效性与低效率的原因；识别典型与重点区域大气复合污染联控实施的区域。

（3）中国跨省市区域合作的问题与现状评估和区域环境管理的需求、障碍与支持条件分析。基于环境污染防治现状以及环境管理制度和政策执行等，识别区域环境管理的需求、障碍与支持条件。识别区域大气污染联控有效性的社会-经济-环境和制度因素；评估现行环境管理制度与政策的有效性；分析现行属地环境管理制度与大气污染区域性特征的矛盾；研究各省市发展不均衡导致的利益冲突带来的合作障碍；以及决策支持与决策实施基础的差异和不足。

（4）北京奥运会与残奥会空气质量控制的成功经验与教训。分析和评估北京市奥运空气质量保障中的核心成功要素，以及从基础研究到决策的过程，识别主要的利益相关方、决策机制、技术支持体系、监督体制、执行体制、政策手段、控制策略和效果评估等方面的成果，识别核心经验和教训，为北京奥运空气质量区域管理经验的推广和完善提供基础。

（5）区域内各行政主体的责任-利益机制分析。研究区域间环境容量资源配置与环境损害/成本与环境服务/效益的区域间流动关系；识别区域污染联合控制的主体及其责任界定及各主体在区域大气质量管理方面的责任和利益关系。

（6）国外经验借鉴。主要通过借鉴国外经验（CLRTAP，SCAQMD，OTC，ESCAUM，RECLAIM 等）识别出一个有效的区域管理机制模式的核心要义，分析其中关键的因素（科学研究基础、监测支持、有效执法、利益制衡、决策机制等）是如何影响实施效果以及对于我国进行区域环境管理实践的借鉴意义。

（7）区域大气污染防治框架和管理机制设计及政策建议。

三、主要结论

（一）中国区域大气污染的主要特征

城市群已成为中国区域发展的主要空间形式，在城市群发展的过程中，高密度的人口聚集，高强度的工业生产，以及高速膨胀的城市等带来的城市间污染缓冲距离减少，导致主要大气污染物排放量急剧增加的同时，污染物跨界传输和影响加重，转变成区域性环境问题。体现为区域内同时出现高浓度的 O_3 与 $PM_{2.5}$ 等二次污染物，形成灰霾等严重大气污染。这些二次污染物对空气质量和人体健康的直接影响在多数情况下超过了一次污染物的影响。

已有观测与研究显示，中国的城市群区域已经成为 $PM_{2.5}$、NO_x、SO_2 等大气污染高浓度地区，正不断出现高 O_3 和高 $PM_{2.5}$ 同时存在的大气复合污染。其中珠江三角洲、长江三角洲和京津冀地区 3 大重点城市群尤为突出。整体来看，主要城市群都在经历煤烟型污染为主（SO_2）向氧化型污染为主（$PM_{2.5}$ 和 O_3）的大气污染类型转变，并基本处在两种污染类型均较严重的复合污染阶段。

（二）中国区域大气环境管理的问题识别与分析

1. 区域大气环境管理的关键属性与影响要素识别

（1）大气污染的区域性和公共性需要区域的整体管理。大气污染问题本身具有公共性，拥有多元使用主体和利益相关方。这些因素加上极低的个人使用成本都使得大气污染物的排放难以被有效监管，成为区域内共同面对的问题。当本地污染源涉及跨界影响时，单纯考虑行政辖区内污染影响而建立的传统属地环境管理体系明显难以满足区域大气污染控制需求。对区域大气污染的控制和管理需要对整个区域协调考虑。

（2）地区联合的区域大气管理将产生环境治理的正外部性。单个地区采取的治理行动虽然可能由于周边污染的传输抵消其成果，而地区间的联合治理可能不仅有助于本地空气质量的显著改善，还能促进整个区域成为更适合生活和经济发展的地区。因此对于大气复合污染，以行政区块为界来各自进行大气污染控制将得到“1+1＜2”的治理效果，而区域性的大气污染控制则可能得到“1+1＞2”的治理成效。

（3）属地管理权限特征使得地方政府应对跨界空气污染相对无力。第一，属地管理机制难以实现以整体环境保护为目标，导致地方政府各自为政甚至滋生地方保护主义；第二，行政管理的局地特征也不利于地区之间环境保护工作的协调开展，以及科学研究、技术成果的共享和传播。城市群经济正处在高速增长期，能源和资源消耗规模不断扩大，治理资金技术与管理措施不能及时跟进，导致现有大气治理在解决“旧账拖欠”上表现低效，在遏制“新账增加”方面速度过缓。特别是，现有属地环境管理对新的大气复合污染应对不力。一方面体现在污染本身的复杂性，对于大气污染物在各种气象条件下发生源汇的多相反应，以一次和二次污染物对人群健康构成的危害为主，涉及复杂的物理化学反应机理，需要大量资金和技术投入来研究和监测，属地管理的单打独斗现状却难以实现这种研究需求。另一方面，对区域大气污染的控制，涉及其他地区的工业点源排放，需要区域内各地市级政府联合起来沟通协作，以实现环境治理的正溢出效应。现实情况表明，对于大气复合污染的复杂新情势，城市群内各地政府部门应对的灵活性和力度欠缺，相应配套措施缺乏或配置不够。如目前各地方城市没有或很少将 $PM_{2.5}$ 和 O_3 纳入监测体系，建立光化学烟雾和灰霾的预警监测体系。导致政府部门发布空气质量优良报告与切身感受到的严重大气污染形成鲜明对比。第三，属地管理特别是法规、标准、规划、监测、监管、考核等“六个不统一”不适应大气污染的跨界性，影响了区域环境利益的冲突协调。

（4）不同城市表现出“共同但有差别”的环境质量和管理需求。随着经济发展和环境意识的提高，区域内各省市均体现出十分迫切的大气区域环境管理需求，同时城市群内各地市在经济一体化中的融入程度和自身社会经济发展水平不同，环境利益与经济发展在某些地区已有和正在进行的发展轨迹中仍然存在一定程度的矛盾和取舍境地，难以应付上级减排控制方面的统一行政要求。面对有限的区域大气排放空间和共同的空气质量需求，难免引起地区间的环境和经济冲突，这些都需要区域内各主体间的协调和合作，以求得一个效益最大、成本最低的整体优化，同时也是各主体利益的最大化方案。

（5）以重大活动举办作为契机应对区域大气污染，可能导致过分依赖临时性的措施，而忽略区域联动长效机制的建设，这样不利于区域大气污染防治的持续运行。针对奥运会、世博会和亚运会这样的历史性盛会而建立起来的区域环保联防联控机制虽然具有重要的标本意义，但毕竟带有时间和地域方面的局限性。在大型会展过后临时性控制方案的解除可能导致大气污染的回升。需要在长效协商与调控机制的构建和实施方面做出更多的努力。

（6）在区域大气污染防控体系实践过程中，需要实现科学支撑与政府部门工作的有效对接。监测、预警、源清单、空气传输模拟结果直至科学研究对政策制定都起了支撑作用。不受干扰的独立判断和客观分析是建立高可信度科学结果的必需因素。需要建立科研支撑体系与政府相关部门有效对接和密切互信的合作关系。从目前国内城市群应付大气复合污染的整体情况来看，缺乏对混合性及氧化型大气污染的统一防控技术架构和防控管理平台指导及技术支撑。以经济联系与合作为依托，逐步形成一整套的示范防治技术体系是中国现阶段城市群应对大气复合污染亟须完成的任务。

2．区域大气管理的主要阻碍分析

进一步全面在城市群层面上实施区域性大气污染防治可能存在如下10个方面的阻碍：

（1）环保部对地方的环境管理执行控制力不强。中国的环保相关部门赋权不够（没有立法权，在很多方面也缺乏对地方政府进行管理的法律和实际权力保障）；环保系统本身管理的垂直性差，在制度安排上地方环保局严重受制于地方政府；对于地方环保局的监督执行力度也不足。

（2）经济增长观妨碍区域环境利益的冲突协调。牺牲环境保经济的增长观念仍在地方政府官员中普遍存在。在极端情况下可能导致地区间（受影响方和施加影响方）或者地区内部发生严重的环境纠纷和利益冲突，甚至是群体性事件。这种矛盾可能成为建立有效区域大气管理体系的重要阻碍。

（3）各地方的常规环境管理情况和合作意愿差异显著：各地经济发展水平和环境容量不同、经济产业结构各异，其所处污染接收与输出的地位不一样，如果没有相对公平有效的利益调节机制存在的话，各主体自然就没有合作的意愿和动因。对于合作基础较弱的区域来说，将会存在信任不足的问题。

（4）大气环境管理的行政体系存在的“六个不统一”的阻碍作用。

（5）属地管理的行政机制决定着大气方面的区域合作经验相对较为薄弱。地方属地管理特征的“诸侯经济”思路对于建立区域大气管理体系也有很大的阻碍。

（6）部门利益冲突，削弱了从地区到区域环境保护的整体政策效力。

（7）与大气污染防治相关的政府部门协作体系还未成熟。

（8）对待大气污染问题上，非政府部门的社会角色和地位需要加强。

（9）有效利益协调机制的缺失。如果不能建立有效的跨界污染预防机制，并在污染源所在地区和受害地区之间建立正式的损害赔偿制度，跨界污染问题就不能得到制度上的解决。区域环境管理与污染控制涉及多地区、多机构、多企业，利益相关者之间利益协调和权责分配的机制仍没有建立，这将成为区域环境管理的最大障碍。

（10）区域环境管理制度立法层面上的缺失。

3．区域大气污染控制中需要给予特别关注的问题

总结国外区域环境管理经验，发现区域环境管理的有效模式需要建立在科学研究、监测系统支持和有效执法的基础上；各层级环保部门的责任分明与地方政府的权力制衡是政策法规有效实施的关键；而利益相关者的权益、责任再分配和协调是区域环境管理要解决的深层问题。但中国当前的环境管理体制存在环保部门控制力不足、政策边缘化、立法和利益协调机制缺失等问题，这些问题将从多方面影响区域环境管理与合作机制的建立与实施效果。此外，区域环境管理与污染控制涉及多地区、多机构、多企业，利益相关者较多，由于管理变革造成既得利益的重新分配与权利博弈问题非常复杂，是否能协调好各方利益并将机制长效化是区域环境管理面临的首要挑战。因而，在中国构建区域环境管理合作机制，需要在合理划分区域和加强科学认知的前提下，明确区域下各主体的权责并基于此构建管理合作体系，协调和制衡多方利益，注重公众参与，并进行有效监察。

（三）中国区域大气污染的发展趋势与控制重点

从长远来看，10 个主要城市群均需要进行区域大气污染的控制，但是由于我国在区域大气污染控制方面仍处于探索阶段，因此建议选择经济发展水平相对较高、区域大气污染相对严重且具有良好工作基础的珠江三角洲、长江三角洲、京津冀城市群 3 大城市群作为区域大气污染控制的近期重点。这是因为，3 大城市群拥有国内最发达的二、三产业体系，代表着更成熟的城市群体系，其发展轨迹对国内其他经济区域未来走向有重要的指示作用。对这 3 个地区大气污染及发展状况的了解有助于判断分析国内区域大气污染的现有状况及发展趋势。

此外，3 大城市群分别借助北京奥运会的空气质量保障、广州亚运会的空气质量保障与上海世博会的空气质量保障工作，对于区域大气污染控制工作进行了积极的探索，具有良好的区域管理的工作基础。当前面临的问题是如何将临时性的区域协调与管理机制进行常态化设计，使之能够满足常规环境管理需求。

四、政策建议：“十二五”期间构建区域大气污染空气质量管理机制

（一）指导思想

实现环境管理从局地到区域的转变应是中国环境管理制度变革的方向之一。区域管理与合作机制需要从整个区域出发，整合子辖区的利益，明确权责，通过协调最终使得区域的环境质量得到改善，实现利益最大化。

（二）基本原则

区域大气污染控制及目标的制定和实施，要同时考虑社会发展实际和目标，以及民众对环境及其他各方面的现实意愿，制定区域内各省市协商一致的整体目标；体现整体目标实现的社会成本最小化、减排责任公平化，控制标准一体化，发展权益均等化等基本原则，体现为 4 个具体原则：①责任共担；②权责对等；③利益共享；④协商统筹。

（三）基本战略

核心是建立基于问题响应与质量改进基础上的多种污染物协同控制与区域综合/整合式管理制度，建立区域环境管理制度框架与政策体系，主要目的是解决区域大气污染问题，建立基于对多种污染物、多种污染类型叠加、多种过程耦合、多尺度污染（局地与区域）

相互作用审慎分析和评估基础上，对多种污染物与区域综合/整合式管理进行制度安排，促进和实现：以区域联合促合作效益和效果；以路径和有效政策选择促费用有效，包括全过程管理、多种污染物联合控制与区域联控；以政府-企业-公众合作与互动实现有效率的政府决策和管理制度安排，其中需要考虑政府管理绩效与行政效率和效果；以信息管理－采集、披露、跟踪、审计、绩效、责任制度分解促进决策科学化和民主决策过程，强调制度的效率和效果；建立长效机制避免短期和行政行为的低效率与资源浪费。

（四）基本转变：区域环境管理的制度变迁方向

作为一种新型的管理模式，较传统的属地管理模式，区域环境管理的制度变迁主要包括以下主要内容：

（1）管理目的：从单纯排放控制到质量改善导向下的排放控制与行为改进，这意味着环境管理的目标从污染物的排放控制到环境质量目标实现转移，在这个过程中将污染物排放控制作为手段而非目的。

（2）控制对象：从单一污染物向多种污染物协同控制。

（3）管理对象：从末端管理到全过程管理。即从关注环境问题的控制与治理，到从对经济和社会发展战略以及产业结构和产业布局到环境损害的控制和修复的全过程的监管和调控。

（4）管理主体：从政府为主到政府主导下的多利益主体参与。

（5）管理手段：从行政命令到依法行为、依法行政、行为激励等多种政策手段的组合。

（6）管理效果：从不计代价到注重公共管理的效率与效果。强调利用区域内的环境经济政策促进实现区域整体大气质量改善目标的总体社会成本最小化的目标。

（五）探索区域大气质量管理的新模式

针对我国构建区域大气环境管理的需求、障碍和支持条件，考虑从如下方面入手改变已有环境管理模式，构建联防联控联治的区域大气质量管理体系。①超越地方行政辖区的封闭式属地管理模式，构建区域内基于环境质量改进的整体环境决策机制；②整合传统条块关系，构建环境质量目标导向下的区域统调、部门合作、行业跟进的矩阵式管理模式；③区域内构建包括统一监测、统一标准、统一法规、统一考核、统一监管、统一规划在内的“六个统一”的管理支撑体系；④促进排放控制到基于质量目标的排放控制的转变；⑤促进环境信息公开、体现公众参与和公民环境责任，促进多利益主体参与的区域大气环境质量管理体系的建立。

（六）区域大气污染联防联控联治的工作机制

筹建区域空气质量管理委员会，推进区域大气污染联防联控联治的协调机制建立。建立区域空气质量监测评价体系以及相应的科学决策支持体系、筹建区域大气环境科学研究中心，建立统一的区域大气污染联防联控联治的科学支持平台。强化区域大气环境统一监管机制。建立区域联合防控治的工作评估机制和政策体系。“十二五”期间初步建立区域内布局合理、技术规范、数据有效、覆盖区域-城市-农村的立体区域大气污染研究性和监测性立体监测网络区域和大气环境质量管理政策体系；建立区域内动态、可视化的区域大气污染源清单技术；建立具有公信力的多尺度、多污染物的空气质量模拟系统以及法规区域空气质量模型；进行大气污染的损害识别与评估、环境改善的费用与效益的分析和评估，以便为减排责任制定和权责界定提供基础，促进在事实认定基础上的区域大气环境管理合作和协商机制的建立和有效运行。

（七）构建和完善区域联防、联控、联治的政策体系、实施区域大气污染防控措施

（1）完善区域大气环境质量评价体系和污染物控制体系。在区域环境质量指标中，在原有的 SO_2、NO_2、PM_{10} 的基础上，完善 NO_x 质量标准、研究和制定区域 $PM_{2.5}$ 的环境质量标准和 O_3 环境质量标准，增加 CO、CO_2、O_3 和 $PM_{2.5}$ 作为环境质量指标，并将能见度作为辅助性指标。制定和完善大气复合污染排放的控制指标。同时，基于机动车排放对区域污染贡献增大的现实，尽快由环境保护部门针对机动车污染控制制定有关的油品质量标准。

（2）针对区域大气环境质量制定污染物减排策略、制定区域大气污染联防、联控和联治规划。

（3）建立区域特别排放限值制度、严格环境准入制度。授权区域大气质量管理委员会制定和实施严于国家标准要求的区域大气污染物排放标准，设定相关区域和区域内以及重点行业和源的大气污染物特别排放限值，控制区域内的污染转移、控制城市和地区间的大气污染物输送通量和影响强度。

（4）实行区域排污总量控制和许可证制度。

（5）优化区域工业布局，推进产业结构和能源结构调整。依据区域环境质量现状以及社会经济发展以及人体健康需求，划定环境敏感区和人口集中区的范围，严禁在人口密集区和环境敏感区建设高污染、高排放企业，对已建城区等人口密集区的高污染、高排放企业实行搬迁改造，相关企业或其主要排污工序应定期退出。研究和建立高重排放企业退出机制以及相应的基金机制和转移支付制度、各类支持性政策措施。

（6）实行多种污染物协同控制策略。形成以质量改善为核心的多种污染物协同防治体系。

（7）推进企业环境信息公开制度。要求区域内的重点行业（企业）公布其污染物排放信息以及企业相关环境行为信息。

（8）研究和制定区域机动车污染控制联动方案。推进区域可持续交通体系建设，通过提高中心城区停车费、燃油税等措施，控制机动车行驶里程以减少排放。尽快由环境保护部门针对机动车污染控制制定有关的油品质量标准，油品质量标准至少应与机动车排放标准同步。实施区域内统一的各类机动车尾气排放相关管制标准和油品质量标准，防止机动车污染的转移。推进机动车的旧车淘汰补偿和激励政策，制定区域机动车总量控制政策。加强油气回收工作。

（八）逐步建立和完善区域大气环境管理的制度体系

所构建的区域空气质量管理的制度框架主要应包括以下几方面内容：

（1）决策支持与实施机制，包括：信息采集、披露、跟踪、审计、绩效、责任制度分

解促进决策科学化和民主决策过程；决策的科学研究支持（区域污染迁移转化规律、区域间相互影响分析、健康和损害评估、费用与效益分析）；规划、计划、资源配置、目标设定、责任分解、任务达成、监管、绩效考核；推进区域范围内的统一监测、统一标准、统一法规、统一考核、统一监管、统一规划。

（2）区域合作机制，包括：区域总量控制与区域污染源总量分配机制；区域产业发展规划与环境保护规划；区域污染源变化跟踪系统；区域环境质量监测与质量报告系统；区域的整合式管理政策框架和政策手段。

（3）区域大气环境监管的管理支持性手段，包括：区域内的数据交流和通报制度；区域污染监测、监督、预警体系；区域的污染源动态清单；区域污染控制和环境质量监管；区域社会经济发展和环境保护综合规划、对策与决策分析；大气质量评价与质量模拟模型的法规模型的开发和应用；区域间转移支付制度或区域大气污染防控共同基金的建设；逐步建立起独立的、覆盖区域范围内的大气污染监测、评估、监督、监管和仲裁的大气质量管理支持体系。

（4）区域大气环境管理的政策体系，包括环境准入制度、总量控制政策、产业布局和结构调整政策、多种污染物协同控制政策、企业环境信息公开制度、环境税收、生态转移支付等行为激励式的政策手段。

氮氧化物污染防治思路与总量控制方法研究

一、课题研究背景与目标

（一）研究背景

随着国民经济发展，我国复合型大气污染日益严重。与欧美国家以单一或少数几种大气污染物为主要控制目标不同，我国 SO_2、NO_x、颗粒物和 O_3 均呈高浓度污染态势，且具有时间压缩型、经济胁迫型、构成复合型和空间区域性的特征。由于我国电力需求及机动车保有量的快速增长，作为生成过程及环境效应最复杂的 NO_x 排放迅速增加，其导致的环境影响日益突出。NO_x 除本身具有毒性外，是细粒子（$PM_{2.5}$）污染的重要来源、O_3 生成的主要前体物、酸沉降和水体富营养化的重要因素。因此，控制 NO_x 具有"一石五鸟"的效果，"十二五"期间开展 NO_x 控制势在必行。

（二）研究目标

基于上述背景，通过评估我国 NO_x 的排放现状、环境影响及污染防治状况，提出"十二五"及 2020 年我国 NO_x 管理的基本思路和重点任务，包括控制目标、控制重点和控制对策，设计出以防治火电行业排放为核心的工业 NO_x 防治和以防治机动车排放为核心的城市 NO_x 防治体系，并针对电力重点排放行业，提出"十二五"及 2020 年 NO_x 总量控制目标和指标分配方法，为我国"十二五"及 2020 年 NO_x 控制及管理提出对策建议。

二、研究思路

通过对我国 NO_x 排放现状、环境影响及污染防治状况的调研和评估，针对火电行业和机动车重点排放行业，研究"十二五"和 2020 年的 NO_x 排放管理思路、控制机制和分配方法，提出我国"十二五"和 2020 年防治体系设想。研究的技术路线如图 1 所示。

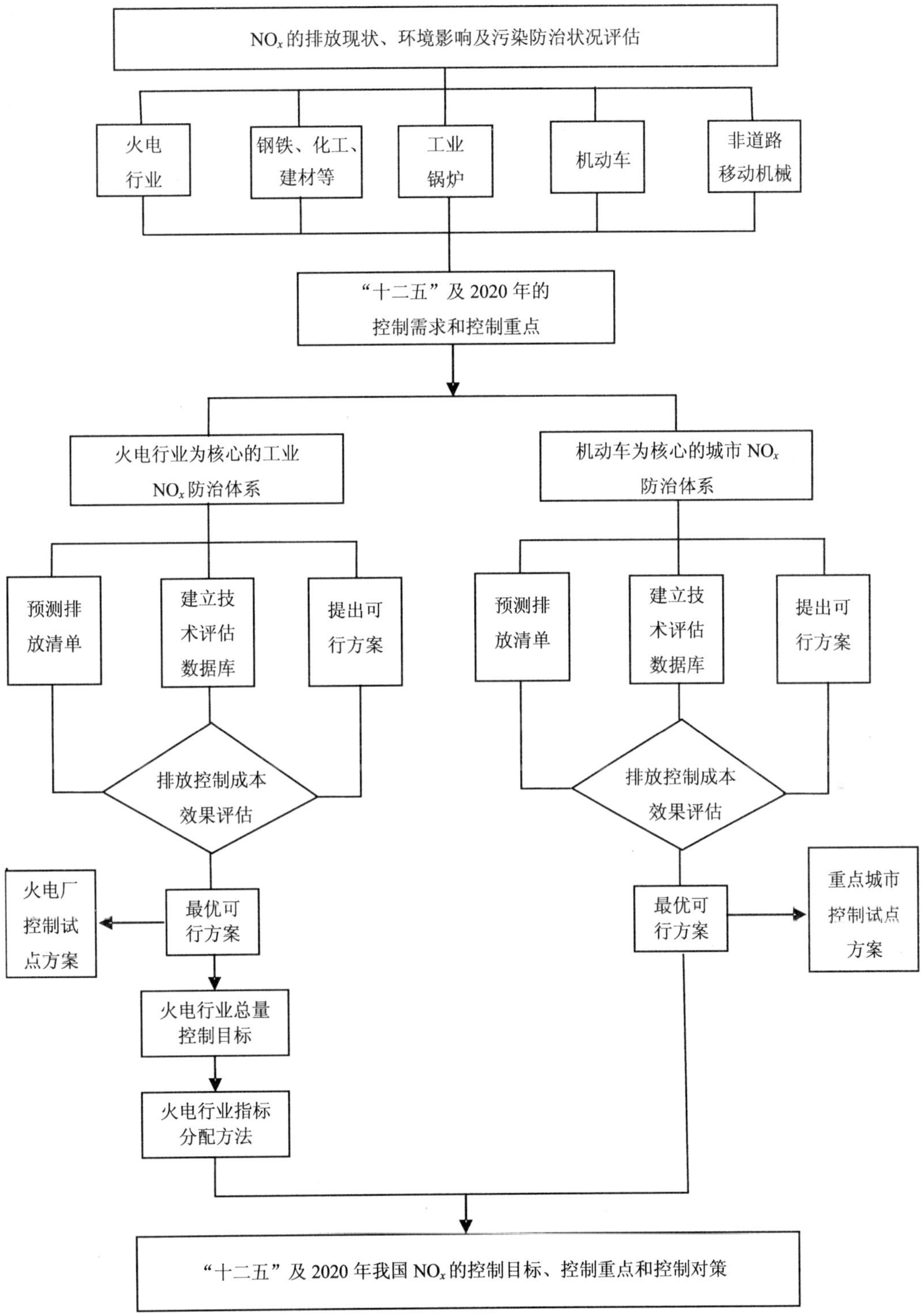
NOx 的排放现状、环境影响及污染防治状况评估
火电行业
钢铁、化工、建材等
工业锅炉
机动车
非道路移动机械
“十二五”及 2020 年的控制需求和控制重点
火电行业为核心的工业 NOx 防治体系
机动车为核心的城市 NOx 防治体系
预测排放清单
建立技术评估数据库
提出可行方案
排放控制成本效果评估
火电厂控制试点方案
最优可行方案
火电行业总量控制目标
火电行业指标分配方法
预测排放清单
建立技术评估数据库
提出可行方案
排放控制成本效果评估
最优可行方案
重点城市控制试点方案
“十二五”及 2020 年我国 NOx 的控制目标、控制重点和控制对策

图 1　技术路线图

三、研究内容

本研究主要开展了以下 8 个方面的工作：①我国 NO_x 排放现状评估；②我国 NO_x 环境影响评估；③我国 NO_x 污染防治评估；④我国 NO_x 管理的基本思路构建和重点任务研究；⑤以火电行业为核心的工业 NO_x 防治体系研究；⑥以防治机动车排放为核心的城市 NO_x 防治体系研究；⑦火电行业 NO_x 总量控制目标和指标分配研究；⑧提出“十二五”及 2020 年我国 NO_x 的控制目标、控制重点、控制对策。主要研究内容分解见表 1。

表 1　研究内容分解表

总任务	研究内容分解	
	一级	二级
评估我国 NO_x 的排放现状、环境影响及污染防治状况，提出“十二五”及 2020 年的控制需求和控制重点	评估我国 NO_x 的排放现状、环境影响及污染防治状况	火电行业 NO_x 的排放现状、环境影响及污染防治状况评估
		钢铁、化工和建材等重点行业 NO_x 的排放现状、环境影响及污染防治状况
		工业锅炉 NO_x 的排放现状、环境影响及污染防治状况
		机动车 NO_x 的排放现状、环境影响及污染防治状况评估
		非道路移动机械的排放现状、环境影响及污染防治状况
	提出“十二五”及 2020 年的 NO_x 控制需求和控制重点	提出“十二五”及 2020 年的 NO_x 控制需求
		提出“十二五”及 2020 年的 NO_x 控制重点
提出“十二五”及 2020 年我国 NO_x 管理的基本思路和重点任务	提出“十二五”及 2020 年我国火电行业为核心的工业 NO_x 防治体系	预测 2010—2020 年基准情景下的火电行业 NO_x 排放清单
		建立火电行业 NO_x 控制技术评估数据库
		提出 2～3 个火电行业 NO_x 防治体系建设的可行方案
		评估可行方案下“十二五”及 2020 年火电行业 NO_x 排放控制的成本-效果，确定最优可行方案
		提出火电厂 NO_x 排放控制试点的方案
	提出“十二五”及 2020 年我国以防治机动车排放为核心的城市 NO_x 防治体系	预测 2010—2020 年基准情景下的机动车 NO_x 排放清单
		建立机动车排放控制技术评价数据库
		提出 2～3 个机动车和非道路移动机械排放标准推进的可行方案，以及配套的油品管理提升方案
		评估可行方案下“十二五”及 2020 年机动车 NO_x 排放控制的成本-效果，确定最优可行方案
针对电力重点排放行业，提出“十二五”及 2020 年 NO_x 总量控制目标和指标分配方法	提出火电行业 NO_x 总量控制目标	确定火电行业 NO_x 总量控制目标
		提出火电行业 NO_x 排放控制策略
	建立火电行业 NO_x 总量控制的指标分配方法	建立火电行业 NO_x 总量控制的指标分配方法
		提出火电行业 NO_x 排污交易原则
提出“十二五”及 2020 年我国 NO_x 的控制目标、控制重点、控制对策		

四、主要结论

（1）随着中国人口的不断增加、国民经济的持续增长和人民生活水平的日益提高，如果不采取更严格的控制措施，2010—2020 年中国的 NO_x 排放量将呈现稳步增长的趋势，预计到 2020 年我国能源消费导致的 NO_x 排放总量将达到 2 900 万 t 左右，超过美国成为世界第一大 NO_x 排放国，如此巨大的排放量将给公众健康和生态环境带来灾难性的后果。

（2）总结美、欧、日等发达国家和地区的经验，控制 NO_x 排放应以减少环境损害为目标，将 $PM_{2.5}$、O_3 和酸沉降等污染纳入同一个控制体系，采取政府强制手段和市场激励措施相结合的政策，既体现政策实施的强制性，也给企业选择减排手段的灵活性，降低减排成本，基于最佳可行技术（BAT）能够达到的削减水平制定合理而严格的污染源排放标准。为解决因区域及城市群地区 NO_x 排放所引起的 $PM_{2.5}$ 和 O_3 污染，制定区域控制策略，建立地区间的有效协调和合作机制。

（3）对火电行业开展 NO_x 排放总量控制，不同控制情景下 2015 年火电行业 NO_x 减排和成本测算结果如表 2 所示。

表 2 目标年 2015 年火电行业 NO_x 排放量情景分析

	基准年 2010 年	目标年 2015 年		
		基线情景①	情景 1②	情景 2③
火电机组容量/GW	728	1 017	1 017	1 017
NO_x 排放/（万 t/a）	1 078	1 355	805	722
减排量/（万 t/a）	0	0	550	633
较 2010 年下降/%	—	−26	25	33
新增投资/亿元	—	0	364	364
运行费用/（亿元/a）	—	0	124	166

注：① 基线情景：按现状的控制水平发展，不采取更严格的控制措施。

② 情景 1：重点控制区执行最新的《火电厂大气污染物排放标准》，所有机组均要求进行 LNB+SCR 改造或安装 SCR 以达标；重点控制区以外企业，2003 年以前现役机组全部进行低氮燃烧改造，2003 年以后企业可通过加强运行管理实现新标准的要求。

③ 情景 2：重点控制区除执行最新的《火电厂大气污染物排放标准》外，实施总量控制，企业总量指标按 SCR 脱硝效率 75%分配；重点控制区以外除执行即将发布的最新《火电厂大气污染物排放标准》外，实施总量控制，企业总量指标按减排 20%分配。

（4）对机动车开展 NO_x 排放总量控制，基线情景按现状的控制水平发展，不采取更严格的控制措施，预测 2015 年机动车 NO_x 排放量预测约为 636 万 t，比 2010 年增长约 9%。情景 1 设置为 2010 年全国国Ⅳ标准，2013 年全国国Ⅴ标准，汽、柴油的硫含量在 2014 年底前降至 50 mg/kg 以下，预测 2015 年机动车 NO_x 排放量约为 599 万 t，比 2010 年增长约 3%。情景 2 设置为 2010 年全国国Ⅳ标准，2013 年全国国Ⅴ标准，汽、柴油的硫含量在 2014 年底前降至 50 mg/kg 以下，重点控制区降至 10～15 mg/kg 以下，提前淘汰 50%的黄标柴油车和 30% 10 年以上车龄的轻型汽油车，预测 2015 年机动车 NO_x 排放量约为 544 万 t，比 2010 年下降约 7%。

五、政策建议

（1）总量控制的目标要和大气环境质量、人民群众感受直接关联。总量控制应从减轻区域 $PM_{2.5}$ 和 O_3 污染的目标出发，在继续控制 SO_2 排放的同时，将 NO_x 排放作为大气污染物排放总量控制的重点，同时对黑炭和 VOCs 排放开展协同控制。总量控制应“突出重点、分区要求”，考核方法突破目前的“数字完成率”，参考环境空气质量和重点排放源监测数据，在奖惩制度上更多运用经济杠杆。

（2）根据我国当前的污染源分布特征、大气污染特征、经济类型和发展水平等因素，同时考虑到“十一五”期间 SO_2 排放总量控制政策的延续性，建议“十二五”期间的大气污染物排放总量控制地区划分在“十一五”期间 SO_2 总量分配的地区划分基础上，全国划分为重点控制区、一般控制区和生态保护区 3 类，按各自特点设定有所区别的大气环境质量改善目标和 NO_x 排放总量控制目标。

（3）火电行业 NO_x 减排：2015 年以前，实现对全国 2003 年以前在役机组全部进行低氮燃烧技术改造，重点控制区内 2004 年以后的新建或改扩建机组通过采用低氮燃烧和选择性催化还原（SCR）技术平均减排 60%～80%，达到单位发电量的 NO_x 排放水平为 0.6～1.2 g/kW·h；一般控制区 2004 年以后的新建或改扩建机组通过采用低氮燃烧、选择性非催化还原（SNCR）或 SCR 技术平均减排 20%～30%，达到单位发电量的 NO_x 排放水平为 2.2～2.5 g/kW·h。

（4）机动车 NO_x 减排：全国从 2011 年和 2014 年起对新销售的重型柴油车依次执行国Ⅳ和国Ⅴ排放标准，北京、上海和广东等重点地区在 2012 年和 2015 年依次对新增公交、出租、邮政和环卫车辆开始执行国Ⅴ和国Ⅵ（欧Ⅵ）排放标准；2015 年以前全国重点城市的上路车辆均为绿标，公交、出租、邮政和环卫车辆 70%以上达到国Ⅳ或更严格的排放标准；全国汽、柴油的硫含量在 2014 年底前降至 50 mg/kg 以下，重点地区降至 10～15 mg/kg 以下；全国在 2013 年以前开始对施工机械执行国III排放标准，北京、上海和广东等重点地区在 2014 年以前开始对施工机械执行国Ⅳ（欧III-B）排放标准。

（5）工业锅炉 NO_x 减排：对重点控制区内现有大于 20 t/h 燃煤锅炉，在 2015 年前实施低氮燃烧改造；对重点控制区内现有小于 20 t/h 燃煤锅炉，有条件的改烧天然气，没有气源的必须使用清洁燃料（包括使用低污染的型煤、筛选煤等），不能实施改造的，应主要考虑关停；对全国新建锅炉，配低氮燃烧装置，单台出力 65 t/h 及以上的锅炉除了上低氮燃烧装置外，2015 年前在重点控制区内选取不同规模、不同燃烧方式、不同燃料、不同控制技术的典型对象实施 SCR 或 SNCR 脱硝示范工程。尽快加严水泥和钢铁行业的 NO_x 排放标准，并将水泥和钢铁行业的 NO_x 排放纳入排污权交易，有利于排污权交易市场的完善和进一步降低 NO_x 减排的社会成本。

（6）对于电力 NO_x 总量控制指标，按照所在的区域和时段，采取统一规定的绩效方法进行分配。这一排放绩效值（g/kW·h）将根据不同地区（重点控制区、一般控制区等）和不同时段机组而有所差异，以体现“重点地区、重点控制”的原则。对于非电力 NO_x 总量控制指标，省级环保部门参考辖区内市（地、州）2010 年和 NO_x 排放紧密相关的环境空气质量数据，实行区别对待的原则分配非电力 NO_x 总量指标。新增非电力行业 NO_x 总量指标为采取先进技术或治理措施后的预测排放量，但必须依据“增产不增排放量”的原则，通过区域替代或其他污染源治理方式获取总量指标。总量指标可在区域内的市（地、州）辖区内调剂或交易。

颗粒物污染防治思路与控制对策研究

一、课题研究背景与目标

（一）研究背景

目前，我国大气污染已经从煤烟型污染和扬尘污染演变为煤烟型、氧化型及扬尘复合污染。$PM_{2.5}$、O_3、VOCs 等污染物相互耦合，经过二次反应后形成高浓度细粒子污染，造成空气能见度降低、地面 O_3 浓度升高、大气氧化性增强，已成为产生灰霾、光化学烟雾的主要原因。由于对大气环境质量影响较大的 $PM_{2.5}$ 等部分污染物未被纳入评价体系，造成环境部门公布的空气质量数据不能客观反映大气环境质量状况，所公布的空气质量等级往往又与公众的感受有较大差距。

中国区域空气污染特征之一体现在城市群中诸城市空气污染水平和空气质量变化趋势基本一致。由于城市群中城市密集，城市间污染物扩散的距离缩短，空气污染自净能力大大降低，大气污染物在城市群诸城市间相互输送，使得诸城市空气污染水平和空气质量变化趋势基本一致。

中国区域空气污染特征之二体现在区域空气污染的复合型特征。所谓的区域空气污染复合型特征是指中国的城市内部和城市之间交通结构变化改变了大气长期以来煤烟型污染为主的类型，逐渐转变为煤烟型与机动车尾气型共存的复合污染类型。扬尘污染也是需要特别关注的问题。

大气氧化能力不断增强、颗粒物细粒子浓度增高使大气能见度下降，发达国家经历了近百年的环境污染问题；光化学烟雾、大气灰霾和酸沉降等在我国经济发达地区二三十年内频繁地集中爆发，老的一次污染问题尚未解决，新的二次污染问题又接踵出现。尽管许多城市为控制大气环境污染做了大量工作，使常规一次污染得到了一定的控制，但新的污染使区域整体的环境质量呈恶化趋势，大气环境形势总体上进入较大范围退化和复合型环境污染的阶段，存在环境灾变的隐忧。颗粒物仍是大多数城市空气首要污染物。北方城市颗粒物污染总体上重于南方城市，中西部地区体现粗颗粒物污染的特征，东部发达地区体现细颗粒物污染的特征。

（二）研究目标

本课题根据 2010 年国家环境保护“十二五”规划研究编制课题指南要求开展工作，明确“十二五”我国大气颗粒物污染防治的基本思路和调控手段，提出重点行业大气颗粒物污染控制的主要对策和工作方案，拟为实现经济发展和环境保护双赢局面作贡献。

二、研究思路

以“削减总量、改善质量、防范风险”为基本思路。坚持分区分类分级指导、区域协调发展，加强政策保障和环保投入，实施结构减排、工程减排、管理减排，持续改善区域环境空气质量，严格考核问责制，落实减排责任。将污染减排与改善环境质量紧密结合起来，逐步开展颗粒物总量控制，探索建立减排目标着眼环境质量、减排任务立足环境质量、减排考核依据环境质量的责任体系和工作机制。大气颗粒物污染防控技术路线如图 1 所示。

颗粒物防控可概括为：

“一次控制总量，二次加强协同，城市重点考核，区域联防联控，环境持续改善。”

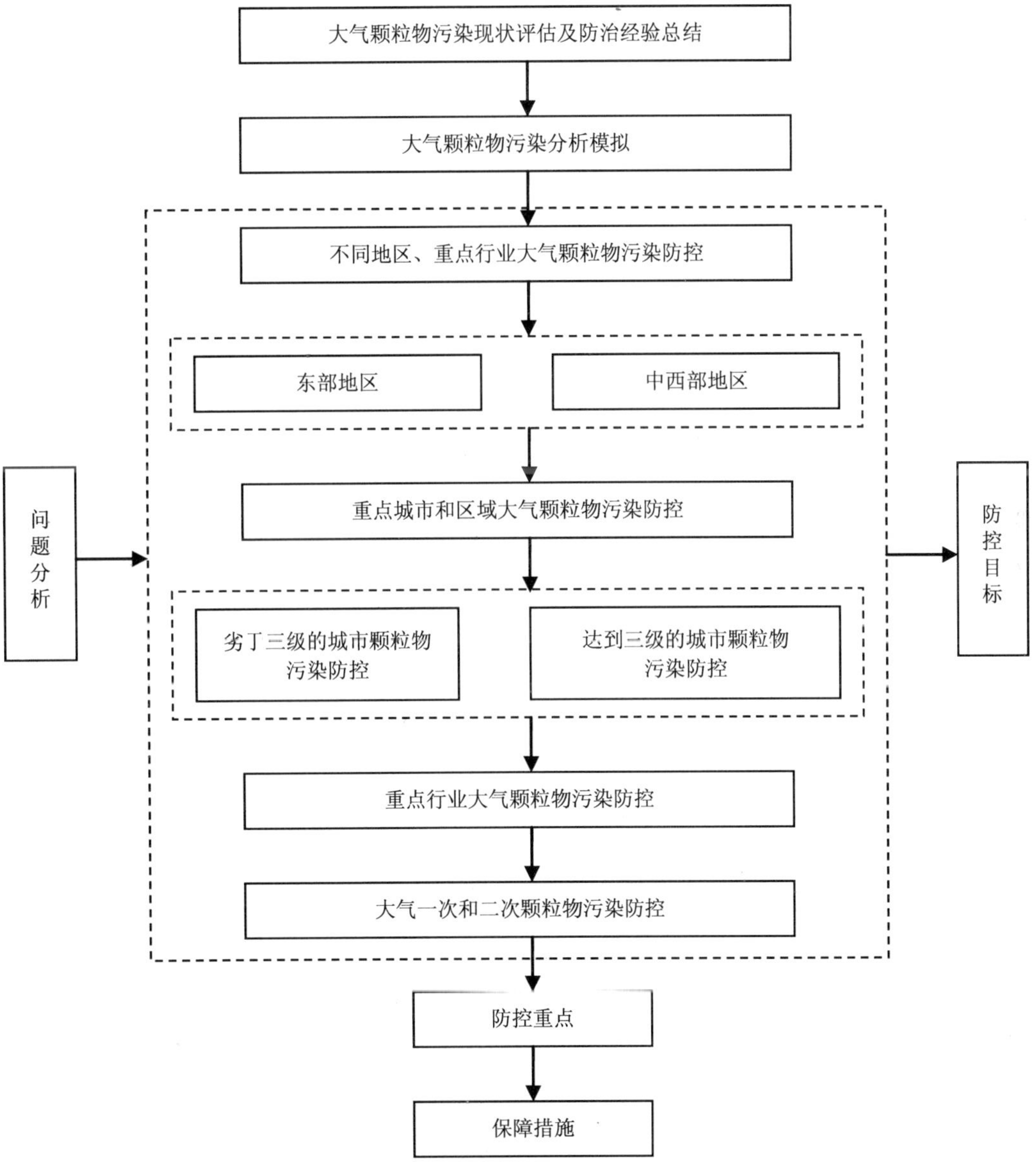

图 1　大气颗粒物污染防控技术路线

三、研究内容

（1）评估我国大气颗粒物污染排放现状、环境影响及污染防治状况，分区域提出我国颗粒物污染的发展形势、基本特征及来源构成状况；

（2）研究“十二五”我国颗粒物污染防治的基本思路，提出防治的总体目标、控制重点和技术路线，明确下一步推动地方政府开展工作的主要抓手和调控手段；

（3）针对重点行业，提出大气颗粒物污染控制的主要对策和工作方案。

四、主要结论

（一）我国大气颗粒物污染排放及防控历程

我国主要城市大气颗粒物年均质量浓度统计如图 2 所示，我国近年废气中主要污染物排放量如图 3 所示。

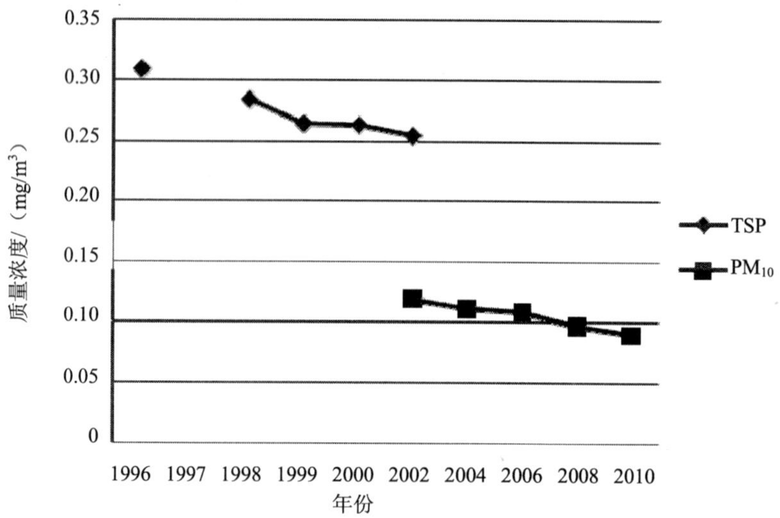

图 2　中国主要城市大气颗粒物年均质量浓度统计

资料来源：《中国环境状况公报》。

由图 2 可以看出，我国主要城市 TSP 年均质量浓度呈现逐步降低的趋势，但超过环境空气质量二级标准 TSP 年均质量浓度值（0.20 mg/m^3）。中国主要城市 PM_{10} 年均质量浓度也呈现逐步降低的趋势，与环境空气质量二级标准 PM_{10} 年均质量浓度值（0.10 mg/m^3）相比，2007 年前均超标，2008 年达到标准值。

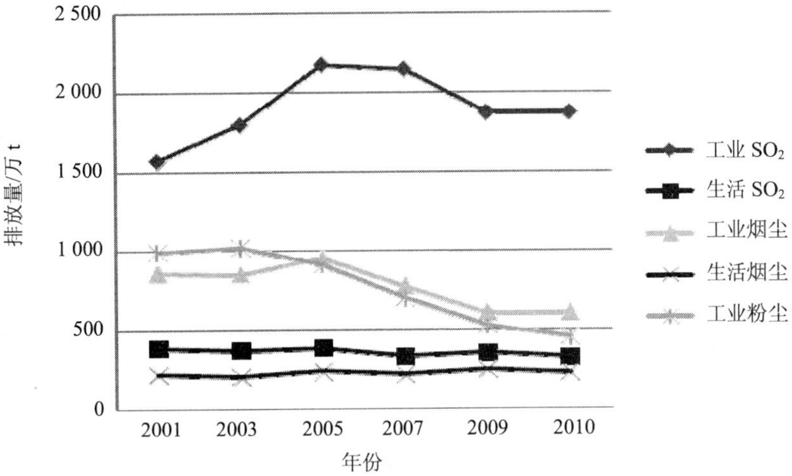

图 3 全国近年废气中主要污染物排放量

由图 3 可以看出，我国工业烟尘、粉尘呈明显下降趋势，SO_2 2006 年后呈下降趋势；而生活烟尘维持基本稳定状态。2010 年，我国烟尘排放量为 829.1 万 t，比 2005 年减少 29.9%。其中，工业烟尘排放量为 603.2 万 t，占全国烟尘排放量的 72.8%。工业粉尘排放量为 448.7 万 t，比 2005 年减少 50.8%。

20 世纪 70 年代以来，我国空气颗粒物污染防治工作经历了从点源治理到集中控制、从城市环境综合整治到区域污染控制、从浓度控制到总量控制的转变，空气颗粒物污染防治的法规、标准及管理体系已初步形成，空气颗粒物污染加重的趋势在一定程度上和范围内已有所减缓。但是，由于我国经济高速发展，加上能源结构以煤为主，能源利用效率较低，产业结构和布局不尽合理，工业发展水平不平衡，适合国情的空气颗粒物污染治理技术尚不完善；城市迅速扩张，建筑工地量大面广；同时机动车数量迅猛增长，移动源污染控制尚未建立起有效的运行机制，环境监督管理力度有待进一步加强。我国空气颗粒物污染没有得到有效的控制，未来面临着严重的挑战。

我国大气污染控制历程如表 1 所示。

表 1 我国大气污染控制历程

阶段	1980—1990 年	1990—2000 年	2000 年至今
主要污染源	燃煤、工业	燃煤、工业、扬尘	燃煤、工业、机动车、扬尘
主要污染物	TSP，PM_{10}	TSP，PM_{10}	PM_{10}，$PM_{2.5}$
主要控制措施	消烟除尘	消烟除尘、搬迁/关停/综合整治	脱硫除尘、工业污染治理、机动车治理、总量控制
主要大气颗粒物污染问题	煤烟	煤烟、颗粒物	煤烟、灰霾/细粒子
大气污染尺度	局地	局地+区域	区域+全球

（二）防控目标

到 2015 年，建立大气污染联防联控机制，形成区域大气环境管理的法规、标准、政策和技术体系。大气颗粒物排放得到控制，重点企业全面达标排放，环保重点城市空气质量全面稳定达标。区域空气质量大幅改善，重点地区和城乡环境质量有所改善，环境安全基本保障，为全面建设小康社会奠定良好的环境基础。

对于环境空气质量未达三级的城市，以城市为基本单元。"十二五"期间，城市空气质量年均值逐步达到二级标准。

对于环境空气质量达到三级的城市，统筹考虑城市和区域。"十二五"期间，城市环境空气质量较 2010 年有明显提高，主要大气污染物排放总量大幅下降，区域细颗粒物、灰霾和光化学烟雾污染明显减少，区域环境空气质量明显改善，建立并完善区域联防联控机制。环境空气质量达到和优于二级的城市需要制定更高的环境空气质量目标，保证环境空气质量持续改善。

按预定的计划，"十二五"我国将发布修订后的环境空气质量标准，有的标准限值将加严，还会增加新的指标，我国空气质量管理将面临更严峻的局面。

（三）防控重点

1. 建立分区大气污染防控机制

对于东部地区，加强对区域复合型污染的联防联控，加强机动车污染控制研究，完善对 O_3 前体物质的监测和评估，加强对 $PM_{2.5}$ 标准体系的研究，加强沿海港口污染控制。对于中西部地区，加强对化石能源的清洁利用，强力推进传统优势产业高端化、"两型"化、高新化，防止工业污染的无序转移。加大农村地区的环保投入。

对于北方地区，适度发展集中供热，加大除尘力度；加强沙源地的生态建设，控制土壤风蚀起尘；加大沙尘暴防控资金支持，加强科研投入。对于南方地区，加强硫酸盐、硝酸盐等二次颗粒物前体物的监测与防控，加强黄金水道港口污染研究。

2. 建立分级大气污染防控机制

对于空气质量未达三级的城市，以城市为基本单元，建立城市大气环境管理与协调机制，开展城市大气颗粒物源解析，建立城市大气污染源排放清单，并提出达标考核办法和惩罚监督机制，建立城市空气质量总达标率与分达标率解析曲线，使城市空气质量年均值稳定达到国家三级标准或逐步达到二级标准。

对于空气质量达到三级的城市及区域，统筹考虑城市和区域，建立城市大气污染源排放清单，建立区域动态排放清单和开发区域空气质量模式、大气颗粒物跨界传输模式研究，建立并完善区域大气污染联防联控机制。

3. 重点行业大气颗粒物污染防控

继续推行"区域限批"制度和行业准入制度，针对重点行业开展精细源解析，建立统一排放清单，建立健全资源有偿使用制度和生态环境补偿机制。以环境要求促结构调整和清洁生产，推动大气污染防治从末端控制向源头预防和过程控制转变，实现大气污染的全生命周期管理。推动从单一污染物治理向以 O_3 和 $PM_{2.5}$ 为核心的多污染物综合控制转变，实现多种污染物的协同有效控制。

4．建立大气污染联防联控机制

以京津冀、长三角、珠三角区域为重点，加快推进大气污染联防联控机制。制定区域大气污染防治目标、规划，推进城市空气质量达标和分级管理工作，完善区域空气质量监测网络，共享区域环境监测信息数据，强化区域规划的环境影响评价，完善区域环境保护一体化的保障机制。

区域空气颗粒物联防联控总体思路如图 4 所示。

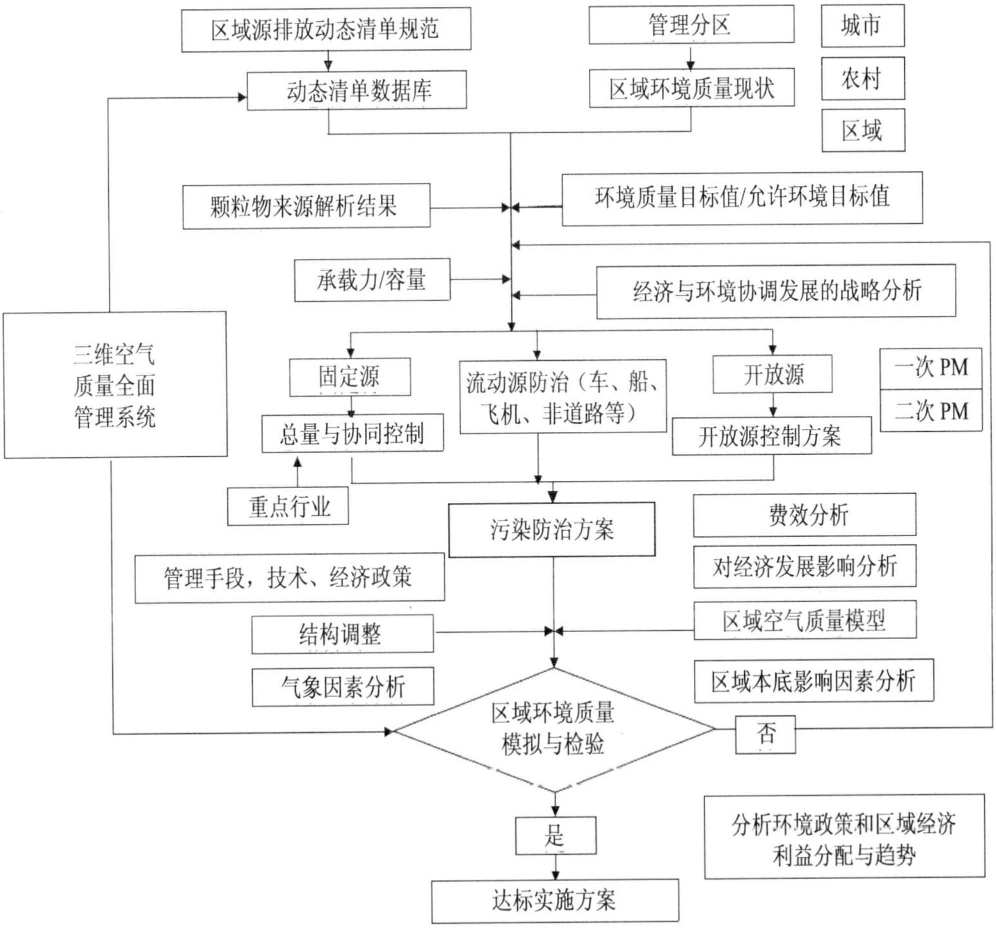

图 4　区域空气颗粒物联防联控总体思路

5．强化环境规划设计的科学性

加强环境规划的方法研究，开展城市群战略环境影响评价和生态城市群的环境规划工作。重视城市群空间格局优化和产业结构升级，减轻环境污染的叠加效应。建立多层次的区域协调机制，加强区域环境合作，增强政府在城市群中的协调作用。

6．加强大气复合型污染控制

加强对区域大气复合型污染的控制和大气污染跨区域传输的研究，加大对机动车尾气污染的监管和控制力度，完善对 O_3 前体物质的监测和评估，推动制定 $PM_{2.5}$ 地方标准，使其纳入常规监测项目，切实反映实际空气质量。

7．加强区域协调、共同、平衡发展

建立区域平等协商的对话机制，完善区域发展规划的配套政策，加快区域市场对接和产业融合，建立“输血型”与“造血型”相结合的生态补偿机制。

8．推行能源清洁使用提高效率

加大能源开发，增强能源供给能力；提高化石能源清洁利用，减少污染排放；调整能源消费布局，重点区域实施煤炭消费总量控制。

9．加强开放源控制和生态治理

制定协调统一的管理办法，组织协调各职能部门，发挥环保部门的统一监管作用，有效遏制扬尘污染；全面开展大气颗粒物来源解析的研究工作；减少城市裸地面积；加强扬尘排放量核算方法的科学性，借鉴有关城市经验，制定城市施工扬尘污染管理办法，推广扬尘排污费的征收。

10．强化机动车颗粒物污染控制

建设绿色交通模式，优先发展公共交通；提高车辆排放控制水平，严格新车排放标准限值；改善车用油品质量；完善在用车管理体系，加强在用车污染控制；发展清洁能源车辆，提高清洁能源比重；加强非道路机动车管理，全面降低交通部门排放水平。

11．颗粒物及其前体物总量控制

进一步加强 SO_2 排放总量控制，逐步开展 NO_x 排放总量控制，在重点行业（建材、火电、钢铁、有色、石油和化工）、机动车、建筑行业研究实施一次颗粒物排放总量控制。

12．实施多污染物协同控制对策

国家应考虑制定有序和高效的协同控制战略。研究一次、二次颗粒物与温室气体的协同控制方法，实施多污染物协同控制技术。建立详细的颗粒物及其前体物与温室气体排放动态数据库、质量保证体系、温室气体排放清单，分析确定节能减排和污染控制协同效应及调控技术对策。

13．加强沿海港口黄金水道港口城市污染控制

对沿海港口和黄金水道港口进行规划和分工合作，推动产业群、城市群和港口群协同发展。开展港口城市大气颗粒物源解析、分析港口城市颗粒物污染物扩散机理、开发港口城市颗粒物污染防治技术。同时加强船舶流动源污染控制，建立船舶大气污染物排放清单，加快船舶标准化的进程和淘汰老旧船舶的速度，完善船舶大气污染法规政策，防控交通运输及码头装卸储运尘污染。

14．防范大气环境安全风险

启动大气环境安全风险防范与应急的研究和调查工作。识别大气环境风险的高发区域和敏感行业，加强对重大大气环境风险源的动态监控与风险控制，大力加强大气环境污染损害评估，建立大气环境污染责任保险制度，明确大气环境风险和处置对策，制定综合防治方案。

五、保障措施

1．完善大气环境保护法规标准

（1）落实与大气颗粒物污染防治相关的各项法律

目前要把《大气污染防治法》的各项措施落实到位。同时，要进一步落实《环境影响评价法》、《节约能源法》、《可再生能源法》和《循环经济促进法》等相关法律，从源头控制污染，促进能源的节约使用和新能源的开发利用。进一步加大执法力度，加强对法律实施情况的监督检查。

（2）$PM_{2.5}$纳入空气质量标准

美国早在1997年7月就实施了$PM_{2.5}$的标准，欧盟及其他一些国家也已制定了$PM_{2.5}$的标准。在2011年12月5日我国《环境空气质量标准》征求意见稿中公众普遍赞成将$PM_{2.5}$作为一般评价项目纳入空气质量标准，建议根据不同地区的实际情况分步实施，部分污染重、有条件的地区应在2016年1月1日前提前实施。

2．健全管理体制

（1）应通过立法的手段扩大环保机构的职权范围，加强环保机构建设，充实基层执法力量。使环保部门真正地参与到新建项目的项目审批、标准制定、政策出台、综合决策等各个方面，更好地把环境政策、目标与国家宏观政策衔接，确保经济发展和大气环境保护的协调性。

（2）加强环境管理体制的立法，改变目前地方环保部门隶属地方政府、决策执行受制地方政府的管理体制。有条件的地区，首先在环境执法和监察系统构建环保部门垂直管理体系。增加国家监察职能和手段，增强地方环保部门决策执行的独立性和参与综合决策的能力，有效约束地方政府的不良环境行为。

（3）加强注重咨询与协调机构的建设，真正调动各方民众参与环保工作的积极性和主动性，使国家各项决定和行动趋于科学化、合理化。

3．强化污染监测预警评估体系

尽快将$PM_{2.5}$、O_3、能见度等纳入监测体系，加强区域监测网络建设，有效控制区域污染问题。统筹城乡环境监测工作，加快基层环境监测体系建设，重视农村环境监测能力建设。增加市、县大气环境质量自动监测站点数量，科学合理布局大气环境质量监测站点，完善重点污染源在线监测制度。从以人为本和公众感知的角度，可以考虑把能见度的改善作为一项政府的考核指标。

加快大气颗粒物环境背景站建设，明确各地颗粒物的背景浓度。构建符合我国实际的大气颗粒物污染预报模型。构建大气颗粒物污染评估体系。

4．完善颗粒物减排的价格政策

鼓励终端用能部门提高电力、天然气、太阳能、风能等清洁能源的使用，降低煤炭直接燃用比重，控制和削减大气颗粒物的排放。

完善高耗能产业差别电价政策，遏制高耗能产业盲目发展，促进产业结构调整和技术升级。与排污收费等政策相比，电价环保政策具有更强的刺激功能和可操作性，可考虑将颗粒物污染控制纳入到环保电价政策中。

5. 增强科技创新，加大科研投入

建议在以下方面加强研究：

（1）城市各类扬尘污染防控技术研究，包括风蚀型开放源颗粒物污染状况的评估与防控技术研究、建筑扬尘污染状况的评估与防控技术研究、交通运输及码头装卸储运尘污染状况的评估与防控技术研究、堆场扬尘污染状况的评估与防控技术研究；

（2）机动车尾气及细粒子污染防控技术研究；

（3）空气颗粒物健康风险与环境基准研究；

（4）区域大气颗粒物精细源解析技术研究；

（5）区域空气质量模式开发与动态排放清单建立；

（6）污染物跨界传输模式研究；

（7）农村地区颗粒物污染防控技术研究；

（8）飞行器航测气溶胶关键技术研发；

（9）空基遥感气溶胶反演关键技术研发；

（10）地基遥感气溶胶反演关键技术开发；

（11）燃烧源排放颗粒物污染防控政策 CGE 模拟；

（12）温室气体排放标准体系研究。

6. 加大污染防治资金支持力度

加大政府投入，把大气环境保护投入作为公共财政支出的重点并逐步增加。各级政府要加大对大气颗粒物污染防治和环境公共设施的投资，切实提高环保机构经费保障程度。工业企业大气颗粒物污染治理按照“污染者负责”原则，由企业负责。现有大气颗粒物污染源治理投资由企业利用自有资金或银行贷款解决。新改扩建项目环保投资，要纳入建设项目投资计划。积极利用市场机制，吸引社会投资，形成多元化的投入格局。

挥发性有机物控制对策与策略研究

一、课题研究背景与目标

（一）研究背景

在我国，随着国民经济的持续快速发展和能源消费总量的大幅攀升，我国挥发性有机物（VOCs）排放总量迅速增长，随之导致了一系列城市和区域环境问题。VOCs 是引起光化学烟雾和城市灰霾天气的重要污染因子，同时对全球温室效应和 O_3 层破坏具有不可忽略的影响。VOCs 还会与 O_3、NO_x 等污染物发生协同作用，对环境安全造成极大的威胁和破坏。VOCs 中还含有大量有毒有害物质，对人群健康有直接影响。由于我国管理缺失，VOCs 污染愈演愈烈，如不加以控制和监管，存在引发重大环境问题的隐患。

尽管我国 VOCs 排放量大、污染形势严峻，但 VOCs 污染问题尚未得到足够重视，VOCs 并未列入日常大气检测项目，也未列为污染普查项目，因而无法获得我国 VOCs 污染的准确有效的信息，无法明确我国 VOCs 的污染现状，同发达国家相比，我国对 VOCs 的控制还处于起步阶段。同时，我国没有专门针对 VOCs 污染控制的法律法规，因而 VOCs 污染控制无法做到“有法可依”、“有法必依”，从而导致 VOCs 污染控制工作难以推进。

《国家环境科技发展“十五”计划纲要》中明确了 VOCs 对人体健康和环境的巨大危害，并提出了控制要求。根据 2007 年中央财政主要污染减排专项资金安排情况和《国家环境监管能力建设“十一五”规划》要求，将挥发性有机物列入 2008 年减排专项资金重点支持内容。环保部印发的《2009—2010 年全国污染防治工作要点》中明确提出要推动大气挥发性有机物污染防治。

因此，开展我国 VOCs 污染现状评估和 VOCs 污染控制对策和政策研究显得尤为重要。

（二）研究目标

（1）全国人为源 VOCs 排放现状及排放量；

（2）重点区域及典型行业的 VOCs 排放特征；

（3）行业 VOCs 控制技术评估；

（4）VOCs 排放控制管理对策。

二、研究思路

本课题立足于当前我国 VOCs 污染严重、污染管理未有成熟经验及模式的现状，以源头追踪和排放因子法作为VOCs排放量估算的主要方法，估算现阶段我国人为源VOCs排放总量；通过对排放的全过程以及各单元过程进行分解与整合，识别重点区域及典型行业的污染排放量贡献，编制全国范围内的VOCs行业分布图和区域分布图；整理分析我国已开展的污染控制减排工作，总结并评估现有适用的VOCs环境治理技术；在现阶段我国VOCs管理工作及具备的工作条件基础上，提出VOCs排放控制与管理对策。

三、研究内容

（一）全国人为源VOCs排放现状分析及排放量估算

本课题运用源头追踪和排放因子法相结合的方法，对全国主要行业的VOCs排放量进行了估算。并将全国主要VOCs行业按照VOCs物质流动的过程归类于以下4个环节：VOCs的生产过程，VOCs储存和运输过程，以VOCs为原料的工艺过程，含VOCs产品的使用和排放。建立了一套系统的VOCs排放估算方法；搜集了全国主要行业生产资料数据，整理了各行业排放特征，总结了符合我国工业活动水平的排放因子；计算了主要行业的排放量，并分析了估算误差；完成了全国人为源VOCs排放现状分析及排放量估算，以此为基础识别了VOCs重点排放行业。

（二）重点区域及典型行业的VOCs排放特征分析

根据区域国民生产总值情况，采用简单预估的方法，对"三区六群"典型行业的VOCs污染进行排放量估算。在分析结果的基础上，对排放的全过程以及各单元过程进行分解与整合，分析行业排放特征，识别重点区域及典型行业的污染排放量贡献，编制全国范围内的VOCs区域分布图及区域的行业VOCs分布图。设计了排放清单估算表格、编制估算方法说明和污染物新增量预测估算方法；完成了《全国VOCs排放清单培训手册》的编写。

结合前期的全国人为源VOCs排放现状分析及排放量估算结果，综合考虑各行业在国民经济中的地位、未来的发展潜力、VOCs排放量及其排放特征、VOCs污染防控的可操作性等因素，选取汽车制造（涂装）行业、塑料人造革和合成革行业、包装印刷行业和化学原料药制造行业4个行业作为典型行业，对其行业情况、工艺过程及VOCs排放特征进行了具体分析。

（三）行业VOCs控制技术评估

系统整理总结了目前国内常用的VOCs治理技术成果，评估了各种技术的适用范围。从前期获取的行业排放特征出发，考虑VOCs削减效果、经济性、可行性、环境影响、与其他技术的兼容性、运行稳定性等方面，提出典型行业VOCs可行治理技术，并对其技术指标进行了综合分析评估。结合VOCs污染控制示范试点——台州化学原料药生产基地的污染排放控制管理体系和防治经验和广州南沙（小虎）化工区VOCs污染控制工作方案，编制了行业VOCs控制技术评估报告。

（四）VOCs 排放控制管理对策建议

通过研究我国现有的 VOCs 排放控制的法律法规政策及其实施成效和制约因素，分析我国的 VOCs 环境管理现状，总结国内开展的污染控制减排等工作的进展情况，以对全国、重点区域及典型行业 VOCs 防控现状的分析为基础，从政策、经济与技术层面提出了 VOCs 污染减排对策和典型行业的 VOCs 污染排放控制管理对策。

四、主要结论

（一）全国人为源 VOCs 排放现状分析及排放量估算

（1）根据 VOCs 物质流动特点，对典型 VOCs 污染排放行业分类如下。

①VOCs 生产：石油炼制、石油化工、有机化工；②储运环节：相关交通运输系统；③以 VOCs 为原料的工艺过程：涂料生产、油墨生产、高分子合成、胶黏剂生产、食品生产、日用品生产、医药化工、轮胎制造；④含 VOCs 产品的使用和排放：燃料燃烧、黑色和有色金属冶炼、纺织印染、塑料制品制造、皮革、毛皮、羽毛（绒）及其制品、造纸及纸制品、印刷和包装印刷、木材加工、家具制造、金属制品制造、通用设备及专用设备制造、交通运输设备制造、交通设备修理与维护、电器机械及器材制造、通信设备、计算机及其他电子设备制造、仪器仪表、文化办公、机械制造、建筑装修、农药和杀虫剂使用、废物处理、油烟、干洗。

（2）对各典型行业 2007—2009 年 VOCs 排放量进行估算（详见附表 1）。

（3）对 2007—2009 年四大环节 VOCs 排放量及其所占比例进行汇总（详见附表 2）。

（4）对 2009 年 VOCs 排放量 20 万 t 以上的行业进行汇总（详见附表 3）。

（二）重点区域及典型行业的 VOCs 排放特征分析

建立区域排放量简单预估算方法和详细估算方法，并通过简单预估算方法得出“三区六群”2007—2009 年排放量（详见附表 4）。以广州市为例，分析重点城市 VOCs 排放特征，并计算得出广州市 2007—2008 年各行业 VOCs 排放量，其 2008 年总排放量为 18.24 万 t，其中 VOCs 的生产、储存和运输、以 VOCs 为原料的工艺过程、含 VOCs 产品的使用和排放 4 大环节排放量占总排放量比例分别为 34.4%、18.4%、9.9%和 37.2%。

根据上述 VOCs 排放估算方法，设计了排放清单估算表格、编制估算方法说明和污染物新增量、削减量预测估算方法；完成了《全国 VOCs 排放清单培训手册》的编写。

（三）行业 VOCs 控制技术评估

（1）对国内外常用 VOCs 治理技术的优缺点进行评估（详见附表 5）。

（2）对国内外常用 VOCs 治理技术的适用范围进行评估（详见附表 6）。

（3）针对重点行业的不同排放环节，提出 VOCs 可行控制技术（详见附表 7），并在此基础上，给出了重点行业在采取相应的控制措施后行业的 VOCs 排放削减率。

（四）VOCs排放控制管理对策建议

由于我国的VOCs排放控制工作刚处于起步阶段，VOCs控制管理工作基础较为薄弱，需要树立符合科学发展观、立足现实和考虑长远利益的控制思路。加强VOCs防控基础能力建设，除了政策方面需要完善扶持外，其他各方面也需要相应加强。

（1）技术方面：需建立重点区域和行业VOCs监测和评估系统，开展重点行业VOCs污染综合防治，推动VOCs控制示范，加强其他行业的VOCs治理；

（2）经济方面：需加大VOCs防治工作的资金支持力度，拓宽融资渠道，保证VOCs控制技术研究的资金支持；

（3）科研方面：需加快掌握全国VOCs污染排放状况，加大各行业VOCs控制技术的研究力度，加强科研基础设施建设；

（4）其他方面：需落实各方责任，完善考核制度，增强监测监控能力，加强环境监管和宣传教育。

五、政策建议

（一）加强重点区域和行业VOCs污染防治规划工作

加强VOCs污染防治规划工作，突出VOCs削减和控制，以重点区域、重点行业VOCs污染防治为主要内容，编制全国VOCs污染防治规划，明确防治目标、任务和政策措施；在全国推行VOCs污染防治的基础上，各地要加强基础工作，切实掌握VOCs污染源情况和排放现状，抓紧编制地方VOCs污染防治规划；建立污染防治规划的回顾评价制度，将评估结果向社会公布，对未达到削减目标的区域和行业采取定期通报制度。

（二）优化产业结构，淘汰落后产能

淘汰装备、工艺、技术等陈旧的落后产能，全面推行VOCs处理设施的建设及更新改造，促进产业结构调整和优化升级。制定和完善重点行业市场准入条件，加强新建、改扩建项目或规划项目设施竣工验收中VOCs排放检测，确保按要求达标排放，从源头控制新增排放源的VOCs产生量。

（三）加强法律法规标准建设

制定全国VOCs减排方针以及加快空气质量评价指标修订工作，增加相应评价指标，完善VOCs空气质量评价方法；逐步建立针对人类健康有较大危害的有毒空气污染物的排放法规和标准。建立VOCs监测方法标准以及机动车、工业行业、消费类产品各类VOCs污染排放标准；完善重点行业VOCs排放标准体系，引导重点行业提高削减和控制污染排放技术水平。

（四）逐步推行排污申报登记制度

制定污染源VOCs排放量测算规范方法，逐步推行VOCs排放申报登记试点工作和推

进环境统计制度，对排放 VOCs 的企业和单位要求开展 VOCs 排放监测，测算其 VOCs 排放量及对含 VOCs 的相关物质的使用、生产以及输出进行登记以及跟踪记录；排放 VOCs 的企业和单位对排放污染物的数量、种类、浓度、监测方法、污染物处理设施处理效率以及原料使用、产品生产等数据进行记录，并将记录上报地方环保部门备案。

（五）出台有关经济激励政策

制定鼓励企业和单位进行 VOCs 污染防治的经济激励政策，对采用先进技术设备或清洁生产方式的企业和单位提供优惠价格或低息、无息贷款，对实现了 VOCs 削减目标或有突出贡献的政府部门、行业、企业和单位进行奖励，综合运用资金补贴、奖励、信贷、税收等经济手段，提高有关政府部门和行业、企业开展 VOCs 污染治理工作的积极性。

（六）加强机动车 VOCs 排气控制

制定有关政策和措施，鼓励支持清洁能源机动车的制造、使用；环境保护行政主管部门可根据全省机动车检测资料确定污染物高排放车型目录；公安机关应当将机动车排气污染物控制指标纳入新车登记、机动车过户、机动车年度检测内容；禁止制造和销售排气污染物超过规定排放标准的机动车及车用发动机。

改善油品质量，提高燃油的利用效率；大力开发和使用节能型和清洁燃料汽车；严格排放标准，实施国家第五阶段柴油车排放标准，特大、大型城市实施国家第六阶段柴油车排放标准；提高燃油品质，加强非道路内燃机排放控制；强化机动车年度环保监测工作。

附表 1 各行业 2007—2009 年 VOCs 排放量 单位：万 t

编号	行业	VOCs 排放量		
		2007 年	2008 年	2009 年
1	石油炼制、石油化工	163.82	172.67	186.73
2	化学产品制造	31.49	31.01	31.77
3	储运	153.07	163.8	170.42
4	涂料生产	10.45	11.24	13.33
5	油墨生产	2.33	2.81	3.09
6	合成材料生产	170.21	173.11	192.98
7	胶黏剂生产	4.96	5.94	6.14
8	食品饮料生产	34.94	37.39	40.54
9	日用品生产	12.88	14.28	15.84
10	化学药品原药	23.07	26.08	22.1
11	橡胶制造业（轮胎制造）	1.3	1.661	1.687
12	纺织印染	55.89	57.63	63.68
13	皮革、毛皮、羽毛（绒）制造	63.47	59.77	64.17
14	制鞋	16.5	16.5	16.5
15	造纸及纸制品	16.06	17.44	17.41
16	塑料制品制造	31	29.6	35.6
17	黑色和有色金属冶炼	20.25	20.94	24.79

<table>
<tr><td rowspan="2">编号</td><td rowspan="2">行业</td><td colspan="3">VOCs 排放量</td></tr>
<tr><td>2007 年</td><td>2008 年</td><td>2009 年</td></tr>
<tr><td>18</td><td>印刷和包装印刷</td><td>57.7</td><td>62.98</td><td>73.24</td></tr>
<tr><td>19</td><td>木材加工</td><td>22.32</td><td>24.57</td><td>27</td></tr>
<tr><td>20</td><td>家具制造</td><td>61.26</td><td>59.38</td><td>69.75</td></tr>
<tr><td rowspan="6">21</td><td>金属制品（集装箱）</td><td>37.04</td><td>33.51</td><td>4.52</td></tr>
<tr><td>金属制品</td><td rowspan="5">85.33</td><td rowspan="5">96.90</td><td rowspan="5">114.59</td></tr>
<tr><td>通用设备制造</td></tr>
<tr><td>专用设备制造</td></tr>
<tr><td>电气机械及器材制造</td></tr>
<tr><td>仪器仪表及文化、办公用机械制造</td></tr>
<tr><td>22</td><td>交通运输设备制造</td><td>31.91</td><td>34.98</td><td>52.80</td></tr>
<tr><td>23</td><td>通信设备、计算机及其他电子设备制造</td><td>29.64</td><td>29.64</td><td>29.64</td></tr>
<tr><td>24</td><td>建筑装饰</td><td>101.5</td><td>120.97</td><td>145.29</td></tr>
<tr><td>25</td><td>环境治理（废物处理）</td><td>5.987</td><td>6.403</td><td>6.827</td></tr>
<tr><td>26</td><td>餐饮油烟</td><td>77.04</td><td>77.04</td><td>77.04</td></tr>
<tr><td>27</td><td>干洗</td><td>3.03</td><td>3.03</td><td>3.03</td></tr>
<tr><td>28</td><td>生物质燃料燃烧</td><td>216.45</td><td>216.45</td><td>216.45</td></tr>
<tr><td colspan="2">总计</td><td>1 656.927</td><td>1 574.214</td><td>1 722.434</td></tr>
</table>

附表 2 生产、储运、使用、排放四环节 VOCs 排放量

单位：万 t

排放环节	2007 年	2008 年	2009 年	2009 年 所占比例%
生产环节	195.31	203.68	218.5	12.68
储运环节	153.07	163.8	170.42	9.89
使用环节	413.21	272.511	295.707	17.17
排放环节	895.337	934.223	1 037.807	60.25
总计	1 656.927	1 574.214	1 722.434	—

附表 3 2009 年 VOCs 排放量 20 万 t 以上的行业

序号	行业	排放量/万 t	占全国总排放量的比重/%
1	生物质燃烧	216.45	12.56
2	合成材料生产	192.98	11.20
3	石油化工、石油炼制	186.73	10.84
4	储运	170.42	9.89
5	建筑装修	145.29	8.43
6	金属制品制造等	114.59	6.65
7	餐饮油烟	77.04	4.47
8	印刷和包装印刷	73.24	4.25
9	家具制造	69.75	4.04
10	皮革、毛皮、羽毛（绒）制造	64.17	3.72
11	纺织印染	63.68	3.69
12	交通运输设备制造	52.8	3.06

序号	行业	排放量/万 t	占全国总排放量的比重/%
13	食品饮料制造	40.54	2.35
14	塑料制品制造	35.6	2.07
15	化学产品制造	31.77	1.84
16	通信设备、计算机及其他电子设备	29.64	1.72
17	木材加工	27	1.57
18	黑色和有色金属冶炼	24.79	1.44
19	制鞋	16.5	0.96
20	化学药品原药制造	22.1	1.283
总　计		1 655.08	96.09

附表 4　2007—2009 年"三区六群"VOCs 预估算排放量　　单位：万 t

地区	2007 年		2008 年		2009 年	
	VOCs 排放量	比例/%	VOCs 排放量	比例/%	VOCs 排放量	比例/%
京津冀地区	160.39	9.68	155.06	9.85	172.76	10.03
长三角地区	362.37	21.87	340.50	21.63	368.77	21.41
珠三角地区	163.87	9.89	154.90	9.84	165.01	9.58
辽宁中部城市群	30.82	1.86	44.39	2.82	49.95	2.90
山东半岛城市群	109.36	6.60	105.47	6.70	116.78	6.78
武汉城市群	35.46	2.14	35.73	2.27	40.48	2.35
长株潭城市群	21.87	1.32	23.77	1.51	28.25	1.64
海峡西岸城市群	104.06	6.28	97.92	6.22	105.93	6.15
成渝城市群	65.12	3.93	41.40	2.63	74.06	4.30
合计	1 053.31	63.57	999.15	63.47	1 121.99	65.14

附表 5　常用 VOCs 控制技术的优缺点

控制技术	适用条件	优点	缺点
直接燃烧	可燃有害组分浓度较高或热值较高的废气	燃烧产物为 CO_2、H_2O 和 N_2，无二次污染	反应温度高，热能浪费大，易发生爆炸
热力燃烧	可燃 VOCs 含量较低	投资低，燃烧温度较低，无二次污染	运行费用较高
催化燃烧	风量不大的废气	反应温度较低，净化效率较高	不适于大风量 VOCs，排放不稳定的废气
吸收法	中小风量、浓度较高的 VOCs	可与其他方法联合使用	吸收液的净化效率下降较快，后处理麻烦，易造成二次污染
冷凝法	高沸点和高浓度 VOCs	可回收有用组分	设备和操作费用较高，冷凝液直接排放会产生二次污染
吸附法	吸附剂不反应，不聚合，不含大分子高沸点的 VOCs	吸附安全可靠、净化效率高、适用浓度范围广	投资较高，吸附剂经水蒸气脱附后产生的冷凝液产生二次污染
吸附-溶剂回收法	较高浓度、单一组分的 VOCs	对高浓度、单一组分的 VOCs 废气处理效果好	回收的溶剂一般不宜利用，易造成二次污染

控制技术	适用条件	优点	缺点
吸附-催化燃烧法	适用浓度范围广	吸附安全可靠，有效利用有机成分的热值，净化效率高，无二次污染	吸附剂的回收再利用困难，更换频繁，使用成本高
生物法	适用范围广	投资少，运行费用低，处理效果好	降解速度慢，占地面积广，运行操作条件不易控制

附表 6　常用 VOCs 控制技术的适用范围及经济指标

<table>
<tr><th rowspan="2">控制方法</th><th colspan="4">质量浓度/（g/m³）</th><th colspan="3">排气量/（1 000 m³/h）</th><th rowspan="2">投资费用/[元/（m³/h）]</th><th rowspan="2">运行费用/[元/（1 000 m³/h）]</th></tr>
<tr><th>>10</th><th>5～10</th><th>1～5</th><th><1</th><th>50～100</th><th>5～50</th><th><5</th></tr>
<tr><td>预热式-热力焚烧</td><td>++</td><td>++</td><td>+</td><td>0</td><td>+</td><td>++</td><td>++</td><td>15.0～17.5</td><td>1.5～2.6</td></tr>
<tr><td>吸收-溶剂回收</td><td>++</td><td>++</td><td>+</td><td>0</td><td>+</td><td>++</td><td>++</td><td>30～45</td><td>0.85～1.50</td></tr>
<tr><td>吸附-溶剂回收</td><td>+</td><td>++</td><td>++</td><td>++</td><td>++</td><td>++</td><td>+</td><td>40～80</td><td>1.5～2.8</td></tr>
<tr><td>生物滤床法</td><td>—</td><td>—</td><td>0</td><td>++</td><td>+</td><td>++</td><td>++</td><td>9.5～15.0</td><td>0.15～1.12</td></tr>
<tr><td>生物洗滤法</td><td>—</td><td>—</td><td>+</td><td>++</td><td>++</td><td>++</td><td>+</td><td>9.5～20.0</td><td>0.30～0.88</td></tr>
<tr><td>预热式-催化焚烧</td><td>—</td><td>0</td><td>++</td><td>0</td><td>—</td><td>++</td><td>++</td><td>15～20</td><td>0.75～2.60</td></tr>
<tr><td>蓄热式-热力焚烧</td><td>—</td><td>+</td><td>++</td><td>0</td><td>+</td><td>++</td><td>+</td><td>16～35</td><td>0.4～2.4</td></tr>
<tr><td>蓄热式-催化焚烧</td><td>—</td><td>0</td><td>++</td><td>+</td><td>+</td><td>++</td><td>++</td><td>14～30</td><td>0.5～2.8</td></tr>
</table>

注：++，+，0，—符号表示处理技术对应不同处理状况下的经济技术适用性；++很适用；+适用；0 不太适用；—不适用。

附表 7　重点行业 VOCs 可采用的控制措施/技术

<table>
<tr><th>行业名称</th><th colspan="3">主要排放环节</th><th>可采用的控制措施/技术</th><th>措施处理效率</th></tr>
<tr><td rowspan="6">石油炼制与石油化工</td><td colspan="3">有组织排放口排放</td><td>膜法、RTO 等末端治理技术</td><td>50%～80%</td></tr>
<tr><td colspan="3">无组织溢散排放：阀门、法兰、泵、空压机密封、冷却塔、储槽、储罐和废水处理厂及漏、洒出的有机物的挥发</td><td>检测维修逸散排放点</td><td>30%～50%</td></tr>
<tr><td rowspan="4">输配及储存过程中的挥发</td><td rowspan="2">储油库</td><td>发油</td><td>发油装置安装顶空联通置换</td><td>40%～60%</td></tr>
<tr><td>储油</td><td>固定罐改为浮顶罐；安装顶空连通置换；采用高效密封方式</td><td>50%～60%</td></tr>
<tr><td colspan="2">油罐车</td><td>车顶空排气连接改造</td><td>50%～60%</td></tr>
<tr><td colspan="2">加油站</td><td>加油装置改造，油气回收</td><td>60%～90%</td></tr>
<tr><td rowspan="4">有机化工</td><td colspan="3">原辅材料及产品在装卸、转运过程中的挥发</td><td>原辅材料及产品转运过程的顶空置换方法</td><td>60%</td></tr>
<tr><td colspan="3">储罐的呼吸损失</td><td>冷冻、膜分离和吸附回收等技术</td><td>60%～90%</td></tr>
<tr><td colspan="3">生产单元装置泄漏（阀门、法兰等连接件）</td><td rowspan="2">生物净化、焚烧和吸附回收等末端治理措施</td><td>80%</td></tr>
<tr><td colspan="3">废水收集和净化设施的挥发排放、生产装置开停工排放和工艺放空</td><td>50%～80%</td></tr>
</table>

<table>
<tr><th>行业名称</th><th colspan="2">主要排放环节</th><th>可采用的控制措施/技术</th><th>措施处理效率</th></tr>
<tr><td>涂料生产</td><td colspan="2">颜料干燥、使用的溶剂以及混合过程</td><td>较高浓度废气采用吸附除气、催化燃烧等末端治理措施</td><td>50%～80%</td></tr>
<tr><td rowspan="3">合成材料生产</td><td>合成树脂</td><td>原料存放过程、排气放空、单体和溶剂回收</td><td rowspan="3">高浓度废气采用活性炭回收，中等浓度废气采用催化氧化，低浓度废气采用吸附、生物过滤等技术</td><td rowspan="3">50%～80%</td></tr>
<tr><td>合成橡胶</td><td>单体回收、凝聚、干燥</td></tr>
<tr><td>合成纤维</td><td>单体聚合、后处理过程</td></tr>
<tr><td>胶黏剂生产</td><td colspan="2">投料阶段、反应釜反应过程、真空泵间断排气的过程挥发</td><td>较高浓度废气采用吸附、溶剂吸收、催化燃烧等末端治理措施</td><td>50%～80%</td></tr>
<tr><td rowspan="2">医药制造业（化学药品原药制造）</td><td colspan="2">离心结晶、真空泵出口及干燥箱排气</td><td>对废气进行物质分类预处理后再进入吸附、催化燃烧等末端治理设施</td><td>50%～80%</td></tr>
<tr><td colspan="2">溶剂的运输、转运、储存中的无组织排放</td><td>溶剂输送密封化、管道化</td><td>60%～80%</td></tr>
<tr><td rowspan="2">制鞋</td><td colspan="2" rowspan="2">鞋面商标印刷油墨挥发，鞋面材料高频压型，鞋底材料EVA、MD发泡过程，TPR、PVC注塑加热，鞋底喷漆，鞋底中底贴合、鞋面鞋底粘胶成型</td><td>环保型胶黏剂的使用</td><td>30%～50%</td></tr>
<tr><td>吸附浓缩催化等末端治理技术</td><td>50%～80%</td></tr>
<tr><td rowspan="2">塑料制品制造</td><td colspan="2" rowspan="2">原料准备，塑料的制造，塑料制品的制造</td><td>环保型塑料助剂的使用</td><td>30%～40%</td></tr>
<tr><td>收集各车间的VOCs废气进行集中处理，选择催化燃烧、蓄热催化燃烧等末端治理技术加以去除</td><td>50%～80%</td></tr>
<tr><td rowspan="3">印刷和包装印刷</td><td colspan="2">无组织排放</td><td>加强废气收集，变无组织排放为有组织排放，在印刷企业较为集中的地区建立统一的混合溶剂集中处理中心</td><td>50%～70%</td></tr>
<tr><td colspan="2">烘干机</td><td>对烘干机产生的高浓度废气采用吸附的方法进行回收</td><td>70%～80%</td></tr>
<tr><td colspan="2">车间口</td><td>对车间排出的低浓度废气采用吸附浓缩催化焚烧的方法进行净化</td><td>50%～80%</td></tr>
<tr><td rowspan="2">金属制品（集装箱）</td><td colspan="2" rowspan="2">喷涂</td><td>增加水性漆等环保型涂料的使用比例，改革喷漆工艺</td><td>25%～35%</td></tr>
<tr><td>吸附、催化燃烧等末端治理技术</td><td>50%～80%</td></tr>
<tr><td>通用设备与专用设备制造</td><td colspan="2">喷涂和烘干</td><td>溶剂吸收、吸附、催化等末端治理技术</td><td>50%～80%</td></tr>
<tr><td>电气机械及器材制造</td><td colspan="2">喷涂</td><td>溶剂吸收、吸附、催化等末端治理技术</td><td>50%～80%</td></tr>
<tr><td>仪器仪表及文化、办公用机械制造</td><td colspan="2">喷涂和烘干</td><td>溶剂吸收、吸附、催化等末端治理技术</td><td>50%～80%</td></tr>
</table>

<table>
<tr><th>行业名称</th><th colspan="3">主要排放环节</th><th>可采用的控制措施/技术</th><th>措施处理效率</th></tr>
<tr><td rowspan="29">通信设备、计算机及其他电子设备制造行业</td><td rowspan="5">电子终端产品</td><td colspan="2">电路板清洗机有机废气（使用有机溶剂型清洗剂）</td><td rowspan="5">溶剂吸收、吸附、催化等末端治理技术</td><td rowspan="5">50%～80%</td></tr>
<tr><td colspan="2">喷漆室喷漆废气</td></tr>
<tr><td colspan="2">注塑机注塑废气</td></tr>
<tr><td colspan="2">固化室喷塑废气</td></tr>
<tr><td colspan="2">电子焊接作业的焊锡烟气</td></tr>
<tr><td rowspan="7">半导体集成电路</td><td colspan="2">外延工序</td><td rowspan="7">溶剂吸收、吸附、催化等末端治理技术</td><td rowspan="7">50%～80%</td></tr>
<tr><td colspan="2">清洗工序</td></tr>
<tr><td colspan="2">光刻、显影工序</td></tr>
<tr><td colspan="2">化学机械抛光</td></tr>
<tr><td colspan="2">化学气相沉淀</td></tr>
<tr><td colspan="2">扩散、离子注入</td></tr>
<tr><td colspan="2">金属化工序</td></tr>
<tr><td rowspan="10">TFT-LCD</td><td rowspan="5">阵列工程</td><td>清洗</td><td rowspan="10">溶剂吸收、吸附、催化等末端治理技术</td><td rowspan="10">50%～80%</td></tr>
<tr><td>化学气相沉积</td></tr>
<tr><td>光刻</td></tr>
<tr><td>光刻胶剥离</td></tr>
<tr><td>刻蚀</td></tr>
<tr><td rowspan="4">彩膜工程</td><td>BM 膜涂光刻胶</td></tr>
<tr><td>R/ G / B 膜涂膜刻胶</td></tr>
<tr><td>保护膜生成</td></tr>
<tr><td>MVA 膜、PS 膜生成</td></tr>
<tr><td>成盒工程</td><td>清洗</td></tr>
<tr><td rowspan="3">LED</td><td colspan="2">基片处理</td><td rowspan="3">溶剂吸收、吸附、催化等末端治理技术</td><td rowspan="3">50%～80%</td></tr>
<tr><td colspan="2">外延工艺</td></tr>
<tr><td colspan="2">光刻</td></tr>
<tr><td rowspan="4">印制电路板（PCB）</td><td colspan="2">蚀刻</td><td rowspan="4">溶剂吸收、吸附、催化等末端治理技术</td><td rowspan="4">50%～80%</td></tr>
<tr><td colspan="2">贴膜、烘干、沉铜、印刷等工序</td></tr>
<tr><td colspan="2">喷锡工序</td></tr>
<tr><td colspan="2">开料、磨板、钻孔、产品成型等工序</td></tr>
</table>

<table>
<tr><th>行业名称</th><th colspan="2">主要排放环节</th><th>可采用的控制措施/技术</th><th>措施处理效率</th></tr>
<tr><td rowspan="5">交通运输设备</td><td rowspan="3">汽车制造与维修行业</td><td rowspan="3">喷漆、烘干、流平等过程</td><td>低 VOCs 或无 VOCs 的环保型涂料（高固体分涂料、水性涂料、粉末涂料等）替代有机溶剂型涂料</td><td>30%～45%</td></tr>
<tr><td>采用自动静电喷涂替代手工喷涂，采用机器人自动杯式静电喷涂替代往复式自动杯式静电喷涂，喷涂条件合理化和控制智能化等措施来减少过喷涂，提高涂着效率等</td><td>25%～35%</td></tr>
<tr><td>吸附、催化燃烧等末端治理技术</td><td>70%～80%</td></tr>
<tr><td rowspan="2">船舶制造行业</td><td rowspan="2">喷涂、烘干</td><td>采用低 VOCs 或无 VOCs 的环保型涂料（高固体分涂料、无溶剂以及水性化的防腐涂料、等）替代有机溶剂型涂料</td><td>30%～45%</td></tr>
<tr><td>低温冷凝、吸附、催化燃烧等末端治理技术</td><td>60%～80%</td></tr>
<tr><td rowspan="2">建筑装饰</td><td colspan="2" rowspan="2">绝大多数来源于各类建筑涂料以及粘胶剂的使用过程，水性处理剂以及地毯、地毯衬垫、壁纸、聚氯乙烯地板革等材料也有部分 VOCs 挥发</td><td>过滤式、静电式、负氧离子式、物理吸附式、化学吸附式或者前几种形式组合的室内空气净化技术</td><td>50%～60%</td></tr>
<tr><td>环保型涂料、胶黏剂等的使用</td><td>25%～35%</td></tr>
</table>

有毒有害废气控制思路与对策研究

一、课题研究背景与目标

（一）研究背景

我国经济正在进入新的重化工阶段，化工、冶金、农药等很多行业排放的有毒有害废气中含有具有“三致”效应或高急性毒性的重金属、有机物污染物，不仅会对周边环境造成重度污染和危害，还可以通过大气传输在土壤、水体环境中累积、迁移和生物富集，对区域生态环境和人群健康造成潜在威胁。有毒有害废气来源广泛、种类复杂、监测与控制的经济技术要求高，即使在国外发达国家也经过二十多年的历程才建立起较为健全的环境监管机制，也仍然存在很多问题。我国有毒有害废气尚处于初步认识阶段，环境监测、管理和评价基础薄弱。在我国经济发展处于城镇化、工业化加快发展的重要阶段，全面开展有毒有害废气监控面临十分艰巨的挑战和特殊困难。因此，我国有毒有害废气的污染控制与管理不可能一蹴而就，“十二五”期间作为有毒有害废气控制的正式启动阶段，既要从基础做起，也要突出重点和成效。

（二）研究目标

通过对我国有毒有害废气污染现状和环境管理现状的调查和评估，总结出存在的问题，结合美国有毒有害废气的环境管理经验，根据我国实际情况，提出“十二五”期间有毒有害废气污染防治的总体目标和主要任务，并针对典型的重金属污染因子和二噁英污染因子开展污染防治对策研究。

二、研究思路

本研究通过国内外文献调研和专家研讨，首先了解国内有毒有害废气的污染形势，分析发展趋势和开展防治工作的必要性和紧迫性；结合环境污染事件的频率、社会公众的关注度、行业专家的实际经验等因素，确定“十二五”期间需要优先重点控制的污染因子；根据筛选出的污染因子，确定需要重点关注的工业行业类型；从而得出“十二五”期间有毒有害废气控制的总体目标、基本原则，以及开展污染防治管理的框架体系。

三、研究内容

（一）我国有毒有害废气的污染形势分析

（1）通过文献调研和专家咨询，了解我国主要城市（北京、上海、广州等）有毒有害废气污染物排放情况，以点带面，判断我国有毒有害废气排放源的行业分布概况。收集文献中相关区域、行业对有毒有害废气的健康风险评价研究报道。

（2）通过文献和现场调研结合的方式，收集近年来我国有毒有害废气污染环境事件，分析发生原因和造成的环境影响后果。

（3）通过以上调研，分析目前有毒有害废气管理的实际情况，总结存在的问题，总体分析有毒有害废气的污染形势。

（二）美国有毒空气污染物环境管理现状评估

从美国有毒空气污染物控制管理体系、有毒空气污染物风险评估与排放清单的编制、对重点排放源的分类监管模式、区域有毒空气污染物的环境风险及削减策略和有毒空气污染物控制计划的发展历程等方面评估美国对有毒空气污染物的管理现状，并结合我国实际情况总结可借鉴的经验。

（三）提出"十二五"期间有毒有害废气的控制思路、发展目标和主要任务

根据我国有毒有害废气污染现状和管理现状，结合美国有毒空气污染物环境管理现状，科学提出"十二五"期间有毒有害废气的控制思路、发展目标和主要任务。

（四）制定 Pb、Hg、二噁英等污染因子污染防治对策

1. Pb、Hg 污染因子污染防治对策

根据其主要排放特征确定重点控制行业，建立重点行业清单和重点污染源清单，然后针对各类重点控制行业，从环境管理（监测、统计、应急）和清洁生产（源头削减、过程控制、末端治理）两方面提出对策措施，从而实现 Pb、Hg 污染的减排。

2. 二噁英污染因子污染防治对策

调研二噁英产生的六大行业，从环境管理和行业技术控制两个方面同时入手，有效削减二噁英。

四、主要结论

（一）"十二五"控制目标

（1）近期目标：在"十二五"期间首先要完成有毒有害废气重点因子、重点行业的环境质量现状、污染现状的监测与调查，在此基础上提出有毒有害废气排放的国家清单，明确我国环境保护工作中有毒有害废气领域的研究方向。到 2015 年实现 3～5 项有毒有害气

体优先控制重点因子的有效控制，使其排放强度和排放量显著下降，对重点污染因子排放有效地实现环境监管，从而实现典型行业污染物的有效控制和大气环境质量改善。

（2）远期目标：逐步推进有毒有害废气的污染防治工作，建立起较为完善的有毒有害废气的污染防治体系，形成有毒有害废气污染综合防治机制，到 2020 年实现一般污染因子的基本控制，从而实现保护大气环境质量及人群健康的最终目标。

（二）有毒有害废气控制思路

由于我国的有毒有害废气工作基础比较薄弱，"十二五"期间考虑将有毒有害废气污染因子分为三级，分别是优先控制重点因子、重点因子和一般因子。在"十二五"期间，主要针对优先控制重点因子开展相关工作。

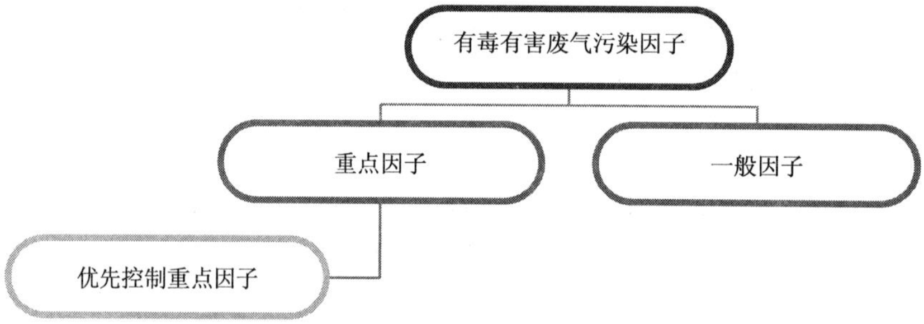

1．重点因子确定方法

①将大气环境相关标准和水环境相关标准、土壤环境相关标准、《国家危险废物名录》进行对比。重点因子必须满足以下两个条件：大气环境相关标准中存在的因子；水环境相关标准、土壤环境相关标准、《国家危险废物名录》三者中，两者以上含有的因子。②考虑国内外重点关注环境问题，如持久性有机污染物等。

2．优先控制重点因子确定参考原则和初步结论

在重点因子的基础上筛选优先控制重点因子。参考原则如下：①优先考虑容易引发环境突发事件的污染因子；②优先考虑排放总量相对较大的污染因子；③优先考虑污染源分布范围较普遍、对人群影响较大的污染因子；④优先考虑国内管理基础、技术条件（如监测方法、环境标准）相对完备的污染因子；⑤优先考虑国内外法律法规已认定有较大危害且污染控制措施可行的污染因子。

结论：初步确定"十二五"期间有毒有害废气优先控制重点因子为 Pb、Hg、二噁英。

（三）主要任务

1．编制发布《国家有毒有害废气污染物管理名录》

制定并发布《国家有毒有害废气污染物管理名录》（以下简称《名录》）。通过《名录》的颁布和实施，加强对有毒空气污染物重点排放源的综合控制与协同防治，明确重要的管理对象。《名录》适用于国家和地方各级环境保护行政管理部门对生产和使用过程中的各类有毒空气污染物固定排放源进行控制管理。

2．启动有毒有害废气污染防治基础数据摸底的统计工作

依据《名录》，首先开展污染现状与环境质量的摸底调查，通过向省、自治区、直辖

市等地方环保部门开展培训，逐步开展对相关工业企业的宣贯工作，调查收集相关的污染源强、环境质量等统计数据。企业根据所属行业、所在地域、单位污染物排放量（吨产品排放量、单位产值排放量）等要素进行摸底，上报地方环保部门。做好污染物本底数据基础调查，为出台具有针对性的污染防治政策提供决策支持。

3. 逐步建立污染物排放清单

依据基础调查统计结果，按照优先控制重点因子污染排放量和环境危害的大小，结合行业实践和专家经验，筛选出对应的重点行业，深入开展优先控制因子和重点行业的污染现状调查，逐步建立重点行业、重点企业的污染物排放清单。"十二五"期间，在全国范围内完成优先控制因子环境质量现状和重点行业的污染防治现状调查，开展优先控制因子地方环境质量现状监测与历史资料收集，深入了解重点行业企业的污染防治措施、实施效果和技术经济等情况，初步建立重点因子、重点行业的动态信息数据库。

4. 补充和完善法律法规及标准体系

"十二五"期间，首先应根据调查结果和环境需求，对大气污染综合排放标准中的控制因子进行补充和完善，对一些重点因子的排放限值进行修改。基于技术有效和环境健康安全，逐步补充完善《名录》中有毒空气污染物的污染物排放控制标准。结合有毒空气污染特点，质量标准应注重污染源周边区域的控制，排放标准应关注污染源的排放方式、排放强度以及排放时段。在现行质量标准和污染物排放标准中未加以控制的，地方环保部门可根据项目技术引进地的相应控制标准合理选择使用，对于技术引进地也无标准的，可参考国外或自身制定相应的控制标准，使用这些标准时应报上级环保部门审批确认。同时，对于重点行业要建立完善的行业标准，加大新标准的执法力度，以适应"十二五"期间新的环境形势。

5. 加强有毒有害废气排放的监测与环境统计

目前我国关于废气方面的监测和统计仅限于总量相关的 SO_2、烟尘、工业粉尘和 NO_x，尚未建立起有毒有害废气的日常监测体系，在环境统计上也未列入日常监管的日程中。在"十二五"期间，要逐步实施重点因子的有毒有害废气申报登记制度，以现有的排污申报系统为基础，出台针对有毒空气污染物的申报登记办法。办法应结合项目环境影响评价文件、工艺条件、污染防治措施等，确定各地区、各行业的污染物种类和排放系数。工业企业在环保部门和相关技术部门的指导下，科学、准确、有序地分步实施《名录》所列有毒空气污染物排污申报工作。

建立健全区域环境健康监测与风险评估制度。地方环保部门应定期联合医疗卫生、科研机构，对辖区内重点城市、重点工业区等周边环境区域可能造成或曾经引发慢性环境安全事故的因子，开展环境健康风险调查、编制详细的人群健康监测调查与风险评估报告，制定相应的控制管理与修复方案。对国家认定的应重点控制的有毒空气污染物排放源，由国家环境保护部门负责组织周边环境和居民健康状况监视性监测、居民健康检查与风险评估以及后续控制管理与修复工作。国家和地方环保部门同时应建立健全相关环境风险事故责任制，提出具有操作性的生态补偿和健康赔偿机制。

6. 强化有毒有害废气的环境应急管理

按照《国务院办公厅关于加强基层应急队伍建设的意见》的要求，大力抓好应急管理队伍和应急监测队伍建设，积极探索依托有关部门建立专业环境应急处置队伍，逐步推进环境应急处置的专业化，建立和完善专业应急监测系统。

在全国开展环境风险源调查工作，掌握全国危险化学品生产、贮存等详细信息，建立危险化学品档案和数据库，在此基础上针对工业生产中易燃易爆的爆炸和泄漏事故、交通运输过程中的突发性环境污染事故等几种可能出现的突发环境事故提出应急管理措施。重点加强工业园区的环境突发事故风险防范措施，保证周边居民的生命与健康。存在风险隐患较大的工业园区，应定期督查环境安全应急管理工作情况、园区企业应急预案的编制和落实情况，减少安全事故引发环境安全事故的概率。

处理有可能引起群体性事件的环境应急事件，如重金属污染的环境事件，要认真落实《关于加强重金属污染防治工作的指导意见》和全国重金属污染防治工作会议精神，将重金属污染物排放相对集中地区作为重点防控区域，将有潜在排放重金属污染物风险危害的企业作为重点防控企业，抑制重金属污染事情高发的态势，对群体事故要快速反应、科学处置，最大限度减轻事件造成的危害。

7. 开展典型行业治理技术示范

结合全国工业企业有毒空气污染防治现状摸底以及环境控制标准的补充完善，及时总结适合不同行业和地区的污染防治技术，由国家环保部门发布重点控制因子的污染防治技术政策。开发典型行业有毒有害废气污染防治新技术和工艺，新的治理工艺在技术方法上要具有创新性，技术指标要具有先进性，密切结合我国当前迫切需要的节能减排技术和工艺，对基本达到实际工程应用水平的技术鼓励开展工程示范和推广工作。

五、政策建议

（一）强化有毒有害废气环境管理法律基础

建立健全有毒有害废气污染防治及管理法律法规，建设系统化的有毒有害废气政策标准体系。

（二）严格有毒有害废气污染防治考核监管制度

进一步完善节能减排目标责任考核办法。组织开展省级政府和重点企业“十二五”期间减排目标完成和措施落实情况考核。加强减排监察能力建设，强化环境保护与管理。

（三）建立有毒有害废气环境管理专业队伍

突出重点，培养骨干，要利用各种有效的途径选派比较优秀人才进行学习、培训和交流，逐步培养及建立一支专业化的，具有专业管理水平及技术支撑体系的管理队伍，使队伍的综合素质、工作能力和专业分类结构达到科学监管的新要求。

（四）筹建国家级技术管理机构

建立国家级有毒有害废气控制与管理的机构，完成技术与管理人员配备，为国家开展有毒有害废气控制的环境管理提供技术支持，承担国家层次的有毒有害废气风险评估，对地方环境部门、行业企业提供技术支援和咨询。

（五）加大基础科研与专项资金投入

加强重点污染因子的人体健康损害和生态安全影响的机理研究，对重点行业研究和推广成熟的污染防治技术，开展相关的监测分析方法、控制标准等方面的研究和编制工作。设立专门对民生影响较大的重点因子、重点区域，加大污染治理资金的投入力度。

（六）加强有毒有害废气污染防治宣传教育

提高企业的社会责任意识。提高涉及有毒有害废气污染源、风险源企业的社会责任意识。落实法规要求的环境信息公开内容。建立良好的企业-利益相关者关系，适时在全国范围内推广企业环境污染责任保险制度。

工业锅炉主要大气污染物控制技术路线研究

一、课题研究背景与目标

（一）研究背景

我国是当今世界工业锅炉生产和使用最多的国家，截止到 2008 年年底的统计，全国有各类工业锅炉 56.88 多万台，总蒸发量 294.5 万 t/h，其中蒸汽锅炉 195.6 万 t/h，热水锅炉（含导热油锅炉）98.9 万 t/h（69.28 MW）。燃煤工业锅炉约为 48 万多台，总蒸发量约为 250 多万 t/h，占全国工业锅炉总台数和总蒸发量的 85%左右，年耗原煤约 6.4 亿 t，占全国煤炭消费量的 23.5%。另据测算，2008 年全国燃煤工业锅炉排放烟尘约 375.2 多万 t，占全国烟尘排放量的 41.6%；排放 SO_2 519.1 多万 t，占全国 SO_2 排放量的 22.2%；排放 NO_x 187.4 万 t，仅次于火电行业和机动车，位居全国第三。

由于这些工业锅炉大多分布在城市及其周围地区，其中燃煤工业锅炉基本上是燃用未经洗选加工的原煤，又是低烟囱排放，是影响城市空气环境质量的主要污染源之一。同时，由于工业锅炉量大、面广的特点，使得对其监管相对于电力等行业来说难度要大很多，加之以往对工业锅炉污染物排放的监督管理未能在国家层面上得到应有的关注和重视，缺少相关的配套政策予以支撑，导致工业锅炉，特别是燃煤工业锅炉污染物的大量排放。

综上所述，加强对工业锅炉，特别是燃煤工业锅炉的监管已刻不容缓。工业锅炉的治理对城市环境质量的改善、我国主要污染物减排目标的实现具有非常重要的现实意义。

（二）研究目标

对我国目前工业锅炉污染防治过程中存在的主要问题进行深入分析，在此基础上，针对不同容量的锅炉，分别提出不同的控制方案和技术路线，从节能、污染物减排、运行管理等方面提出“十二五”工业锅炉污染控制的基本思路、技术路线和主要控制对策，为日后制定规划、工业锅炉排放标准、技术政策等配套文件提供技术依据。

二、研究思路

通过对已有相关资料和补充调研资料的整理、归纳、深入分析，总结我国工业锅炉运行管理、污染物防治及行业发展等方面的现状和特点，归纳提出目前工业锅炉污染防治工作存在的主要问题。在测算和校核工业锅炉基本数据的基础上，根据我国经济社会发展趋势，预测工业锅炉发展的规模和方向，并在此基础上预测工业锅炉能源消耗及污染物排放趋势。针对当前我国工业锅炉的容量分布、燃料供应与燃烧污染物排放和控制以及运行管理的现状及其发展趋势，“因炉制宜”地分别对小、中、大型工业锅炉提出不同的控制方案及其情景分析，提出适合我国国情的技术路线。

三、研究内容

由于我国多年来对于工业锅炉疏于管理，导致工业锅炉相关基础数据严重缺乏，这是制定工业锅炉相关标准、规划和政策最大的障碍。本课题在收集和分析大量资料的基础上，测算了工业锅炉的总数、总蒸发量、煤耗量、污染物排放量等基础数据，归纳总结了工业锅炉行业的特点、存在的主要问题以及污染防治现状，并在此基础上提出了污染物控制方案并进行了情景分析。

（一）我国工业锅炉特点

1．保有量大，分布广泛

我国是当今世界工业锅炉生产和使用最多的国家，截止到 2008 年年底的统计，全国有各类工业锅炉 56.88 多万台。图 1 是自 1991 年后我国工业锅炉的总台数增长趋势。

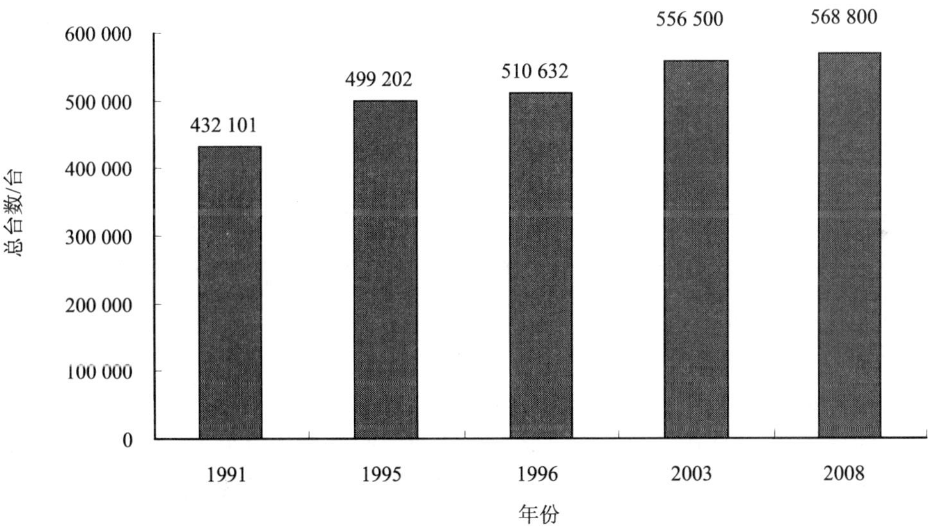

图 1　典型年份我国工业锅炉总台数增长趋势

从图 1 可以看出，近几年来，我国工业锅炉的总台数呈现不断增长的趋势，但增长幅度总体来讲不大。2008 年年底总台数为 56.9 万台，只比 2003 年的 55.7 万台增长了 2.1%，只比 1991 年的 43.2 万台增长了 31.6%。我国工业锅炉除了具有保有量大的特点外，从地域上讲，分布非常广泛。全国 31 个省区市（除港、澳、台地区）均分布有工业锅炉，且广泛分布于国民经济各个部门。

2．总容量大，单台容量小

据测算，截止到 2008 年年底，全国工业锅炉总蒸发量达到 294.5 万 t/h，其中蒸汽锅炉 195.6 万 t/h，热水锅炉（含导热油锅炉）98.9 万 t/h（69.28 万 MW），单台平均蒸发量为 5.17t/h，如图 2 所示。

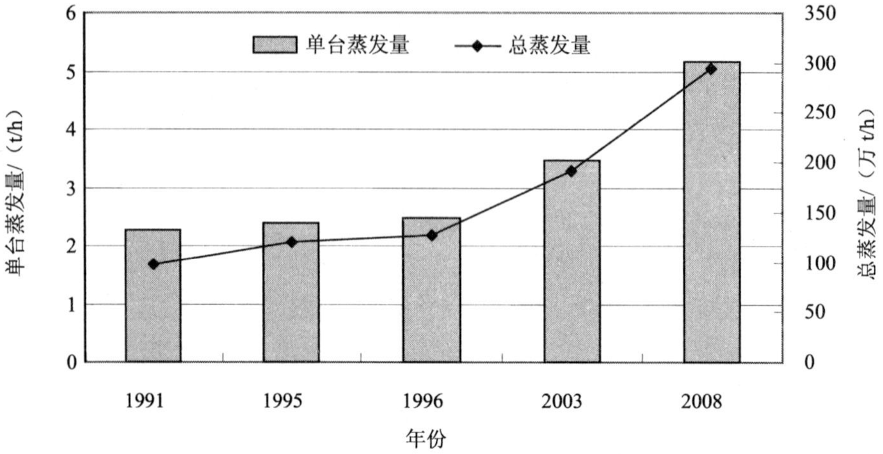

图 2　典型年份工业锅炉总蒸发量及平均单台蒸发量增长趋势

3．以燃煤层燃锅炉为主

据测算，截止到 2008 年年底，我国燃煤工业锅炉约为 48 万多台，总蒸发量约为 250 多万 t/h，占全国工业锅炉总台数和总蒸发量的 85%左右。每年消耗原煤约 6.4 亿 t，占 2008 年全国煤炭消费总量（27.4 亿 t）的 23.4%。

（二）工业锅炉存在的主要问题

1．热效率低，节能潜力大

工业锅炉能效偏低的问题普遍存在。我国燃煤工业锅炉的设计热效率普遍为 72%～80%，新产品鉴定热效率通常高于设计效率 1～3 个百分点，但实际运行热效率大部分在 60%～70%，通常要比锅炉新产品的鉴定热效率低 10 个百分点以上，甚至有少数锅炉在 50%左右的热效率下运行。

2．负荷率偏低

我国工业锅炉普遍存在低负荷运行状态，即所谓的“大马拉小车”现象。一方面是由于设计院和用户选用锅炉时，考虑到今后发展需要等因素，所选锅炉的容量及台数往往超过实际需求量，另一方面，锅炉实际运行时负荷波动大，但高负荷运行时减少，造成很多锅炉长期在低负荷下运行。

3．燃用煤种与设计煤种差异过大

我国长期以来一直未按照锅炉设计要求的煤颗粒度、热值等指标为各类锅炉供应煤炭，实际使用中多为未经过洗选加工的原煤，颗粒度没有保证，原煤中颗粒度小于 3 mm 的细末含量有的高达 45%～65%，而颗粒度大于 10 mm 的块粒含量仅占 15%～30%。

4．过量空气系数偏高

目前我国燃煤工业锅炉过量空气系数 α 多在 2～3 之间，有些甚至超过了 4，远大于正常值。过量空气系数α偏大，带走大量热量，降低炉膛温度，不利于燃料的引燃和残炭的燃尽，降低了锅炉的热效率；烟气流速的增大，使烟气在炉膛中停留时间过短，可燃成分未得到充分燃烧，使飞灰含碳量增大。同时，加速受热面的磨损，增加泄漏甚至爆管的危险。

（三）工业锅炉污染物排放及治理现状

1. 燃煤工业锅炉污染治理现状

目前，我国燃煤工业锅炉烟尘治理呈现各种技术并存的局面。对于 6 t/h 及以下小型锅炉，大多采用单筒旋风除尘器或多管旋风除尘器等机械式除尘设备。对于 10 t/h 及以上锅炉，普遍采用了湿法除尘器。对于近几年来新建的热电联产、集中供热等用途的锅炉，由于受到严格的地方烟尘排放标准的约束，所以装配了静电除尘器或布袋除尘器，或者将原有的机械式除尘或湿法除尘改造为静电或布袋除尘。

燃煤工业锅炉自开展 SO_2 治理工作以来，大致经历了 3 个阶段：第一阶段，采用燃气等清洁燃料或采用含硫量较低的煤炭或添加固硫剂的型煤来替代传统使用的原煤，但因受到清洁燃料运行费用昂贵、低硫煤来源渠道不畅、固硫型煤着火和负荷适应性等影响，只在全国少数城市得到推广应用；第二阶段，在采用湿式除尘的基础上，添加脱硫剂，并发展了除尘脱硫一体化技术。由于在脱硫系统中含有大量烟尘，加上缺少脱硫副产物的处置装置，造成除尘脱硫系统磨损、结垢现象十分严重，导致不能正常运行；第三阶段，借鉴发电锅炉脱硫经验，对小型锅炉在燃用低硫煤的同时，采用经改进的除尘脱硫一体化技术。对大中型燃煤工业锅炉烟气的治理主要采用了一级除尘＋二级脱硫装置（如袋式除尘＋镁法脱硫），并配备脱硫自控系统和烟气连续监测系统，以保证脱硫除尘系统的连续稳定运行。

由于我国目前对燃煤工业锅炉排放 NO_x 污染尚未作为重点控制对象，在现行的排放标准中，对燃煤工业锅炉 NO_x 也尚未提出排放限值的要求。所以，从全国范围来说燃煤工业锅炉 NO_x 的控制工作还没有开展。近年来通过对当前大气环境污染形势的分析，火电厂 NO_x 污染防治技术政策的颁布实施以及“十二五”环境保护规划的编制，对燃煤工业锅炉 NO_x 控制日益引起有关部门和单位的关注。

2. 燃油工业锅炉污染物排放现状

燃油工业锅炉燃烧时，对环境有较大污染的气体主要有 NO_x、SO_2、烟尘等。燃油工业锅炉产生污染物的多少主要取决于所使用的燃油的品质。

现有燃油工业锅炉燃用轻柴油时，烟尘排放质量浓度平均值为 20.0 mg/m^3，并主要分布在 15.0～30.0 mg/m^3 的范围内，其间的锅炉数达到锅炉总数的 95.9%，其烟尘排放质量浓度远远小于国家规定的最高允许排放限值。

影响燃油燃烧过程 SO_2 产生与排放的主要燃料特性是硫含量。实测燃油工业锅炉排放的 SO_2 排放质量浓度为 32.3～1 590.0 mg/m^3，平均值为 259.9 mg/m^3；有 99%和 92%的锅炉分别达到我国现行《锅炉大气污染物排放标准》（GB 13271—2001）规定的轻柴油、煤油锅炉第Ⅰ时段和第Ⅱ时段排放浓度最高允许排放限值 700 mg/m^3 和 500 mg/m^3 的要求。

燃油工业锅炉燃烧过程产生的 NO_x 包括燃料型 NO_x 和热力型 NO_x，其中燃料型 NO_x 占总量的 60%以上。据实测，目前运行的小型燃油工业锅炉 NO_x 排放质量浓度平均值为 318.2 mg/m^3，NO_x 排放质量浓度≤250 mg/m^3 的锅炉仅占 20%，NO_x 排放质量浓度≤300 mg/m^3 的锅炉占 44%，NO_x 排放质量浓度≤400 mg/m^3 的锅炉占 84%。目前运行的小型燃油工业锅炉有 84%可以达到 NO_x 排放质量浓度排放标准的管理控制要求。

综上所述，本研究认为，燃重油工业锅炉应配置高效除尘、脱硫设施，并满足国家或地方排放标准限值要求，或可改燃低硫柴油或天然气。

四、主要结论

（1）我国是当今世界工业锅炉生产和使用最多的国家，截止到 2008 年年底的统计，全国有各类工业锅炉 56.88 多万台，其中燃煤工业锅炉约为 48 万多台，总蒸发量约为 250 多万 t/h，占全国工业锅炉总台数和总蒸发量的 85%左右，单台平均蒸发量为 5.2 t/h。每年消耗原煤约 6.4 亿 t，占 2008 年全国煤炭消费总量的 23.4%。

（2）据测算，2008 年我国燃煤工业锅炉烟尘排放量为 375 万 t，占全国烟尘排放量的 41.6%。SO_2 排放量为 519 万 t，占全国排放量的 22.2%；NO_x 排放量为 187 万 t，仅次于火电行业和机动车，位居全国第三。

（3）我国工业锅炉具有保有量大、分布广泛、总容量大、单台容量小及以燃煤层燃锅炉为主的特点。同时，存在热效率及负荷率偏低、燃用煤种与设计煤种差异过大、过量空气系数偏高、炉渣和飞灰含碳量过高等问题。

（4）据测算，至 2015 年和 2020 年，我国燃煤工业锅炉总容量将达到 352 万 t/h 和 450 万 t/h，煤耗量将达到 8.5 亿 t 和 10.8 亿 t。按照本研究的控制方案，2015 年烟尘、SO_2 及 NO_x 排放量分别为 507 万 t、458 万 t 及 230 万 t；2020 年烟尘、SO_2 及 NO_x 排放量分别为 491 万 t、423 万 t 及 269 万 t，与 2008 年相比，污染物排放量变化不大，基本上做到了增容不增污。2015 年总共需累计投资 606 亿～839 亿元，运行成本约 98 亿元；2020 年需累计投资 1 059 亿～1 496 亿元，运行成本约 185 亿元。

五、政策建议

（1）工业锅炉大气污染防治应做到因地制宜地选择技术路线；提倡污染全过程控制，即从燃料、燃烧中及烟气进行全过程控制；实现结构减排、管理减排与工程减排相结合。

（2）优化布局和规划。主要包括加强禁燃区划定工作；逐步提高清洁能源比例；积极发展城市集中供热；积极推进低硫、低灰分配煤中心建设。

（3）推进工业锅炉节能与燃料替代工作。主要包括以下措施：严格工业锅炉能效管理；提高现有锅炉房整体运行效率；建立工业锅炉节能信息平台；加速小型工业锅炉燃料替代工作。

（4）因地制宜选择工业锅炉大气污染防治技术。工业锅炉烟尘、SO_2、NO_x 控制技术的选择应遵循以下原则。

① 不满足排放标准的 6 t/h（4.2 MW）以上在用燃煤工业锅炉，若已装配湿法除尘装置，可进行除尘脱硫一体化技术改造，也可在前端增加静电或者布袋除尘器，将湿式除尘装置改造为湿法脱硫装置。

② 新建、改建和扩建的大于 6 t/h（4.2 MW），小于 20 t/h（14 MW）的燃煤工业锅炉，可适当发展一部分脱硫除尘一体化技术。在一些经济比较发达，且环境质量要求较高的地区，也可发展一部分先除尘后脱硫工艺。

③ 新建、改建和扩建的 20 t/h（14 MW）及以上燃煤工业锅炉应选用先除尘后脱硫的

技术路线。除尘技术应选择布袋除尘或静电除尘等高效除尘技术，脱硫应选用钙法、镁法等成熟的湿法脱硫技术，并配备烟气连续监测系统，并与当地环保行政主管部门联网，以保证除尘脱硫系统连续稳定运行。

④ 燃重油工业锅炉应配置高效除尘、脱硫设施，并满足国家或地方排放标准限值要求，或可改燃低硫柴油或天然气。

⑤ 工业锅炉 NO_x 控制技术首选低氮燃烧技术。若采用低氮燃烧技术后仍不能满足排放标准要求的，应进行烟气脱硝。烟气脱硝技术以 SCR、SNCR 或其他技术为主，且应适用于连续稳定运行的工业锅炉。

⑥ 城市周边地区 65 t/h（45.5 MW）及以下燃煤工业锅炉，凡选用循环流化床锅炉的，应向炉内添加固硫剂；选用煤粉锅炉的应配置低氮燃烧技术及设备。

（5）加强工业锅炉管理。主要包括加强工业锅炉运行管理；加强环境监管；鼓励工业锅炉大气污染防治技术的研发；加大工业锅炉大气污染防治资金投入；积极推进经济补贴政策，健全经济激励机制。

“十二五”土壤污染防治重点与对策研究

一、课题研究背景与目标

（一）研究背景

土壤是构成生态系统的基本环境要素，是人类赖以生存和发展的物质基础。土壤环境问题关系到农产品及食品安全问题、人居环境安全问题，事关人民身体健康和生态安全。加强土壤污染防治是贯彻落实科学发展观的重要举措，是构建国家生态安全体系的重要部分，是实现农产品质量安全的重要保障，对建设社会主义新农村、建设和谐社会都具有重要的现实意义。

党中央、国务院高度重视土壤环境保护工作，已将其提上重要议事日程。国务院《关于落实科学发展观 加强环境保护的决定》中明确要求“以防治土壤污染为重点，加强农村环境保护”;《国家“十一五”环境保护科技发展规划》重点发展领域和优先主题明确提出“在查明我国土壤污染现状的基础上，以土壤多介质污染防治为重点，建立控制及修复受污染土壤的技术体系”；党的十七大、十七届三中全会和中央经济工作会议等也对土壤环境管理工作提出了新的要求。党和国家领导人多次做出批示，要求积极开展土壤污染防治，改善城乡人居环境，全面加强农村环境保护。李克强副总理在 2009 年全国农村环境保护工作电视电话会议上明确指出，“要在认真做好全国土壤污染调查的基础上，加强对工农业用地的环境监测和评估，通过技术、工程等多种手段，积极防治土壤污染”。

2008 年 1 月 8 日环境保护部召开第一次全国土壤污染防治工作会议，发布了《关于加强土壤污染防治工作的意见》。环境保护部 2009 年工作会议明确提出要在全面完成全国土壤污染状况调查工作基础上，加快进行土壤污染防治规划和土壤环境功能区划工作，为全国土壤环境管理和污染防治工作提供技术支撑。

因此，开展“十二五”土壤污染防治重点与对策研究对于全面贯彻执行党中央、国务院的指示精神，全面落实科学发展观和推进全国土壤污染防治工作，全面实施第一次全国土壤污染防治工作会议和《加强土壤污染防治工作意见》所提出的任务十分必要，是制定“十二五”土壤污染防治规划的基础性和先导性工作，是加强土壤环境管理和土壤污染防治的指导性和纲领性的工作。

（二）研究目标

通过分析我国当前土壤环境现状、主要问题、面临威胁和演变趋势，提出“十二五”土壤污染防控体系框架，为制定《“十二五”土壤污染防治规划》提供技术支撑。

二、研究思路

《"十二五"土壤污染防治重点与对策研究》是在全国土壤污染调查专项工作的基础上，分析我国土壤环境现状、主要问题、面临威胁和演变趋势，明确"十二五"土壤污染防治的指导思想、基本原则和主要目标，分析我国土壤污染防治的重点领域、应对策略、技术支持和投入机制等方面的需求，建立综合法律法规、监管能力、科技支撑、资金投入和宣传教育的立体式土壤污染防控体系，为制定《"十二五"土壤污染防治规划》提供技术支撑。

三、研究内容

（一）我国土壤污染空间分异特征及其防控重点

结合全国土壤污染状况调查专项的成果，重点分析现阶段我国土壤污染现状、主要土壤环境问题及其演变趋势，明确我国土壤污染防控的重点领域和区域。

（二）我国土壤污染防治体系基本框架

结合中国国情和借鉴国外的经验，开展我国土壤污染防治体系框架设计，提出符合中国国情的土壤污染防治目标，建立与之相配套的考评指标体系，提出实现土壤污染防治目标所必需的土壤污染防治技术体系、管理体系和土壤环境污染防治资金投入体系等。

（三）我国土壤污染防控重点及对策

分析我国土壤污染现状及其空间分异特征，进一步明确我国土壤污染防控的重点领域和区域，提出我国土壤污染防治的重点内容及对策措施。

四、主要结论

（一）我国土壤污染空间分异性

根据现有资料和全国土壤污染调查部分结果分析，我国土壤污染空间分异特征如下：

（1）从整体上看，西部地区土壤环境质量总体上优于东部地区。

（2）西南地区，特别是矿区，土壤重金属污染问题依然突出。

（3）华中和华北地区，污水灌溉造成的农田土壤问题较普遍。

（4）华东地区（主要是长江三角洲地区）和华南地区（主要是珠江三角地区），土壤重金属和有机污染问题日益突出。

（5）在发达地区和大中城市，由于城市化和工业园区化的快速推进，大量的搬迁遗留场地土壤污染问题比较突出。

（二） 我国土壤污染变化趋势

从目前土壤污染调查情况来看，我国土壤污染呈现 4 种趋势：

（1）我国大多数城市近郊土壤都遭受不同程度的污染。

（2）与“七五”土壤环境背景调查值相比较，耕地表层土壤中重金属含量有所积累。部分点位污染较重，主要重金属污染物为 Cd、Hg、Pb、As、Cu、Zn、Ni、Cr 等，其中 Cd、Hg 超标率较高。

（3）过去使用的有机氯农药（如滴滴涕、六六六）在耕地土壤中仍然能普遍检出，但其含量已大幅度下降，仅个别区域土壤中滴滴涕含量超标。

（4）耕地土壤中总石油烃类化合物的污染程度较轻，多环芳烃、酞酸酯类等持久性有机污染物普遍检出，局部区域土壤污染较重。

（三）我国土壤污染防控重点领域

针对当前较为突出的土壤环境安全问题，确定我国土壤污染防控的重点领域：

（1）农用地土壤环境污染防控。污灌区、工矿区周边、重污染企业周边、城郊结合部、高度集约化设施农业区等农产品产地土壤环境安全问题突出。据有关资料公布，我国耕地污染较重，有 1 000 万 hm^2 耕地受到不同程度的污染（《1997 年中国环境状况公报》和《1991 年中国环境状况公报》）。2000 年对 30 万 hm^2 基本农田保护区土壤有害重金属抽样监测，结果发现，3.6 万 hm^2 土壤重金属超标，超标率达 12.1%。全国利用污水灌溉的农田面积为 361.8 万 hm^2，占全国总灌溉面积的 7.3%，占全国地面水总灌溉面积的 9.96%（《1998 年中国环境状况公报》）；大气污染（以酸雨和氟污染为主）的农田面积约 530 万 hm^2；固体废物堆存侵占农田和垃圾、污泥农用不当污染的农田面积 90 万 hm^2（《1993 年中国环境状况公报》）。据最新调查结果表明，我国的工矿区及周边影响区土壤污染问题严重，出现了区域性土壤地球化学元素异常，土壤中 Cd、Cr、Pb、As、Hg 等重（类）金属污染程度加剧，污染面积比 20 年前有所扩大。

（2）退役工业污染场地土壤环境监管及整治。随着我国城市的发展和产业结构调整，许多工业用地面临用途转换，部分工业用地将转为居住用地、商业用地等。原有土壤可能受到挥发性、半挥发性、持久性有机污染物和重金属等有毒有害物质的污染，由此引发的环境污染事故和人体健康伤害事件时有发生，已经成为城市土地开发利用中的环境隐患。在全国各地大中城市中，此类问题尤其突出。

（四）我国土壤污染防控重点区域

我国土壤污染防控重点区域如下：

（1）经济高速发展的东部地区。重点关注长三角、珠三角和环渤海湾地区，重点针对因城市化和工业园区化的快速推进，大量的搬迁遗留场地土壤污染问题，特别是面临二次开发的城市工业遗留场地。特别要关注位于主城区或人口密集区的遗弃污染场地，重点防控场地对人体健康的危害风险。同时要关注这个区域的二级城市的乡镇企业污染问题，特别是乡镇企业造成的土壤污染。

（2）西南地区、华中地区和部分西部的矿产资源型区域。重点关注西南地区、华中地区和部分西部矿产资源型城市的重金属土壤污染问题，重点针对矿区（尾矿）土壤污染场地、冶炼厂搬迁场地和生产性废渣造成的重金属污染场地。重点防控重金属污染土壤蔓延和地下水污染，特别是饮用水水源地的土壤重金属污染问题。

（3）华北、东北、华中地区污水灌溉区域。重点关注华北、东北、华中地区等地区因污水灌溉引起的农田土壤污染问题。重点针对已经造成农产品产量或品质影响的“问题”农田。重点防控污染农田蔓延，开展污染农田土壤修复，保障食品安全。

（五）“十二五”土壤污染防控的主要任务

根据我国当前土壤环境形势，结合我国现阶段经济、社会和技术发展水平，“十二五”期间土壤污染防控的主要任务：

（1）在全面完成全国土壤污染状况调查工作的基础上，针对重点地区开展土壤污染详细调查，进一步确定土壤污染范围、污染危害和风险，划分土地利用环境安全性等级。

（2）初步建立土壤污染防治监督管理体制，配备相应机构和人员。

（3）建立健全土壤污染防治法律法规体系，加快土壤污染防治立法步伐，出台土壤环境管理相关制度和土壤污染防治相关政策。

（4）完善土壤环境保护标准体系，加强土壤环境基准和标准研究，完成土壤环境质量标准修订工作，制定一批急需的污染场地环境调查、风险评估和修复技术导则。

（5）建立土壤环境监测网络，将土壤环境监测列入环境质量常规监测内容，建立国家级土壤环境质量管理信息系统。

（6）加强土壤污染防治科技投入，引导土壤污染防治技术研发，建立一批土壤污染综合治理和修复试点示范。

（7）提高公众土壤环境保护意识，实施土壤环境安全教育行动计划。

五、政策建议

（一）保障农用地土壤环境安全

建立农用地土壤例行监测、评价制度，完善相关标准。研究农田土壤环境质量预测预警体系。针对不同区域农田土壤主要环境问题，研究环境监管、综合调控措施和治理技术。

（1）以基本农田、重要农产品产地，特别是“菜篮子”基地为监管重点，开展农用土壤环境监测、评估与安全性划分。

（2）加强矿冶遗弃地土壤环境监管与污染防治。以矿冶遗弃地尾矿、矿渣等废弃物环境安全监管为重点，建立环境监测与监管制度，加强污染防治设施与能力建设，组建土壤污染事故应急响应系统。

（3）加强影响土壤环境的重点污染源监管，严格控制主要粮食产地和蔬菜基地的污水灌溉，强化对农药、化肥及其废弃包装物，以及农膜使用的环境管理。对污染严重、难以修复的耕地提出调整用途的意见，严格执行耕地保护制度。

（4）积极引导和推动生态农业、有机农业，规范有机食品发展，组织开展有机食品生产示范县建设，预防和控制农业生产活动对土壤环境的污染。

（5）开展重点区域矿冶遗弃地环境调查，如广西、湖南和云南等矿业大省砷和铅锌矿冶遗弃地等，评估场地污染对周边环境构成的潜在风险。建立矿冶遗弃地污染场地土壤档案和信息管理系统。加强对危害较大的矿冶遗弃场地监管，建立土壤污染事故应急响应体系，有效防止遗弃地对周边农业土壤和地下水的污染。

（二）加强污染场地土壤环境保护监督管理

结合重点区域土壤污染状况调查，对污染场地（特别是城市工业遗留、遗弃污染场地）土壤进行系统调查，掌握原厂址及其周边土壤和地下水污染物种类、污染范围和污染程度，建立污染场地土壤档案和信息管理系统。

（1）对新、改、扩建的污染性企业建立土壤环境相关背景档案。建立土壤环境监测制度。

（2）建立污染土壤风险评估和污染土壤修复制度。对污染企业搬迁后的厂址和其他可能受到污染的土地进行开发利用的，环保部门应督促有关责任单位或个人开展污染土壤风险评估，明确修复和治理的责任主体和技术要求，监督污染场地土壤治理和修复，降低土地再利用（特别是改为居住用地）对人体健康影响的风险。

（3）加强污染场地综合治理与修复技术研发和示范。针对我国典型工业污染场地，研究开发具有自主知识产权的土壤修复技术和设备，引导土壤修复技术向实用化和工程化发展，探索符合中国国情的污染场地综合治理与修复途径和模式，建立污染场地修复技术体系。

污染场地土壤环境管理与修复对策

一、课题研究背景与目标

（一）研究背景

随着经济社会的快速发展，我国污染场地土壤环境管理与修复问题日益突出，迫切需要通过国家“十二五”环保规划，建立污染场地土壤环境管理与修复管理支撑体系。然而，我国当前在污染场地土壤环境管理与修复管理方面却存在着如下主要问题：对国外污染场地土壤环境管理研究不够，缺乏对其经验和教训的系统分析总结；我国污染场地底数不清，其类型、特征和重点区域分布等基础数据欠缺；污染场地土壤环境管理目标模糊，难以体现我国经济社会发展水平、法制建设进程、环境保护总体水平及公众的环保意识，且科学性、可操作性、可实现性不强；尚未建立适应我国经济社会发展状况、污染场地环境管理目标、污染场地特点的污染场地土壤环境修复技术评估指标体系（包括技术指标、经济指标、环境指标等）。因此，亟待专题研究国外污染场地土壤环境管理经验和教训，查清我国污染场地类型、特征和重点区域分布，明确污染场地土壤环境管理工作目标、阶段指标及考核办法，系统分析国内外污染场地土壤环境修复技术现状，确定污染场地土壤环境管理的重点任务及工程，构建污染场地土壤环境管理与修复管理支撑体系框架。

（二）研究目标

总结国外污染场地土壤环境管理经验和教训；确定我国污染场地类型、特征和重点区域分布；提出我国污染场地土壤环境管理工作目标、阶段指标及考核办法，我国污染场地土壤环境修复推荐技术目录，我国污染场地土壤环境管理的重点任务及工程，以及污染场地土壤环境管理与修复管理支撑体系建议。

二、研究思路

课题研究思路见图1。

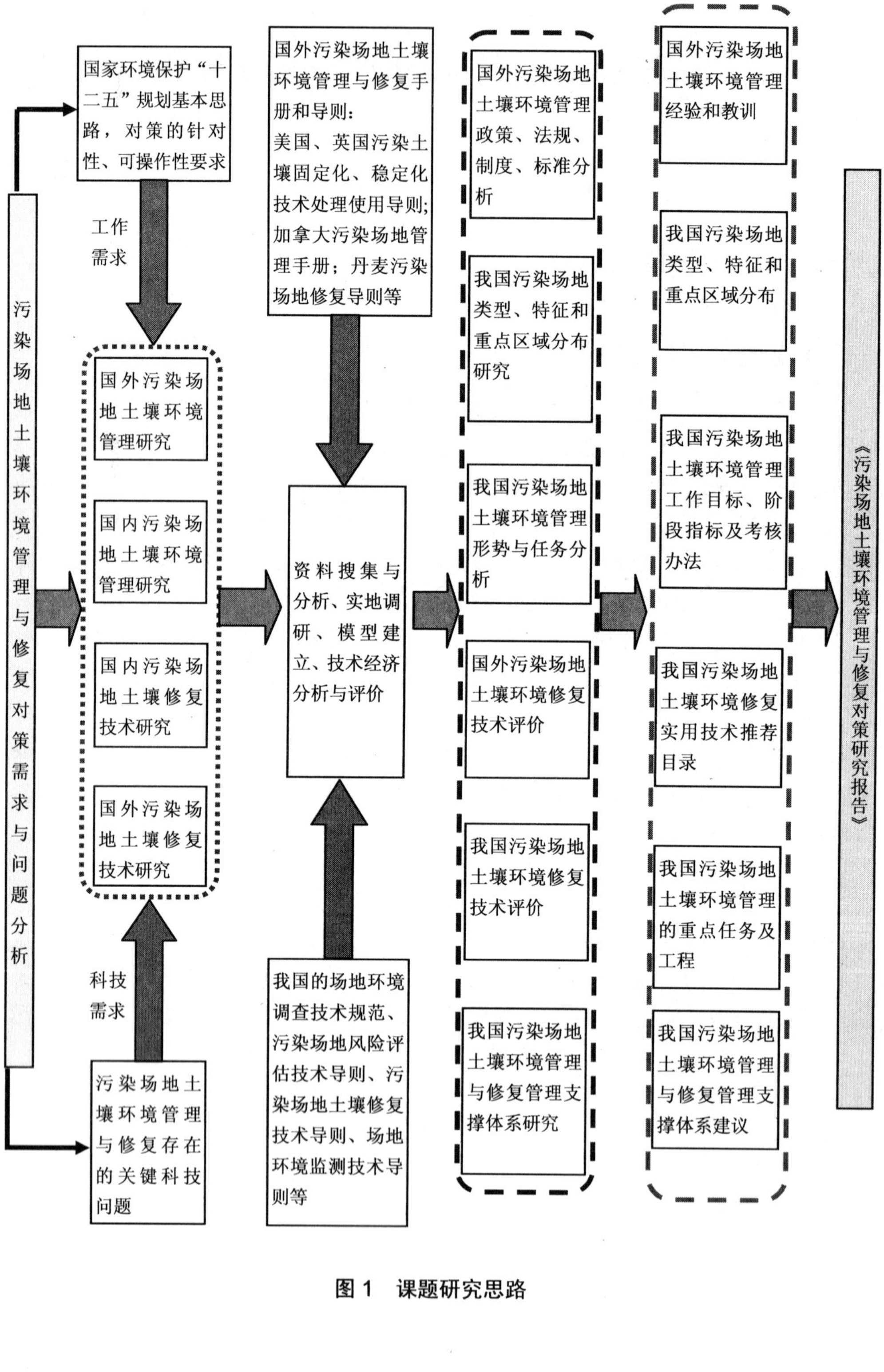
污染场地土壤环境管理与修复对策需求与问题分析
国家环境保护“十二五”规划基本思路，对策的针对性、可操作性要求
工作需求
国外污染场地土壤环境管理研究
国内污染场地土壤环境管理研究
国内污染场地土壤修复技术研究
国外污染场地土壤修复技术研究
科技需求
污染场地土壤环境管理与修复存在的关键科技问题
国外污染场地土壤环境管理与修复手册和导则：美国、英国污染土壤固定化、稳定化技术处理使用导则；加拿大污染场地管理手册；丹麦污染场地修复导则等
资料搜集与分析、实地调研、模型建立、技术经济分析与评价
我国的场地环境调查技术规范、污染场地风险评估技术导则、污染场地土壤修复技术导则、场地环境监测技术导则等
国外污染场地土壤环境管理政策、法规、制度、标准分析
我国污染场地类型、特征和重点区域分布研究
我国污染场地土壤环境管理形势与任务分析
国外污染场地土壤环境修复技术评价
我国污染场地土壤环境修复技术评价
我国污染场地土壤环境管理与修复管理支撑体系研究
国外污染场地土壤环境管理经验和教训
我国污染场地类型、特征和重点区域分布
我国污染场地土壤环境管理工作目标、阶段指标及考核办法
我国污染场地土壤环境修复实用技术推荐目录
我国污染场地土壤环境管理的重点任务及工程
我国污染场地土壤环境管理与修复管理支撑体系建议
《污染场地土壤环境管理与修复对策研究报告》

图 1　课题研究思路

三、研究内容

国外污染场地土壤环境管理研究；我国污染场地特征研究；我国污染场地土壤环境管理工作目标、阶段指标及考核办法研究；国内外污染场地土壤环境修复技术评估及实用技术推荐；我国污染场地土壤环境管理的重点任务及工程研究；我国污染场地土壤环境管理与修复管理支撑体系研究。

四、主要结论

（一）国外污染场地土壤环境管理研究

国外污染场地土壤环境管理的主要经验包括：①“重新开发利用管理模式”依靠市场机制，可以很大程度上解决治理费用高昂的问题。②环保部门能够介入土地规划审批的环节，制定一套有利于污染场地重新开发利用的管理制度。③把制定污染场地管理政策作为政府的行政职责和法律义务。④建立污染场地管理基金。⑤建立污染场地的资料库，对污染场地进行分级管理，确定污染场地修复的优先顺序。⑥建立长期监管机制。

国外污染场地土壤环境管理的主要教训是：大多走的是“先污染后治理”的道路；初期土壤管理制度不够完善；缺乏持续的经费支持；修复行动缓慢；缺乏基于风险的修复目标评估办法；超级基金实施效果缺乏明确的评价指标。

（二）我国污染场地类型、特征和重点区域分布

1. 我国污染场地类型

按照污染场地成因分为：突发事故产生的污染场地、累积产生的污染场地。按照污染物类型划分为：重金属污染场地、有机物污染场地、微生物污染场地。

2. 我国污染场地特征

耕地土壤污染日益严重，工业污染场地明显增加，金属矿区土壤污染逐渐凸显，采油区土壤污染普遍存在，其他场地污染逐步显露。

3. 我国污染场地土壤重点区域分布

耕地污染土壤主要分布在东北、华北和长江中下游等经济发达地区，尤其是城市近郊。工业污染场地主要分布在我国东部经济发达地区的工业密集区。金属矿区污染土壤主要分布在湖南、江西、安徽、贵州、福建等长江以南矿产资源丰富的地区。采油区污染土壤区域主要分布在黑龙江省西部的大庆油田，山东北部渤海之滨的胜利油田，辽河中下游平原以及内蒙古东部和辽东湾滩海地区的辽河油田，新疆的克拉玛依油田，四川盆地的四川油田，华北平原的华北油田、大港油田、中原油田等地区及其周边。

（三）我国污染场地土壤环境管理工作目标、阶段指标及考核办法

1. 我国污染场地土壤环境管理“十二五”规划工作目标

（1）初步构建我国污染场地土壤环境管理与修复管理法律法规和标准体系，进一步丰

富完善与污染场地土壤环境管理和修复管理相关的导则和规范。

（2）摸清全国污染场地土壤污染状况，建立污染场地数据信息共享平台、国家污染场地数据库和优先修复污染场地清单。

（3）建立污染场地土壤风险评估和环境现场评估制度，初步建立污染场地风险事故预防与应急处理长效机制。

（4）研究开发、推广应用一批污染场地土壤风险评估和修复技术，逐步开展污染场地土壤修复技术评估。

（5）初步建立我国污染场地土壤环境管理与修复管理支撑体系（包括机构、人员、制度、资金等）。

（6）污染场地土壤得到有效监管，典型区域、典型类型的污染场地土壤初步得到修复，污染场地土壤污染和危害加重的趋势得到有效遏制。

2．我国污染场地土壤环境管理“十二五”规划阶段指标

（1）“十二五”中期（到2013年年底）

① 建立“重金属污染场地数据信息共享平台”、“有毒有害有机物污染场地数据信息共享平台”和“国家污染场地数据库”。

② 发布《污染场地污染防治技术政策》。

③ 出台《铅锌矿采掘污染场地土壤风险评估和修复技术导则》、《铜矿采掘污染场地土壤风险评估和修复技术导则》、《石油烃污染场地土壤风险评估和修复技术导则》等若干不同特征类型污染场地土壤风险评估和修复技术导则。

④ 全面实施“十二五”环境保护重点工程“铅锌矿采掘污染场地治理工程”、“铜矿采掘污染场地治理工程”、“石油烃污染场地治理工程”。

（2）“十二五”末期（到2015年年底）

① 起草“污染场地土壤污染防治法”。

② 发布“国家重金属和石油等有毒有害物质污染应急计划”。

③ 初步建立“国家污染场地治理基金”。

④ 发布“国家污染场地土壤修复计划”、“国家优先修复污染场地名录”。

⑤ 出台“污染场地健康风险评估方法”、“污染场地风险管理框架”、“突发事故场地污染应急预案”。

⑥ 发布“国家先进污染防治示范技术名录（污染场地土壤污染防治技术领域）”、“国家鼓励发展的环境保护技术目录（污染场地土壤污染防治技术领域）”。

⑦ 出台“污染场地土壤污染评估方法和程序”、“污染场地土壤环境管理与修复管理支撑体系”、“污染场地土壤环境修复技术评估指标体系和方法”、“污染场地土壤环境管理与修复管理支撑指标体系”。

⑧ 启动“铅锌矿采掘污染场地土壤环境修复”、“铜矿采掘污染场地土壤环境修复”、“石油烃污染场地土壤环境修复”的修复技术的技术评估研究。

⑨ 出台“铬渣堆存场地污染土壤风险评估和修复技术导则”、“铬渣堆存场地土壤环境修复技术政策”、“铬渣堆存场地土壤环境修复最佳可行技术指南”、“铬渣堆存场地土壤环境修复工程技术规范”。

⑩ 启动“铬渣堆存场地土壤环境修复”的修复技术后评估研究。

3. 我国污染场地土壤环境管理考核指标

表 1 污染场地土壤环境管理考核指标

类别	序号	项目	标准分值
管理修复计划 20 分	1	管理修复计划制定情况	10
	2	管理修复计划年度执行情况	10
监测调研汇总情况 30 分	3	监督性监测调研完成率	5
	4	监测调研报告编制情况	10
	5	数据库建设情况	15
工程示范开展情况 30 分	6	示范工程开工启动情况	10
	7	示范工程完成效果	10
	8	先进修复技术研发与工程应用情况	10
能力经费保障 20 分	9	管理机构与职能设置情况	6
	10	国家补助治理经费及时足额拨付情况	6
	11	地方配套资金落实情况	4
	12	年污染场地修复资金投入	4

（四）污染场地土壤环境修复推荐技术目录

表 2 污染场地土壤环境修复推荐技术目录

<table>
<tr><th>分类</th><th>技术名称</th><th>使用条件</th><th>典型优缺点</th><th>备注</th></tr>
<tr><td rowspan="6">物理修复技术</td><td>换土法</td><td>适合有机污染物、重金属、无机污染物；细黏土、中粒黏土、淤质黏土、黏质肥土、淤质肥土、淤泥、砂质黏土、砂质肥土、砂土</td><td>易操作；成本较高，治标不治本，污染物并没有从土壤中去除</td><td>一般仅适用于突发事故导致的土壤污染的简单处理</td></tr>
<tr><td>原位固定/稳定化技术</td><td>适合重金属、放射性物质、无机污染以及重碳水化合物；细黏土、中粒黏土、淤质黏土、黏质肥土、淤质肥土、淤泥、砂质黏土、砂质肥土、砂土</td><td>技术成熟，应用广泛，成本较高</td><td rowspan="2">需长期对处理后土壤进行监测管理，防止二次污染</td></tr>
<tr><td>异位固定/稳定化技术</td><td>适合重金属、放射性物质、无机污染以及重碳水化合物；细黏土、中粒黏土、淤质黏土、黏质肥土、淤质肥土、淤泥、砂质黏土、砂质肥土、砂土</td><td>与原位固定/稳定化技术的特点类似，但修复时间缩短，处理成本增加</td></tr>
<tr><td>电热修复技术</td><td>适合半挥发性卤代污染物和非卤代污染物、多氯联苯、密度较高的非水质液体有机物以及重金属 Hg；细黏土、中粒黏土、淤质黏土、黏质肥土、淤质肥土、淤泥、砂质黏土、砂质肥土、砂土</td><td>污染物去除率高，一般大于 90%，治理成本较高</td><td>实施过程中，需要严格控制温度，并收集蒸汽，防止二次污染</td></tr>
<tr><td>土壤蒸汽抽提技术</td><td>适合挥发性有机卤代物或非卤代物、油类、重金属及其有机物、多环芳烃（PAHs）和二噁英等；质地均一、渗透力强、孔隙度大、湿度小、地下水位较深的土壤</td><td>易操作，成本低；技术成熟，应用广泛；对土壤结构不造成破坏，能回收利用废物</td><td>注意防止二次污染</td></tr>
</table>

分类	技术名称	使用条件	典型优缺点	备注
化学修复技术	原位土壤淋洗技术	适合重金属、放射性污染物、石油烃类、挥发性有机物、多氯联苯和多环芳烃等；水力传导系数大于10^{-3}cm/s的多孔隙、易渗透的土壤，如沙土、砂砾土壤、冲积土和滨海土等，而不适用于红壤、黄壤等质地较细的土	技术成熟，应用广泛；成本较高，含有污染物的淋洗液需要进一步处理	淋洗剂选择至关重要，它不仅影响污染物去除率，若选择不当，还可能对土壤造成污染。含有污染物的淋洗液需要集中收集再处理
	异位土壤淋洗技术	适合重金属、放射性污染物、石油烃类、挥发性有机物、多氯联苯和多环芳烃等。黏粒含量低于25%的土壤	与原位土壤淋洗技术相比，修复周期较短，修复效果更好，但成本更高	
	溶剂浸提技术	适合有机污染物如石油类碳氢化合物、PCBs、氯代碳氢化合物、多环芳烃（PAHs）、多氯二苯-*p*-二噁英、多氯二苯呋喃（PCDF）等；黏粒含量低于15%，湿度低于20%	修复速度快，浸提溶剂可以循环使用	仅适于室外温度在冰点以上的情况，低温不利于浸提液的流动和浸提效果
生物修复技术	植物修复	适合有机污染物、重金属、无机污染物；细黏土、中粒黏土、淤质黏土、黏质肥土、淤质肥土、淤泥、砂质黏土、砂质肥土、砂土	永久性解决土壤污染问题；修复后土壤一般适于种植农作物；成本低，易操作，可用于修复大面积污染土壤；修复周期很长	修复植物积累的干物质必须妥善处理，防止二次污染
	生物堆肥	适合炸药、多环芳烃、芳香烃、氯酚类污染物、二甲苯、三氯乙烯等；淤质黏土、黏质肥土、淤质肥土、砂质黏土、砂质肥土、砂土	成本低，堆肥产品可产生经济效益	应用此技术应先进行实验室试验和现场中试，考察污染物对微生物活动的影响及其降解过程
	生物通风	适合半挥发性有机污染物、重碳水化合物、农药等；黏质肥土、淤质肥土、砂质黏土、砂质肥土、砂土	成本低，污染物去除率高，可达90%以上	主要制约因素是土壤结构，它要求土壤具有多孔结构

（五）我国污染场地土壤环境管理的重点任务及工程

表3 我国污染场地土壤环境管理的重点任务及工程

重点任务及工程名称	具体内容
构建并完善我国土壤环境标准体系	完善我国土壤环境质量标准体系；构建我国土壤环境修复标准体系
制定污染场地土壤环境管理与修复管理法律法规	建立土壤污染调查监测和信息公开制度；建立土壤污染源控制和土壤修复制度；建立土壤污染治理基金法律制度
构建我国污染场地土壤风险评估技术体系	构建污染场地土壤风险评估指标体系；构建污染场地土壤风险评估技术方法

重点任务及工程名称	具体内容
加大我国污染场地土壤修复技术体系研究力度	建立重金属污染场地土壤修复技术体系；建立有机物污染场地土壤修复技术体系；建立污染场地土壤修复技术政策、导则和规范
建立污染场地信息管理系统和应急管理制度	建立污染场地信息管理系统；建立污染场地应急管理制度
构建我国污染场地土壤环境管理与修复管理体系	建立多元化污染场地土壤环境治理修复资金融集机制；完善我国污染场地土壤环境保护管理体系
大力推进典型污染场地治理修复工程	建立典型污染场地数据库；开展典型污染场地治理修复工程示范

五、建立我国污染场地土壤环境管理与修复管理支撑体系的建议

探索建立各项污染场地相关管理制度；逐步健全污染场地土壤环境相关法律法规；加速完善我国的土壤环境标准体系；进一步研发适合我国国情的土壤修复技术；积极推进典型污染场地治理修复工作；大力建设专业人才队伍；明确污染场地治理经济责任，落实治理基金；建立污染场地信息管理系统，完善突发事件应急处理机制。

"十二五"农村环境保护目标指标研究

一、课题研究背景与目标

（一）研究背景

随着长期工业化、城市化的发展，我国农村环境问题日益凸显，突出表现为村镇环境"脏、乱、差"、饮用水水源水质下降、畜禽养殖污染、农村面源污染、工业企业和城市污染向农村加速转移等。农村环境质量进一步恶化，不仅威胁着农民群众的身体健康，而且制约了农村经济的进一步发展。

我国农村环境的现状与改善农民健康状况、提高农民生活质量的迫切要求不相适应；与转变农业生产方式、提高食品安全水平的迫切要求不相适应；与激发农村活力、促进农村经济发展的迫切要求不相适应。围绕全面建设小康社会的总体目标，我国经济社会将进一步发展，人口将进一步增加，资源开发力度、农产品需求将进一步增长，农村环境保护面临的压力也越来越大。加强农村环境保护是落实科学发展观、构建和谐社会的必然要求。

针对农村的环境问题，国家出台了一系列的环境保护政策文件和措施，《国务院关于加强落实科学发展观　加强环境保护的决定》（国发[2005]39 号），明确"结合社会主义新农村建设，实施农村小康环保行动计划"；"十一五"期间开展以实施《农村小康环保行动计划》为主要内容的农村环境保护工作，旨在用 15 年左右的时间，基本解决农村"脏、乱、差"问题，有效遏制农村环境污染加剧趋势，改善农村生活与生产环境，建设"清洁水源、清洁家园、清洁田园"的社会主义新农村，为全面建设小康社会提供环境安全保障。这些政策措施的实施需要一个基本统一的可用来衡量农村环境保护工作的指标体系。

农村环境保护目标指标是衡量农村环境保护工作进展和不断改善农村环境质量的重要标尺，是定量描述我国农村环境保护现状、制定未来 5～10 年及远景农村环境保护目标、任务，指导保护工作发展方向、实施全面小康社会和新农村建设的基本依据。农村环境保护总体目标指标的研究可为"十二五"国家环境保规划关于农村环境保护的规划提供依据。

（二）研究目标

通过对国家"十一五"环境保护规划及前期环境保护计划中农村环境保护的回顾性分析以及国家对农村环境保护的需求预测，合理确定国家"十二五"及未来 20 年农村环境保护的总体目标和阶段目标，建立未来 5～10 年的农村环境保护指标体系。

二、研究思路

围绕我国农村环境历史和现状问题，在大量农村环境保护相关资料调研和农村环境保护现状调查研究工作的基础上，进行农村环境保护目标设计和农村环境保护指标体系设计，结合专家咨询法，根据农村环境保护现状提出农村环境保护重点工作领域，进行农村环境保护指标的分析筛选和分级量化，提出分区、分类的农村环境保护指标，构建农村环境保护指标体系，结合调研试点省份江苏省的农村环境问题、环境保护现状和发展趋势、已有规划指标等进行农村环境保护指标的可达性分析。

三、研究内容

（一）农村环境保护总目标研究

农村环境保护总目标研究主要研究内容包括我国农村环境问题及保护现状研究、农村环境保护指导思想和总体思路研究、农村环境保护目标制定的历史背景研究和“十二五”及远景农村环境保护目标分析。

农村环境保护目标的制定首先要考虑农村社会经济发展与环境保护的历史背景，比较研究国家“十一五”环境保护规划、前期环境保护计划及涉及农村环境问题的相关规划中已有农村环境保护目标制定的条件和背景；对比分析“十五”环境保护计划、“十一五”环境保护规划总体目标及存在的问题。

“十二五”及远景农村环境保护目标分析则是在农村环境保护目标制定背景分析的基础上，针对全国农村环境现状、环境保护工作实际状况与工作重点，以及“十二五”农村环境将出现的新问题的预测分析，研究农村环境保护要解决的重点问题，特别是围绕农业面源污染、饮用水安全、人居环境等问题，开展农村环境保护目标研究。

（二）“十二五”环境保护规划农村环境保护指标研究

“十二五”环境保护规划农村环境保护指标研究主要包括农村环境保护指标分析评估研究、农村环境保护指标体系构建以及指标的可达性分析等。

农村环境保护指标分析评估研究需结合农村环境保护目标分析，从历史和现状，广泛查阅国内各农村环境保护指标，系统分析与农村环境保护相关的评价方法、指标体系及指标体系建立的背景和结构；进行不同历史阶段环境保护规划的相关指标比较分析研究；进行“十一五”部门规划中农村环境方面的指标分析与评价。

农村环境保护指标体系构建主要研究农村环境指标体系构建的目标、原则、指标体系构架、指标筛选与阈值确定、指标内涵的界定及可达性分析。

四、主要结论

（一）农村环境保护总体思路

1. 加强农村环境监管和生态创建

“十二五”及远景应加强对农村环境保护工作的监管能力，坚持生态创建、农村环境综合整治以及“以奖促治”政策；强化“以人为本”的科学发展观思想，树立“以法治污”的理念，切实面对和解决农村的主要环境问题。

2. 健全农村环保法律体系

针对农村环境特有的土壤污染、农村生活污染制定专门的法律法规和配套政策，明确管理主体，增强可操作性及管理效率。制定环保经济政策，如对有机肥生产、秸秆和畜禽粪便的资源化利用进行补贴。

3. 建立健全农村环保机构和监测体系

将农村环保机构向乡村延伸，大力加强环境保护机构和人员基础建设；建立农村环境监测体系，对饮用水水源地、人口聚集区、基本农田建立环境监测体系。

4. 加大环境教育和技术培训

对村民开展环保教育培训，传授合乎环保要求的农业生产技术，使环保的触角深入全国每个角落，深入农民心中。

（二）农村环境保护总目标及阶段目标

1. 总体目标

通过农村环境保护，全面遏制农村生活和生产污染；提升农村的人居环境质量；促进农村废弃物资源的合理利用，实现农村生态环境的全面改善和有效监管；维护农村生态环境安全，确保社会主义新农村建设和全面建设小康社会的稳步推进；全面提升农村环境质量。

2. 阶段目标

到 2015 年，农村饮用水环境、人居环境和生态状况有所改善，农村地区工业企业污染得到有效治理，农村废弃物资源得到合理利用，农村环境监管能力和民众参与环境管理的意识有所提高。

到 2020 年，初步解决农村饮用水安全问题，农村人居环境和生态状况明显改善，农村面源污染得到初步控制，农村废弃物资源得到充分利用，农村环境监管和服务能力明显提高，农村环境质量呈良性状态，为建设社会主义新农村和全面建设小康社会提供环境安全保障。

到2030年，农村人居环境显著改善，生态良好，农村环境质量得到进一步提升。

（三）“十二五”我国农村环境保护评估与考核指标构建

1. 农村环境保护指标初步分析

已有相关农村环境保护指标主要包括人居环境（卫生）、污染控制、资源利用、生态保护、环境质量、环境投入及公共参与等方面的指标，常见的指标有秸秆综合利用率（%）、规模化畜禽养殖场粪便综合利用率（%）、化肥施用强度（kg/hm^2）、森林覆盖率或平原绿化率（%）、村镇饮用水卫生合格率（%）、农村卫生厕所普及率（%）、环境保护投资占 GDP 的比重（%）。指标的类型划分采用综合分析法和专家判断法。指标的分类反映了长期以来我国农村环境面临的主要问题和保护手段，指标数据来源也分属于不同的管理部门，除生态村外，基本指标都有一定的部门和统计指标来源，但也应看到，除人居环境卫生有相应统计指标外，其他环境指标统计比较欠缺，缺乏一定的连续性，尤其是关于资源利用方面的指标。

2．农村环境保护指标体系的架构

根据指标体系的构建原则，即科学性、系统性、可操作性、区域性、连续性相结合的原则，采用综合分析法和专家咨询法，充分考虑我国农村环境保护问题与保护目标、农村经济社会发展现状、农村环境保护的进展、实施的基本保障、指标数据的可获取性、指标的科学性、可操作性以及当前的农村环境保护政策取向工作重点等因素，初步构建农村环境保护指标体系，指标的选取仍然要突出现阶段及将来主要和潜在的农村环境问题。

该体系在确定系统总目标的前提下，将系统逐层分解，进一步划分为 3 个层次：目标层、准则层和指标层，目标层根据我国地域差异分为东部、中部、西部以及东北部 4 个区域，同时也考虑各重点流域区，准则层将农村环境保护分为 6 个层面，分别是饮用水安全、污染控制、资源利用、农业安全、农村综合整治及生态示范创建，详见表 1。

表 1　全国农村环境保护指标体系

<table>
<tr><th>目标层</th><th>准则层</th><th>序号</th><th>指标层</th><th>指标现状</th><th colspan="4">规划指标（2015 年）</th><th colspan="2">远景指标（2020 年）</th></tr>
<tr><td rowspan="9">农村环境保护指标</td><td>饮用水安全</td><td>1</td><td>农村生活饮用水卫生合格率/%</td><td>74</td><td colspan="4">≥90</td><td colspan="2">≥100</td></tr>
<tr><td rowspan="8">污染控制</td><td rowspan="3">2</td><td rowspan="3">生活垃圾无害化处理率/%</td><td rowspan="3">15.8</td><td rowspan="3">全国</td><td rowspan="3">≥30</td><td>东部</td><td>≥40</td><td rowspan="3">全国</td><td rowspan="3">≥50</td></tr>
<tr><td>中部</td><td>≥15</td></tr>
<tr><td>西部</td><td>≥15</td></tr>
<tr><td rowspan="4">3</td><td rowspan="4">生活污水处理率/%</td><td rowspan="4">≤10</td><td colspan="2">重点流域和区域</td><td colspan="2">≥40</td><td>重点流域和区域</td><td>≥50</td></tr>
<tr><td colspan="2">东部其他地区</td><td colspan="2">≥30</td><td>东部其他地区</td><td>≥40</td></tr>
<tr><td colspan="2">中部、东北部其他地区</td><td colspan="2">≥20</td><td>中部、东北部其他地区</td><td>≥30</td></tr>
<tr><td colspan="2">西部其他地区</td><td colspan="2">≥10</td><td>西部其他地区</td><td>≥20</td></tr>
<tr><td>4</td><td>规模化畜禽养殖场废弃物污染处理与资源化利用设施率/%</td><td>≤10</td><td colspan="4">≥30</td><td colspan="2">≥50</td></tr>
</table>

<table>
<tr><th>目标层</th><th>准则层</th><th>序号</th><th>指标层</th><th>指标现状</th><th colspan="4">规划指标（2015年）</th><th colspan="2">远景指标（2020年）</th></tr>
<tr><td rowspan="9">农村环境保护指标</td><td rowspan="3">资源利用</td><td rowspan="3">5</td><td rowspan="3">秸秆综合利用率/%</td><td rowspan="3">60</td><td colspan="2">东部</td><td colspan="2">≥80</td><td>东部</td><td>≥90</td></tr>
<tr><td colspan="2">中（东北）</td><td colspan="2">≥70</td><td>中（东北）</td><td>≥80</td></tr>
<tr><td colspan="2">西部</td><td colspan="2">≥60</td><td>西部</td><td>≥70</td></tr>
<tr><td rowspan="2">农业安全</td><td>6</td><td>主要农产品中有机、绿色及无公害产品种植面积的比重/%</td><td>30</td><td colspan="4">≥40</td><td colspan="2">≥50</td></tr>
<tr><td>7</td><td>土壤污染防治清单</td><td>土壤环境现状调查</td><td colspan="4">法规体系初步建立；土壤污染防治示范展开</td><td colspan="2">土壤污染防治体系初步建成</td></tr>
<tr><td rowspan="3">农村环境综合整治</td><td rowspan="3">8</td><td rowspan="3">农村环境综合整治率/%</td><td rowspan="3">15</td><td rowspan="3">全国</td><td rowspan="3">≥22</td><td>东部</td><td>≥40</td><td colspan="2" rowspan="3">≥30</td></tr>
<tr><td>中（东北）部</td><td>≥20</td></tr>
<tr><td>西部</td><td>≥20</td></tr>
<tr><td>生态示范创建</td><td>9</td><td>优美乡镇、生态村（个数）</td><td>2 000[①]、10 000[①]</td><td colspan="4">4 500、25 000</td><td colspan="2">8 000、40 000</td></tr>
</table>

① 表明其阶段目标值根据相关规划和政策要求等确定。

五、政策建议

（一）以农村环保技术为抓手，提升农村环境品质

大家都认识到解决农村环保问题是一个规模庞大的系统工程，其牵涉面广、涉及层次深，需要综合考虑社会观念、技术、制度、经济能力等因素，只片面强调一个方面的做法都是不妥当的；但从根本上解决农村环境面临的问题仍需依靠适宜的环境技术来解决，农村污染治理技术应当因地制宜，并考虑生活污染治理具备与农业生产相结合的条件，从源头削减污染物和防止生态破坏，因此要逐步建立起农村环境科技推广体系。

（二）强化监管，以环境保护法规为原则

以农村环境监测与统计工作为主，以农村环境质量和环境容量控制引导农村经济发展模式，健全农村环境保护法规和相关标准体系。

在人员配备、财政、技术、设备上给予农村环境监管以持续的支持。农村环境问题的治理必须着眼于长期的制度建设，必须在环境法律意识的层面上加强农村环境法制建设。

（三）以示范带动整体，促进农村环境的整体改善

在农村环境保护工作中，对农村居民的示范教育是至关重要的，如对测土配方的施肥技术，可从源头上减少面源污染，而从实施的角度又具有一定的困难，因为减少化肥的施用量对农作物产量有一定的影响，这会直接影响到农民的收入，另外，从现有实际工作中来看，提倡施用有机肥也会带来人工成本的增加，所以在这些技术的应用当中需要进行示范带动，使农民认识到其对环境改善的效益，从而促进多数人的环保行动。

农村环境综合整治绩效评估及“十二五”建议

一、课题研究背景与目标

（一）研究背景

我国是农业大国，农民数量众多，农村地域广阔，农村环境保护是社会主义新农村建设的重要内容，是环境保护的重要组成部分。近年来，我国不断加大农村污染防治和生态保护力度，并且取得了一定的成效，但是，农村环境保护的形势依然十分严峻，农村环境问题突出。农村环境污染防治已成为我国环境保护工作中新的重点和难点。

党中央、国务院对农村环境保护高度重视，先后发布了《中共中央国务院关于推进社会主义新农村建设的若干意见》、《国务院关于落实科学发展观 加强环境保护的决定》和国务院办公厅转发的《关于加强农村环境保护工作的意见》等重要文件，明确了农村环境保护的要求。2008 年 7 月 24 日，国务院召开了首次全国农村环境保护工作电视电话会议，会议确定了农村环境保护的主要目标，提出了“以奖促治、以奖代补”等重要政策措施，中央财政首次设立农村环境保护专项资金，安排农村环境保护专项资金 5 亿元用于“以奖促治、以奖代补”。2009 年财政部划拨了 10 亿元中央农村环境保护专项资金，用于开展旨在有效解决农村突出环境问题、改善农村环境质量的环境污染防治设施建设和综合性污染治理项目。2010 年 5 月 19 日，财政部、环境保护部分别与辽宁、江苏、浙江、福建、湖北、湖南、重庆、宁夏等 8 省（自治区、直辖市）签署农村环境连片整治示范协议。根据协议，财政部、环境保护部将在资金、政策、技术等方面为农村环境连片整治示范提供支持，力争在 3 年内（2010—2012 年）使示范区域突出环境问题得到有效解决，环境质量得到明显改善，农村生活污水、垃圾和畜禽养殖废弃物得到有效处理处置，农村环境管理体制和长效机制得以健全。

为积极推动“以奖促治”项目实施，加强监督管理，确保示范工作取得成效，根据国务院办公厅《关于实行“以奖促治”加快解决突出的农村环境问题的实施方案的通知》（国办发[2009]11 号）和《中央农村环境保护专项资金管理暂行办法》（财建[2009]165 号）精神，环保部等制定了《中央农村环境保护专项资金环境综合整治项目管理暂行办法》（环发[2009]48 号），对“中央农村环境保护专项资金环境综合整治项目”的申报、审批、组织实施、考核验收和监督检查等做了明确的规定，其中明确了“环境保护部会同财政部对农村环境综合整治项目的实施情况进行抽查，在各地项目执行情况报告和抽查情况的基础上进行考核。”

但由于目前还未建立《中央农村环境保护专项资金环境综合整治项目》评估机制，未能对农村环境综合整治成效进行定性或定量评估，相应的环境管理措施还不完善，不利于农村环境综合整治项目健康发展。随着农村环境保护工作不断深入，为保证农村环境综合整治项目健康、有序和高效向前推进，迫切需要建立和完善相应的管理体系和各项规章制度，“农村环境综合整治环境成效评估”是该管理体系的重要组成部分。

（二）研究目标

为满足我国正在开展的农村环境综合整治成效评估实际需要，为“十二五”期间农村环境综合整治成效评估考核提供总体思路、评估指标体系与考核方法。

二、研究思路

本项目在对国内外相关文献研究、已建农村环境综合整治项目实地考察与调研的基础上，分类提出农村环境综合整治成效评估指标，设计农村环境综合整治项目绩效评估表，同时研究建立评价模型，研究评估程序和方法；选择典型已建农村环境综合整治项目进行环境绩效评估指标论证和环境绩效评估试验；在论证和试验的基础上，对评估指标和评价模型进行修改和完善，多方征求意见，最终形成绩效评估指标体系；跟踪地方应用这套评估体系评估“十一五”期间农村环境综合整治项目的环境成效的全过程，提出“十二五”期间进一步完善建议。项目研究思路如下：

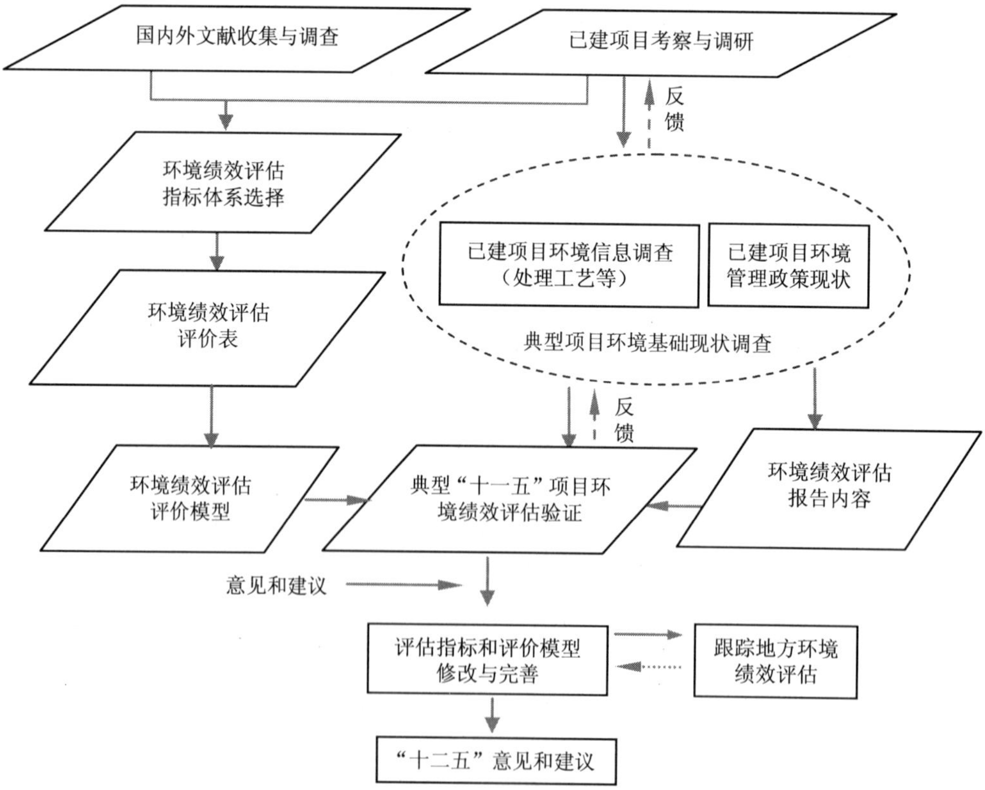

图 1　项目技术路线图

三、研究内容

（1）针对分散村庄治理与区域性连片村庄治理，分类提出农村环境综合整治成效评估指标，论证各项指标的可行性。

（2）评估“十一五”期间农村环境综合整治成效，分析总结各地农村环境综合整治过程中在治理技术、项目实施管理等方面的成功经验和存在的问题。

（3）研究提出“十二五”期间农村环境综合整治成效评估考核总体方案。

四、主要结论与成果

（1）通过2008年、2009年“以奖促治”项目进展情况调研，对目前农村环境综合整治项目基本情况、成功经验、主要存在问题有所了解，提交调研报告，为管理部门的环境管理提供服务。

（2）在重点分析国内农村环境管理法律法规体系和管理体系的基础上，提出了农村环境综合整治项目成效评估办法，明确了农村环境综合整治项目环境成效评估的组织实施、内容与指标体系、考评结果应用等，进一步规范了项目管理。

（3）借鉴采取层次分析法的思想，基于考虑农村环境综合整治环境成效的层次及重点不同，并参照生态村、环境优美乡镇等环境成效指标等，构建了农村环境综合整治环境成效评估技术体系，并对典型村庄开展了评估示范试验。

（4）根据环保部及各级地方政府农村环境综合整治项目管理工作的需求，构建了为县、市、省、部4级应用部门提供全面、快捷、准确的信息服务和决策支持的农村环境综合整治项目环境成效评估平台。

五、政策建议

（一）明确绩效评估责任主体，完善政绩考核机制

地方政府作为农村环境保护的责任主体，地方政府责任到位、措施到位、监督到位是农村环保工作和农村综合整治落实到位的根本保证。

当前，强化政府环保责任的一项重要措施是层层签订环保目标责任书。实行政府环保目标责任是《环境保护法》规定的“地方各级人民政府对环境质量负责”的具体体现，不仅有助于强化政府的环保职能，而且有利于提高政府各部门领导的环境意识，促进各项环保工作的落实。但是，从这项工作的实际执行情况看，地方政府环保目标责任往往流于形式，没有真正发挥其作用。究其原因，是缺乏相应的奖惩机制，即政府环保目标责任有无落实、落实好差与地方政府的政绩考核没有多大关系。因此地方政府农村环保责任目标能否落到实处，关键是农村环保责任追究制度能否落到实处。为此，应从责任追究制度建设入手，进一步强化地方政府环保责任和领导干部的环境意识，把农村综合整治绩效评估纳入政绩考核体系。

2007 年 5 月，国家环保总局制定《关于加强农村环境保护工作的意见》，提出“要建立农村环境保护责任制，实行县乡（镇）环境质量行政首长负责制，实行年度和任期目标管理，开展县乡（镇）环境质量考核，定期公布考核结果”。因此，可以以农村环境综合整治绩效评估作为考核的一个切入点。考核形式可以多样，如选择有条件的地区开展生态示范村建设，村镇环境综合治理作为生态市、生态县区建设的细胞工程，可纳入各级政府年度工作考核目标责任状，形成系列生态示范创建工作局面。

（二）完善绩效评估的指标体系，强调地方实效性

各地应在现有评估体系的基础上根据自身特点进行指标体系的完善。

农村环境综合整治绩效评估标准的制定是一个复杂的系统工程，根据指标法路径编制的绩效评估标准体系能够反映我国现行的农村综合整治工作的客观实际和主要要求。但无论指标法或投入效益分析法等路径编制的标准体系都各有其优点，也有其局限性，因此需要综合考虑不同方法的特点，取长补短，相互补充，以指标和目标任务的制定作为标准体系的主要部分，由此为农村环境管理部门和治理单位确定工作目标，同时，为了体现绩效的本质要求和绩效评估的发展趋势，还需要对投入产出、政府职能等进行深入研究，这是当前应该加强工作的地方。

评估标准应该体现原则性与灵活性的统一，强调其可操作性和实效性。标准应有助于实现“生产发展、生活宽裕、乡风文明、村容整洁、管理民主”等社会主义新农村的基本要求。因此，在各地实践中，应当将这一基本要求与各地的具体实践相结合。在现有评估标准的基础上，要求各地开展深入研究，结合自身地域、社会经济特点制定出细化的考核标准，各地行之有效的考核标准，可以经多地区、多部门的联合研讨、协调之后进行推广使用。

（三）建立和完善农村环境综合整治绩效评估，并开展试点

发达国家从绩效理念的确立到具体实施有效的绩效评估都是经历探索、发展直到成熟等几个阶段，如澳大利亚政府相对成熟的绩效评估体系是经历多年的摸索和实践才总结出来现行的做法，它的发展体现了阶段性的特点，其成功的关键在于推行的渐进性。因此农村环境综合整治绩效评估也应采取由点到面、由农村环境综合整治试点再到国家农村环境保护政策整体层面的阶段。在农村绩效评估的起始阶段，首先针对连片村庄治理和分散村庄治理在项目层次实施绩效评估，随着评估理论和实践经验的积累，再向决定项目的政策层次延伸，最终扩展到部门以及政府整个工作范畴，促使政府公共部门树立农村环境综合整治绩效意识，增强绩效责任感，提高部门决策和支出的成效。

（四）建立强有力的绩效评估保障体系和组织体系

环保部门要推行绩效评估，首先要有评估的法律框架。国外经验表明，要想绩效评估持续长久的开展，必须要有强有力的法律保障。在绩效评估实施的初期，可先制定相应的管理办法，条件成熟时，制定可操作性强的部门配套规章，提交国务院研究制定相关条例，并择机向人大提议，上升为法律。从国际上成功的案例来看，绩效评估实施的关键在于有一个专门的强有力的组织机构来推动，西方政治体制下一般由议会和政府公共组织实施。

但目前在我国，有立法机关组织实施领导的条件还不成熟，由于环保部是环保部门绩效监督的主体，可以由环保部组织实施绩效评估，或者设立专门的机构直接向国务院负责，对农村环境综合整治乃至农村环境保护工作进行绩效评估。

“十二五”生态保护目标指标体系研究

一、课题研究背景与目标

（一）研究背景

1．完成建设生态文明目标要求的需要

分析生态保护政策变迁的过程，确立环境保护战略思想的重要地位，提出研究制定生态保护指标体系是体现建设生态文明这一重要指导思想、政策导向和目标要求的需要。

2．解决生态环境面临的严峻问题的迫切需要

从生态保护成就和生态环境面临的形势的角度，探讨建设我国生态保护指标体系的重大意义。

（二）研究目标

（1）研究提出未来 5～10 年我国生态保护工作的战略目标。

（2）研究提出我国生态保护指标体系。结合湖北省实际情况，对已有相关评价方法及指标进行可行性分析，建立我国生态保护评估与考核指标体系。

二、研究思路

（一）生态保护的基础与趋势分析

从生态保护的思路变迁、“十一五”生态保护的成就、自然生态保护现状、面临的生态威胁、国际生态保护经验的角度，分析未来 5～10 年我国生态保护的发展趋势。

（二）生态保护的总体思路与战略构想

从指导思想、规划原则、战略构想、战略重点四个方面入手，结合党中央“十二五”生态保护工作总体思路和指导思想，提出我国生态保护指标体系的总体思路。遵循可持续发展、预防为主、生态补偿、循序渐进、公众参与五大原则，研究提出未来 5～10 年我国生态保护工作的战略目标。

（三）生态保护的目标指标分析

基于前面的研究，提出未来 5～10 年适合我国生态保护的指标体系。

三、研究内容

（一）我国生态保护基础分析

通过梳理以往的生态保护思路的变迁，提出建设生态文明构成了我国最近时期生态保护的重要指导思想内容。

梳理近 10 年来我国环境保护重点工作和成就，包括自然保护区和重要生态功能保护区建设、资源开发的生态保护、生态示范系列创建工作等。

通过研究国外生态保护的发展和推动的历史过程，指出生态保护是一项涉及面极其广泛的工作，不仅需要生态学及相关学科的理论指导，也需要政府与民间的共同努力和国际社会的协调互助。

根据我国的长期实践和所面临的新形势，我国生态保护应当在“全面推进、重点突破”的思路指引下，提出我国生态保护的基本对策。

（二）我国生态保护趋势分析

通过调查对我国生态保护概况，包括森林、草原、湿地、耕地、海洋、荒漠、城市、农村的生态保护现状，结合我国生态保护发展历程，分析我国生态保护工作存在的问题，并提出对策措施。

（三）我国生态安全问题分析

通过对目前我国面临的自然灾害、生物入侵、资源环境、食物安全、疾病传播等生态安全问题的梳理，分析得出 21 世纪我国生态安全应采取的战略对策和措施。

（四）我国分省区生态环境胁迫性分析

基于对区域生态胁迫性评价指标体系与评价模型以及评价体系的建立，评价得出各省区的生态环境综合指数（EST）、资源环境压力、资源环境状态、社会响应等一系列研究成果，综合分析影响区域生态安全的社会经济因素。

（五）我国生态保护的总体思路和战略构想

通过对国内外各界生态保护思路的汇总和分析，结合我国“十二五”时期生态保护工作的指导思想以及遵循的原则，提出我国生态保护分三步走的战略构想和战略重点。

（六）我国“十二五”及远景生态保护总体和阶段目标

基于前面的研究分析，提出我国“十二五”时期及中期、远期的生态保护总体和阶段目标，建立 6 套生态保护指标体系。

（七）提出"十二五"规划年生态考核指标

四、主要结论

（一）我国生态保护的战略构想

1. 三步走的战略目标

（1）到 2015 年，全国生态环境恶化的趋势得到遏制和改善，部分地区的环境质量显著好转，生态系统管理立法模式初步建立，各自然资源单行法规互相交叉的局面得到改善，生态保护立法体系趋于合理化。

（2）到 2020 年，制定适应生态保护发展的政策法规与标准，实现生态保护投入渠道的多元化，将生态投入纳入地方财政支出，加大生态投入落实的监督考核力度，建成比较完善的生态保护人才队伍储备培养体系，实现生态保护的可持续发展。

（3）到 2030 年，全国生态恶化趋势得到明显改善，部分地区生态环境质量显著好转；完善生态保护立法体系，建立整体配合、互不交叉的自然资源单行法规，确立生态系统管理立法模式；在全国各省市建立比较完整的生态监测信息网络系统；优化生态保护管理体制，建成职责分明、互不干扰的生态系统综合管理部门体系；健全生态保护投入机制，建成比较完善的生态保护人才队伍储备培养机制，制定相应的政策法规和标准；落实生态"潜绩"的考核奖励指标，建立起比较完善合理的生态保护社会监督舆论体系，强化生态保护工作的监管力度，完善群众监督奖励与保护机制；生态农业已初具规模，全国推广生态省市乡创建工作；生态补偿体制明显得到优化，群众比较满意补偿力度。

2. 战略重点

（1）自然生态系统的保护

用少量的土地和现代化的技术手段，提高土地利用效率，提高社区群众的物质文化和生活质量，腾出大量的土地使其"休养生息、以地养地"，借助自然的力量实现恢复。

（2）生态脆弱区保护

在《生态脆弱区保护规划纲要》的指导下，进一步建立健全生态脆弱区保护法律法规体系、生态监管监测预警体系等，转变生产和经营方式，遏制生态脆弱区生态系统的退化趋势，缓解人地矛盾，使生态系统基本处于健康、稳定的发展状态，促进人与自然和谐发展。

（3）生物多样性保护

健全自然保护区建设与管理的立法体系。加快建立《中华人民共和国自然保护区法》，改变目前自然保护区法规和部分环境保护法存在调整对象和执法主体相互交叉的局面，明确各部门职责，提高自然保护区的管理效率。

优化管理人才的培养制度。

加大对自然保护区内居民的补偿力度，建立和完善自然保护区生态补偿机制。

保护生物种质基因资源。加强退化生态系统的恢复与重建工作，保护基因、生物和生态系统的多样性。建立健全相关法规，加强对无意引进和有意引进外来入侵物种的安全管理；开展全国范围的外来入侵物种调查，查明我国外来物种的种类、数量、分布和作用；建立外来物种数据库；分析外来物种对我国生态系统和物种的影响，建立对生态系统、环境或物种构成威胁的外来物种风险评价指标体系、风险评价方法和风险管理程序；逐步建立健全精干高效的外来入侵物种监测系统；加强对外来入侵物种危害性的宣传教育，提高对外来入侵物种的防范意识；加强对外来入侵物种识别、防治技术、风险评估技术、风险管理措施的培训。

（4）开展生态环境质量评价工作

建立完善的生态监测网络，深入生态监测工作，定期在主流媒体公布全国和各地生态环境质量结果。“十二五”期间，环境保护部应大力推动生态环境质量评价工作，改善生态环境质量。

（二）我国生态保护指标体系

生态环境系统作为一个庞大而复杂的多因素系统，它涉及社会、经济、自然环境等多方面因素。综合考虑我国的生态环境问题，构建了生态保护指标体系（表1）。

表1 我国生态保护指标体系构建

一级指标	二级指标	三级指标
环境污染控制		单位GDP能耗及其降低率、主要污染物排放量及削减率、草地载畜强度、化肥施用强度、农药施用强度、秸秆综合利用率、集中式畜禽养殖粪便处理率、生活垃圾无害化处理率等
生态保护与建设	水资源及水质量保护	水资源利用率、水资源循环利用率、年水资源的供需平衡比、水源涵养林等
	土地利用及保护	森林覆盖率、水土流失面积占国土面积比例、土壤重金属含量、生态脆弱区治理率、矿山环境恢复治理率、矿区土地复垦率、保护区面积占区域总面积的比率、城市化地区绿化覆盖率、人均绿地面积、人均公共绿地面积等
	农村环境保护	农村环境综合整治、生态示范村创建等
	野生动植物保护	生物多样性指数、濒危物种占全部物种的百分比、受保护的野生动植物占总物种数的比、生物入侵等
生态环境管理		环境保护投资占GDP的比例、公众对生态环境的满意率、环境监管效率、政府规划战略环境评价实施率等

五、政策建议

（一）应对生态保护发展转折点和关键时期的发展对策

（1）正确处理好经济发展与生态保护之间的关系，生态保护与经济发展紧密结合互相促进；

（2）继续创新、建立、完善长效机制；

（3）突出重点，全面推进；
（4）加强政府领导，建立生态问责制度；
（5）深入广泛地开展生态宣传教育，把生态保护观念根植于每一个人心中。

（二）以法律法规建设的角度提出我国生态保护工作的对策

（1）建立健全生态保护法律法规和标准体系；
（2）制定和完善生态保护经济政策；
（3）构建生态系统监测体系；
（4）建立合理的、多元化的投入机制，进一步加大生态保护和建设的投入；
（5）提高全民素质，大力开展生态保护宣传教育；
（6）大力开展国际交流与合作；
（7）恢复和重建灾区生态环境。

（三）应对中国生态安全问题应采取的战略对策和措施

（1）建立健全法律法规
（2）实行清洁生产，发展循环经济；
（3）发展生态农业，生产绿色食品；
（4）开展环境治理，提升环境质量；
（5）建立预警系统，维护生态安全；
（6）重视生态教育，提高生态素质。

第三部分

重点领域

“十二五”生活垃圾和危险废物防治重点研究
“十二五”工业固废防治重点研究
“十二五”医疗废物污染防治重点研究
“十二五”城市污泥污染防治重点研究
循环经济与“十二五”环境保护规划研究
“十二五”期间危险化学品风险防控重点研究
“十二五”期间国际公约履约基本思路研究
“十二五”期间国际公约履约工作重点研究
基于风险防范的环境监管休系构建研究
环境风险防范制度与对策措施研究
污染物产生量评价与控制政策制度措施研究
环境保护产业需求与支撑研究

"十二五"生活垃圾和危险废物防治重点研究

一、课题研究背景与目标

（一）研究背景

1. 生活垃圾

经过数十年的发展，我国城市市容环境卫生和城市生活垃圾处置有了长足发展。到2007年，我国城市生活垃圾清运量达到1.52亿t，集中处理量达到9 438万t，占总清扫量的62%。但是在我国，通过各种渠道被回收的可再生材料（废品）没有纳入城市生活垃圾管理；我国城市生活垃圾中还有约48%（即约7 500万t）进入简易填埋场，甚至被倾倒进江河湖海而没有进行任何处理；垃圾中废弃包装材料的含量不断增长，综合利用还有较大的潜力。特别需要指出的是，我国农村生活垃圾管理还基本处于空白状态。根据估算，农村生活垃圾产生量约为2.88亿t。农村生活垃圾基本都在村镇周围和住所周围自行倾倒处置，其中相当大的比例被倾倒进入江河湖海。

2. 危险废物

（1）管理底数严重不清

我国危险废物的实际产生量要比公布的数据大许多，往往对1个地区调查分析后得出的危险废物产生量比统计数据大几倍。2008年我国危险废物统计产生量为1 357万t。这一数据同样存在着巨大的不可靠性。根据估计，这一数字应该为4 000万～6 000万t。

（2）无害化管理处于初级阶段

《固体废物法》建立了我国危险废物管理制度框架，其中最主要的是转移联单管理制度和经营许可证制度，这些制度在危险废物管理中已经执行数年。但制度执行上基础薄弱，各地区和各领域的执行力度和程度并不一致，缺乏实施细则。到目前为止，获得环保部颁发的危险废物综合处置设施经营许可证的处置设施仅有少数几处，不能满足国家管理需要。

（3）处置技术水平尚需提高

我国危险废物产生统计上以综合利用为主，贮存和处置统计量上大约占1/3，并且每年统计还有几千吨危险废物被排放到环境中。据统计，1996—2004年全国危险废物纳入统计的累计贮存量已达到3 394万t，如果加上未统计的贮存量，历年堆存的危险废物数量是巨大的。根据2005年的危险处置设施普查结果，全国危险废物集中处理设施闲置现象非常严重，设施的总体利用率不到50%，说明危险废物仍以产生企业自行处置为主。

（4）已经造成环境污染

我国每年尚有数千吨危险废物被排放到环境中，历年堆存在环境中的数千万吨危险废物已经对堆存地及周围环境造成了严重污染。已经发现的危险废物污染个案以及各地在进行城市建设过程中不断出现的土壤和地下水污染事故，足以说明我国危险废物已经对各地环境、特别是土地造成了严重污染。对于危险废物处置和综合利用环境监管的缺失也会造成对环境和人民健康的损害。由于缺乏调查和基础研究，尚无法掌握危险废物在处置和综合利用过程中对环境污染的基本状况。

（5）社会源危险废物管理缺失

以往我国固体废物管理的重点在于生活垃圾和工业危险废物，对于社会源危险废物还没有引起足够的重视。由于社会消费的快速增长，消耗的产品快速增长，由此产生的社会源危险废物量将越来越大。目前我国城市居民的电子电器产品以及汽车在迅速普及，预计“十二五”期间是淘汰报废的高峰，电子电器废物拆解中会产生很多危险废物，需要加强监管，进行无害化利用和处置。

（二）研究目标

（1）基本掌握全国固体废物的产生和管理状况；

（2）对固体废物实施全过程无害化管理，突出产生源和污染源的管理，有效防治固体废物污染；

（3）建立固体废物资源循环思想，通过减少固体废物的产生、加强固体废物的回收和资源化，提高固体废物的资源循环率。

二、研究思路

（一）摸清管理底数

目前我国的固体废物管理中，无论管理对象是生活垃圾还是危险废物，都存在着底数不清的现象。同时对固体废物的产生种类、分布、性质以及污染途径、污染状况都缺乏必要的了解，存在着固体废物管理底数不清的问题。后果是不能全面把握我国固体废物产生、处置和污染的情况，不能正确制定固体废物管理的战略和政策，难以全面控制固体废物的实际污染状况，对我国固体废物管理体系和管理机制的建立和完善也形成了巨大障碍。

（二）明确管理目标

由于固体废物与废水、废气在特性方面有着极大的不同，无论是污染途径还是污染形式都相应复杂。工业技术的飞速发展造成固体废物没有可接受的环境受纳体，不可能采用与废水或废气相同的排放技术。因此，不能将固体废物作为污染排放物管理，而应该将固体废物作为污染源进行管理。固体废物管理的目标应该是资源的保护和正常循环，而不是简单的处理处置过程中的污染防治。

三、研究内容

（一）固体废物管理重点研究

固体废物的管理重点是资源保护与资源循环，建立完善的固体废物循环途径（包括合理的社会循环和无害的自然循环）。我国 1995 年制定《固废法》，将管理重点确定为污染控制。2004 年进行修订，但是基本管理原则没有改变。从法律制定到现在已经过去了 13 年，随着我国经济的高速发展、未来发展对资源和能源的需求和依赖越来越高以及环境管理要求的需要，在深入研究我国国情和固体废物管理规律的基础上，通过修订和制定一系列的固体废物管理法规和制度，以彻底改变固体废物管理目标为契机，促使固体废物管理和污染防治局面得到彻底改观。

（二）固体废物污染防治技术路线研究

固体废物污染防治的技术路线应是对固体废物从产生到最终处置全过程进行环境无害化管理；最大可能地减少固体废物的产生量和有害性；最大可能地对固体废物进行材料和能源的再生循环；将处置作为固体废物最后手段时，为将来的回收和再生尽最大可能提供便利。遵循固体废物管理的自身规律，根据我国具体国情，调整我国固体废物管理和污染防治的基本原则，制定科学合理的技术路线，是目前我国固体废物管理转型亟须解决的关键问题。

（三）固体废物管理制度研究

对现有固体废物管理制度及其实施情况进行全面评价，在充分的研究基础上，借鉴发达国家经验教训，制定和修订国家固体废物处理处置技术政策，分区域、分废物种类完善固体废物管理与污染控制技术政策，有计划、有步骤地制定和完善固体废物管理专门法规、标准及技术规范。深化固体废物全过程管理思想和体系，为构建以环境无害化为基本原则、以再生循环为基本方针、以“3R”为基本手段的固体废物管理法律体系奠定基础。

（四）固体废物管理能力建设研究

针对目前固体废物管理能力不足、难以实施全面有效监管的问题，从人员编制、设备和资金等方面推进各级固体废物管理机构、鉴别机构和研发机构的建设；针对各级管理和技术支持人员进行相关培训。

（五）固体废物处置设施投资运行模式研究

建立合理有效的固体废物处置设施建设和运行资金保障渠道，建立与我国现行市场经济模式相匹配的固体废物处理处置投资运行管理模式。大力推进生活垃圾处理收费制度；规定城市生活垃圾处置费在城市基础设施运行维护费用或者城市财政总支出中的最低比例；对贫困地区城市、乡镇生活垃圾和农村生活垃圾实行处置费用补贴制度。在危险废物处置中，贯彻生产者责任制；将危险废物集中处置设施进一步产业化，建立与我国现行市场经济模式相匹配的固体废物处理处置投资运行管理模式。

（六）固体废物无害化处置和综合利用技术研发和集成研究

加大固体废物无害化处置技术研发的投资，重点解决目前固体废物无害化处置中的关键技术问题。加强固体废物无害化处置和综合利用技术研发和集成，以提高固体废物的综合利用率。

四、主要结论与政策建议

（一）生活垃圾

（1）开展农村和乡镇生活垃圾、畜禽粪便产生污染现状调查，以制定适应其污染现状的管理政策。

（2）推行城市生活垃圾分类收集，建立健全分类收集和回收利用体系，加强我国城市生活垃圾收集、清运、中转和最终处置设施建设，提高生活垃圾中可再生利用资源的再生利用率，减少进入最终处置设施的生活垃圾数量、提高最终处置效率。

（3）在经济发达地区和环境敏感地区建设农村和乡镇生活垃圾和畜禽粪便集中处置设施试点，逐步将农村和乡镇生活垃圾和畜禽粪便纳入集中收集处置范围，探索适应农村和乡镇特点的生活垃圾和畜禽粪便管理模式，逐步在全国范围内推广。

（4）推进生活垃圾处理收费制度；建立包装废物等产品性废物的“生产者责任延伸制度”；规定城市生活垃圾处置费占城市基础设施运行维护费用（或城市财政总支出）的最低比例和随经济发展的增长比例；建立贫困地区城市、农村和乡镇生活垃圾处置费用的补贴制度。

（5）研究生活垃圾、畜禽粪便的资源化利用技术、污染控制技术，并制定相关标准与技术政策。

（二）危险废物

（1）开展危险废物产生污染现状调查，以制定适应其污染现状的管理政策。

（2）建立全国和省级危险废物信息平台，调查、收集、整理和公布全国危险废物污染防治的信息和数据，并通过网站实现信息共享。建立更为明确的危险废物申报登记制度。

（3）推行清洁生产工艺技术，加大危险废物处理收费制度的执行力度，从源头减少工业危险废物的产生量。

（4）将危险废物集中处置设施产业化，即将现有集中处置设施的主要功能定位为危险废物的收集、分类与预处理。在各地建设更为专业的危险废物综合利用设施，以提高危险废物的综合利用率。

（5）大力推动水泥窑共处置危险废物技术和设施的发展，以使可作为替代燃料和替代原料的危险废物得到最大限度的利用。

（6）在各地建设危险废物鉴别实验室，对相关人员进行专业培训，加强各地环保管理部门危险废物特性鉴别能力。

（7）研究危险废物填埋、焚烧、水泥窑共处置与其他综合利用过程中的污染控制关键技术，并制定相关标准和技术政策。

（8）加强固体废物管理中心和监管能力建设。

“十二五”工业固废防治重点研究

一、课题研究背景与目标

（一）研究背景

根据《固体废物污染环境防治法》中的定义，“工业固体废物”是指“在工业生产活动中产生的固体废物”。这个定义概括出工业固体废物的来源非常广泛，所有与工业生产直接相关的活动都可能是工业废物的产生源。国家环境保护局 1994 年《固体废物申报登记工作指南》将工业固体废物按产生源和主要污染物划分为 73 类；《国家危险废物名录》中的 47 类废物与《指南》中的前 47 类废物基本对应。根据以上法规和名录的要求，我们大致上可以将工业固体废物分为一般工业固体废物、危险废物和放射性废物。由于课题 19 的课题要求中对项目研究内容进行了分解，所以本次研究中的工业固体废物是指一般工业固体废物。

（二）研究目标

在掌握我国工业固体废物基本情况的基础上，科学预测“十二五”我国固体废物种类、数量及分布，准确把握未来环境质量和总量控制的法律要求，根据我国经济社会发展的最新情况及经济承受能力，建立与我国经济社会发展及国家总体环境保护目标相适应的全防全控固废污染防范体系和高效的固废污染治理体系。

二、研究思路

课题组通过调研近年来我国工业固体废物产生现状、工业固体废物相关法律法规体系现状、工业固体废物管理体系现状以及“十一五”期间我国工业固体废物相关规划执行情况，充分掌握我国工业固体废物的基本状况和存在的主要问题。根据 GDP 和人口增长速率，科学预测 2010 年和“十二五”末期工业固体废物的产生量，并且通过对主导废物制定控制指标和提出重点项目及工程，实现“十二五”期间工业固体废物总体控制指标。

三、研究内容

（一）调研工业固体废物产生及管理现状

（1）通过文献调研，了解我国2001—2008年工业固体废物的产生量，以及工业固体废物按地区和行业的分布情况。

（2）通过文献调研，了解我国2001—2007年工业固体废物利用、贮存、处理处置和排放情况。

（3）通过文献调研，分析我国2001—2006年十大行业主要工业固体废物产生、利用情况，总结十大行业对工业固体废物的利用情况以及对总体目标的影响。

（4）通过文献调研和部委调研，掌握我国工业固体废物政策、法规、标准体系和管理体系现状。

（二）分析工业固体废物“十一五”期间管理状况

（1）将“十一五”期间实际综合利用率和《“十一五”资源综合利用指导意见》、《“十一五”环境保护规划》中有关工业固体废物的指标进行对比，评价规划执行情况。

（2）通过分析2005—2008年全国工业固体废弃物产生的增长率、综合利用率、贮存率、处置率及排放量变化趋势，评价“十一五”以来在工业固体废物领域相关法律法规执行的效果。

（3）通过第二产业GDP和工业固体废物的数学相关性，科学预测“十二五”期间工业固体废物的产生量。

（4）分析我国工业固体废物污染防治工作存在的问题和面临的挑战。

（三）提出“十二五”期间工业固体废物的发展目标和重点工程

根据我国工业固体废物的产生现状、利用现状、管理现状和发展趋势，科学提出“十二五”期间工业固体废物的发展目标和重点工程。

四、主要结论

（一）工业固体废物现状

工业固体废物是指在工业生产活动中产生的固体废物，又称工业废渣或工业垃圾。我国是一个发展中国家，经济的发展模式为粗放型及资源消耗型模式，这也就决定了我国必然是一个工业固体废物产生大国。据统计，进入“十五”之后，特别是自2003年起我国工业固体废物的年产生量超过10亿t，并以年均11.07%的速度持续递增，2007年工业固体废物的产生量达到17.6亿t，工业固体废物的产生与处置现状呈如下特点：

1．呈地域性分布

地区的经济及产业结构决定了工业固体废物的分布呈现出地域的特点，华北、东北及华东3个地区的工业固体废物产生量占全国产生量的60%以上，而河北、辽宁、山西、山东、内蒙古、四川等6个省份产生的工业固体废物量为最大，占全国的45%。

2．典型行业产生量大

从行业上来看，以矿选、电力、热力的生产和供应、黑色金属冶炼及压延加工业、化学工业、有色金属冶炼及压延加工工业等10个行业的工业固体废物产生量最大，合计约占总量的95%。其中，尤其以矿业和电力、热力的生产和供应业的产生量巨大，约占总量的60%。

3．典型废物较为突出

按照工业固体废物排放种类分，以尾矿、粉煤灰、冶炼废渣、煤矸石和炉渣这5种废物排放量最大，占整个工业固体废物总量的90%，尤以尾矿的产生量为最大，占总量的30%，典型工业固体废物的处理处置将影响到整个工业固体废物处理处置的最终结果及综合处理水平。

4．初步实现资源综合利用

据初步分析，2006年我国已基本实现“十一五”环境保护规划目标——工业固体废物综合利用率达60%；同时粉煤灰达75%、煤矸石达70%、尾矿达10%、冶炼渣达86%等，均可达规划的综合利用目标要求；而典型固体废物中的脱硫石膏综合利用则与“十一五”基本利用的预期目标差距较大。

（二）存在的问题

我国固体废物领域的管理与治理工作，与其他水环境或大气环境领域的污染管理与治理工作相比开展较晚，体系的建设也相对滞后。现阶段工业固体废物的管理工作主要依托于宏观的固体废物管理体系，同时由于一般性工业固体废物的危害性与危险废物和医疗废物相比较小，所以这一领域引起人们的关注程度不高，其相关工作也开展得比较少，管理相对薄弱。存在着以下问题：

（1）环境管理法律体系不健全，经济激励政策的可操作性需要进一步提高；

（2）管理工作未纳入“十一五”环境保护工作重点，基础数据可靠性差，环境考核指标不完善；

（3）环境管理模式未能适应政府机构的职能调整，运行管理机制与产业结构升级关联性差；

（4）环境安全、资源综合利用率高、经济规模效应明显的技术开发、推广尚有很大空间。

（三）规划目标

根据工业固体废物管理处置现状及“十一五”期间的工业固体废物的数据统计分析，“十二五”期间的总体规划目标设定为到2015年构建功能齐全、综合配套的工业固体废物减量化、资源化、无害化的产业体系及环境管理体系，工业固体废物的综合利用率达到74%，第二产业万元GDP工业固体废物产生量相对于2010年削减20%，同时当年产生的工业固体废物达到100%无害化处置，形成一批具有一定规模、较高技术装备水平、资源利用率较高、废物排放量较低的综合利用企业。

“十二五”期间典型工业固体废物综合利用指标包括：①冶炼渣综合利用率：95%；②粉煤灰综合利用率：95%；③炉渣综合利用率：95%；④煤矸石综合利用率：80%；⑤尾矿综合利用率：30%；⑥脱硫石膏综合利用率：100%。

五、政策建议

为确保“十二五”期间的环境保护目标的实现，结合我国目前工业固体废物的污染防治水平，应积极开展如下项目及工程：

（1）工业固体废物领域法律法规体系建设。逐步构建以《工业固体废物管理条例》为核心，由行政法规、部门规章、规范性文件及各类技术标准、规范和规程组成的专业的工业固体废物法律法规体系，为工业固体废物的管理及资源的再生利用、经济的可持续发展提供法律保障。

（2）工业固体废物处理处置专项规划编制。重点考虑对于工业固体废物综合利用、安全处置、贮存等过程管理及处置技术要求，主要内容应包括我国工业固体废物的产生及处置现状，存在的问题，明确规划的原则及目标，确定主要工作内容及具体的技术要求等。

（3）典型工业固体废物的建材生产项目。重点加大工业固体废物在建筑材料领域的技术筛选，以工程化示范项目的推广建设为主，经济适用性技术完善为辅，积极开展粉煤灰、煤矸石、尾矿等固体废物在建筑材料领域的综合利用项目。

（4）典型工业固体废物的能源回收项目。重点推广煤矸石电厂的能源回收利用项目，一方面节约资源，同时变废为宝。

（5）环境安全的高附加值的固体废物资源回收项目。重点开展金矿氰化尾渣二次资源综合回收项目，采用浮选方法回收 Cu 的工艺，同时回收 Au、Ag 等元素，鼓励在开展氰化尾渣二次资源综合回收的同时，对其中的矿物材料进行合理开发利用。

（6）对历史遗留的固体废物进行综合治理。重点开展历史遗留的工业固体废物的现状调查工作，建立起全国废物清单，并对每一贮存场进行风险评估，根据其存放量、危害性及风险等级制定出优先处置目录及详细的处置计划与方案。

“十二五”医疗废物污染防治重点研究

一、课题研究背景与目标

（一）研究背景

医疗废物作为一种特殊的污染物，主要来自病人的生活、医疗诊断、治疗过程中产生的各类有害固体废物，其最大的危害性是感染性。随着社会的进步和科学技术的不断发展，为消除医疗废物的感染性，保护环境和保护人体健康，医疗废物的管理和处置越来越受到国际社会以及各个国家的广泛关注。我国作为一个有着 13 亿人口的发展中国家，对医疗废物的管理也十分重视，并将其纳入《危险废物名录》。

2003 年，“非典”爆发后，我国为控制危险废物、医疗废物和放射性废物环境污染，颁布了《全国危险废物和医疗废物处置规划》（以下简称《规划》），《规划》中针对医疗废物污染防治提出了拟建设医疗废物处置设施 300 个，新增医疗废物处置能力 2 080 t/d。医疗废物处置能力得到了较大幅度的提升，并建立了较为完善的医疗废物管理体系。但与《规划》的目标和医疗废物管理的实际需求还存在一定差距，“十二五”期间我国医疗废物处置和管理仍然是环境保护和公众健康的重要内容。

（二）研究目标

在调研、跟踪、分析、评估我国医疗废物处理处置及污染防治情况的基础上，系统分析目前医疗废物污染防治存在的主要问题，科学预测未来 5～10 年内该领域国内外的发展变化趋势，以全过程管理为重点，以环境基础设施建设与运行为核心，以健全法律基础为保障，提出与我国经济社会发展及国家总体环境保护目标相适应的全防全控医疗废物污染防范体系和高效的医疗废物处置体系。

二、研究思路

充分体现医疗废物处置减量化、无害化的原则，遵循以环境友好促进社会和谐的总体科技发展思路，强化医疗废物源头削减与分类收集，提高收集、贮存、运输的安全管理水平，保证医疗废物处理处置设施规范、稳定运行，建立突发性事件或疫情过程中医疗废物处理的有效应对机制，鼓励采用安全有效的非焚烧方式处理医疗废物，进而促进医疗废物处置和管理，保护环境质量、保护人体健康、保障生态系统安全，实现人与自然的和谐发展。

三、研究内容

（一）我国医疗废物产生及处置现状

1. 我国医疗废物产生现状

我国作为一个有着 13 亿人口的发展中国家，按照医疗床位计算，全国医疗废物的产生总量高达 70 万 t/a，医疗废物管理和处置任务十分艰巨。据统计，2002—2007 年，我国医疗废物产生量逐年递增，2007 年比 2002 年增加了近 10 万 t，我国医疗废物处置压力逐年增大，如图 1 所示。

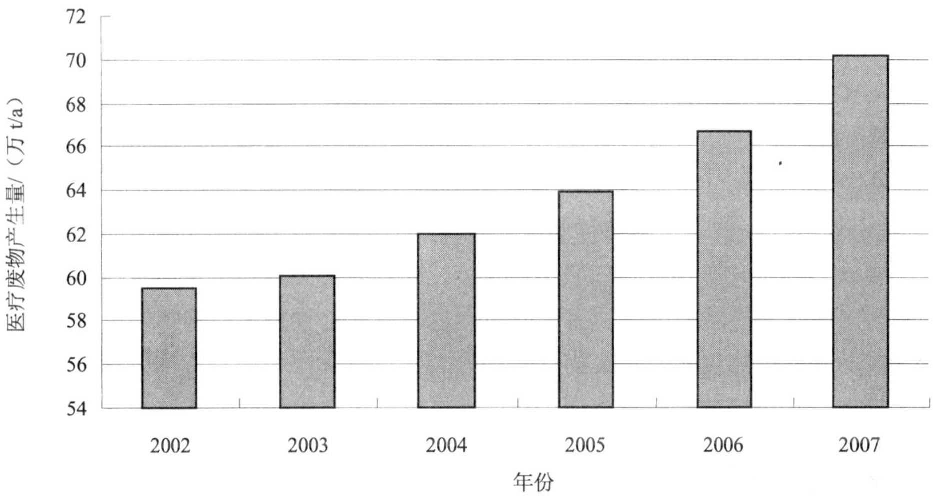

图 1 2002—2007 年我国医疗废物产生情况图

2. 我国医疗废物处置现状

2008 年底，《全国危险废物和医疗废物处置设施建设规划》内的 224 个项目已进入建设阶段或完成建设，占规划项目总数的 74.7%，其中，建成投入运行的有 120 座。预计到 2010 年，全国将有 247 座医疗废物集中处置设施建成运行，实施总体进度比较缓慢。此外，北京、天津、上海、重庆、郑州、武汉、大连、青岛、济南、鞍山、哈尔滨、大庆、沈阳、保定、廊坊、南京、镇江、宿迁、苏州、扬州、宁波、湖州、南通、无锡、镇江、台州、温州、漳州、厦门、泉州、三明、郑州、南阳、岳阳、广州、江门、佛山、太原、中山、西安、乌鲁木齐、南宁、柳州等 43 个城市已有医疗废物处置设施还将继续使用，或在短期内不会提出改造或新建医疗废物处置设施建设的申请（尽管其中一些设施技术水平与标准要求还有差距）。

（二）我国医疗废物处置和管理面临的形势

1. 医疗废物处置能力面临的形势

目前我国医疗废物处置设施建设滞后于《规划》提出的总体建设目标，部分设施建设水平不高，尚有部分低水平处置设施在一段时期内还需继续运行，这与不断增长的医疗废物处置和管理需要还有一定的差距，主要表现包括处置设施能力建设有待进一步加强、偏远地区的医疗废物处置问题有待进一步解决、二噁英减排技术水平有待进一步提升、周转箱和转运车清洗消毒还有待进一步提高等。

2．医疗废物处置技术选择及应用面临的形势

就目前的状况来看，我国医疗废物处置技术创新能力落后，技术支撑手段不足。在医疗废物焚烧处置技术方面总体能力和技术水平有待提高，同满足履约要求存在较大的差距；在非焚烧处理技术方面，我国还处于起步阶段，国产化技术研发能力不足，难以满足未来国际社会对医疗废物处置技术的基本要求。

3．医疗废物法律法规体系建设面临形势

虽然我国经过近十年努力，已有基本的医疗废物管理体系，对于医疗废物焚烧处置设施建设起到了积极的促进作用，但这些管理法规、标准大多结合危险废物管理，针对医疗废物管理要求和处置设施的建设而提出，在时限、目标要求、履约需求等方面与医疗废物未来的处置和管理目标还有一定的差距，如政策法规体系未能充分体现医疗废物生命周期和全过程管理的实际需求，已有政策和标准在可操作性、协调性和相应职责划分方面滞后于国际发展趋势等。

4．医疗机构内部医疗废物管理面临的形势

医疗机构内部医疗废物管理问题至关重要，一方面它关系到能否切实消除医疗废物感染性，减少对人体和环境的危害；另一方面它也与后续处置技术的选择以及处置技术的应用密切相关。医疗机构内部医疗废物产生和分类管理目标不明确，管理欠规范，存在的主要问题表现为医疗废物源头减量考虑不足、医疗机构医疗废物分类未能考虑与末端处置技术间的衔接等。

5．医疗废物处置设施运行和监督管理面临的形势

从我国目前医疗废物管理的实际情况来看，可以说，我国在医疗废物管理和技术领域取得了一定成就，但在处置设施运行和监督管理方面还有一定的欠缺，如医疗废物处置设施运行管理能力不足、医疗废物处置设施运行监督管理还缺乏足够的依据、收费制度落实不够、资金不足、经济运行机制缺乏等。

6．医疗废物公众意识提高面临的形势

目前公众对医疗废物的危害以及医疗废物的管理和处置过程缺乏了解，公众参与医疗废物管理的意识不强，宣传教育力度不够，公众在杜绝医疗垃圾非法交易以及医疗废物处置设施建设和运行缺乏有效参与。

四、主要结论

“十二五”期间，我国医疗废物管理的核心是通过处置技术优化升级和强化医疗废物的规范管理，建立既能满足国际公约要求，又符合我国国情的医疗处置技术和管理模式，开展安全有效的医疗废物污染防治工作，最大限度保护人体健康和生态环境，最终实现可持续医疗废物环境管理目标。主要包括如下几个方面。

（一）医疗废物处置设施能力建设

根据医疗废物产生量预测和“十一五”期间医疗废物处置设施建设情况，开展“十二五”医疗废物处置设施能力建设。

在处置设施能力建设方面：到2013年完成《规划》内处置设施建设；到2015年偏远地区基本具备医疗废物处置条件。

在处置设施污染控制方面：2015年前完成现有处置设施升级完善，要从根本上解决PCDDs/PCDFs污染问题，使二噁英排放达到0.1 ng -TEQ /m^3。

对医院自建小型简易、不达标焚烧炉进行淘汰和取替工作，全面推进医疗废物采用集中方式处置。

（二）医疗废物生命周期和全过程管理体系建设

医疗废物生命周期和全过程管理体系是一个能够满足环境、经济、社会和公众健康等多方面需求的管理体系，是医疗废物可持续管理的根本保障。所谓的医疗废物全过程管理，既包括从医疗废物产生到收集、贮存、运输、处置整个生命周期的管理，也包括技术研发后的技术认证、技术应用环节的工程建设、建设后处置设施的性能评价、设施运行管理、环保部门的监督管理以及配合设施运行和监督管理所实施的监测管理等环节的处置全过程管理。

通过建立该体系，切实解决政策、法规及标准体系不健全，监督管理不到位，政策、法规及标准之间衔接性不足，政策、法规及标准制定和修订欠及时，难以适应不断变化的新形势等问题。

（三）医疗废物处置污染防治BAT/BEP示范

针对医疗废物的管理和处置问题，采用最佳可行技术和最佳环境实践（BAT/BEP）已经成为国际社会医疗废物管理的必然发展趋势。我国在“十二五”期间，应根据履约要求，积极探索具有我国特色的医疗废物管理和处置领域的BAT/BEP。

医疗废物处置污染防治BAT/BEP示范主要包括鼓励医疗废物处置新技术研发与示范、促进我国现有医疗废物处置设施技术和产业升级、全面推进BAT/BEP示范工作的开展。

五、政策建议

（一）完善法律法规体系和医疗废物处置管理体系

以《固废法》、《传染病防治法》为法律依据，根据医疗废物处置和管理发展的需要，对现行标准、规范体系进行修改和补充完善，形成医疗废物污染控制标准、工程建设规范、设施性能评价规范、设施运行管理规范等相互支撑的法律、法规、标准体系，为我国未来5年医疗废物处置和管理提供技术支撑。同时，为了推进医疗废物生命周期和全过程管理理念的实际应用，要从各医疗卫生机构内部产生到废物处置单位的处置等全过程的各个环节明确各自职责，形成完善的管理体系，加大对医疗废物处置设施运行监管力度，确保医疗废物安全处置。

（二）鼓励先进技术开发

在现有技术完善和升级的同时，按照减量化、无害化和资源化的原则，积极鼓励引进和开发新型经济可行、处置效果可靠的医疗废物处置技术，通过应用示范进行新技术验证和评估，重点扶持医疗废物处置技术 BAT 集成，尽快提高国内装备制造水平，形成规模生产能力。

（三）完善经济运行机制

各级人民政府，特别是城市人民政府要以对人民高度负责的精神，结合公共卫生体系建设，加大对医疗废物处置设施建设和改造的投入，扩宽融资渠道，吸收国内外社会资金参与医疗废物处置设施建设和运营。另外，还要尽快落实和统一医疗废物处置收费政策，确保处置设施的正常稳定运行，出台相应的激励机制，如对于医疗废物处置设施建设和运营单位予以减免相应税收等优惠措施，鼓励医疗机构采取相应的产品替代措施和合理的分类手段减少医疗废物产生量。

（四）提高公众意识

利用现有基础条件，积极鼓励科研单位、技术和设备提供单位、处置单位等开展医疗废物科普能力建设工作，促进公众对医疗废物危害和预防的了解，加强公众的医疗废物污染防治意识。建立完善公众举报制度，及时发现和打击不法商贩对医疗垃圾的回收贩卖、随意丢弃、违法处理医疗垃圾等行为的人员和机构，另外要在医疗废物处置设施建设的可研、环评、建设阶段、运行管理过程中积极推进公众参与。

“十二五”城市污泥污染防治重点研究

一、课题研究背景与目标

（一）研究背景

污泥作为环境治理过程中产生的二次污染物，在以往管理和治理工作过程中一直是管理系统和环境治理领域的难点，也是工业固体废弃物中极其特殊的一类产生量极大的污染物，同时在课题申报及进行中相关管理部门进一步强调了对这一领域的研究。综合以上考虑，在完成原有报告的同时，为更全面、详细分析和研究污泥领域的环境问题，更好地为“十二五”规划工作打好基础，课题组将污泥领域的研究结果以单独报告的形式完成。

另外，简单意义上的污泥含有很多种，例如工业污泥、河流污泥以及污水处理厂污泥等。其中，污水处理厂污泥又分为城市生活污水处理厂污泥和工业污水处理厂污泥，但工业污水处理厂产生的污泥多半浸出毒性等指标过高，一般视为危险废物处理，所以本次关于污泥领域的规划前期研究中，提出污泥为城市生活污水处理厂产生的污泥（以下简称“城市污泥”）。

（二）研究目标

在“十二五”期间，应进一步坚持循环经济理念和节能减排的工作思路，以减量化为基础、无害化为核心、资源化为保障，全面构建城市污泥污染防治体系。

减量化——以源头控制、废物预防，这是污泥管理政策的关键因素。如果能从源头上控制污泥的产生，则污泥处理就更为简单。

无害化——加强最终处置和管理。当不能对污泥进行回收和循环利用时应尽可能对其进行最终的处置，同时需对所有工艺过程进行严密的监测。

资源化——力求在新机制、新技术的推动下，进一步达到城市污泥资源化，努力建设资源节约型和环境友好型社会。

二、研究思路

（一）集中处置，统筹规划

坚持采用集中处置的方式处置城市污泥，同时考虑边远地区的实际情况，因地制宜，分区规划，统筹城乡发展，确保城市污泥的有效处置。

（二）法规完善，提高监管

完善城市污泥处理处置及管理法律、法规、标准体系建设，建立健全城市污泥处理处置设施运行及监督管理体系，规范监督执法程序，强化监督执法手段，保障污泥处理处置设施的规范运行。

（三）技术促进，政策激励

鼓励技术创新，提高研发能力，推进先进实用技术的推广应用。发挥政策的鼓励和引导作用，完善相应鼓励政策，认真落实现有政策，调动市场主体开展污泥处置工作的积极性。

（四）减少排放，提高利用

充分体现减量化原则，源头削减污泥产生量。同时采用先进实用、成熟可靠的技术，扩大城市污泥资源化利用的范围，切实提高利用率，引导现有处置设施的技术升级和设施完善。

（五）落实收费，产业升级

积极落实污泥处理处置资金的来源，加快制定配套的收费制度，保障行业健康发展。通过技术集成和产业化，促进产业升级与发展。

三、研究内容

（一）城市污泥产生量

一般情况下，城市污泥产生量是指经脱水后含水率 80%的城市污泥质量。综合各种污水处理技术，每处理万吨污水城市污泥产生量平均约为 8 t。污水处理量和效率的提高，必然导致城市污泥数量的增加。表 1 以 2007 年为例统计了全国各地区的污水产生及处理量，并大致计算了城市污泥的产生量。

表 1　全国各地区（除港澳台）2007 年生活污水及城市污泥等产生量统计

地区	生活污水产生量/（万 t/a）	生活污水处理量/（万 t/a）	生活污水处理率/%	城市污泥产生量/（t/a）	城市污泥处理量/（t/a）
北　京	99 000	79 729	81	637 832	0
天　津	35 000	27 753	79	222 024	0
河　北	99 000	47 369	48	378 952	546 000
山　西	63 000	28 121	45	224 968	23 420
内蒙古	35 000	18 745	54	149 960	19 291
辽　宁	126 000	68 775	55	550 200	58 044
吉　林	58 000	14 280	25	114 240	0
黑龙江	71 000	23 135	33	185 080	7 826

地区	生活污水产生量/（万 t/a）	生活污水处理量/（万 t/a）	生活污水处理率/%	城市污泥产生量/（t/a）	城市污泥处理量/（t/a）
上　海	179 000	133 921	75	1 071 368	228 470
江　苏	237 000	138 711	59	1 109 688	8
浙　江	137 000	88 229	64	705 832	1 384
安　徽	102 000	38 305	38	306 440	12
福　建	90 000	44 425	49	355 400	1 339
江　西	70 000	18 176	26	145 408	0
山　东	168 000	121 864	73	974 912	35 474
河　南	162 000	73 030	45	584 240	2 718
湖　北	156 000	75 555	48	604 440	14 281
湖　南	152 000	30 302	20	242 416	23
广　东	445 000	223 170	50	1 785 360	18
广　西	136 000	16 435	12	131 480	0
海　南	29 000	10 645	37	85 160	0
重　庆	65 000	31 017	48	248 136	0
四　川	138 000	64 230	47	513 840	542
贵　州	43 000	9 684	23	77 472	194
云　南	48 000	29 814	62	238 512	0
西　藏	2 000	0	0	0	0
陕　西	51 000	23 126	45	185 008	0
甘　肃	28 000	11 600	41	92 800	16 561
青　海	13 000	3 406	26	27 248	681
宁　夏	16 000	10 053	63	80 424	0
新　疆	48 000	20 803	43	166 424	8 070
全　国	3 100 000	1 524 408	49	12 195 264	964 356

通过 2007 年各地区污水及城市污泥产量统计可以看到，广东、江苏、上海排在前三位。可以看出城市污泥的产生量取决于污水量，同时，人口和气候也是决定城市污泥产量的重要因素。

表 2　2001—2008 年我国生活污水及城市污泥等产生量统计

年份	生活污水产量/亿 t	生活污水处理量/亿 t	生活污水处理率/%	COD 处理量/t	污泥产生量/万 t	污泥排放量/t
2001	227.7	41.8	18.4	1 412 362	334.4	172 879
2002	232.3	52.2	22.5	1 972 182	417.6	158 876
2003	247.6	64.7	26.1	2 351 537	517.6	215 804
2004	261.3	85.8	32.8	3 050 905	686.4	762 239
2005	281.4	108.4	38.5	3 745 933	867.2	85 605
2006	296.6	130.4	44.0	4 830 318	1 043.2	304 155
2007	310.2	152.4	49.1	5 620 200	1 219.2	964 356

“十五”以来，相关部门一直对城镇污水的处理极为关注，在“十五”、“十一五”的环境保护规划中都一再强调其处理率稳步上升，下大力气加大我国城镇污水处理能力。但是这些数据提高的同时，城市污泥的产生量也随之上升。

（二）我国城市污泥相关的政策、法规现状

中国城市污泥相关的政策、法规相对滞后，没有鲜明的法律法规标志，与其相关的政策、法规可分为几类：

（1）与城市污泥相关的批复函，也是对政策的诠释。在这类批复函中，明确了城市污泥的污染物性质及其遵循的基本要求。

（2）建设部提出的《城镇污水处理厂污泥处理处置及污染防治技术政策（试行）》，首次提到了城市污泥全过程管理的理念。

（3）国家标准类有《城镇污水处理厂污染物排放标准》和《农用污泥中污染物控制标准》。在《城镇污水处理厂污染物排放标准》提出了污泥排放限值的要求，《农用污泥中污染物控制标准》中提出了对污泥农用的要求。

（4）国家“十一五”环境保护规划中虽然没有提出具体的城市污泥控制、利用或减排指标，但首次明确指出应切实重视污水处理厂的城市污泥处置，实现城市污泥稳定化、无害化。

（5）BAT——最佳可行技术导则，是为与城市污泥相关的环评、设计、处理技术选择等活动提供有效的技术支持而编制的。

（6）部门规章都是由建设部和环保部提出。建设部提出的标准中明确了污泥的污染控制、取样、监测等标准。

（7）部门推荐技术要求均由建设部提出，其中每部标准都是针对不同城市污泥利用途径提出的。

四、主要结论

（一）我国实际 COD 减排情况分析

按照我国“十一五”环境保护规划的要求，2005—2010 年我国 COD 应减排 10%。根据 2007 年环境统计数据，我国通过污水处理完成了 562 万 t 的 COD 减排任务，已经完成规划的相关要求。但是这些数据提高的同时，城市污泥的产生量也随之上升。据相关报告介绍，污泥中的有机物成分在 30%～60%，也就是说虽然污水处理在第一阶段治理中完成了规划要求的COD减排任务，但是有相当一部分的COD通过污水处理由水相转为了泥相。在本次课题的研究过程，课题选取污泥进行了 COD 数据的测试，基本上污泥中 COD 量在25%左右。通过以上的数据测试和分析，我们可以看出我国的 COD 减排量由于污泥的不规范处理将有近四分之一的减排量回到环境中，所以无论是从污泥自身的危害性出发，还是 COD 减量的规划目标出发，重视和落实污泥处理处置对我国的环境工作来说已经刻不容缓。

（二）我国污泥管理及处理处置工作存在的问题

1. 环境问题日趋突出，法律法规缺失

城市污泥是城镇生产、生活和运行的间接代谢产品，从产生数量上讲，如果城镇污水得到全部处理，其城市污泥的产生量（含水率 80%～90%），约为城市生活垃圾产生量的 1/4，但其污染的危害和处置的难度均高于城市生活垃圾。关于城市生活垃圾的处理已经有了完整的法律法规，但关于城市污泥管理的法规还未出台。

2. 环境管理问题未纳入环境保护重点，缺乏可操作性的考核指标

污水处理、大气环境质量、生活垃圾处理处置、危险废物处置、工业固体废物的处理及资源化等领域均有相关的指标列入各级地方政府环境保护的考核指标体系。尤其是“十一五”期间 COD、SO_2 被列为刚性考核指标。而与城市污泥环境管理有关的指标均未列入地方政府的考核体系。

3. 处理处置设施投入不足，设施运行缺乏有效的经济支持

调查结果显示很多中小型的城镇污水处理厂均未建设配套的城市污泥处理设施，而很多大型污水处理厂的城市污泥处理设施由于污水处理厂的建设资金紧张而无法全部投入运行。目前城市污泥处理呈现出区域集中处理的态势，需要大量的资金用于城市污泥集中处理厂的建设和长期运行。

4. 管理界限模糊，不具备处置及资源利用设施运行机制

污泥是污水处理过程中的二次污染物，其产生的主体是污水处理厂，而其产生的根本原因却是城市污水的治理，这种产生主体与产生原因的不对应，导致污泥的管理界限模糊，管理效果差、管理能力落后。污泥的最终处理及资源利用设施并没有完全依托于污水处理厂这一污泥产生主体，导致污泥产生与处置、利用之间没有形成有效的联系，过程管理严重脱节。

5. 技术与装备开发推广不够，处置及资源化水平低

环境友好、经济可行的城市污泥处理及资源化技术体系尚未形成（尤其是城市污泥深度脱水技术、高负荷城市污泥集中处理与资源化技术、低成本的分散式城市污泥利用技术以及恶臭处理技术），难以为城市污泥问题的综合解决提供有效的技术支撑。

（三）“十二五”期间污泥处理领域重点开展的项目及工程

（1）以城镇生活污水处理厂处理技术升级为依托的城市污泥减量化项目；

（2）以城市污泥干化技术为依托的城市污泥稳定化项目；

（3）以生物厌氧制沼技术为依托的节能及温室气体减排项目；

（4）以热电厂焚烧和水煤浆混烧为依托的城市污泥焚烧项目；

（5）以水泥窑处理技术为依托的资源化项目；

（6）以严格的控制标准、可靠的利用技术为基础的城市污泥土地利用示范项目；

（7）以环保型高新技术为依托的污泥利用高新技术研究及产业示范项目。

五、政策建议

（一）推进规范化管理，完善法律法规、标准建设

在过往的时间里，我国在城市污水处理领域已经开展了大量的行之有效的工作，但城市污泥一直以来都没有得到妥善的处理。其根本原因就在于没有明确的管理机构和责任主体。在未来的 5 年，我国将会在污泥治理领域基本建立起完善的管理体系，规范管理工作、明确考核指标。这些工作的基础都应建立在科学、规范、可操作性强的法律法规、标准基础之上，因此在“十二五”期间大量污泥领域的法律法规的完善、科技标准的制定，都将是科学化管理进程的有力保证。

（二）加强从业人员技能培训，提高管理、处置队伍自身能力

基本完成管理框架构建和法律法规、标准等编制工作后，建立一支管理能力规范、技术能力过硬的管理及处置队伍是完成污泥领域一系列工作的基础。在科学技术标准编制力度加强、管理进一步规范的进程中，时刻关注从业人员能力的培养，通过培训和考核等必要的选拔手段，确保一线从业人员的业务水平较高，是顺利完成未来五年规划目标的重要措施。

（三）大力推广成果转化，进一步鼓励先进技术研发

城市污水处理厂污泥是困扰我国大多数城市的主要环境问题，就这一问题各地区都开展过相关的研究，优秀的处理处置及控制技术也研究了很多，但污泥问题仍然非常严峻。其原因主要是科技成果转化与科技研究脱钩，适当的经济支持不够，部分技术本身也缺乏时效性，而在“十二五”期间将大力推广已有实用性技术，同时也会进一步鼓励科技研发，确保污泥领域相关技术的持续发展。

（四）提高全民意识，大力开展公众参与

环境与人们生活密不可分，近年来人们的环境意识得到了极大的改善，这些都离不开日常的环境宣传和相关知识的普及。人民关注环境的焦点一般集中在大气环境和水环境上，而污泥和水环境又是息息相关的，却无人问津。在“十二五”期间，污泥领域的环境宣传工作应依托于水环境开展，同时突出其特点和危害性，通过未来 5 年的环境宣传和科学知识普及，在“十二五”末期，我国环境领域的污泥危害将成为人们关注的新焦点。

循环经济与“十二五”环境保护规划研究

一、课题研究背景与目标

（一）研究背景

循环经济是“十二五”环境保护规划中的重要内容，需要在总结“十一五”期间循环经济发展实践的基础上，通过对省、市、行业及企业循环经济规划实施的效果评估，与相应的环境保护规划目标、指标、主要任务等方面的一致性和差异性的分析，总结和提出循环经济在环境保护规划中的定位，为科学制定“十二五”环境保护规划、促进循环经济发展提供依据。

（二）研究目标

在总结“十一五”期间循环经济实践的基础上，分析循环经济对环境保护的作用及其地位，研究“十二五”环境保护规划的技术控制体系（如源头减排与污染防治总体目标和规划指标、主要任务及措施等），提出环保系统推进循环经济的途径、工作重点及政策措施。

二、研究思路

基于“十一五”期间循环经济发展状况，通过对省、市、行业及企业循环经济规划实施的效果评估，与相应的环境保护规划目标、指标、主要任务等方面的一致性和差异性进行分析，总结和提出循环经济在环境保护规划中的定位；通过分析循环经济对污染全过程控制和减排效果的作用和重点环节，预测和评估“十二五”期间我国资源利用的需求态势，提出“十二五”环境保护规划中循环经济的目标、指标和主要任务。为科学制定环境保护规划、促进循环经济发展提供依据。

三、研究内容

（一）循环经济规划与环境保护规划协调性研究

1. 循环经济规划典型案例评估

从省、市、行业、工业园区和行业层面调研国内循环经济规划现状。

2. 循环经济规划与环境保护规划协调性研究

从规划的合理性、可操作性、预期目标和阶段性成果等方面，评估和研究循环经济规划与环境保护规划的协调性和差异性。

（二）典型行业发展循环经济潜力研究及政策需求分析

1. 典型行业循环经济发展潜力研究

从行业和企业层面评估钢铁和造纸业发展循环经济的潜力。

2. 典型行业产污强度差距分析

参照全国第一次污染源普查产排污系数和典型企业产污水平，分析污染物不同产排量和循环经济实施对行业产污强度的影响。

3. 典型行业发展循环经济重点方向及策略研究

分析评估现行政策的可操作性和合理性及存在问题，提出行业发展循环经济的重点方向、发展策略和政策建议。

（三）我国资源利用现状及需求分析

1. 我国资源利用现状及需求态势分析

分析我国重要资源利用变化趋势、经济发展与资源效率之间的关系，预测我国资源利用和需求态势。

2.“十二五”期间我国资源节约利用目标要求

根据“十二五”期间资源利用的需求态势预测和评估，提出我国资源节约利用目标以及考核指标。

（四）“十二五”期间环保系统推进循环经济的机制途径研究

1.“十二五”环保系统推进循环经济重点方向

评估循环经济政策措施的实施现状和实施效果，总结问题，从环境保护的角度提出“十二五”期间推进循环经济的重点方向。

2.“十二五”环保系统推进循环经济战略研究

结合以上相关研究，提出环境与经济高度融合、全防全治体系、全过程减排战略的实施机制和有效途径。

四、主要结论

（一）循环经济规划与环境保护规划协调性

（1）“十一五”期间，全国31个省、自治区和直辖市（除港、澳、台）编制和实施了循环经济发展规划，北京、上海、山东、重庆、深圳等17个省、自治区和直辖市制定了发展循环经济的地方性法规或政府决定。环保部、商务部和科技部批复了33个生态工业示范园区的试点建设，3个园区已正式命名。总体上我国发展循环经济模式初步形成，形成企业、园区、社会及资源再生利用4个层面的循环经济发展模式。

（2）经案例分析，我国省、自治区、直辖市环境保护规划和循环经济规划总体目标整体协调一致。循环经济规划有效地促进了节能减排和环境保护目标的实现。环境保护规划中与发展循环经济相关的指标还需更进一步完善和具体化，指标应侧重污染过程控制和促进循环型产业的发展。

（3）生态工业园区建设是在区域层面上发展循环经济的重要实践手段，能够提高区域经济的发展质量，实现工业生产的环境绩效水平。环境保护“十二五”规划中应对生态工业园区建设提出更具针对性的指标和措施。

（二）典型工业行业发展循环经济潜力评估及政策需求

（1）实行钢铁行业节能减排是发展循环经济的重要组成部分。根据情景分析，2015年粗钢产能达到 55 000 万 t，电炉钢产量占粗钢产量的比重提高到 15%，各主要工序达到清洁生产标准一级、二级、三级的比例分别为 30%、40%、30%时，污染物排放量与 2008年污染物排放量相比，SO_2 排放量削减 84.79 万 t，烟粉尘排放量削减 102.87 万 t，废水排放量削减 56 874 万 t。

重点方向及政策需求：①加快落后产能退出；②加强二次废钢铁回收，适当提高电炉钢比重；③发展降低烟气 SO_2 新技术，加强烟气脱硫；④提升技术进步；⑤提高环境准入门槛；⑥实行强制性清洁生产审核；⑦建立企业环境报告书制度，社会责任透明化。

（2）我国制浆造纸行业原料匮乏，产业集中度低，技术水平与世界先进水平有较大差距。根据情景分析，“十二五”期间纸浆消耗量年均增长 8%，2015 年纸浆产量达 12 000 万 t，废纸浆、木浆、非木浆结构分别为 65%、25%、10%。此情景下，当不同种类纸浆达到清洁生产标准一级、二级、三级的比例分别为 20%、60%和 20%时，与 2008 年末端处理效率相同，废水排放量削减潜力为 14.18 亿 t，COD 产生量削减潜力为 49.72 万 t，末端处理效率不变，COD 排放量削减潜力为 11.64 万 t。此时，废纸浆废水量平均产污强度为 12.4 t/t，COD 平均产污强度为 34 kg/t；木浆废水量平均产污强度为 46 t/t，COD 平均产污强度为 60 kg/t；非木浆废水量平均产污强度为 72 t/t，COD 平均产污强度为 106 kg/t。

重点方向及政策需求：①林纸一体化工程建设；②加大废纸回收力度；③调整原料结构，降低非木浆比重；④淘汰落后产能，优化产业结构；⑤加快技术创新；⑥实施强制性清洁生产审核及清洁生产新技术；⑦提高环境准入门槛；⑧全部实施制浆碱回收。

（三）我国资源利用现状及需求分析

根据对我国资源利用现状和需求预测分析，我国资源利用现阶段存在问题及对策建议如下。

（1）水资源利用问题：重点行业水耗大、工业用水年均弹性系数较高及利用效率低。中西部地区工业耗水高、效率低下。农业节水潜力较大。中水利用比例不高，生态用水缺口较大。

对策建议：①开展政策节水、结构节水、工艺节水，提升水资源效率，优化生产工艺、水资源梯级利用、中水回用。②调整和升级中西部地区产业结构，发展低耗水产业。③推广节水灌溉技术，采取防渗措施等实现农业用水零增长。④加大生活节约用水宣传力度。⑤加大中水使用比例，推广雨污分流及雨水再利用。

（2）黑色金属资源利用问题：铁矿石品位处于下降趋势，进口铁矿石存在大量囤积现象，钢铁行业技术结构变化不大，企业产能分散，回收利用水平很低。

对策建议：①技术提升，建立铁矿石资源的战略储备，降低资源风险。②控制进口铁矿石品位并加快落后产能的淘汰，调整技术结构。③对资源能源效率低下的中小企业加强关停力度，提高产业集中度。④相关经济政策促进废钢回收利用，降低钢铁比。

（3）有色金属资源利用问题：部分有色金属对外依存度高，共、伴生矿综合利用率差距明显，再生利用率较低。

对策建议：①提升资源储备。②从技术、管理、产业集中度方面提高资源利用率。③从政策引导、经济鼓励、政府促进等方面提高回收利用水平。

（4）煤炭资源利用存在问题：我国煤炭资源丰富，但炼焦煤较少，优质炼焦煤稀缺，产量过度集中。传统煤化工行业水耗、能耗高，新型煤化工分布不合理且产能过剩；数据基础薄弱。

对策建议：通过技术升级、优化管理等措施提高化工原料煤的资源利用效率。限制传统煤化工的产能增加，合理规划布局新型煤化工，建立完善的数据统计体系。

（5）石油、天然气：石油对外依存度逐渐增大，天然气资源利用效率需进一步提高。

（四）环保部门推进清洁生产与循环经济的基本思路

现行清洁生产与循环经济推进过程还存在与现行环保法律法规的衔接和配套政策问题、现行环境保护规划中未充分体现循环经济发展内容、循环经济发展格局不平衡、静脉产业发展缓慢、资金投入占环境保护总投入仍然较低、科技支撑作用不够和体制机制不健全等问题。应通过国家、区域、行业、企业等多层次、全方位全面推进，最终实现小循环、中循环、大循环（如图 1 所示）。

五、“十二五”环保规划中循环经济发展建议

（一）主要任务

（1）加强污染物产污强度控制，促进环境优化经济目标的实现。

（2）大力推广试点经验，加快静脉产业发展。

（3）强化企业清洁生产，提高公众环境意识。

（4）以生态工业园区为抓手，继续推进工业园区及工业集聚区循环经济实践。

（二）目标和指标

1. 总体目标

①积极完善环境保护相关手段的体制和法律法规，加强循环经济理念和生态文明城市建设的渗透与污染全防全控的思想。②加强循环经济政策支持体系、技术创新体系建设，推进环境信息交换系统建设。③在工业园区和工业聚集区进一步加强生态工业园和循环经济工业园的试点建设，加强对提高循环经济意识途径的深入应用。④产业建设中重点关注静脉产业，将环境保护工作的着眼点逐步向污染源头控制转移，完善资源、废物的生态产

业链。⑤重点工业行业加强污染物产生强度控制，在总量控制和排污许可证的基础上，尝试进行污染物产生量控制试点。

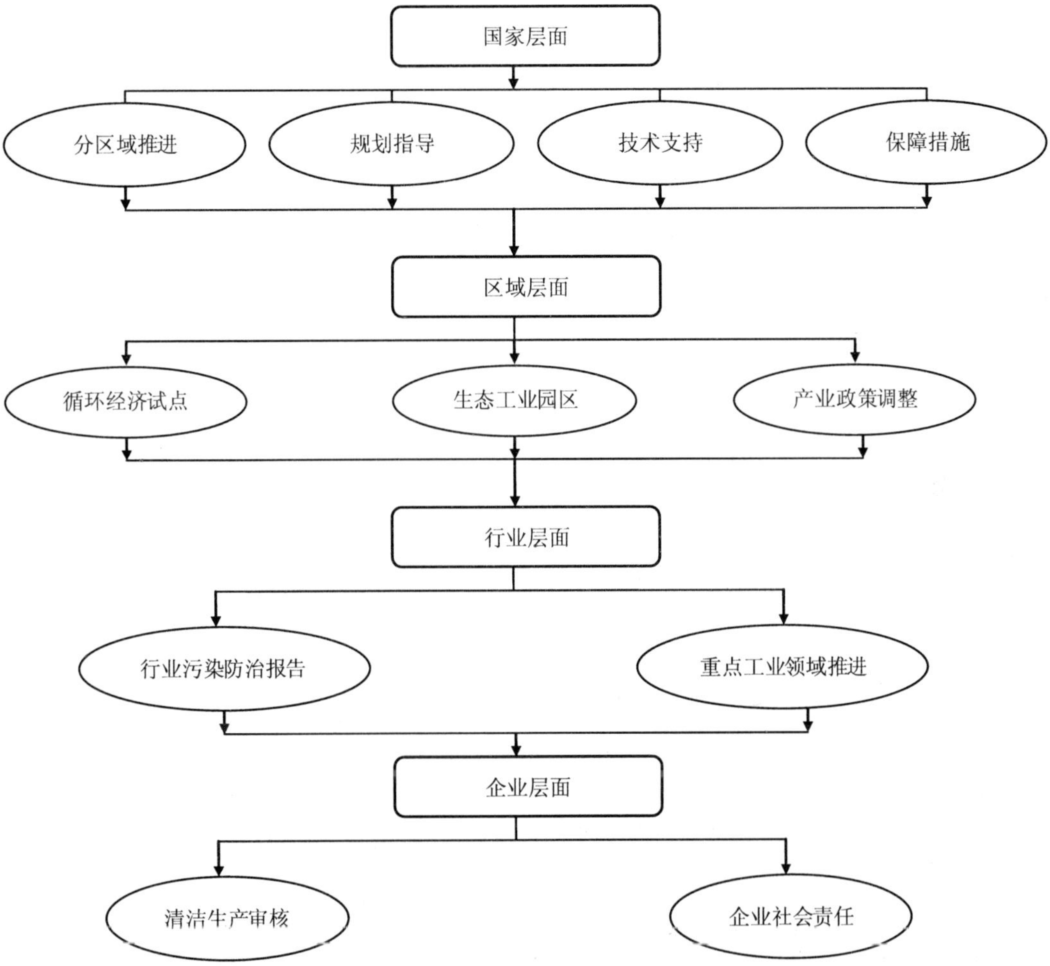

图 1　我国清洁生产与循环经济推进机制示意图

2. 主要指标建议

主要指标建议见表 1。

表 1　主要指标建议

指标分类	主要指标	备注
国家层面环境保护规划建议指标		
资源产出指标	主要矿产资源产出率	
资源综合利用指标	城市污水再生利用率	定量指标，体现总体社会的水循环和物质循环利用状况
	中水回用率	
	废资源（钢铁、有色金属、纸、橡胶等）回收利用率	

<table>
<tr><th>指标分类</th><th>主要指标</th><th>备注</th></tr>
<tr><td rowspan="4">资源消耗指标</td><td>单位 GDP 能源消耗量</td><td rowspan="4">定量指标，从资源节约方面体现环境保护</td></tr>
<tr><td>单位 GDP 用水量</td></tr>
<tr><td>重点行业主要产品单位综合能耗</td></tr>
<tr><td>重点行业单位产品水耗</td></tr>
<tr><td rowspan="5">污染物产生指标</td><td>单位工业增加值废水产生量</td><td rowspan="5">定量指标，从源头控制污染物的产生，体现行业、企业生产过程中的循环经济绩效水平</td></tr>
<tr><td>单位工业增加值 COD 产生强度</td></tr>
<tr><td>单位工业增加值 SO_2 产生强度</td></tr>
<tr><td>单位工业增加值固废产生量</td></tr>
<tr><td>"十二五"期间其他重点污染物排放强度</td></tr>
<tr><td colspan="3">园区层面环境保护规划建议指标</td></tr>
<tr><td rowspan="2">资源产出指标</td><td>主要矿产资源产出率</td><td rowspan="3">定量指标，从资源的利用效率控制污染物的产生</td></tr>
<tr><td>水资源产出率</td></tr>
<tr><td>资源消耗指标</td><td>重点产品单位水耗</td></tr>
<tr><td rowspan="4">弹性系数指标</td><td>综合能耗弹性系数</td><td rowspan="4">针对园区层面实施生态工业园、产业集中区等建设的定量指标</td></tr>
<tr><td>新鲜水耗弹性系数</td></tr>
<tr><td>COD 排放弹性系数</td></tr>
<tr><td>SO_2 排放弹性系数</td></tr>
<tr><td rowspan="4">其他定性指标</td><td>生态工业园区、静脉产业园建设数量对区域经济贡献状况</td><td rowspan="4">关于园区和行业方面实施循环经济推进环境保护与经济发展的协调</td></tr>
<tr><td>是否进行废电器电子产品、报废机动车船、废轮胎、废铅酸电池等特定产品拆解或者再利用</td></tr>
<tr><td>是否进行农作物秸秆、畜禽粪便、农产品加工业副产品、废农用薄膜等综合利用</td></tr>
<tr><td>电力、石油加工、化工、钢铁、有色金属和建材等行业使用清洁能源状况</td></tr>
</table>

（三）措施建议

（1）完善环境管理制度建设。进一步加强清洁生产审核制度，完善相关配套措施；增强区域和企业层面上环境报告书制度的建设和生态工业园区指标体系的审核。

（2）增强环境保护管理能力，加强监管手段和措施。建立循环经济技术咨询服务体系，增强技术层面上的管理；加强重点耗能行业的节能，积极推进原材料的节约，加强重点行业原材料消耗管理、实施节约包装材料的管理手段。

（3）建立行业污染防治年度报告制度，促进工业污染防治工作。

（4）建立和完善促进循环经济发展的环境统计核算制度。

（5）加强循环型农业相关措施的开展，进行农资节约、秸秆综合利用，大力发展集约化农业。

（四）重点工程项目规划

（1）各类面向污染减排的清洁生产和循环经济示范工程；
（2）清洁生产标准体系工程；
（3）静脉产业园建设工程；
（4）生态工业园区监管工程。

“十二五”期间危险化学品风险防控重点研究

一、课题研究背景与目标

（一）研究背景

化学品的广泛开发和利用为人类社会带来了广泛的福祉与便利，却逐渐产生了日益显著的化学品环境问题。1992 年，里约环发大会将化学品的环境无害化管理专门列入《21世纪议程》，使其成为世界可持续发展战略的一个重要组成部分。21 世纪初以来，《关于持久性有机污染物的斯德哥尔摩公约》（简称 POPs 公约），欧盟化学品登记、评估和审查管理体系（REACH）和全球统一的化学品分类和标识系统（GHS）相继出台，国际社会掀起了化学品环境管理运动。

我国是世界化学品生产和消费大国，工业和经济的蓬勃发展推动了化学品产业和消费的大规模、迅速增长。伴随着化学品生产和使用的迅速增长，加上化学品环境管理水平相对落后，我国化学品环境问题已日趋严重，全社会正面临着日益加剧的化学品环境和健康风险。与此同时，作为当今世界贸易出口大国，中国落后的化学品环境管理状况正遭受着国际形势的严峻挑战，突出表现在近年来我国出口商品频频遭遇因某些有害化学品的使用而产生的所谓“绿色壁垒”阻碍。随着国际社会一系列化学品环境管理公约以及相应的政策、规范和准则相继出台，中国落后的化学品管理体制正面临着国际公约等全球化学品环境管理势力的挑战。

我国作为正处于工业化发展时期的发展中大国，鉴于一直受到传统“三废”环境污染问题的困扰，化学品环境管理长期未予高度重视并纳入国家环境保护重要议程及发展战略。国家现行化学品管理体制重“安全”、轻“环保”，化学品环境管理立法基础薄弱，制度体系不健全。现行化学品相关环境管理偏重于“污染控制”及“事后应急”，尚未进入“风险防范”的科学管理轨道，国家化学品环境管理能力建设亟待加强。

（二）研究目标

本课题的研究目标在于：评估我国化学品环境污染防控形势及化学品环境管理现状，分析国际化学品环境管理发展形势、先进的管理政策、方法、措施、体系和经验做法，基于对我国化学品相关的经济、产业发展的现实国情和化学品环境风险防控问题的全面分析与深入理解，研究提出我国化学品环境风险防控的总体思路、方针、策略以及我国“十二五”化学品风险防控的初步规划设想，供国家环保决策和规划部门参考。

二、研究思路

根据研究背景和目标，课题分如下 4 个步骤开展研究：

（一）我国化学品环境风险防控形势分析

分析我国化学品产业发展、环境污染及风险现状，评估我国化学品的环境风险防控形势和主要问题。

（二）国际化学品环境风险防控方法、制度及经验分析

分析国际化学品环境风险防控管理政策、方法、制度和措施，归纳化学品环境风险防控的基本制度体系及有效实践。

（三）我国化学品环境风险防控体系评估

基于我国化学品环境风险防控形势及国际化学品环境风险防控方法、制度及经验分析，系统评估我国化学品的环境风险防控现行政策、法规、机构和管理体系，揭示差距和不足。

（四）我国化学品环境风险防控策略及“十二五”规划设想

基于上述研究及我国经济发展和环境保护的现实国情和未来形势，研究提出我国化学品环境风险防控的总体思路、方针、策略，以及我国“十二五”化学品风险防控的初步规划设想。

三、研究内容

（一）中国化学品环境风险防控面临的基本形势和问题

中国化工产业各地发展不均，产业布局分散导致风险在地域上过于集中，给当地的环境污染带来压力，污染防控的地域差别明显，增加了污染控制分区对待的难度。化学工业一直是公认的污染大户。化工废水排放量占全国工业废水排放量之首，废渣、废气排放量近几年仍以 10%以上的增长率在增长，化工“三废”治理率较低，污染仍十分严重，对环境的风险和人体健康的威胁日益加重；现有科研监测显示，具有危险性质的化学品种类在我国不断增加和被发现，已经确认危害的持久性有机物（POPs）以及汞、砷等重金属有毒化学品对环境安全和人体健康的影响问题日益突出；危险化学品生产、加工、使用、贮存、运输、废弃、处置引发的事故导致环境污染，致使社会关注的事件突发、频发。随着监测水平的进一步提高，更多的有毒有害物质将从饮用水、食品、血液、乳汁中检出，这些难降解有毒物质不但不会在环境中自然减少，反而会在人体内不断蓄积。化学品的环境风险和隐患，已经威胁到我国环境安全和社会稳定。

目前我国化学品环境风险防控面临的主要问题和形势是：①国内化工行业基础差，规

模小而分散、工艺落后、事故风险大，化工本身安全的形势严峻；②化工行业发展快速，产业、产品结构调整的形势严峻；③园区建设缺乏统一规划，环境污染及风险控制管理制度和措施缺乏，化工园区无序发展的形势严峻；④国内的化学品管理法制薄弱，机制落后，能力欠缺，化学品环境管理的形势严峻。

（二）化学品环境风险防控基本方法、制度及经验

21 世纪以来，国际化学品环境管理活动深入发展，尤其体现在全球化学品统一分类和标签制度（简称 GHS）的逐步推广、POPs 公约等化学品环境管理公约的广泛签署，以及国际化学品管理战略方针（简称 SAICM）的制定实施方面。

20 世纪七八十年代，世界发达国家普遍建立了具有显著环境管理特征的专门性化学品管理法；并在此基础上逐步建立了以化学品的风险评价与风险管理为基本框架的化学品环境管理制度体系，其核心内容是对新生产、进口或入市的所谓新化学物质进行申报、评估与审查，对市场现有化学物质按照特定的优先原则和顺序进行危害测试、风险评价和风险管理。同时，发达国家还在化学品生命周期的各主要环节建立起有害化学品的环境污染控制、污染事故防范和污染事故应急预案等多项基本化学品环境管理制度，控制有害化学品的环境和健康风险。

鉴于现有化学物质危害和风险信息收集、评价与风险管理进程缓慢，21 世纪初以来，为了加速现有化学物质危害和风险信息的收集、评估和风险管理进程，发达国家进一步改革现有化学品的风险评价与风险管理制度，推行以“预先防范原则”和扩大化学品生产厂商的风险责任为主要内容的化学品测试、评价和优先性化学品风险管理制度，如欧盟 REACH 法规。此外，还探索和实施了许多新的化学品环境管理的有效手段，以加快现有化学物质的危害、风险评价进程，不断识别、筛选和淘汰 PBT 类化学品和其他具有高环境风险的危险化学品。

综合分析发达国家化学品环境风险防控体系与实践做法，可以归纳出国际化学品环境风险防控普遍遵循的基本政策与指导原则包括战略性管理、预先防范原则、优先性管理、污染者付费及责任分担和公共参与。

（三）中国化学品环境风险防控的主要问题

第一，国家化学品环境管理宏观政策和指导原则不明确。目前国家危险化学品安全生产管理的重点是控制具有易燃性、爆炸性以及氰化钠等剧毒特性的化学品，防范这些化学品引起的爆炸、火灾、运输泄漏和中毒事故的发生。国家环境污染防治的重点仍然是预防和控制工业生产中排放“三废”造成的第一代污染问题，化学品的环境无害化管理及环境风险防控尚未纳入国家经济与社会可持续发展整体战略之中，未研究建立起有效的化学品风险防控宏观政策，管理的指导思想和基本原则尚不明确。

第二，国家化学品环境管理对象及重点不明确。我国化学品管理的主要对象是《危险化学品名录》中列出的危险化学品。但目前公认对人体健康和生态环境具有显著危害的 POPs、PBT 或 EDCs 类物质，如 PFOS、溴化阻燃剂、邻苯二甲酸酯类等都不在我国《危险化学品名录》中或不被界定为“危险化学品”。此类物质种类众多，常规“毒性”很小或“无毒”，却可能造成内分泌干扰、神经和免疫紊乱等潜在毒害，有些还被认为具有“三

致”效应，正是目前国际社会化学品风险防控的主要对象。

第三，中国化学品环境风险管理法制基础薄弱。建立具有明确环境保护宗旨的化学品管理基础立法，成为发达国家实施有效的化学品环境风险防控的重要基础。我国现行的是职业安全主导、环境管理缺失或薄弱化学品法制体系，这种体系严重制约中国化学品环境管理发展及化学品环境风险防控。

第四，中国现行化学品风险防控相关环境管理法规重“污控”、“应急”，轻“风险预防”。分析中国现行环境管理主体都是以传统的“三废”环境污染作为主要管理目标的，普遍缺乏专门、系统的有关有毒化学品环境管理的制度性规定，已有规定主要体现在对有毒化学污染物的末端污染排放控制，缺乏对危害环境化学品生产和使用环节上的环境风险的源头控制和污染预防。尽管危险化学品泄漏环境污染事故是化学品环境风险防控工作中的一部分，但大量、广泛应用的工、农业化学品的风险管理才是化学品风险防控的主体内容。

第五，国家化学品环境风险防控管理制度体系不完善。主要表现在：尚缺乏针对现有化学品的风险评价与优先管理制度；尚未建立有效的有害化学品环境污染控制 PRTR 制度；中国尚未有效建立有毒化学污染物监测制度；我国现行化学品环境管理制度有待进一步完善，如重大危险源管理制度、新化学物质评估审查登记制度等。

第六，国家化学品环境风险防控管理机构/职能不健全。尽管目前环保部专门成立了化学品环境管理处，但限于目前国家化学品环境风险防控相关立法和制度基础薄弱，目前国家化学品环境管理部门的职能、权限及人员编制都十分有限，至于地方环保机构在这方面普遍缺乏相应的机构、职能、人员及各方面能力的配备，这种不健全的国家化学品环境风险防控管理机构、职能及能力配备难以满足国家日益严峻的化学品风险防控形势。

第七，国家化学品环境风险防控管理有效协调机制缺乏。良好的部门协调机制，是发达国家实施有效化学品环境风险防控的重要经验。我国当前化学品安全管理涉及产业经济、农业、卫生、质检、劳动保护、环保、交通、海关等广泛的管理部门，目前尚缺乏有效的化学品环境风险防控的部门协调机制。

四、主要结论

我国工业和经济的蓬勃发展，推动了化学品产业和消费的大规模、迅速增长。伴随着化学品生产和使用的迅速增长，我国的化学品环境污染及其引发的环境风险问题日益突出，主要表现为大量包括环境持久性、生物累积性和潜在生理、生态毒性化学品在内的有毒化学品的环境污染，频发的有害化学品突发性泄漏环境事故及相应产生的日趋严重的公共健康和环境安全隐患。

在国际社会普遍关注并不断推进化学品环境管理及风险防控的形势下，我国的化学品环境风险防控工作发展落后，无法满足国内日趋紧迫的环境风险防控需求及国际相关发展形势。我国的化学品环境风险防控工作存在的主要问题表现在：国家化学品环境管理政策、指导原则、管理对象及重点不明确，相关法制基础薄弱，现行体制和措施重“末端污染控制”和“事后应急处置”，尚未进入化学品环境风险防控所需的“污染预防”、“风险防范”的科学管理轨道。

化学品环境风险防控是一项长期性、战略性任务，国际社会设定了 WSSD-2020 化学品风险控制为一项可持续发展目标，发达国家也普遍依据本国国情建立了长期性的化学品风险管理战略。我国化学品环境管理发展长期滞后、体制薄弱，化学品环境风险防控工作需要从长计议、循序渐进。在面向 2020 年的 10 年时间里，我国同样需要以 WSSD-2020 化学品风险控制目标为本国化学品风险防控战略方向和目标，坚持全面、协调、可持续的科学发展观，持续淘汰对生态环境和人体健康构成危害风险的有害化学品，提高国家环境管理和环境质量水平，推动国家化学工业整体产业升级，提高国家化学品生产、消费水平及相关产业国际竞争力，实现经济发展、生态环境、公众健康的和谐统一。

在上述长远战略目标的指引下，建议我国化学品环境风险防控分以下 4 个阶段实施步骤，即构建基础体制和能力、重点及区域综合示范、制定战略并推行风险管理、完善化学品环境公共治理体系。基于上述国家化学品环境风险防控的总体思路和步骤，作为我国第一个化学品环境风险防控规划，我国“十二五”期间化学品环境风险防控的主要目标应放在基础体制和能力建设上，完善制度体系，并针对典型、重点的化学品、行业及区域开展优先性和示范性的风险防治工程。因此，建议我国“十二五”化学品环境风险防控目标是：建立国家化学品风险防控战略规划、基本制度、基础信息及管理支撑体系，推动国家化学品环境管理体制的逐步完善，研究和示范化学品环境管理有效制度及综合措施，优先开展典型高环境关注类化学品的风险评价、风险管理及重点区域化工有毒化学物质污染预防示范行动。

五、政策建议

遵照我国化学品环境风险防控的总体思路、路线及“十二五”规划目标，建议“十二五”化学品环境风险防控应包括 3 个领域及相应共 9 项主要任务及行动措施：

（1）基础体制和能力构建领域：①构建国家化学品环境风险信息管理体系；②建设国家化学品环境管理基本制度；③推动完善建立国家化学品环境风险防控法规体系；④加强化学品环境风险防控能力及机制建设。

（2）重点及区域综合示范领域：①探索并示范化学品环境管理有效制度和综合手段；②开展典型高环境关注类环境风险控制示范行动；③开展重点区域有毒化学物质污染预防控制示范工程。

（3）国家战略制定及实施领域：①制定国家化学品环境风险管理战略；②国家化学品环境风险管理战略启动实施。

根据我国当前化学品环境风险防控形势，中国“十二五”化学品环境风险防控的优先行动措施应包括：调查国家化学品基础风险信息；制定国家化学品环境管理长期战略；建立国家环境风险类化学品分类、分级和（优先）标准体系；制定实施国家环境关注类化学品环境风险管理政策或管理规定；化学品环境管理机构、职能和管理支持体系的构建；典型高环境风险化学品的优先风险管理示范行动；重点区域（或化工园区）化工有毒物质的污染预防示范工程。

“十二五”期间国际公约履约基本思路研究

一、课题研究背景与目标

当前，国际环境履约形势也发生了重大变化。国际与国内发展的新形势以及中央对新时期国际环境合作提出的新战略、国际环境履约及国内相关决策支持提出了更高的要求。但是当前国际环境公约履约的总体状况距离这些要求还有很大差距，主要表现在国际环境公约履约与国内常规以及主流环境保护工作脱节，履约目标无法分解落实融入到国内环境保护工作特别是环境要素保护的具体目标中，二者没有形成有机结合，达到协同互助的目的。

本课题的研究目标是分析我国“十二五”期间国际环境履约面临的形势，考察国际环境公约履约与国内环境保护常规工作之间的差距，提出“十二五”期间国际环境履约目标与任务如何分解落实到国内环境保护常规工作中，提出“十二五”期间乃至 2020 年前我国国际环境公约履约的基本思路，系统推进我国国际环境公约履约能力建设，为国家“十二五”环境保护规划制定，为统筹国际国内两个大局，推动实现环境保护 3 个历史性转变、促进污染物减排，改善环境质量，防范环境风险，探索环境保护新道路提供决策支持。

二、研究思路

本研究重点讨论“十二五”期间重点国际环境公约，特别是由环境保护部对口负责的国际环境公约及其议定书在未来特别是“十二五”期间履约过程中面临的关键问题，提出在“十二五”期间相应的策略和基本思路。同时兼顾讨论跨界环境问题，包括跨国界水环境以及大气环境问题的对策和综合协调机制，以及温室气体减排的协同效应及相关机制。

三、研究内容

本研究将以由环境保护部牵头和环保部在其中发挥重要作用的国际环境公约及其议定书为重点和基础，具体研究内容如下：

（1）重点国际环境公约履约在“十二五”期间的发展动态，应对策略以及具体要求和任务；

（2）国际环境公约履约目标与国内相应工作目标与要求的差距分析；

（3）我国跨国界环境问题对策及综合协调机制研究；

（4）我国气候变化问题“十二五”期间履约与对策研究；

（5）我国国际环境履约的基本战略和行动方案。

四、主要结论

经过 30 多年的历程，中国成为国际环境公约履约大国，在履行国际环境公约方面取得了一定成就，履约能力建设也形成一定基础。但是中国环境公约履约压力总体上在不断增大，个别公约压力趋缓，压力重点在转移。目前的外部压力主要是来自国际社会的责任和政治压力、发达国家对发展中国家的履约资金援助与技术转让压力；内部主要是改善环境以及保护人体健康的压力、对相关行业与产业国际竞争力的短期压力、法规政策发展的压力、技术创新和应用压力、资金配套和能力建设压力等。

无论是从中国履行国际环境公约的总体压力，还是从重点国家环境公约面临的环境问题以及资金机制等焦点问题看，国际环境公约谈判及履约本质上是国家政治利益、环境利益和经济利益的争夺，是国内环境与发展问题在国际环境合作领域的延伸与体现，反映的是国家的整体利益。从这个角度看，国际环境公约履约与国内环境保护常规和主流工作具有内在的一致性和统一性。但是在具体实践中，履约与国内环境保护常规工作之间还存在不小的鸿沟与分离，二者的衔接与结合还存在很多问题和障碍，这些问题和障碍在本质上也是国际环境公约履约本身所面临的问题与障碍。包括：国际环境公约与国内环境保护主流工作的关注点和目标存在差异；国际环境公约履约缺乏总体战略思路；法规政策发展滞后；资金机制不完善；科技发展与技术能力不足等。

“十二五”期间，跨国界流域发展经济的驱动力很强，边境贸易发展不断提速，环境压力增加，主要跨界水体将面临很大环境压力，其中中俄、中哈跨界水问题最为严峻。我国主要跨界河流都有常态水污染事件风险，存在突发事件风险隐患；常态和突发性水污染事件风险依次为中俄、中哈、中朝跨界河流，特别是未来的常态和突发性水污染事件风险可能会大幅度增加，澜沧江-湄公河水污染问题不容忽视。

“十二五”期间，周边国家就跨界大气环境问题对我国压力将持续增加，跨界大气环境问题已成为影响我国国际形象的主要源头之一，如东亚酸沉降监测网络合作深入化压力无法回避；新的跨界大气问题初步呈现，包括汞污染问题、大气棕色云问题、光化学烟雾问题等。

“十二五”期间，中国温室气体减限排压力不断增加，污染物排放控制形势不容乐观。协同控制是中国推进温室气体和局地污染物减排的客观要求。“十二五”期间，从国际层面看，气候、能源、环境一体化政策将成未来应对气候变化新走向；从国内层面看，高度重视气候变化问题和污染减排工作，协同控制将成为重要战略选择。

五、政策建议

（一）“十二五”期间及 2020 年前国际环境履约的基本指导思想

全面贯彻落实党的十七大精神，高举中国特色社会主义伟大旗帜，深入贯彻落实科学发展观，在“共同但有区别的责任”原则指导下，以保护人类赖以生存的地球家园、改善生态环境质量为目标，以环境保护的历史性转变为指导，统筹国内国际两个大局，将国际环境履约与环境保护国际合作有机融入国内环境保护工作，“以外促内”、“以内带外”，实现国内环境改善与履行国际环境责任的协同效应，树立负责任的大国形象。从环境保护国际合作与国际环境履约的角度，积极探索具有中国特色的环境保护新道路，努力建设人与自然和谐、经济与环境相协调的生态文明社会。其核心是：坚持将解决国际环境问题、履行国际环境公约与全面贯彻落实科学发展观、建设生态文明相结合；坚持将国际环境履约与加快推进3个历史性转变相结合；坚持将环境保护国际合作与国际环境履约纳入积极探索中国环境保护新道路之中；坚持将环境保护国际合作与国际环境履约有机融入国内环境保护重点工作。

中国国际环境公约履约的定位要逐步实现3个方面的转变：一是从过去的以外为主、树立负责任大国形象逐步向内外结合、以外促内转变；二是从过去的被动参与、追随应付逐步向以我国为主，主动应对转变；三是从各相关公约各自为政逐步向协同增效转变。

（二）国际环境公约履约重点和优先领域

“十二五”期间及2020年前国际环境公约履约重点和优先领域的确定需要考虑以下几个原则，包括国际推动压力、国内需求程度、国内工作基础等。国际推动压力较大、国内需求程度较高以及国内工作基础较好的公约履约应优先考虑作为重点。按照以上原则，“十二五”以及“十三五”期间重点国际环境公约履约及谈判的优先顺序可考虑如表1所示。

表1 “十二五”以及“十三五”期间重点国际环境公约履约及谈判的优先顺序

“十二五”期间	“十三五”期间
1. 《汞污染防治领域国际公约》	1. 《汞污染防治领域国际公约》
2. 《斯德哥尔摩公约》	2. 《巴塞尔公约》
3. 《蒙特利尔议定书》	3. 《生物多样性公约》
4. 《生物多样性公约》	4. 《斯德哥尔摩公约》
5. 《巴塞尔公约》	5. 《蒙特利尔议定书》

（三）“十二五”期间跨界水环境问题对策及综合协调机制

“十二五”期间，我国解决跨界水环境问题的指导思想是“服务政治、服从大局”、“内外有别、内紧外松”、“友好、合作和负责任”。解决跨界水环境问题的总体思路是“高度重视、合作化解、立足国内”。继续加大对松花江流域/黑龙江流域的污染防治力度，重点解决图们江污染问题，制定并将主要跨界水体的污染防治和环境保护规划纳入国家重要流域规划；继续加强应急预警能力建设。从国际合作角度分析，首先解决中俄、中哈跨界水环保问题，尤其是跨国界流域内项目的跨界环评交换问题、水资源利用引起的生态环境问题、突发环境事件应急问题，建立中哈跨界水环保合作机制。

保障“十二五”期间跨界水环境问题的解决，需要成立国家级跨界水环境保护领导小组；建立顺畅的资金投入机制，切实防治界河污染，加强国际合作；建立跨界河流突发性水污染事件保险金制度；扩大国界环境合作应急处理资金规模，加强跨界水环保合作；充分发挥环保部区域督察中心作用，调动地方政府积极性；强化环境管理，将跨界影响纳入环境影响评价制度；建立跨国界水污染防治和生态保护的技术支持体系。

（四）“十二五”期间跨界大气环境问题对策及综合协调机制

“十二五”期间解决跨界大气环境问题的总体目标是：发挥国际合作“润滑剂”的作用，以国内环境保护重点领域为主，通过统筹国际国内工作，减轻我国在跨界大气环境问题方面的国际压力，为我国发展营造良好的外部环境。实现以上目标，需要加强以下几个方面：一是加强科学基础研究，包括东亚区域大气污染物长距离传输模型研究、削减 SO_2 同酸雨减少的关系研究、新的跨界大气污染物的跟踪和前期研究等。二是立足国内，做好国内大气污染物削减。继续在“十二五”规划中设定 SO_2 和 NO_x 的总量控制指标；在贯彻和实施环境政策时，可以借鉴欧盟治理酸雨的方式——将法律手段、财政支持手段与市场手段相结合，并注重环境决策的民主性和透明性；研究适合我国国情的实用大气污染技术。三是加大对外宣传，达到增信释疑。四是国际合作坚持“发展中国家”原则，做好利弊分析。

（五）温室气体与局地污染物协同控制政策措施与管理机制

“十二五”期间，实现温室气体与局地污染物协同控制的重点工作包括：一是构建协同控制政策体系，包括管理政策体系；经济政策体系，如税收政策、信贷政策、出口退税等；自愿管理政策体系，如环境标志、低碳标志等；二是建立协同监管制度，建立碳排放清单，结合目前环保部门开展的污染源普查活动，将碳排放源摸底调查工作纳入其中。完善监测体系，充分利用环保部门已有的污染源监测网络，制定温室气体监测的规范方法，确定监测频率，规范信息发布，实现温室气体的动态监测；三是大力发展协同技术；四是积极开展试点示范；五是努力提高协同控制意识。

（六）促进实现履约目标以及国际环境履约和国内常规工作结合的保障措施

一是要建立顺畅的资金机制，提供充足的资金保障。包括建立国际、国内双轨并行的融资机制；推动现有公约固定资金机制的改革；推动财政配套资金的落实；推进“污染者付费”原则指导下的责任资金投入；鼓励社会各界环境履约基金的建立和介入；建立协同的资金管理和分配机制；建立健全科学的资金执行和评估模式等。

二是健全法律政策制度，制定国家环境公约履约总体战略。包括制定一部环境履约行政法规，统领国家履约工作；完善环境履约的专门法律法规、政策标准；制定阶段性的、与环境保护五年规划纲要同步的环境履约国家总体规划；建立环境履约数据库体系。

三是完善体制，建立有力的履约机构。包括设立环境履约国家及地方委员会；设立环境履约专门委员会及其办公室；设立环境履约专家委员会等。

四是建立履约目标绩效评价指标体系。

“十二五”期间国际公约履约工作重点研究

一、课题研究背景与目标

（一）研究背景

环境问题，特别是诸如气候变化、臭氧层破坏、生物多样性退化、持久性有机污染物污染等国际环境问题，是人类社会共同面临的严峻挑战。为解决环境问题，国际社会为此付出了巨大努力，在联合国等国际组织的共同努力下，各缔约方通过谈判缔结环境国际公约，并切实履行公约所规定的责任和义务，完成相应目标，则是应对全球环境问题的重要举措。我国政府高度重视环境国际履约工作。截至目前，已经签订的环境国际条约有 50 项左右，相关履约工作取得了明显进展。然而，与此同时，履约工作目前面临的总体形势也十分严峻，目标要求高、难度大、任务紧，与国内的环境保护主体工作缺乏有机联系。在党的十七大“环保上，相互帮助，协力推进，共同呵护人类赖以生存的地球家园”的战略方针指导下，需要深入识别和研究环境国际公约履约在“十二五”时期面临的形势、存在的问题以及需要完成的目标任务，将履约工作更全面、更深入地纳入“十二五”环境规划体系，并采取一系列综合措施确保履约工作的顺利推进。

（二）研究目标

国际环境履约研究的目标是推动环境履约工作的常态化和主流化，即通过系统分析、典型分析和案例分析，开展统筹研究，明确履约工作重点，分析履约工作难点，落实履约责任，将履约工作需求和关键问题纳入日常工作，切实维护人民群众自身的环境权益，同时呵护地球家园。

二、研究思路

（1）加强历史经验和基础现状分析；

（2）加强规划与环境国际公约规定的目标任务的衔接；

（3）处理好履约规划与各公约工作计划的关系；

（4）处理好软硬结合的关系，工程项目与能力建设并重；

（5）加强与国家环境保护“十二五”规划基本思路的衔接。

三、研究内容

（一）系统总结环境国际公约履约取得的进展

我国自加入环境国际公约以来，履约工作各方面得到加强。国家重视环境履约工作，各公约建立了各自的履约管理体系，针对一些综合性强、涉及面广，以及与国民经济和资源保护、开发、利用联系密切的公约，国家成立了部际协调机制，并设立了负责处理日常履约工作的管理机制，还针对各公约颁布了履约纲领性文件。履约得到了政府部门、国际机构、科研院所、行业协会、企业、公众等社会各界的积极参与，公众履约意识得到了明显提高。经过多年努力，在各个环境公约履约方面，都初步培养了一支履约专业队伍，并建立了若干负责履约日常工作的办事机构，为履约工作奠定了较好基础。地方政府更加重视履约工作。履约工作近年来出现的新特点就是该项工作逐渐得到地方部门的重视和参与。

在履行《蒙特利尔议定书》方面，自加入《维也纳公约》和《蒙特利尔议定书》以来，积极开展了淘汰工作。2007 年 7 月 1 日，全面停止了全氯氟烃（CFC）和哈龙的生产与进口，在发展中国家提前两年半完成履约目标。按照目前的进度，将在 2010 年完成四氯化碳（CTC）和甲基氯仿（TCA）的淘汰目标，比《蒙特利尔议定书》规定的时间提前 5 年。作为消耗臭氧层物质（ODS）生产和消费量最大的发展中国家，迄今为止，已实现《蒙特利尔议定书》规定的削减消耗臭氧层物质目标。在履行《关于持久性有机污染物的斯德哥尔摩公约》方面，2001 年 5 月 23 日，政府签署《斯德哥尔摩公约》，2004 年 11 月 11 日公约正式对我国生效。根据公约要求，制定了履行《斯德哥尔摩公约》国家实施计划，履约工作正分阶段、分行业、分地区稳步推进。2008 年，公约秘书处执行主任库帕先生对我国取得的阶段性持久性有机污染物（POPs）履约成果和履约工作安排给予高度评价，肯定我国前期履约工作为发展中国家 POPs 履约的一面旗帜。在《生物多样性公约》履约方面，作为缔约国，中国采取了大量的保护生物多样性的措施，包括完善政策、法律法规和机构，建立保护地、拯救濒危物种和保护生境等，在履约中积累了大量的经验。中国政府在履约工作方面的努力得到了大多数国家的赞誉，也得到了国际机构的认可。

（二）全面梳理“十二五”时期履约工作面临的挑战

我国履约工作目前面临的形势十分严峻。从国内形势来看，履约工作形势也十分严峻，消耗臭氧层物质（ODS）淘汰方面，我国是目前全球最大的 ODS 生产国、消费国和出口国，淘汰 ODS 涉及多个产业部门和众多就业人口，任务十分艰巨。2007 年，中国用于受控用途的 HCFC 生产量共 41 万多 t，占全球总产量的 66%；国内 HCFC 使用 26 万多 t，占全球总消费量的 42%；与 HCFC 相关的行业年产值高达 4 500 多亿元，涉及企业上万个，从业人员近百万人，淘汰 HCFC 对相关产业的影响十分巨大。在淘汰持久性有机污染物方面，我国是 POPs 生产量、使用量和排放量最大的发展中国家之一。20 世纪 90 年代下线封存的含多氯联苯设备分散在全国各地，由于年代久远已经出现泄漏现象，存在重大安全隐患，一旦产生灾难性后果，将严重影响社会稳定。在保护生物多样性方面，生物多样性资源居世界第三位，而生物多样性资源损失和生物物种濒危的速度也均居世界前列，华南虎、野生麋鹿、长江白鳍豚等物种已在野外绝迹，生态保护任务繁重。此外，我国还是汞的生产和消费大国。每年汞的产量约占全球产量的三分之一，消费量约占全球消费量的二分之一，汞流失、污染严重，随时威胁着人民群众的生命安全和身体健康。与此同时，履约工作面临的问题却日益突出，主要包括：履约工作定位亟待提高，急需出台国家层面的专项规划；履约资金需求与供给差距很大；国内履约工作立法滞后于国际履约要求；科研投入与履约科技支撑需求之间矛盾突出；履约工作协调难度大等。

（三）明确“十二五”时期环境国际公约履约工作的目标与任务

综合分析《蒙特利尔议定书》、《斯德哥尔摩公约》以及《生物多样性公约》在“十二五”期间及 2020 年前的履约目标，可将各《公约》具体目标按照任务、行业、要素、地域等因素进行落实分解，从而实现与环境保护主体工作的结合。其中，《蒙特利尔议定书》的履约任务主要包括：HCFC、甲基溴、医药用途 CFC 等消耗臭氧层物质的淘汰，替代品研发，以及履约能力建设 3 个方面；《斯德哥尔摩公约》履约任务主要包括：完成识别和清除在用 PCBs、削减和控制二噁英排放、POPs 废物及污染场地处置等履约目标，推进履约政策法规和标准制定修订和履约机构能力建设，促进研发替代技术示范等；《生物多样性公约》履约的主要任务包括：加强履约能力建设；提高生物多样性应对气候变化的能力；以及加强生物多样性的查明、编目、监测等，深化生物多样性就地保护和迁地保护，加强对转基因技术的有效管理，加强遗传资源及相关传统知识的保护，建立获取与惠益分享制度等方面。

（四）研究提出“十二五”时期做好环境国际公约履约工作的保障与机制

针对目前国际履约工作的总体形势和突出问题，结合我国主要环境公约履约目标和任务分析，我国“十二五”期间及 2020 年前环境履约工作需要通过以下措施、机制及项目加以保障。一方面是要狠抓五项措施，确保履约工作顺利开展。具体包括：①以编制“十二五”规划为契机，提升环境国际公约履约工作在国家环境规划中的定位。②加强履约相关法律、政策、标准、制度等方面的建设。③加强组织机构和能力建设，成立国际公约履约的组织协调和监管机构，协助有关部门制定相关政策措施。④加大财政资金投入，加大对重点项目、试点示范项目的支持力度。⑤通过各种途径，加强国内对自有知识产权的履约关键技术的开发力度。另一方面是要开发重点项目，落实履约目标任务。为保障完成履约目标，尤其是具有严格履约量化指标的公约履约目标，在“十二五”期间，需要开发一揽子的履约重点项目作保障，主要包括保障履约的技术研发及生产能力建设、政策法规及标准制定修订、履约能力建设、POPs 项目建设 4 个方面。重点项目详见表 1。

表 1 “十二五”环境国际公约履约重点项目表

项目领域	主要内容	公　约	重点项目工程
保障履约技术研发	《蒙特利尔议定书》等公约履约关键替代技术研发及生产能力建设	《蒙特利尔议定书》	HCFCs 替代品开发重点项目
			HCFCs 替代技术研发重点项目
			医用气雾剂替代品和替代技术开发重点项目
			农业甲基溴替代品和替代技术研发和推广项目
		《生物多样性公约》	生物多样性技术支撑体系项目
政策法规建设及监管	履约有关的法律法规的起草拟定以及落实实施	《生物多样性公约》	生物多样性主流化项目
履约能力建设	履约指标体系建设、评价体系建设、队伍建设与人员费用、公共宣传等费用	《蒙特利尔议定书》	保护臭氧层国际公约履约能力建设项目
		《斯德哥尔摩公约》	POPs 履约能力建设项目
		《生物多样性公约》	生物多样性就地与迁地保护项目
			生态廊道示范项目
		“汞污染防治领域国际条约”（未来可能缔结）	汞领域能力建设项目
项目建设	POPs 削减、淘汰和处置	《斯德哥尔摩公约》	二噁英削减控制项目
			POPs 废物环境无害化管理和处置项目

四、主要结论

（一）履约工作取得积极进展

总体而言，我国履约工作进展顺利，在引进资金、技术和管理经验，推动国内立法执法监管、建立履约机构和机制等各个方面都取得长足进步，履约成效获得了国际社会的认可和赞扬，在国际社会中展现了负责任大国的形象，促进了环境保护事业的发展。

（二）履约工作面临严峻挑战

我国履约工作面临严峻形势，可以概括为责任重、影响大、问题突出。目前，履约工作存在的问题主要包括：履约工作定位亟待提高，急需出台国家层面的综合规划和专项规划；履约资金需求与供给差距很大；科研投入与履约科技支撑需求之间矛盾突出；履约目标与国内环境工作目标衔接不足；环境公约间协调配合不足；国内履约工作立法滞后国际履约立法；基础研究有待加强；地方履约能力有待进一步提高；履约工作缺乏配套的重大项目工程措施支持等。国际履约工作国际国内“两张皮”现象比较突出，这与“树立世界眼光”、“统筹国际国内两个大局”、“利用两种资源”等科学发展观有很大差距。因此履约工作一直难以融入“大舞台”、“主战场”和“主干线”。

（三）环境国际公约履约工作目标和任务

到 2015 年末，落实环境国际公约规定的责任义务，初步形成组织化程度较高的履约体制，国家和地方履约能力明显提高，履约作为环境保护工作的重要组成部分在日常工作中得到贯彻落实；建立履约监测和成效评估技术体系，初步建立履约长效机制，初步形成责任明确、投入有保障、法制健全、宣传、科技、公众参与等支撑体系较为完备的履约体系。

五、政策建议

“十二五”期间环境履约工作需要在科学发展观的指导下，树立世界眼光，统筹兼顾国际履约形势和国内履约工作实际，以制定国民经济和社会发展五年规划特别是环境保护规划为契机，科学制定环境履约规划，并在“十一五”规划的基础上，加大统筹兼顾国际履约与国内环境保护工作的力度，将履约工作更全面、更深入地纳入“十二五”环境规划体系和国内环境保护主体工作，并实现常规化、常态化、主流化。

（一）提升环境国际公约履约工作在国家环境规划中的定位

以编制“十二五”规划为契机，将国际履约工作纳入国家环境规划体系中，全面加强对履约工作的重视和统一领导。加强履约工作与国内环境保护工作的衔接，以履约目标任务的分解为途径，通过行业、要素、地域等方面的分解，实现国际履约目标与各行业、各地区的环境保护工作相衔接，并制定详细的指标、标准体系，建立长效的监管和评估体系。

（二）加强履约相关法律、政策、标准、制度等方面建设

方面，要建立完善的履约法规政策标准体系，特别是推动有利于履约的经济激励政策的颁布和实施。另一方面，要加强履约法律法规建设，将我国加入的环境国际公约的义务转为国内法，改变以往国际公约往往只在国内相关法律中出现只言片语的情况。

（三）加强组织机构和能力建设

主要是成立国际公约履约的组织协调和监管机构，协助有关部门制定相关政策措施。面对多个国际公约履约间缺乏协调配合的现状，有必要在组织机构方面对履约工作予以保障。建议成立国家履行环境国际公约委员会，加强部际协调沟通，力争在国家层面将各公约履约工作进行整合，实现国家环境利益的最大化。委员会下成立国家履行各环境公约的专委会，并在环境保护部下成立环境国际公约履约中心作为国家履行环境国际公约委员会的日常办事机构，协调各环境公约之间的实施，实现公约的协同增效。加强履约前瞻性研究、履约能力建设、宣传培训等工作。

（四）加大财政资金投入

加大对重点项目、试点示范项目的支持力度，将国际赠款资金、财政配套资金、企业及其他渠道自筹资金、国家技术研发资金、公益资金相结合，建立新的资金机制，保障履约资金供给。

（五）加强履约关键技术开发力度

通过各种途径，加强国内对自有知识产权的履约关键技术的开发力度。同时通过技术转让平台的建设，打通技术转让的通道，使国际履约工作在技术层面得到保障。

基于风险防范的环境监管体系构建研究

一、课题研究背景与目标

（一）研究背景

我国经济正处于高速发展和转轨阶段，近年来环境污染事故频发，环境风险问题日益突显。2005 年 12 月吉林石化双苯厂爆炸致松花江水污染事件、2007 年 6 月太湖蓝藻暴发致无锡市饮用水危机事件，以及 2010 年 7 月发生的福建紫金矿业水污染、大连输油管道爆炸致近海污染等环境污染事件对经济发展、环境质量、生态系统及人体健康造成了严重威胁。由于环境风险具有成因复杂、时空尺度多变、发生随机、途径广、环境影响大等特性，如何防范环境风险成为了环境监管的重大难题。频繁发生的环境风险事件给我国现有的环境监管体系提出了挑战，而我国目前在环境风险源识别、监控和风险管理等方面尚未形成技术体系，由此导致对重大环境污染事件发生前缺乏科学预断及有效监管。

十七届五中全会在今后五年经济社会发展的主要目标中明确提出，在今后五年要实现“抵御风险能力显著提高”。“十二五”时期，我国将坚持以人为本和环保优先，全面体现生态文明建设和探索环保新道路的要求，统筹协调总量削减、质量改善与风险防范的关系，以解决影响可持续发展和损害群众健康的突出环境问题为重点，以环境保护优化经济发展，进一步保障改善民生。要提高环境风险的抵御和防范能力，保障环境安全，改善民生，就必须加强我国对环境风险的监管能力。目前我国的环境监管能力薄弱，难以满足环境风险防范的需求。因此构建基于风险防范的环境监管体系，从而有效地控制环境风险，实现环境风险最小化，尽可能降低环境风险事件造成的损失和影响，保障环境安全，改善民生，是环境监管的当务之急。因此，建立适合我国国情的基于风险防范的环境监管体系十分必要和迫切。

（二）研究目标

本研究旨在通过剖析我国现阶段环境监管体系在环境风险防范方面存在的问题，并结合环境风险系统理论提出基于风险防范的环境监管体系构建思路；研究我国环境风险防范的重点领域，并提出各重点领域的环境监管能力建设需求；最后就我国基于风险防范的环境监管能力建设提出合理可行的建设模式与技术路线，并为近期风险防范监管能力建设提供政策建议。

二、研究思路

本课题的研究思路如图 1 所示。

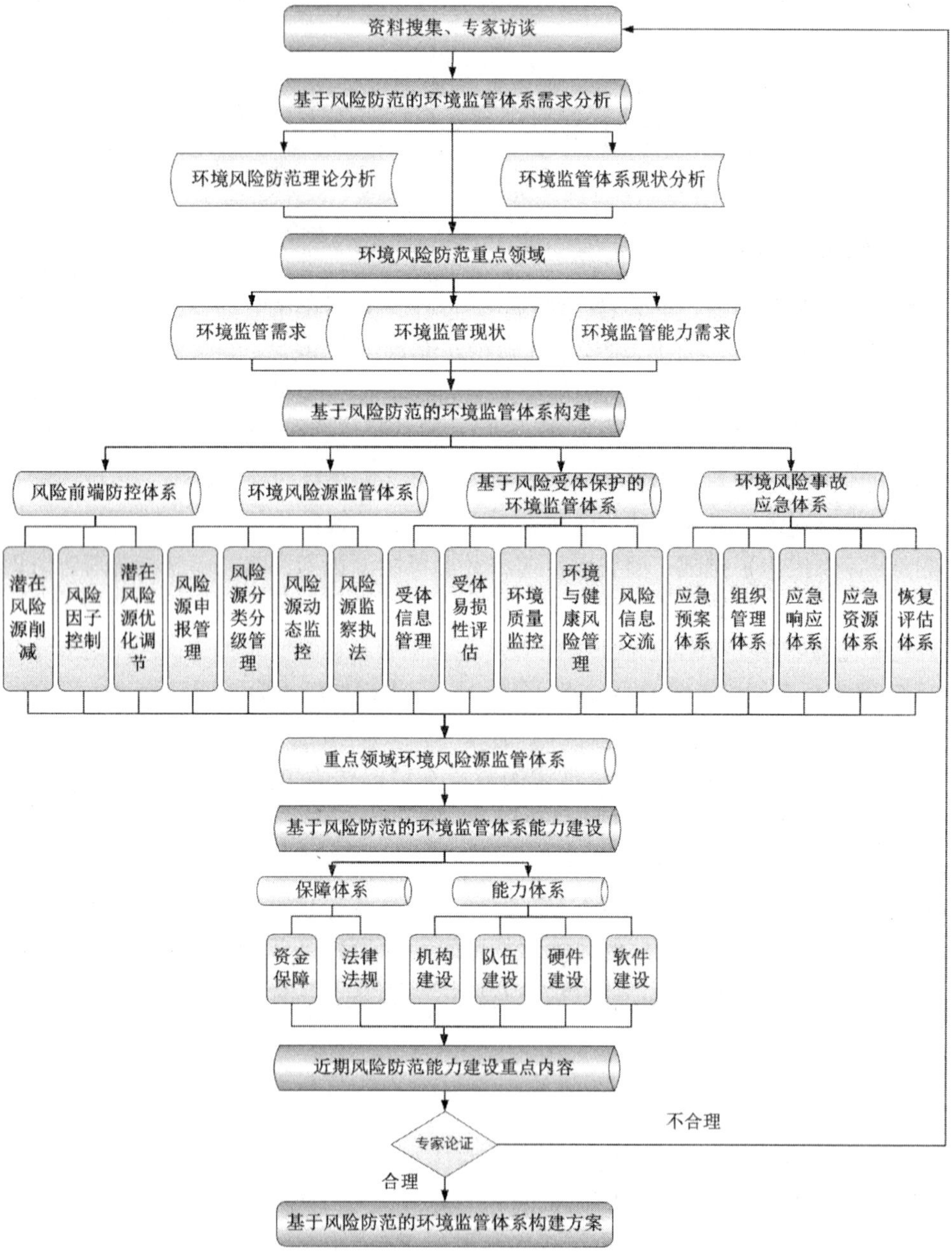

图 1 本研究所采取的技术路线

三、研究内容

（一）基于风险防范的环境监管体系分析

本研究基于区域风险系统理论，在深刻剖析我国环境风险形势的基础上对环境风险防范的定义和要求进行分析。通过资料搜集、文献调研、专家访谈等方法，分析我国现有的环境风险防范监管体系现状，探讨环境监管体系在风险防范方面存在的问题。

（二）我国风险防范重点领域及环境监管需求分析

在对基于风险防范的环境监管体系分析的基础上，通过文献调研、专家访谈等方法，对我国的环境风险防范重点领域进行深入剖析。分析我国风险防范重点领域的环境监管现状和监管需求，从能力建设内容和基础支撑两方面归纳总结重点领域的环境监管能力建设需求。

（三）基于环境风险系统理论的环境监管体系的构建研究

以环境风险系统理论作为研究的指导依据，从风险前端防控、环境风险源监管、风险受体保护、事故应急入手构建风险防范环境监管体系，以监管体系制度建设、能力需求落实为切入点深入剖析环境监管体系重点领域。

针对环境风险前端防控，分别从潜在环境风险源削减、风险因子控制和潜在环境风险源时空参数调节等方面，研究环境风险的前端防控体系，进而防止和控制风险源的形成，尽量减少风险事件的发生机会和规模，从而达到区域环境风险最小化的目标。

针对环境风险源监管，从源识别、源监控、源管理等视角出发，构建风险源识别与申报、基于风险源分类分级的优先管理、风险源动态监控、风险源监督执法标准化建设等风险源监管体系，进而明晰风险源监管的重点对象，切实提高环境风险源风险防范水平、降低风险源事故发生概率与事故强度。

在风险受体保护方面，基于风险源排查明确风险受体，确定重点保护对象，在深入分析国内外先进受体保护体系的基础上，明确受体保护的责任相关方，并构建基于受体筛查的信息系统、受体易损性评估制度、环境质量监控网络、环境与健康风险评估制度、风险信息交流机制等，以保证人民群众的生活质量与环境质量。

在事故应急方面，提出事故应急体系优化方案，以“事前准备—应急响应—事后管理”的应急全过程为主线，从应急预案、组织管理、应急响应、应急资源、恢复评估五个方面构建事故应急体系。

（四）基于风险防范的环境监管能力建设模式研究

在我国环境风险防范监管能力现状研究基础上，研究监管队伍建设（人才培养、队伍培训等）、硬件建设、软件建设（信息化、风险防范技术规范等）的建设模式，研究保证基于风险防范的环境监管能力建设能够顺利实施的法律法规、制度、政策体系以及资金保障体系的建设模式。提出基于风险防范的环境监管能力建设的技术路线，提出近期风险防范能力建设的重点内容，为我国“十二五”环境监管能力建设提供参考。

四、主要结论

（一）风险防范重点领域对环境监管能力建设需求分析

本研究分别从监管能力建设内容、基础支撑两方面总结分析得到各重点领域对环境监管能力建设需求（表 1）。能力建设内容由监管现状和监管需求对比得到，基础支撑分别从法制机制、监管队伍、技术装备、资金保障方面开展。在专家咨询和资料调研的基础上，对各重点领域基础支撑建设的四个方面内容进行了排序（★代表优先建设顺序，从★★★★★到★表示优先程度逐渐降低）。

表 1　风险防范的重点领域对环境监管能力建设需求

<table>
<tr><th colspan="2" rowspan="3">风险防范重点领域</th><th colspan="5">环境监管能力建设需求</th></tr>
<tr><th rowspan="2">能力建设内容</th><th colspan="4">基础支撑</th></tr>
<tr><th>法制机制</th><th>监管队伍</th><th>技术装备</th><th>资金保障</th></tr>
<tr><td rowspan="3">风险源</td><td>企业固定源</td><td>将企业风险防范责任主体要求纳入法律法规；
推进企业风险责任保险；
将风险防范设施纳入“三同时”验收，强化环评考核；
开展企业风险源信息申报；
开展企业风险源分类分级管理；
推进企业风险源动态监控系统建设；
加强企业应急能力建设检查，开展应急培训和演练</td><td>★★★★</td><td>★★</td><td>★</td><td>★★★</td></tr>
<tr><td>移动风险源</td><td>提供移动风险源监管的政策建议，建立移动风险源路径风险评估与优化制度；
建立和完善跨部门信息交流；
建立跨部门应急联动平台，加强移动风险事故应急处置能力建设</td><td>★★★★</td><td>★★</td><td>★</td><td>★★★</td></tr>
<tr><td>工业园区</td><td>加强工业园区风险防范监督检查，建立完善的园区风险源监控网络；
加强工业园区应急预案管理、应急资源和队伍的建设</td><td>★★★</td><td>★</td><td>★★</td><td>★★★★</td></tr>
<tr><td rowspan="2">风险因子</td><td>危险化学品</td><td>继续对危险化学品重点行业、重点区域风险源及其周边环境情况展开专项调查评估，建立风险源数据库，开展环境风险分级管理；
加强环境准入管理，提高准入门槛；
建立危险化学品跨部门信息沟通机制；
加强废弃危险化学品执法监督；
确定实施重点环境管理的危险化学品，加强环评、监督性监测和执法检查；
加强危险化学品事故应急体系能力建设，加强应急监测和处置能力</td><td>★★★</td><td>★★★★</td><td>★★★★</td><td>★★★★</td></tr>
<tr><td>重金属</td><td>严格环境准入条件，提高准入标准；
强化重金属企业自测行为和对企业的监督性监测；
加强对重金属风险源的监察执法，促进清洁生产；
出台重金属行业新的排放标准；
开展重金属环境与健康风险评估，建立和完善重金属应急体系</td><td>★★★★</td><td>★★</td><td>★</td><td>★★★</td></tr>
</table>

<table>
<tr><td rowspan="3" colspan="2">风险防范重点领域</td><td colspan="5">环境监管能力建设需求</td></tr>
<tr><td rowspan="2">能力建设内容</td><td colspan="4">基础支撑</td></tr>
<tr><td>法制机制</td><td>监管队伍</td><td>技术装备</td><td>资金保障</td></tr>
<tr><td rowspan="3">风险因子</td><td>POPs</td><td>对POPs废物、污染物及污染场地进行全面调查，加强已识别POPs污染场地的修复；
推行二噁英重点风险源削减和控制措施，深入开展清洁生产审核，将二噁英作为主要特征污染物纳入环评；
健全POPs风险防范的多部门污染防治协调机制；
逐步建立重点POPs风险源环境影响后评估制度；
加强POPs监测、评估和防治技术能力建设，完善相关标准、技术指南等</td><td>★</td><td>★★</td><td>★★★★</td><td>★★★</td></tr>
<tr><td>危险废物</td><td>落实危险废物申报登记，定期开展环境风险排查，确定监管重点风险源清单，建立危险废物风险源数据库；
加强环评审批，严格环境准入；
促进产生单位危险废物规范化管理，严格执行危险废物转移联单制度；
加大进口废物的后期监管力度，加强污泥处理处置全过程监管；
开展污染场地的排查、识别和环境风险评估，建立危险废物风险信托基金；
加大处罚力度，建立危险废物污染责任终身追究制度；
深化尾矿库的环境风险隐患排查工作，建立全国尾矿库环境风险管理平台</td><td>★★★★</td><td>★★</td><td>★</td><td>★★★</td></tr>
<tr><td>核与辐射</td><td>加强组织机构建设及人员配备；
建设监管技术能力支撑体系；
加强放射性源环境监管；
促进放射性废物安全处置；
加强核与辐射应急监测能力建设；
加强核与辐射事故应急基础建设；
严格把关核电选址和退役阶段环评</td><td>★</td><td>★★★★</td><td>★★★</td><td>★★</td></tr>
<tr><td rowspan="2">风险受体</td><td>饮用水水源地</td><td>加强饮用水水源地风险隐患排查；
建立健全饮用水水源地环境风险评估制度；
增强饮用水水源水质监测能力，组织开展饮用水水源地生物预警工作；
加强饮用水水源地监督执法；
完善饮用水水源应急管理体系；
加强应急监测技术研究；
加强备用水源地、农村地下水监管和建设</td><td>★</td><td>★★</td><td>★★★</td><td>★★★★</td></tr>
<tr><td>城乡人口集中区</td><td>加强对人口集中区周边风险源的监督执法；
通过区域规划进行产业结构调整，淘汰落后产能；
建立跨部门沟通协商机制；
加强企业信息公开和环境风险的宣传教育</td><td>★</td><td>★★</td><td>★★★</td><td>★★★★</td></tr>
</table>

（二）基于环境风险系统理论的环境监管体系

根据对我国环境风险防范重点领域的分析结果，本研究根据不同的重点领域分别探讨风险防范环境监管体系的建设，主要包括风险源、风险因子监管和受体风险防范的重点领域。本研究所构建的基于风险防范的环境监管体系如图 2 所示。

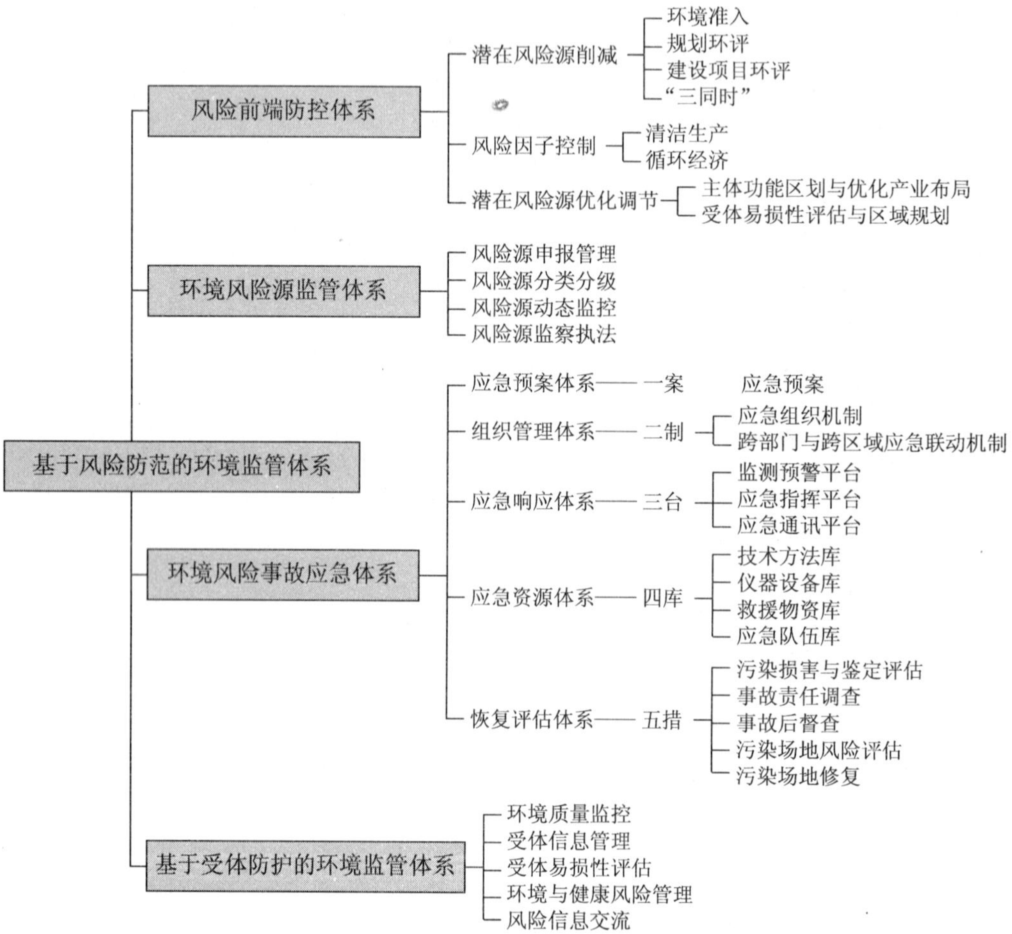

图 2　基于风险防范的环境监管体系

五、政策建议

根据以上研究结论，建议近期（2011—2015 年）风险防范能力的重点建设内容（概要）如下。

（一）全面加强风险前端防控

加强潜在风险源的风险防控；加强重点风险因子的综合防控；加强敏感风险受体的风险防控。

（二）着力强化风险源头监管

推进风险源数据库建设；研究风险源分类分级管理方法，开展风险源分类分级管理；完善风险源动态监控网络；提升环境监察执法能力。

（三）持续推进风险受体保护

提高环境质量监控能力；开展受体易损性调查评估；加强环境与健康风险防范；推进环境风险信息交流。

（四）建立健全事故应急体系

推进落实应急预案管理；建立健全组织管理机制；稳步提高应急响应能力；大力推动应急资源保障；有序开展恢复评估工作。

环境风险防范制度与对策措施研究

一、课题研究背景与目标

（一）研究背景

当前，我国正处于环境污染事故高发期，一些重特大环境污染事故不断发生，对人体健康、生态安全以及生产生活构成重要影响，事故造成的各类损失也呈逐年上升趋势。这一状况是由我国经济发展的阶段性特征所决定的，是粗放式发展的必然恶果，同时也与我国现有“先污染、后治理”的经济发展模式不无关系。我国现行环境管理制度依然侧重于以总量控制、浓度控制为特征的末端管理为主，以环境风险控制为主的管理模式有待转变形成。随着风险要素的增加及城市环境敏感性的增强，我国现有环境管理模式越来越不能适应环境风险管理新形势的要求。防范和应对环境风险能力的极大欠缺与当前环境风险的严峻形势之间的矛盾愈加突出，已经成为我国推进环保历史性转变的短板和瓶颈之一。

因此，转变现有管理模式，逐步实现环境风险防范从重事后处置到事前评估、预防、监控、响应等全过程管理转变，从非常态管理向常态化、专业化管理模式的转变，从单部门、单灾种、单风险向多部门、多环节、多风险的协同防范的转变是我国环境风险管理工作的必然趋势和要求，是遏制环境污染事件频发的根本要求，也是推进我国环保事业历史性转变的重要踏板。实现“三个转变”的工作关键是逐步实现环境风险全过程管理，而科学有效的环境风险防范制度是实现环境风险全过程管理的必要基础及法制依据。

本研究从我国实际出发、结合国内外先进经验，深入细致地探讨我国环境风险防控制度建设及对策措施建议，可为完善我国环境风险管理法制建设提供依据，为全国及不同环境风险水平的城市防控环境风险、减少突发环境事故发生提供理论依据和技术支持，对推动我国环保事业发展、保障人民生命安全、确保社会经济可持续发展具有重要意义。

（二）研究目标

基于我国环境风险的分布特征及变化趋势，探讨我国环境风险防范总体路线及“十二五”环境风险防范策略，提出针对不同环境风险类别的环境风险防范管理制度建设和政策建议，为构建中国特色环境风险管理模式提供基础。

二、研究思路

从我国环境风险因素识别分析入手，识别我国主要环境风险类型及其内涵和外延、时空特征，摸清我国环境风险状况，结合国内外成功经验，结合对我国环境风险未来形势的判断，探讨我国环境风险防范路线及在“十二五”时期的环境风险防范策略，结合国内已有环境保护制度，提出针对不同风险类型环境风险防范管理制度建设和政策建议。

三、研究内容

（一）我国环境风险现状评估及趋势分析

（1）我国环境风险分类和识别：明确环境风险的内涵，结合环境污染与破坏事故发生的整个过程，识别我国环境风险的主要类型。

（2）开展全国环境风险评估：结合近几年我国主要环境污染与破坏事故的发生原因、事故强度、时空分布特征等，从我国环境风险涉及行业的产业布局、环境管理、应急措施等方面，对我国环境风险现状进行评估分析。

（3）环境风险趋势分析：根据区域环境风险评价结果，结合人口、经济、环保投资等社会经济因素，分析“十二五”时期我国环境风险的变化趋势及可能面临的新型环境问题。

（4）我国风险管理薄弱环节分析：针对我国环境风险现状，分析我国目前环境风险管理中存在的不足。

（二）国外环境风险管理调研与经验借鉴

针对我国目前环境风险管理的薄弱环节，对美国、日本、欧盟等发达国家及国内石化、冶金等高风险行业的研究成果、管理经验展开全面调研；结合调研成果，分析我国环境风险管理可以借鉴的先进经验。

（三）中国环境风险防控策略研究

（1）环境风险防控总体路线：基于我国环境风险防范薄弱环节分析及国外先进经验对我国启示的研究分析结果，结合我国环境风险类型，从机制、体制、法制等角度提出我国环境风险防控的总体路线及防控办法。

（2）“十二五”环境风险防范策略：在我国环境风险防控总体路线基础上，根据对“十二五”时期我国环境风险变化趋势的判断，明确环保系统管理环境风险的主要切入点和抓手，提出“十二五”环境风险防范的重点、目标、任务和措施等。

（四）环境风险防范管理制度建设和政策建议

（1）环境风险管理制度、政策侧重点分析：根据我国环境风险现状评估结果，结合国外在环境风险管理体系上的先进经验，针对不同环境风险类型，提出我国在环境风险管理制度及政策上的侧重点。

（2）环境风险防范管理制度和政策建议：基于我国环境风险管理制度及政策上的侧重点分析结果，提出针对不同环境风险类型的我国环境风险防范管理制度建设和政策建议。

四、主要结论

（一）我国正处于环境污染事故高发频发期，事故类型多、分布广、监管难，重特大事件影响呈增大趋势

（1）全国环境污染事故发生频次高位波动，重、特大事故仍频繁发生。2000—2008年我国环境污染与破坏事故次数总体呈较为明显高位波动趋势，其中重特大事故占总事故数的比例呈波动上升趋势。

（2）环境风险类型多、诱因多、复合型事故逐步增多。当前，我国环境污染事故以安全事故类、违法排污类为主，环境风险物质以危险化学品、污水为主，重金属、蓝藻、微生物等风险物质开始显现，环境风险复合化程度越来越高，事故风险类型由单一风险向复合型环境风险转变。

（3）环境污染事故影响呈波动状态，重特大事故影响呈增大趋势。典型年份重特大污染事故的次均直接经济损失呈增大趋势，因环境污染与破坏事故死亡的人数总体上有递增趋势，2001—2005年死亡人数从1人增加至29人，2006年死亡人数降至4人，但从2006年起又逐年增加，2008年增加至19人。

（4）全国环境事故分布地区差异较大，主要集中在东南部和中部省份。从空间分布来看，污染与破坏事故主要集中在东南部和中部地区省份。从2000—2008年这9年数据看，湖南、广西、四川等为环境事故高频发区。

（二）我国环境风险形势不容乐观，产业布局、历史累积、自然灾害、违法排污等各种环境风险隐患集中凸显，其他新型环境风险逐步显现

"十二五"期间，我国总体上仍将处于快速工业化、城市化进程中，经济总量将进一步增加，由此带来能源、资源消耗将进一步加大，环境质量总体处于持续恶化趋势，环境安全保障和环境风险防范形势更加严峻，面临的压力进一步增大，主要体现在以下几个方面：

（1）当前我国环境风险因素十分复杂。具体表现为环境风险隐患种类众多、问题突出；重大环境污染事故数量大、类型多、分布广；环境风险因素复杂、预警防范非常困难；环境事故危害大、处置难、社会关注度高。上述种种因素，加之有关环境风险防控的制度缺失、人员不足、能力薄弱、手段有限等，往往使得政府部门防不胜防、疲于应对、无力应对。

（2）我国环境风险管理开始步入正轨。"十一五"时期是我国环境应急工作起步时期，国家和各级地方政府逐渐加大了环境风险监管工作力度；"十二五"时期，我国环境风险应急管理将正式迈入风险防范与应急处置并重的全过程管理阶段，环境风险管理开始步入正轨。

（3）我国环境风险形势不容乐观。从我国经济发展历程分析，未来20年我国仍处于经济发展向工业化中期阶段过渡，随着经济总量增长而持续增长的污染物产生量对环境安全的压力越来越大，各种自然灾害和人为活动带来的环境风险不断加剧，而我国环境风险

防范各项措施还未正式出台或处于起步阶段，“十二五”时期，我国环境风险形势将更加严峻，重特大环境污染事故防范风险进一步增大。

（4）新时期，随着人口增长、消费转型带来的电子废弃物处置、城市光化学污染等问题，以及因经济全球化和科技发展带来的新化学品环境风险、生物性污染物风险等新型环境风险不容忽视。

（三）新时期，我国须逐步构建“主动预防、动态监控、科学应急、长效管理”为核心的环境风险防范体系

（1）指导思想：坚持“以人为本、预防为主、全防全控、科学管理、优化发展、保障民生”的基本原则，通过体制优化、机制创新、制度完善和加强监管等综合措施，逐步构建“主动预防、动态监控、科学应急、长效管理”为核心的环境风险防范体系，逐步实现环境风险管理工作的3个转变，切实控制和减少各类重大环境风险隐患，保护人民群众健康和生命安全，逐步形成中国特色可持续发展的环境安全格局，促进经济、社会与环境协调可持续发展。

（2）总体目标：环境风险防范法律法规体系逐步完善，全过程环境风险防范制度体系基本形成，环境风险监管能力大幅提升，多部门、多环节、多风险的协同管理有效开展，重大环境风险隐患得到有效控制，重特大环境污染事故明显减少，全防全控的环境风险管理模式逐步形成。

（3）基本策略：我国环境风险防范的基本策略为“调整结构、优化布局、新老结合、主动防范、分类实施、协同监管”。一是将调结构作为环境风险源头控制的重要手段；二是将优化产业布局作为环境风险防范的重要内容；三是要同时做好既有风险控制和新生风险防范，并充分利用现有管理手段；四是逐步建立基于预防为主的制度体系、监测体系和监控体系；五是实施有针对性的分类管理制度和管理方式；六是重视各类事故的跨部门、多类型、多手段协调监管。

（四）“十二五”我国环境风险防范的工作重点是以重点区域、重点行业和重点环境风险类型为切入点，重点解决当前数量多、分布广、危害大和严重威胁人民群众身体健康的重大环境风险

在重点区域上，重点关注饮用水水源地、沿江沿海和居民集中区等环境敏感区域，开展重点区域环境风险评估，加强重点区域环境风险监控预警，制定针对性的环境风险管理制度。在重点行业上，以化工、石化、冶金等行业为重点，全面摸清行业环境风险隐患，基本构建重点行业全过程环境风险防范制度体系；在重点环境风险类型上，强化对安全事故类、违法排污类等传统环境风险的防范，并重视遗留隐患类、长期累积类、布局问题类等环境风险，重点解决社会影响大、关系民生的重大环境问题。

（五）“十二五”期间，加强我国环境风险防范的建议为“理顺体制、优化机制、完善制度、突出重点、提升能力、加强监管”

五、政策建议

（一）总体建议

为加强我国环境风险防范工作，总体建议是：一是要强化政府职责——地方政府是环境风险监管的责任主体；二是突出全防全控——全过程管理是环境风险防控的根本手段；三是健全制度体系——完善的管理制度是风险防控的基础保障；四是加强企业监管——加强企业环境风险监管是当前工作重点；五是利用现行手段——充分利用现有管理手段是主要抓手。

（二）具体建议

“十二五”期间，加强我国环境风险防范的具体建议为“理顺体制、优化机制、完善制度、突出重点、提升能力、加强监管”，包括：

建议之一（体制建设）：以加强环境应急管理为突破口，通过全过程环境应急管理，初步实现从环境风险源头防范到污染事故事后应急的全过程管理。

建议之二（法制建设）：以贯彻落实《突发事件应对法》为指导，以修改补充现行法律条款为重点，以加快出台“环境应急管理办法”为核心，大力提升环境风险防范制度的立法位阶。

建议之三（重点工作）：以重点区域、重点行业、重点环境风险类型为切入点，深化环境风险防控工作，建立和完善各项环境风险防范制度。

建议之四：基于风险管理理念，充分借鉴、利用现行环境管理手段，完善各类环境管理制度，做好各项制度的衔接与协调执行，初步构建全过程环境风险防范制度体系。

建议之五：重点解决当前我国环境风险防范能力不足的问题，将提高环境风险监管能力和应急能力作为环保能力建设的重要内容，强化环境应急管理能力建设。

污染物产生量评价与控制政策制度措施研究

一、课题研究背景与目标

（一）研究背景

“十一五”以来，作为国民经济和社会发展规划的约束性指标，SO_2、COD 等主要污染物总量减排得到各级政府的高度重视，工程减排、结构减排、监管减排扎实推进，环保工作取得了积极成效。与此同时，应认清这种转变还是非常脆弱的，如何保持这种良好的势头并且着实有效地控制其他污染物的排放，将是我国“十二五”期间的工作重点。

“十二五”规划纲要编制过程中，环境保护部副部长张力军指出：我国“十二五”污染减排工作，将要在污染减排指标领域上，进一步延伸和扩展，适当地增加主要污染物总量控制的指标种类。NH_3-N 将有望继 COD 之后，在“十二五”纳入全国主要水污染物排放约束性控制指标。污染物总量控制、严格控制污染源排放、加快现有污染水域和地下水环境的综合整治将是未来改善水环境质量的重点工作。

近些年，为了配合我国污染减排工作的开展，国家相继出台了一系列的法律、法规及标准，如国务院印发了《节能减排综合性工作方案》（国发[2007]15 号文）、《推动落实节能减排综合性工作方案部门分工》等，为行业的健康发展奠定了坚实的基础。传统的末端处理工艺已经不能满足我国的环保需要，如何在“十二五”期间改变传统观念，实施污染预防工作，在源头削减污染物的产生，从全过程控制污染物的排放，将是“十二五”的重点工作。《关于深入推进重点企业清洁生产的通知》等一系列通知公告为提高我国“十二五”期间工业污染防治工作水平提供了有力的保障。

（二）研究目标

污染物产生量是评价行业、企业开展清洁生产的重要考核指标之一，也是控制污染排放量的基本前提条件。通过对污染物产生量的评价，可以对比不同类型、不同工艺、不同规模企业生产过程对环境的影响，从而为提出产业结构调整政策、推荐最佳可行性技术、制定行业环境保护发展规划等工作提供技术支持，为管理部门的决策工作提供帮助。

二、研究思路

根据环境统计年报的数据，造纸行业年排放 COD 157.36 万 t（第一次污染源普查结果显示为 176.91 万 t），位于工业行业第一位；虽然 NH_3-N 排放量不是最高，但考虑造纸废水排放量大等原因，造纸行业 NH_3-N 排放也不容忽视。因此，本课题选择造纸行业进行 COD 和 NH_3-N 分析。

环境统计年报和第一次污染源普查公报均表明电力行业是 SO_2 和 NO_x 的最大排放源。因此本课题选择电力行业作为研究 SO_2 和 NO_x 污染物的典型行业。

由于近些年电池企业发生了一些铅污染事故，而且相对于采矿等行业，电池企业更为接近公众，发生环境污染事故的几率也会更高。因此，本课题选择铅酸蓄电池行业作为重金属污染典型行业进行分析。

综上所述，本课题将选择造纸、电力、铅酸蓄电池 3 个行业，在调研行业现状的基础上，着重分析行业特征污染物排放情况以及现行的污染防治技术，并在此基础上分析污染物产生量与排放量、产生强度与排放强度之间的变化关系，同时分析行业污染物产生强度差距、分析进一步降低排放的潜力等，并在此基础上提出技术与管理建议。

三、研究内容

（一）造纸行业 COD 和 NH_3-N 产排污研究

1. 造纸行业现行政策、标准对环境影响

现行环保政策法规标准对造纸行业产生较大影响：

①生产原料结构变化明显：木浆和废纸浆消费量从 2001 年的 2 000 万 t 增长为 2009 年的 6 805 万 t，增长 240%，而非木浆从 2001 年的 980 万 t 增加到 2009 年的 1 175 万 t，增长 20%。②产业结构更加合理：通过淘汰和关停落后产能，2008 年全国造纸企业已经减少至 3 500 家。③水污染物排放明显降低：2008 年版造纸排放标准实施以来，造纸行业废水排放量比 2007 年降低 4%，COD 排放量比 2007 年降低 18.2%。

2. 造纸行业主要污染物产生量评估

不同原料、不同产品、不同生产工艺之间，废水量和污染物产生量差异极大。COD 产生强度从大到小顺序为：草浆＞化学机械木浆＞脱墨废纸浆＞化学竹浆＞化学木浆＞非脱墨废纸浆＞造纸。影响 COD 产生量的因素包括：原料、生产工艺、生产技术及装备和企业管理水平。

造纸废水中 NH_3-N 主要有 2 个来源，分别是生产过程中产生和废水处理系统过程中添加。我国造纸废水中 NH_3-N 主要来源为后者，造纸企业管理水平偏低，对于废水处理系统的管理比较粗放，大都没有严格地按比例添加营养剂，造成这些企业 NH_3-N 超标排放。

（二）电力行业 SO_2 和 NO_x 产排污研究

1. 电力行业现行政策、标准对环境的影响

我国对电力行业 SO_2 控制主要是通过总量控制、“两控区”计划、关停小机组、排污收费、达标排放以及烟气脱硫等综合措施来进行的。“十一五”期间火电厂 SO_2 控制措施主要包括：①关停小机组，淘汰落后产能；②烟气脱硫，加强末端治理；③严格排放标准，加强环境监管。目前，我国对 NO_x 的控制刚刚起步，在《大气污染物防治法》、《国家环境保护“十一五”规划》等文件中均涉及对 NO_x 污染物排放的控制，在新颁布的《火电厂大

气污染物排放标准》中也加严了 NO_x 的排放限值。目前，我国 NO_x 的控制主要依赖于传统的控制手段，虽然对火电厂 NO_x 污染的控制提出了初步要求，但相关的政策过于原则，操作性较差。目前我国火电厂采用烟气脱硝技术措施的比例还较低，难以有效控制日益增长的 NO_x 排放及其带来的二次污染。

2．电力行业主要污染物产生量评估

对于煤粉炉而言，SO_2 和 NO_x 产生量主要取决于机组规模、燃煤挥发分、是否采用低污染燃烧技术、是否采用脱硫脱氮技术。

（三）铅酸蓄电池行业铅污染物产排污研究

1．铅酸蓄电池行业现行政策、标准对环境的影响

《废电池污染防治技术政策》、《轻工业“十五”规划》、《轻工业调整和振兴规划》等政策、规划从产业结构调整出发，提出淘汰含汞电池，限制糊式电池、镉镍电池的比例，鼓励发展新型全密封免维护铅酸蓄电池等要求。2005 年将整治铅酸蓄电池行业污染问题纳入环保专项整治行动。同年，国家发改委出台了《产业结构调整指导目录（2005 年本）》，对电池行业发展提出了要求。其中，高容量密封型免维护铅酸蓄电池属于鼓励类；而开口式普通铅酸蓄电池项目属于限制类。根据此《指导目录》，污染较大的电池产品的生产受到限制，电池行业将逐步走向清洁、环保。同时，环保部于 2008 年出台了《清洁生产标准 铅蓄电池工业》（HJ 447—2008），该标准从生产工艺、装备、资源能源利用、产品、污染物等方面提出要求，通过全过程控制，减少铅酸蓄电池污染产生的负荷。

2．铅酸蓄电池行业主要污染物产生量评估

铅酸蓄电池制造过程中，污染物的产生主要集中在制粉、铸板、涂板、固化干燥、化成、组装等工序。我国目前不同规模的生产企业由于采用不同的生产工艺和设备，从而导致各环节污染物产生浓度水平参差不齐。在原料使用方面，各规模企业基本相同，差异不大，原辅材料主要以铅锭、硫酸为主。因此，造成差异的因素主要集中在生产工艺、生产设备和企业管理水平 3 个方面。

（四）污染物产生量评价与控制措施

1．环境保护政策主要存在的问题

目前，我国环保政策主要存在的问题包括：随着工业化和城市化进程加快及人口持续增加，长期的粗放式经济增长，使得环境治理总体压力很大；污染治理的难度不断加大；污染的性质发生了显著变化，区域性、流域性、面源、生活性污染逐渐成为新的矛盾，这些污染的解决相对于传统工业的末端治理需要更大规模的环保投资；环境投资历史欠账太多。

2．污染物产生量评价及控制的难点、切入点分析

开展污染物产生量评价及控制工作主要存在的问题包括：现行的法律、法规、政策保障有待完善；污染物产生量标准体系有待改进；污染物产生量统计数据缺乏；污染物产生量评估理念尚未普及。要解决这些问题，并在“十二五”期间建立适合于我国的污染物产生量评价体系应关注以下方面：

（1）提高对污染物产生量评价及控制重要性的认识

我国虽然通过产业结构调整等措施，COD 等主要污染物产生强度下降趋势明显；但随着工业的发展，COD 等主要污染物产生总量仍呈上升趋势。各级环境管理部门、企业必须转变思维，从单纯的末端治理向全过程控制转变，才能确保污染物产生量评价及控制的各项措施、制度落到实处。

（2）借助淘汰落后产能，控制污染物产生量

淘汰落后产能对污染物产生量控制起到了积极作用。我国一直存在落后产能死而复生的现象，而通过新一轮淘汰落后产能工作的开展，有望进一步优化工业产业结构。

（3）借助清洁生产，引导企业实施技术改造，控制污染物产生

随着结构减排和工程减排初具成效，“十二五”期间管理减排（包括清洁生产等）将作为重要的减排手段之一。清洁生产是从微观层面控制污染物产生量的行之有效的措施。而建立污染物产生量评价制度则可以判断清洁生产的实施效果。

（4）严格环境准入，源头控制污染物产生

实施污染预防，从源头控制是实现污染物产生量控制的有效手段。一些省市通过制定环境准入制度，从环境承载力、产业结构、清洁生产、污染物总量控制等方面对工业环境保护提出了严格要求。在环境准入制度中污染物产生量评价将发挥重要作用。

（5）引入污染物产生量评价，进一步提高污染物总量减排统计的科学性

《主要污染物总量减排统计办法》中指出：“城镇生活 COD 产生系数优先采用各地区的 COD 产生系数或实测数据并予以说明；没有符合本地实际排放情况的系数，则统一采用国家推荐的 COD 产生系数。”如果在下一步工业减排中增加污染物产生量的评估，可以有效杜绝上述类似情况的发生，亦是对工业减排项目更为全面的评估。

（6）控制污染物产生量将成为“十二五”污染减排工作的重要手段

“十二五”期间应正确处理预防与控制的关系，建立全防全控的防范体系；正确处理成本与效益的关系，健全高效的环境治理体系。而推行清洁生产、实施污染预防，削减污染物产生量、提高污染物去除率、减少污染物排放量将成为实现“十二五”减排目标的重要手段。

3. 工业行业污染物产生强度评价体系框架设计

从影响工业污染物产生强度的因素出发，评价体系应该包括以下几个方面：①生产工艺与装备指标；②资源利用指标（原辅材料消耗指标）；③废物回收利用指标；④环境管理要求；⑤污染物产生指标。企业通过对前 4 项指标的控制与管理，才能符合污染物产生指标的相关要求。这几项指标中，污染物产生指标是行业（企业）污染物产生强度的最终体现，生产工艺与装备指标、资源利用指标（原辅材料消耗指标）、废物回收利用指标以及环境管理要求是确保实现污染物产生指标要求的保障。这几项指标相辅相成，构建了完善的污染物产生强度评价体系。

四、主要结论

通过对造纸、电力及铅酸蓄电池典型行业的研究，分析影响典型行业污染物产生量的主要因素：影响造纸行业污染物产生量的因素为原料、生产工艺、生产技术及装备和企业

管理水平；影响电力行业污染物产生量的因素为机组规模、燃煤挥发分、是否采用低污染燃烧技术、是否采用脱硫脱氮技术；影响铅酸蓄电池特征污染物产生量的因素为生产工艺、生产设备和企业管理水平 3 个方面。在此基础上分析影响工业行业污染物产生量的主要因素，初步建立了我国污染物产生量的评价体系，提出了我国初步建立污染物产生量评价体系的切入点及相关政策保障。

五、政策建议

（1）开展主要污染物产生量预测；
（2）重视淘汰落后产能，优化产业结构；
（3）加强重点行业污染物产生量控制；
（4）推行清洁生产，优化经济发展；
（5）完善相关法规、政策、标准。

环境保护产业需求与支撑研究

一、课题研究背景与目标

（一）研究背景

1. 应对复合型环境问题的迫切需要

目前，我国环境污染问题严重。水环境污染正处在有机污染尚未根本解决、营养物污染和有毒有害物质污染同时并存的阶段。传统的烟煤型大气污染依然严重，并逐渐向区域复合型转变，点源污染与面源污染、生活污染与工业污染交织并存，工业及生活污染向农村转移。土壤污染源多面广，危险废物环境安全隐患加大，电子垃圾等新型固体废物污染问题日益凸显。生物多样性减少，生态系统功能下降。如不加大污染减排力度，污染物排放量将远高于环境承载能力。粗放的经济增长方式对资源的环境压力仍然较大；环保法律法规、环境标准有待健全；环保投入不足、治污设施稳定运行亟待加强；环境监管能力依然滞后以及环保科技和产业发展不能满足环保工作需要等问题的存在说明环境保护工作还存在薄弱环节。

2. 经济增长方式和结构调整转变的决策支持

“十二五”期间我国仍将处于工业化和城市化快速发展阶段，经济结构调整和粗放型经济增长方式的根本转变还需要较长时间，环境风险不断增加，环境问题日趋复杂，我国的环境压力将继续加大。

3. “十二五”环保规划实施目标的新要求

“十二五”环保规划提出了一系列的目标，针对水污染治理、大气环境污染防治、固体废弃物治理、农村环境保护和环境监测仪器 5 个重点领域提出了新的要求。

“十二五”期间，水污染控制方面将加强对 NH_3-N、TN 和重金属等污染物的排放控制和总量削减，增加水污染 NH_3-N 控制指标。大气污染控制方面提出加强对 NO_x、$PM_{2.5}$ 排放及灰霾的控制，增加 NO_x 控制性指标，重视大气中挥发性有机物 VOCs、有毒有害物质控制。同时提出了加强农村环境保护以及重金属污染防治等工作需求。

4. 环保产业可持续发展战略的现实基础

开展环境保护产业需求与支撑研究，有利于加快制定环保产业技术政策和工程技术规范，引导环保产业技术发展，规范环保产业市场，进一步明确环保产业的部门指导和管理分工。

（二）发展现状

环保产业是环境保护事业和实施可持续发展战略的重要物质技术基础。经过 30 多年的发展，我国环保产业技术水平与国外先进水平差距不断缩小，部分技术已达到国际先进水平。对常规污染物的治理技术、装备、材料等基本能够满足环境保护要求，但自主创新能力不强。一些重点领域的关键技术尚有待突破，制约环保产业发展的部分关键设备和材料仍依赖进口。如经济、有效的污泥处理、高浓度难降解工业废水处理、燃煤 NO_x 控制、袋式除尘器用耐高温滤料和脉冲阀、脱硝催化剂、高强度抗污染的垃圾渗滤液膜材料等还依赖进口，大机组脱硫装置、脱硝装置、垃圾焚烧成套设备的稳定性也有待提高。产业发展的技术瓶颈依然存在。

（三）研究目标

（1）分析环保产业概况与发展现状，制约环保产业发展的瓶颈问题，环保系统在推进环保产业发展中的定位与作用；

（2）结合国家环境保护“十二五”规划思路，分析提出“十二五”规划任务要求对环保科技、标准、产业支撑的需求清单；

（3）评估“十二五”期间技术产业对环境规划目标任务要求支撑情况，分析短板，提出促进建议；

（4）分别从科技、标准等方面提出解决环保“十二五”规划新要求的一揽子系统解决方案框架。

二、研究内容

（一）“十二五”环保规划目标重点领域的新要求

1. 水污染控制

加强对城镇生活污水除磷脱氮、高 NH_3-N 难降解有机化工废水治理、含重金属工业废水污染治理、污泥稳定化、无害化处理处置技术 4 个方面的技术研发力度，重点技术包括：城镇污水二级处理厂的升级改造技术及稳定高效生活污水除磷脱氮处理技术；针对化工、农药、制药、化肥等重点行业水污染问题，研制、开发行之有效的清洁生产与末端治理技术，控制重点工业企业的 NH_3-N 排放；电子电镀行业、电路板行业等行业清洁生产与污染物低排放技术、资源化利用技术；城镇污水脱水污泥的无害化处理处置和重金属稳定化技术、污泥干化焚烧技术及污泥调质高效脱水技术。

2. 大气污染控制

加强对工业 NO_x 控制、除尘、工业有机废气治理、机动车尾气排放控制 4 个方面的技术研发与工作力度，重点技术及相关工作包括：300 MW 燃煤电站锅炉 SNCR 和 SCR 的烟气脱硝工艺技术；低温（170℃左右）条件下的脱硝催化剂开发，实现催化剂生产的国产化；工业锅炉低氮燃烧和水泥行业脱硝技术；电除尘方面，在完善常规电除尘器和开发创新品种的基础上，进一步提高对高比电阻、高温、高湿、高含尘浓度以及有效聚合和聚并

$PM_{2.5}$ 微细颗粒控制技术的防治措施，提高工业烟尘的除尘效率。袋式除尘主要研究和开发主机、滤料及应用技术，提高技术和装备水平；吸附浓缩-催化氧化集成技术、吸附浓缩-冷凝回收技术、吸附浓缩-吸收集成技术等；全面实施国家第四阶段机动车排放标准，并形成以削减机动车排放为核心的城市 NO_x 防治体系。

3．固体废物控制

应加强含重金属危险废物处理处置方面的工作力度，进一步加强含重金属危险废物处理处置，重点包括铬渣无害化处理处置、废旧家电处理处置、废蓄电池处理处置、危险废物无害化及稳定化处置等。开展含重金属危险废物规模化处理处置技术示范与推广。

4．农村环境保护

应加强农村饮用水水源地污染防治工作，以加大畜禽养殖污染防治力度为突破口，以村镇生活污水处理技术、畜禽养殖污染防治、农产品加工废水污染治理与资源化利用技术、农业固废资源化利用技术、农业面源污染防治技术为发展重点。

5．环境监测仪器

重点关注重金属污染和大气有机污染物在线监测仪器。“十二五”期间我国环境监测仪器重点需求是：污染源在线自动监测与环境质量在线自动监测仪器；“重金属污染物在线自动监测技术和设备将是重点发展。此外，区域性环境空气特征污染物（$PM_{2.5}$、O_3 等）自动监测系统也需重点发展。

（二）行业重点污染治理技术评估分析

从城镇生活污水脱氮除磷处理、高 NH_3-N 难降解有机化工废水治理、含重金属工业废水污染治理、污泥稳定化、无害化处理处置、工业 NO_x 控制、除尘、工业有机废气治理、机动车尾气控制、含重金属危险废物处理处置、农村环境保护、环境监测仪器 11 个方面进行进一步阐述。

1．城镇生活污水治理技术

城镇生活污水治理方式方法已经基本形成，全面掌握了各种规模城镇污水处理厂的工程设计、施工安装、调试运行等技术，但由于生物脱氮除磷工艺技术复杂，城镇生活污水治理脱氮除磷的稳定性还存在问题。城镇生活污水处理要重点突破的技术主要有城镇污水二级处理厂的升级改造重点技术。

2．高浓度难降解有机废水治理技术

对高浓度难降解有机化工废水末端治理主要采取两类处理工艺：一类是化学+生化废水处理工艺，但这类工艺投资高、运行成本高，而且处理深度有待进一步强化；另一类是物化+生化废水处理工艺，但需要大量水稀释后才能达标，技术可行性和经济性均存在较大问题。目前要重点开发氮肥工业废水、焦化废水、制药、煤化工废水治理技术等。

3．重金属污染治理技术

含重金属工业废水污染治理应区别印制电路板行业和电子电镀行业，这两个行业有不同的处理方法、问题与重点突破方向。目前多数印制电路板生产企业将产生的含铜废水（微蚀刻废液）、高浓度有机废水和清洗废水分别进行分类处理，基本是采用酸化、中和、混凝、固液分离等物化法技术。印制电路板目前应重点突破的技术是印刷电路板蚀刻液循环再生技术、膜分离法重金属废水处理与资源化回收技术、电路板漂洗水达标处理与连续再生技术等。电子电镀行业废水处理面临的问题是：处理难度大、化学法对废水中有机物处理效果不理想、处理成本偏高。当前电子电镀行业应重点发展的主要是基于清洁生产的污染防治技术。

4．污泥处理处置技术

污泥处理处置技术已成为污水处理的瓶颈，我国仅有不足20%的污水处理厂污泥进行了稳定化处理。污泥处理处置重点技术是城镇污水脱水污泥的无害化处理处置和重金属稳定化技术、污泥干化焚烧技术及污泥调质高效脱水技术。污水处理厂污泥处理处置成套设备及技术是当前污水处理厂污泥处理需重点攻克的技术。

5．工业 NO_x 控制技术

工业 NO_x 控制方面，目前有十几家公司从国外引进烟气脱硝技术，数家公司引进了催化剂生产线，部分烟气脱硝技术和设备可以实现国产化。但我国的低 NO_x 燃烧技术和烟气脱硝技术的研究开发和工程应用尚处于起步阶段，投运的脱硝装置还不多，投运的机组还未经过长期稳定连续运行的考验。火电厂脱硝催化剂国产化技术是工业 NO_x 控制急需突破的技术。

6．高效除尘技术

电除尘和袋式除尘技术是得到公认的高效除尘技术，我国电除尘器的装备水平已达国际先进水平，电除尘加工生产能力和应用数量以及研究开发水平均位居世界前列。目前，电除尘本体技术较成熟，研发应用热点集中在高效节能电源。袋式除尘器目前已开发出满足不同需要的工艺，工程应用及滤袋缝制技术等已达国际先进水平。电除尘重点要攻关的技术是节能减排型大功率电除尘器电源。袋式除尘器需要攻关的关键技术是袋式除尘用高性能滤料及配件。

7．工业废气治理技术

工业挥发性有机污染物的排放涉及行业众多，对大气环境质量造成了极大的污染危害，国内企业在技术上还存在很大的差距。目前，有机废气的治理重点首先是要改进提高主流技术，包括吸附材料、过滤材料、生物净化菌种等新材料；提高等离子催化氧化、等离子-光催化（或微波等协同）技术及装备，实现其大风量净化装置的国产化；筛选高效菌种，开发新型高效生物处理装置。过程优化和集成技术开发方面要开发吸附浓缩-催化氧化集成技术、吸附浓缩-冷凝回收技术、吸附浓缩-吸收集成等技术。

8．机动车尾气治理技术

机动车尾气控制目前可以提供满足国Ⅲ、国Ⅳ、国Ⅴ，甚至更高排放标准的机动车环保产品。机动车排气污染治理技术方面，汽油车排气催化转换器、摩托车排气催化转换器、燃油蒸发污染物控制装置技术都是已成熟应用的技术，可满足当前机动车污染治理需求。

9．危险废物处理技术

含重金属危险废物处理处置对铬渣、电器电子废物和废蓄电池也有不同的处理处置方法与要求。铬渣的无害化处理主要是将铬渣中的六价铬通过湿法或干法还原成低毒三价铬。目前，应用较好的铬渣综合利用技术有：铬渣做玻璃着色剂、铬渣烧结矿冶炼含铬生铁技术、铬渣作矿化剂生产水泥熟料技术、液态排渣旋风燃煤炉附烧铬渣工艺技术。电子废物的回收利用比较常用的技术主要包括热处理技术、化学处理技术和机械物理处理技术。电子废物的回收利用重点要攻克的技术有废旧家用电器自动化拆解利用技术、废弃电器电子产品无害化处理关键技术及设备、废弃电器电子产品处理与资源回收整厂设备等。在废蓄电池处理过程中，开发应用的预脱硫-电解沉积全湿法蓄电池铅回收清洁生产技术具有代表性。该技术不但适用于废蓄电池铅回收，还可以处理蓄电池厂生产中产生的废铅膏及化工生产过程中产生的硫酸铅、氧化铅等废物。

10．畜禽养殖污染治理技术

农村环境保护主要涉及生活污染与畜禽养殖污染两方面。农村污水、垃圾等生活污染控制有其自身的特点和规律，应根据当地实际情况构建排水系统，实现污水分类收集，因地制宜选择不同处理方式和处理技术。

畜禽养殖废水是农村地区另一主要污染源。目前，“综合利用”和“达标排放”是畜禽养殖废水的两种主要处理模式，需要重点攻克的技术有生物发酵舍清洁养殖技术、规模化厌氧发酵及沼气无害化利用技术、集中式高温好氧堆肥技术。

11．环境监测技术

近年来，我国环境监测高技术研发水平得到了长足的发展，部分成果的产业化，初步打破了多年来我国高档环境监测仪器必须依赖国外的局面，自动在线监测仪器在“十一五”得到大面积应用，国产环境监测仪器的质量和技术水平有了明显提高，国产环境监测仪器的自动化、智能化和产业化已逐步实现。“十二五”期间需要重点攻克的技术包括空气中重金属在线监测技术、逃逸氨监测系统以及区域性环境空气特征污染物（$PM_{2.5}$、O_3 等）自动监测系统。

（三）环保产业可持续发展的保障措施

环保产业是环境保护事业和实施可持续发展战略的重要物质技术基础。为更好地为“十二五”规划目标的实现提供支持，对我国环保产业的发展要加强技术创新，抓好关键技术的研发、开展亟须推广应用的技术示范、要强化政策法规标准的引导作用，完善相关政策、采用促进产业化的政策措施。

具体解决方案包括加强重点技术的研发，采取加大中央财政对环保科技的投入、实施重大战略性环保装备专项计划、建立环保产业研发风险补偿机制和拓宽投融资渠道等措施；筛选出“十二五”急需的环保产业重大关键技术、制约我国“十二五”环保产业发展的主要瓶颈性技术开展技术示范，建立环境技术示范工程。要逐步建立完善以环境质量、最佳可行技术为基础的污染物排放标准体系，加快包括环保技术政策、最佳可行技术指南、环境工程技术规范、产品标准、技术评价规范、环境影响评价技术规范、工程验收标准、监测规范等环境技术文件的制定，定期制订发布需重点攻关、研发的技术目录等。建立环保产业化基金和研究机构，以与企业联合的形式加速优秀环保科技成果的推广、应用和转化及其产业化。

第四部分

政策与试点

公共服务均等化研究及其对环保政策借鉴

化工行业环保政策研究

钢铁行业环保政策研究

“十二五”时期环保投入研究

“十二五”环保公共财政政策研究

区域和跨界水环境保护协调管理制度与政策研究

环境保护规划实施和考核机制研究

非环保系统资金投入、项目运作经验与借鉴

焦化行业结构减排潜力与实现途径研究

宁夏环境监测能力建设重点领域方案案例研究

宁夏饮用水源保护管理体系试点研究

四川饮用水源保护管理体系试点研究

江苏省主要大气污染物排放总量控制目标确定与分配方法研究

山西省主要大气污染物排放总量控制目标确定与分配方法研究

公共服务均等化研究及其对环保政策借鉴

一、课题研究背景与目标

（一）研究背景

不断改善基本公共服务的供给，推进基本公共服务的均等化，不仅可以为经济的可持续发展创造良好的社会条件，而且还可以有效地缓解城乡差距、区域差距和贫富差距，促进社会公平正义和社会和谐。政府作为公共服务的供给主体，为全体公民提供基本公共服务是政府的主要责任。如何确保广大的 13 亿人口公平地分享经济社会发展的成果，已经成为一个亟待研究的、具有重要现实意义的课题。

目前，对于是否应将环境保护纳入基本公共服务的内容，尚未形成统一的观点和明确清晰的思路，一定程度上仍然存在着质疑和顾虑。另外，在现实中，由于长期以来粗放型增长模式、经济总量导向、城乡二元化管理体制、环保体制和制度的不完善等多重因素影响，对环境保护政府责任的认识和制度规范存在明显欠缺。政府环境责任缺失、环境管理职责不明晰、环保投入过低、环境保护供需错位，导致环境保护领域各类公共产品与服务的供给存在着总量不足以及地区间与城乡间差异较大等问题。环境保护的非均等化进一步加剧了资源密集地区与生态敏感地区的环境破坏，加速了农业地区的耕地减少，威胁到区域与国家的战略安全，极大地制约了经济的持续发展和社会和谐。因此，探讨环境保护作为基本公共服务的主要内容和范围，研究环保公共服务均等化的内涵与目标，从体制、制度与政策层面探讨具体的推进路径和保障措施，已经成为一项刻不容缓的紧要任务。

（二）研究目标

本课题研究的目标为总结我国基本公共服务的主要做法和经验，探讨、明确环保公共服务的内容和范围，界定环保公共服务均等化的事权范围，尝试建立环保公共服务均等化评价指标体系，提出环保公共服务均等化的推进路径和保障措施。

二、研究思路

总结我国基本公共服务的内容、范围、做法和经验，分析现状特点和存在的问题，把握推进基本公共服务均等化的现实条件和制度环境。以此为基础，建立基本公共服务界定的合理标准。

研究借鉴国外环保先进国家的经验，从环境权与环境公平的角度出发，分析实现公民基本权利、满足基本需求中政府责任的主要内容，明确环保作为基本公共服务的内容和范围，提出环保公共服务中政府事权划分的思路；以公共管理的公平、效率与成本节约为基础性原则，明确、细化促进环保公共服务均等化中各级政府的事权范围与内容。

通过对国内外相关文献和研究成果的广泛查阅与梳理，深入分析环保公共服务均等化的内涵与范围，初步建立环保公共服务均等化评价指标体系的二级层级结构和指标体系的方案。通过信件、电子邮件和现场访谈的形式，邀请约 10～20 名学术界以及中央与地方各级政府环保部门的专家学者，对指标体系进行筛选与修正，确定指标体系的内容与含义。

根据 2008 年数据，对全国除港澳台外的 31 个省级政府环保公共服务均等化指标评价结果进行横向比较，分析环保公共服务的地区性差距和城乡差距，从要素间关系的角度剖析服务机制的结构特征及其对非均等化问题的影响，找出服务非均等化问题形成的深层原因。进而，从法律法规体系、财税制度、环保管理体制、问责和激励机制、社会参与等方面入手，构建环保公共服务均等化的推进路径，探讨相应的保障措施。

三、研究内容

（一）我国基本公共服务主要范围、内容、做法、经验

梳理我国目前教育、医疗卫生等基本公共服务的主要范围、内容，总结其中的经验和主要做法。

（二）环保公共服务的内容、范围和事权划分思路

研究和借鉴欧盟、美国、日本等国外环保先进国家及地区的经验，从保障公民环境权和促进环境公平为主要价值目标，分析环保公共服务中政府责任的内容和范围。以此为基础，以公共服务的外溢性理论、规模效益理论、财政保障能力理论、管理性调控原则为标准，探讨环保公共服务事权划分的基本思路。

（三）环保公共服务均等化的事权范围与评价指标体系

分析各级政府在环保公共服务均等化中的职责和相互关系；依据服务对象的范围、服务内容与属性以及现有相关法律规定，明确、细化其事权范围与内容。

从机会均等（如权利均等、人均财政投入均等）、过程均等（如可获得性等）、结果均等（如覆盖率、满意度等）3 个方面出发，按照主体性指标（提供者的建设指标、生产者的质量指标、消费者的效用指标）以及保障性指标相结合、总量化与个性化指标相结合、静态与动态指标相结合的方法，探讨构建环保公共服务均等化评价指标体系。

（四）环保公共服务均等化的推进路径和保障措施

明确不同地区间、城乡间环保公共服务非均等化问题的主要特征，分析环保公共服务要素间的作用机制，找出非均等化问题的内在成因，提出环保公共服务均等化的推进路径，探讨相应的保障措施。

四、主要结论

（一）我国基本公共服务主要经验

第一，根据公共服务任务的保障性、基础、现实可行性、管理的可操作性等因素，建立国家基本公共服务的基本要求，明确相应的服务范围和内容。第二，明确基本公共服务的最低保障标准，从财政投入（如公共卫生人均财政投入）、硬件设施条件（如义务教育标准化学校建设）、服务质量和水平、服务结果等方面建立全面的服务标准。第三，以国家重大服务项目为核心，推进重点服务内容的地区间均衡发展，逐步实现基本公共服务均等化；第四，建立规范的考核评估制度，统一考核标准，与地方政府绩效考核、官员升迁制度等联系。

（二）环保公共服务的内容、范围

根据政府环境责任的主要内容，环保公共服务的范围应主要包括以下 6 个方面，即环境政策服务、环境监管服务、环境治理服务、环境应急管理、环境信息服务、环境教育服务（表 1）。

表 1　环保公共服务的主要内容

	内容	含义
环境保护基本公共服务	环境政策服务	法律法规、政策、规划与技术标准的制定
	环境监管服务	政府决策与规划的环境影响评价，建设项目的环境许可与审批，环境监测，环境法制，完善行政监督和社会监督
	环境治理服务	环境基础设施的投资、建设、运行与管理，环境污染治理，自然生态保护
	环境应急服务	环境污染突发事件的有效预防与处置，包括预警、处置与事后恢复、赔偿等
	环境信息服务	环境质量状况与环境治理等信息的收集、整合与公开，支持、推动公众环境保护活动，促进公众参与
	环境教育服务	环保宣传，公众教育，支持、鼓励企业环保行为

（三）环保公共服务均等化的含义及其评价指标体系的构建

环保公共服务均等化的含义应包括服务供给总量充足、机会和原则均等、结果大体相等、自由选择权这 4 个方面。环保公共服务上的权利均等主要取决于体制、制度建设能否不分地域、不分人群，对全体公民的基本生存权、健康权提供同等的保障；环保公共服务的机会均等主要取决于在政府环保财政投入总量保证的基础上形成的服务资源和服务提供能够实现人人均享；环保公共服务的结果均等应主要体现在生存环境质量和资源持续利用的基本一致和底线均等。

本课题研究着眼于公共服务供应过程的基本结构，即政府投入、资源形成、服务供应、服务结果这 4 个主要环节，并由此形成以环保公共服务均等化为目标的 4 个一级指标，并在此基础上，分别细化出 13 个二级指标和 18 个三级指标（表 2）。

表 2　环保公共服务均等化评价指标体系

<table>
<tr><th>目标层</th><th>一级指标</th><th>二级指标</th><th>三级指标</th><th>计算方法和说明</th></tr>
<tr><td rowspan="20">环境保护基本公共服务均等化</td><td rowspan="2">A 公共服务投入</td><td>A1 环境保护投资</td><td>A11 人均环境保护财政支出</td><td></td></tr>
<tr><td>A2 污染治理投资</td><td>A21 人均污染治理投资</td><td></td></tr>
<tr><td rowspan="4">B 公共服务资源</td><td>B1 机构与人员</td><td>B11 县级环保机构人员比例</td><td>县级机构人数与地区机构总人数之比</td></tr>
<tr><td>B2 政策法规标准</td><td>B21 地方法规覆盖率</td><td>反映政策资源的制度规模与完整性</td></tr>
<tr><td rowspan="2">B3 设施与设备</td><td>B31 废水处理服务能力</td><td rowspan="2">设施处理总量与城市人口之比，反映环境治理设施设备的服务能力</td></tr>
<tr><td>B32 城市生活垃圾处理服务能力</td></tr>
<tr><td rowspan="8">C 公共服务提供</td><td>C1 环境监管服务</td><td>C11 环境行政诉讼案件办结率</td><td>反映环境法制领域的监管效果和能力</td></tr>
<tr><td rowspan="4">C2 环境治理服务</td><td>C21 城市污水集中处理率</td><td rowspan="4">反映环境治理服务的供应范围和能力</td></tr>
<tr><td>C22 村污水处理率</td></tr>
<tr><td>C23 城市生活垃圾无害化处理率</td></tr>
<tr><td>C24 环保公共服务公众满意度</td></tr>
<tr><td>C3 环境应急服务</td><td>C31 突发事件总数</td><td></td></tr>
<tr><td>C4 环境信息服务</td><td>C41 环保类信访案件办结率</td><td>反映促进公众直接参与与间接参与环境保护的实际效果</td></tr>
<tr><td>C5 环境教育服务</td><td>C51 创建绿色学校数</td><td>利用效果类数据反映环境教育服务的能力和水平</td></tr>
<tr><td rowspan="5">D 公共服务结果</td><td rowspan="3">D1 生存环境质量</td><td>D11 集中式饮用水水源水质达标率</td><td rowspan="3">反映空气、水、绿化等基本生存环境状况</td></tr>
<tr><td>D12 主要城市空气质量优良率</td></tr>
<tr><td>D13 1997—2008 年森林覆盖增减率</td></tr>
<tr><td>D2 资源利用</td><td>D21 单位 GDP 能耗</td><td>反映资源利用的节约程度</td></tr>
<tr><td>D3 污染减排</td><td>D31 COD 减排率</td><td>反映污染物减排的效果</td></tr>
</table>

五、政策建议

（一）明确环保公共服务的范围和内容

在环保公共服务的范围界定中，应根据服务的保障性、基础性以及公共利益的重要性程度，将服务内容划分为核心内容和一般内容两类，核心内容包括环境监管服务、环境治理服务和环境应急服务 3 项，一般内容则包括环境政策服务、环境信息服务和环境教育服务 3 项。在环保公共服务均等化的推进过程中，应该以核心内容为优先，在 3～5 年的近期内率先推进和实现环境监管、环境治理和环境应急方面的服务均等化。

（二）建立环保公共服务最低保障标准

应在国家层面设定环保公共服务最低保障的投入标准和服务标准。环保公共服务最低保障的投入标准应能够反映污染治理和生态保护等基础性环保服务内容的合理行政成本。服务标准的内容应能够衡量环境治理、环境监管、环境应急等基础性项目的服务质量和水平。

（三）实施国家环保公共服务重点项目

以农村地区、中西部地区、主要资源输出地区、生态环境脆弱地区 4 类地区为重点，尽快开展农村与农业环境污染治理、流域性水污染治理、区域性大气污染防治、环境污染监管应急体系建设 4 类项目。

（四）建立环保公共服务的行政问责与激励机制

首先，应设立环保公共服务评价指标体系，建立公开、透明、及时的环保公共服务动态评估机制。以此为基础，建立以公共服务为导向的干部政绩考核制度和政府问责制，明确环境行政问责的对象、范围、条件、后果。进而，建立中央对地方、上级对下级政府的问责机制，加强对各级政府环保公共服务的监管职责。

化工行业环保政策研究

一、课题研究背景与目标

国务院公布的《石化产业调整和振兴规划》明确提出：到 2011 年，石化产业单位工业增加值能耗下降 12%以上，污水、SO_2 和粉尘等污染物排放量减少 6%以上，行业特征污染物排放得到控制。

为了贯彻落实国务院《节能减排综合性工作方案》，为国家环境保护“十二五”规划提供政策建议，受环境保护部环境规划院委托，中国化工环保协会承担了化工行业环保政策研究课题。

二、研究思路

根据课题要求，针对化工行业污染物产排量大、组分复杂、处理处置难度大等特点，并考虑经费、时间等因素，我们选取了氮肥、磷肥、氯碱、农药等典型行业作为重点研究对象。项目组认真研究了项目目标和意义，制定了具体实施工作方案和计划。通过档案文献资料调查、函调现场调查、专家访谈、分行业座谈讨论等多种方式，开展了对上述行业污染物产排状况的调查研究。

三、研究内容

本研究报告共分 5 个部分。第一部分是我国化工行业生产发展和污染物排放现状，主要介绍了我国化工行业的发展概况、化工行业“三废”和主要污染物排放现状、主要化工子行业产品生产的污染物排放贡献度、化工行业污染治理技术情况和化工行业节能减排的主要工作及成效。第二部分是国家有关政策、措施在化工行业的实施情况，主要从产业政策、经济政策、技术措施和管理措施等几个方面进行效果分析，并提出了各项政策措施在实施过程中存在的问题。第三部分是“十二五”期间化工行业发展趋势及污染物控制目标，主要从“十二五”期间化工行业生产发展趋势、污染物排放强度及其排放量的预测和污染物控制目标及主要任务 3 个方面进行了分析和阐述。第四部分是实现“十二五”化工环保目标所需采取的战略措施，包括繁荣时期和萧条时期所需采取的产业政策、管理措施、技术措施、经济措施等，并对其可行性进行了分析。第五部分是对国家“十二五”环境保护规划的政策措施建议。

（一）化工行业生产发展和污染排放现状

化工行业废水及其主要污染物排放量在工业行业中的比重较大，排名比较靠前。尤其是 COD、NH_3-N、氰化物、Hg、As 等是化工行业污染减排的重点。

表 1 化工行业废水及其主要污染物排放量在工业行业中的情况

污染物指标	排放量		占全国工业比例/%	在全国工业行业排序
	全国工业	化工行业		
工业废水/亿 t	220.8	32.4	14.7	2
COD/万 t	453.1	46.8	10.3	3
NH_3-N/万 t	30.6	13.0	42.5	1
挥发酚/t	2 926.3	219.2	7.5	5
氰化物/t	381.5	166.5	43.6	1
石油类/t	16 899.8	3 379.6	20	3
Hg/t	1.210	0.612	50.6	1
Cd/t	39.320	1.612	4.1	3
Cr^{6+}/t	68.996	3.492	5.1	6
Pb/t	319.748	12.431	3.9	4
As/t	187.427	70.631	37.7	2
工业废气（标态）/亿 m^3	388 169	30 592	7.9	4
SO_2/万 t	1 972.2	111.6	5.7	4
NO_x/万 t	1 163.1	74.8	6.4	4
烟尘/万 t	697.2	47.8	6.9	4
粉尘/万 t	635.5	13.7	2.2	5
固体废物产生量/万 t	164 239	11 785	7.2	6
危险废物产生量/万 t	818.92	254.59	31.1	1

1. 废水及主要污染物

（1）化工行业中废水排放量最大的为氮肥行业，吨合成氨废水排放量平均约 20 t，氮肥行业年废水排放量约 10 亿 t。

（2）COD 排放主要在氮肥、染料、农药和有机原料等行业，尤其是农药、染料行业的废水处理难度很大。

（3）NH_3-N 主要集中在氮肥、ADC 发泡剂、纯碱和氧化铁等行业。

（4）重金属 As 主要来源于硫铁矿制硫酸和冶炼烟气制硫酸的企业、无机盐生产企业。

2. 废气及主要污染物

（1）化工行业中废气排放量最大的为氮肥行业，吨合成氨废气排放量（标态）约 3 000m^3，氮肥行业年废气排放量（标态）约 6 715 亿 m^3。

（2）化工行业生产工艺过程中排放的 SO_2 主要集中在硫酸行业及氮肥行业。

（3）化工行业生产工艺过程中排放的 NO_x 主要来源于硝酸行业。

3. 工业固体废物和危险废物

（1）化工行业工业固体废物主要产生于磷肥、氮肥、无机盐、硫酸、聚氯乙烯等行业产品，这几个行业每年产生的固体废物约 1 亿 t。

（2）化工行业危险废物主要产生于无机盐（氧化锌、红矾钠、碳酸钡等产品）、电石法聚氯乙烯、农药、染料等行业。

“十一五”期间，化工行业工业废水及主要污染物排放量呈逐年下降的趋势。工业废气量增加趋势明显，SO_2 略有减排，烟尘、工业粉尘排放量下降明显。工业固体废物产生量呈现逐年增加的趋势，危险废物产生量下降趋势明显。

（二）国家有关政策措施实施效果及问题分析

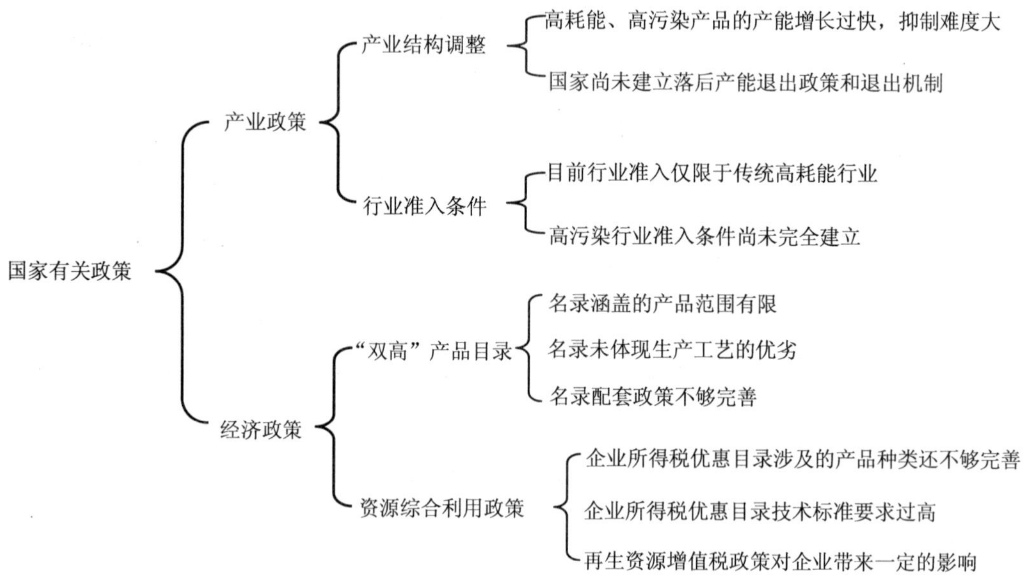

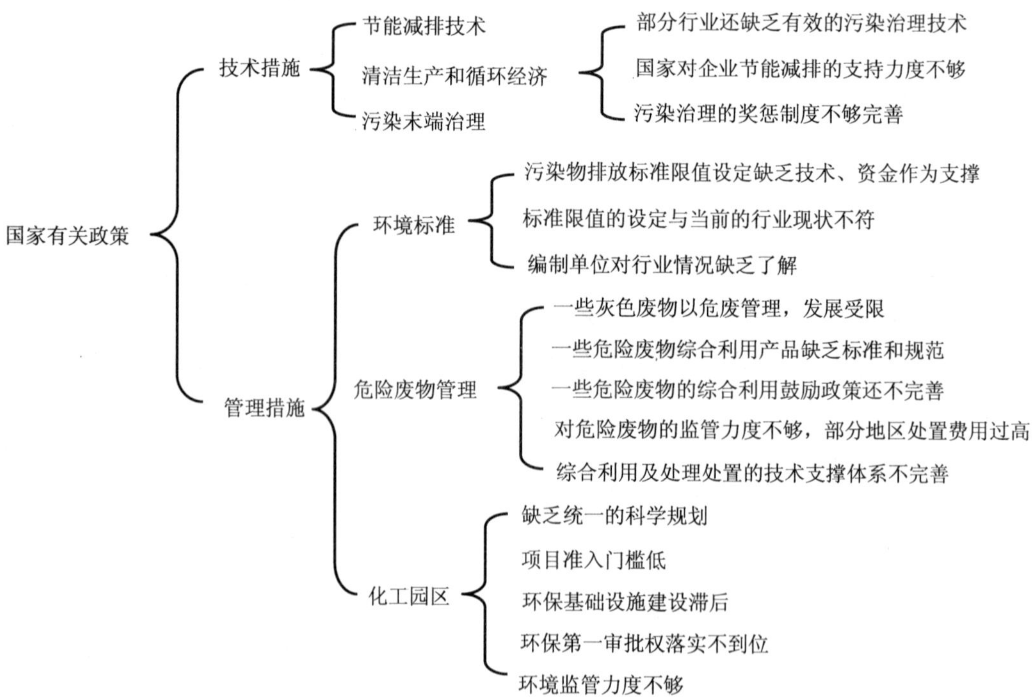

（三）“十二五”期间化工行业发展趋势及污染物控制目标

（1）化工行业发展的主要目标：原料结构和产品结构显著改善；产业布局结构更趋合理；企业组织结构逐步优化；技术装备和节能减排水平明显提升。

（2）化工行业发展趋势预测：乙烯和芳烃的发展将与炼油发展紧密结合；下游产业快速发展；新型煤化工产业增势较强；精细化工保持持续发展；化工新材料将呈现较快发展态势；生物质燃料的发展仍然是关注重点；传统化工产业发展以结构调整、技术进步、优化布局和节能减排为主要任务；园区建设体现可持续发展。

（3）化工行业污染控制目标：废水中的 COD 削减 8%；废水中的 NH_3-N 削减 15%；废水中的 As、Hg 等重金属排放明显降低；工艺废气 SO_2 削减 5%；工业固体废物综合利用率达到 80%；危险废物产生量明显降低。

四、主要结论

化工行业属于能耗高、污染较重的行业，这一特点决定了必须进行产业和产品结构的调整。坚决遏制高耗能、高污染产业的盲目增长，淘汰落后产品、生产工艺和设备；大力支持低能耗、高附加值的有机原料、化工新材料、精细化学品的发展。通过结构调整、技术改造、企业整合和产品延伸，提高经济规模，降低高能耗、高污染产品在行业中的比重。

经济繁荣时期，对于高耗能、高污染及产能严重过剩行业，必须加大产业政策的制定，提高行业准入门槛，制定相对严格的能耗及污染物排放标准，并根据产业发展，及时修订《产业结构调整指导目录》、《外商投资产业指导目录》和“双高”产品目录等，制定并完善与之相配套的经济政策。

经济繁荣时期由于企业经济效益好，可将一部分资金用于环保治理，因此，国家要监督企业开展污染治理设施的投资和改造，加大污染物排放标准的制定，鼓励企业开展清洁生产审核，采用最佳可行的污染防治技术和清洁生产技术，努力从源头上有效减少污染物的产生。

全球金融危机改变了宏观经济的大形势，污染减排工作将会面临两方面的压力。一是环境准入的压力，有些地方可能会为保持经济的增长而放宽环保标准。二是污染减排反弹压力大，市场需求的减弱导致企业经营的困难，企业会千方百计降低成本，而环境成本首当其冲。

因此，在当前金融危机下，不但不能放宽高能耗、高污染行业的环保准入门槛，而且要加快淘汰落后产能。采取行政命令和市场引导相结合的方式，加快淘汰不符合相关产业政策的落后生产能力。

国家应该通过利用技术改造、节能减排、循环经济、清洁生产、中小企业改造、排污费等专项资金，逐步建立完善的节能减排奖惩机制来促进化工行业的技术升级和改造，并且抓好重点行业重点技术的推广与应用。如在以下行业推广有关技术。

1. 硫酸行业

（1）综合完善现有工艺、设备，在矿制酸、冶炼制酸中全面推广稀酸洗净化技术。

（2）以节能降耗为重点，积极推行清洁生产，进行原料路线改造、产品结构调整、工艺技术改进。主要包括：①低温位热能利用；②超重力场技术回收 SO_2。

（3）从生产过程中削减污染物排放量，提出推荐的清洁生产、综合利用、环保技术和淘汰的落后技术。主要包括：①低品位硫矿再选，高品位硫铁矿焙烧回收铁矿渣，成为我国重要铁资源；②采用稀酸洗封闭循环净化，淘汰矿制酸水洗净化工艺；③利用磷石膏制酸。

2．氯碱行业

①干法乙炔新工艺；②干法水泥生产工艺；③低汞触媒的开发；④肼提纯缩合工艺；⑤乙炔浓硫酸清净技术；⑥膜法脱硝技术；⑦VCM 生产过程热能、废物回收减排技术；⑧聚合母液废水处理技术。

3．纯碱行业

①部分氨碱企业改联碱；②氨碱蒸氨废液废渣用于电厂脱硫；③干法加灰；④联碱搬迁改造项目；⑤新型变换气制碱技术；⑥高效蒸氨技术。

4．无机盐行业

①黄磷尾气综合利用；②硝酸钾生产联产 $Mg(OH)_2$；③脱氟磷酸钙转窑尾气综合利用；④氟硅酸联产白炭黑；⑤红矾钠无钙焙烧清洁生产工艺；⑥无水硫酸钠装置集中生产；⑦黄磷尾气干法除尘。

5．氮肥行业

①大力推广氮肥生产污水零排放技术；②在缺水地区推广循环冷却水超低排放技术；③大力推广氮肥生产废气、固废清洁生产综合利用技术。

6．磷肥行业

加快磷石膏制新型建材的技术研发和推广，提高磷石膏的利用率。其中包括：①磷石膏制取硫酸、建材产品；②磷石膏制高效改性磷石膏；③磷石膏制水泥缓凝剂；④磷石膏制新型耐水石膏砖；⑤磷石膏制建筑石膏粉、纸面石膏板、石膏砌块等建材制品；⑥澳大利亚的 RBS 技术；⑦磷石膏充填矿山无废害洁净开采。

7．农药行业

①淘汰一批高毒、高残留品种，推广和使用高效、安全、环境相容性好的农药品种；②开发和使用环保型新剂型，减少有机溶剂用量，使用高效助剂，降低使用过程中产生的污染；③优化区域布局，建立农药工业园区，促进农药原药生产企业集中；④促进农药清洁化生产，开发和应用先进的农药“三废”处理工艺。

8．无机颜料行业

推广使用高品位酸溶性钛渣为主的原料路线；低浓度硫酸连续酸解、高浓度水解、煅烧节能等一批先进清洁生产技术和“三废”综合利用技术优化生产工艺，减少“三废”排放量，实现全面清洁生产。采取的技术如下：①酸解尾气治理；②酸解黑渣处理；③废酸浓缩；④硫酸镁制备；⑤废水膜处理技术。

9．染料行业

①苯连续硝化、催化加氢联产技术；②萘磺酸三氧化硫磺化制备减排新技术；③染料中间体 H 酸清洁生产新工艺；④低浓酸的多效浓缩循环利用；⑤硫化黑废水治理项目；⑥喷雾干燥技术与纳滤膜技术；⑦酞菁颜料废水分类治理项目。

五、政策建议

对国家“十二五”环境保护规划的政策措施建议

- 国家有关政策
  - 产业政策
    - 加大产业结构调整，建立落后产能退出政策和机制
      - 对甲醇、氯碱、纯碱、电石等产能过剩产品，提高准入门槛，限制其盲目发展，加快淘汰不符合相关产业政策的落后生产能力
    - 严格市场准入制度，制定高污染行业环境准入条件
      - 建议对一些高污染、高环境风险行业（如橡胶助剂，农药、染料中间体、无机颜料、涂料等行业）研究制定环境准入条件
  - 经济政策
    - 完善“双高”产品目录，建立与之配套的环境经济政策
      - 补充完善“双高”产品目录，区分生产工艺路线，将采用清洁生产工艺的产品或环境友好型替代产品列入到名录中，并提出相应的鼓励政策
    - 完善资源综合利用政策，加大资源综合利用产品税收优惠
      - 补充完善资源综合利用企业所得税优惠目录，适当降低标准要求，增大支持力度，重点支持磷石膏渣、氨碱废渣、电石渣等工业废渣

- 国家有关政策
  - 技术措施
    - 建立专项资金，加大清洁生产技术的推广力度
      - 加快干法乙炔、低汞触媒、密闭电石炉、黄磷尾气净化及综合利用、铬盐无钙焙烧、氮肥污水零排放、磷石膏综合利用等技术推广
    - 加大科技投入，开发节能减排重大支撑技术
      - 优先发展氮肥、氯碱、电石、农药、染料、无机盐等生产量大、企业数多、分布面广且污染严重的大宗化工产品清洁生产技术和废物回收技术
  - 管理措施
    - 利用行业优势，加快制定行业污染物排放标准
      - 行业协会应该积极参与标准的制定，加快制定高污染行业的污染物排放标准
    - 履行法律法规，切实加强化工危险废物管理
      - 加强培训，促进企业加强内部管理；制定优惠政策、鼓励危险废物综合利用；制定综合利用产品的标准和规范，防范二次污染
    - 注重统筹规划，努力提高化工园区的建设水平
      - 科学规划园区建设，实行准入制度，加大环保基础设施建设，加大对化工园区环境监管力度
    - 倡导责任关怀，树立我国石油和化工行业的良好形象
      - 加大责任关怀理念的宣传，并积极组织试点，把责任关怀理念化为企业的具体行动，把推广责任关怀与企业节能减排工作相结合

钢铁行业环保政策研究

一、课题研究背景与目标

（一）研究背景

我国是全球钢铁生产量最大同时也是钢铁消费量最多的国家，钢铁工业是支撑我国社会经济发展的基础产业，具有资源消耗大、能耗高、废弃物多、污染严重等特点。21世纪以来，我国钢铁工业迅猛发展，为控制钢铁工业的盲目扩张，国家发改委于2005年7月出台了《钢铁产业发展政策》，对钢铁行业结构布局调整、发展循环经济、节能减排和资源可持续利用等方面提出了具体要求，“十一五”时期，我国钢铁行业进入了一个全新的发展时期，加快淘汰落后产能、企业兼并重组以及布局调整的步伐。2009年初为应对国际金融危机的影响，国务院常务会议通过了《钢铁产业调整振兴规划》，明确提出了今后3年钢铁产业调整和振兴的指导思想、基本原则及规划目标，明确了产业调整和振兴的重点任务。

“十二五”时期是实现2020年全面实现小康社会建设目标的关键时期，也是通过环境保护规划着力解决重大环境问题的关键时期，钢铁行业的环保政策是我国工业环境规划的重点，是如何实现环境规划提出的目标和任务的重要研究领域，为此课题组进行了国家环境保护“十二五”规划前期研究子课题——钢铁行业环保政策的研究。

（二）研究目标

本子课题在研究并充分理解国家环境保护“十二五”规划前期研究课题宗旨要求的基础上提出“十二五”期间钢铁行业环境保护目标及政策建议。

二、研究思路

本子课题首先在对钢铁行业整体发展状况、资源能源利用状况、污染物排放与综合利用状况全面分析的基础上对未来发展趋势进行预测，同时结合钢铁行业清洁生产发展状况及行业环境管理状况，提出了我国“十二五”期间钢铁行业发展污染控制目标及政策建议。

三、研究内容

（一）行业发展现状及趋势

我国钢铁工业“十一五”时期随着国民经济高速发展，粗钢产量屡创新高，呈现出区域发展差距较大、装备数量多、平均容量小、产品质量不稳定、能耗高、污染大、产品结构不尽合理等特点。

《钢铁产业发展政策》以及《钢铁产业调整和振兴规划》指出了我国钢铁行业发展的方向：实现产品结构及产业组织结构的调整，提高产业集中度，形成与资源和能源供应、交通运输配置、市场供需、环境容量相适应的合理产业布局，提高环境保护和资源综合利用水平，节能降耗，减少废气、废水排放，提高废物的综合利用水平，建立循环型钢铁厂；2012 年力争总量恢复到合理水平，在淘汰落后产能、联合重组、技术进步、增强自主创新能力、节能减排等方面取得明显成效。

（二）资源、能源利用现状及趋势分析

1．铁矿资源

我国铁矿资源对外依赖程度大，进口铁矿资源依赖程度已超过 50%；铁矿资源空间分布不均，一定程度上制约了钢铁产业集中度进一步加强；矿石品位低，低品位铁矿石开采，加重了生态环境的破坏。“十二五”期间，我国进口铁矿的比重将基本保持平稳，产业布局继续保持港口型的转变趋势。

2．能源

我国钢铁工业能源结构中，煤炭占 70%左右。从生产过程看，炼铁工序是能耗大户，其次是焦化工序以及电炉炼钢工序；从企业规模看，我国中小型钢铁企业的能耗值要高于大中型钢铁企业 50 个百分点。“十二五”期间钢铁工业单位 GDP 能耗降低 5%较为合理，要达到这个目标则需从结构节能、技术节能、制度节能三方面综合考虑。

3．水资源

钢铁行业是耗水大户，受水资源制约明显。我国华北地区地下水供水比例已经高达 65%，东北地区高达 43%，已经逼近地下水开采极限。面对水源紧张的状况，钢铁企业须继续加强“水循环利用”，建立钢铁生产工序内部、工序间及厂际间多级、串级利用，提高水循环利用率，提高浓缩倍数，实现水资源消耗减量化，减少水循环系统工业废水排放量。

4．废钢资源

废钢是炼钢的重要原料，主要包括钢厂自产废钢量和社会采购废钢量。越来越多的钢企逐渐认识到应该使用更多的废钢来代替铁矿石，“十二五”期间我国应建立废钢资源的长效供需机制，提高回收能力和加工水平，扩大资源渠道，夯实市场，鼓励企业多利用废钢，既节能降耗，又可扩大内需。

（三）污染物排放与综合利用现状及趋势分析

2007 年我国重点大中型钢铁企业总能耗 22 580.6 万 t 标煤（占全国能源消耗的 8.5%）、SO_2 排放总量 75.6 万 t（占工业总排放量的 3.5%）、COD 排放总量 6.0 万 t（占工业废水总排放量的 1.1%）、工业粉尘排放总量 38.2 万 t（占工业粉尘总排放量的 5.5%）、烟尘排放总量 15.7 万 t（占工业烟尘总排放量的 2.8%），其他未在统计范围内的小型企业能耗更高、污染物排放更多。

当前中国钢铁工业污染治理是以治理“三废”为内容，以达标排放为目标，以综合治理为手段。

1．废气

我国钢铁行业废气污染控制仍存在以下问题：一是总量控制污染物 SO_2 的控制刚起步，NO_x 控制没有形成思路；二是废气污染物控制面太窄，重金属、二噁英和多氯代二苯呋喃以及 CO_2 没有控制或没有有效控制。我国与国际先进水平相比还有一定差距，本研究正是从这几个方面展开提出了相应的大气污染控制措施。

2．废水

我国钢铁产业政策要求企业提高用水效率，减少水资源消耗，减少废水排放，制定具体明确的用水准入条件。我国钢铁行业“十二五”期间，切忌不顾及水系统的固有特性和用水要求，采取末端简单回用，串级供水和污水综合处理回用是提高钢铁企业水重复利用率的有效方式。鼓励钢铁企业开发利用非常规水资源，如城市污水、雨水收集、海水淡化、海水直接引用等。

3．固体废物

我国钢铁企业含铁尘泥和高炉渣多年来利用较为成熟，而钢渣利用相对较为薄弱，就目前钢渣综合利用而言，钢渣利用率虽有所上升，但存在利用范围不广、利用程度粗放、利用集聚度不高等问题。钢铁行业固废综合利用未形成规模，缺乏建筑材料用钢渣生产标准，亟须新的综合利用途径和技术。我国“十二五”钢铁行业须促进资源综合利用产业的形成，建立建筑材料用钢渣标准，开发综合利用新技术。

4．钢铁行业清洁生产状况简要分析

课题通过对 48 家国内大中型长流程钢铁企业在 2001—2007 年的清洁生产状况进行了定量化评价后发现：占国内钢铁行业年粗钢总产量 64.42%的 48 家企业，实施了以清洁生产为主要内容的结构调整和技术改造，淘汰了一批落后技术、工艺和设备，改变了各工序的能耗指数，提高了资源的利用率，降低了污染物的排放，其清洁生产定量指标得分在 2001—2007 年逐年增加，年平均增长率达 5.91%，说明我国钢铁行业及企业在“十五”期间至“十一五”中期的清洁生产状况取得稳步进展，“十二五”清洁生产水平仍将进一步提高。

5．钢铁行业环境管理

“十二五”期间，我国须针对钢铁行业制定合理的环境管理目标和规划，促进行业健康发展，本课题主要从管理体制、管理对象、管理手段 3 个方面着手进行分析。

环境管理体制是钢铁行业环境管理系统中重要的一环，是环境管理实施的主体，是保证环境管理实施效果的基础。我们在“十二五”期间，必须明确钢铁环境管理的主体及其

职能范围，减少职能交叉，提高管理效率。

环境管理对象即环境管理的客体，对于钢铁行业来说主要是钢铁行业生产、销售、运输等环节中的直接环境行为及间接环境行为，是环境管理直接作用的对象。“十二五”期间，我们必须从钢铁行业的能量、物质转换角度，明确管理重点。

环境管理手段是环境管理主体对客体的作用方式，是实施环境管理有效性的政策支持和切实保障。“十二五”期间，钢铁行业的环境管理，必须明确不同环境管理主体需要采取的不同法律、行政、经济等有效手段。

四、主要结论

通过综合分析，课题提出了我国钢铁行业发展的污染控制目标及措施。

“十二五”期间的 SO_2 总量控制仍然是钢铁行业污染控制的重点，“十二五”末期钢铁行业重点大中型企业吨钢 SO_2 排放量小于 1.0 kg，达到《钢铁行业清洁生产标准》的一级标准要求。钢铁企业的自备电厂实现全面脱硫，并形成烧结脱硫能力 75 万 t；NO_x 排放应作为新的总量控制指标加到总量控制目标当中；开始对二噁英排放与控制的研究，在环境影响评价过程中将其作为特征污染因子纳入评价及监测体系，逐步完善烧结和电炉烟气的二噁英现状监测、污染控制措施及日常监控；开展行业级 CO_2 减排系统研究，制定行业 CO_2 减排规划。

同时，须贯彻《全国节水规划纲要》中提出的“节约与开源并重，节流优先，治污为本”的用水原则，继续加强落实和提高钢铁工业 4 大类重点节水技术措施，节约用水、高效用水、减少水环境污染是缓解水资源供需矛盾的根本途径。坚决消灭直排水，采用多级、串级供水，提高水的利用效率，努力实现钢铁生产废水“零排放”。

五、政策建议

1．“十二五”钢铁行业环境管理政策制定过程中须贯彻“一体化”、“区域化”、“协调控制”、“规范化”的管理要求，为政策的有效实施提供保障

2．实施行业规划，加强规划环评，深入实施清洁生产及循环经济

3．完善政策体系，加快淘汰落后及结构调整

①制定严格、科学的环境准入政策，完善环境标准体系；②科学界定“落后产能”，实现“实质落后产能淘汰”；③充分利用经济手段，通过市场机制淘汰落后产能；④相关部门通力合作，落实责任，多部门多手段积极联动；⑤以民生为本，完善落后产能的配套退出机制。

4．逐步实现矿产资源环境成本内部化

5．继续加强污染控制管理

（1）大气污染控制政策建议：①采取超额减排激励政策，鼓励企业自觉减排；②加强监管，脱硫装置安装在线监控装置；③加大环境监测和执法监察力度；④加强环境统计制度建设；⑤建立责任明确、分级负责、共同推进的管理体系，加强组织协调和指导，建立年度目标责任考核制，加强监督检查，定期通报执行情况。

（2）水污染控制政策建议：①制定和建立钢铁企业给排水系列技术标准体系；②鼓励钢铁企业开发利用非常规水资源，如城市污水、雨水收集、海水淡化、海水直接引用等。

（3）固体废物控制措施建议：①促进钢铁资源综合利用产业的形成；②建立建筑材料用钢渣标准；③开发综合利用新技术。

6．健全环境管理体制

①促进钢铁行业部门间联合环境管理决策机制的建立和完善；②调整中央和地方的利益格局，建立以企业为主体的环境管理体制；③加强企业自身的环境管理体系建设。

7．拓展环境管理对象

①进一步控制行业废气污染，避免污染物排放关注点缺失；②以钢铁行业为切入点，深入发展循环经济及清洁生产；③切实解决矿区生态环境问题。

8．完善环境管理手段

①加强法律手段和经济手段在钢铁环境管理中的地位；②制定政策和相关标准，加强钢铁行业节能减排工作的进行；③通过政策手段促进钢铁行业清洁生产与循环经济；④继续充分发挥技术政策的管理作用。

“十二五”时期环保投入研究

一、课题研究背景与目标

“十二五”时期我国环保投入规模与“十一五”时期相比将呈现倍数增长。因此，如何通过科学设计环保投融资机制、实现资金的有效筹措与投入成为“十二五”时期亟须解决的关键问题。“十五”以来，我国环保投入需求快速增长，为推动环保工作发展，国家近年来已开始重视公共财政对环境保护的作用，相关政策的实施也为环境保护投融资带来了契机。例如，“十五”期间在城市环境基础设施建设领域引进市场化机制，企业自筹资金开展污染治理的投入也不断加大，环保投入实现了快速增长。与此同时，我国现行的环保投融资机制也面临这一新的挑战。例如，“十五”和“十一五”的10年间，环保项目的投资主体发生了较大变化，这不仅增加了环保投入预测与规划工作的困难，也带来了社会各界对政府公共财政环保投入作用的争论。事实上，环境保护的公共事业属性及其经济外部性决定了政府的积极介入能够推动该领域社会资源的有效配置。因此，政府财政投入的功能不仅不能弱化，反而要进一步加强，但是财政资金的投向和投入方式要通过创新满足当前环保工作的需求。基于这一背景，本研究的目的是在明确我国“十二五”环保需求重点的基础上，研究公共财政可以发挥引导、激励、带动作用的投资方向与方式，提出科学合理、行之有效、精细管理下的环保资金投入机制及政策措施。

二、研究思路

在识别“十二五”期间环境治理重点领域的基础上，明确各环保领域的环保事权与财权关系；结合我国环保发展实际，集合行业内专家意见，识别“十二五”时期的重大工程领域，提出重大工程概念蓝图。分析“十二五”环保投资需求供给情况和环保投资供给情况，明确约束性环保投入的内容，提出约束性环保投入纳入财政预算的方式、保障措施、政策建议，提出可操作性的规划项目资金落实机制。

三、研究内容

（一）我国环保投入事权与财权分析

研究在统筹考虑公共服务系统、国家财税体制、环境外部性等影响环境保护事权划分因素的基础上，形成我国环境保护事权划分原则。并结合国内外环保投入实践，分析我国环保投入事权与财权划分方案。

（二）“十二五”环保规划重大工程概念蓝图

以“十一五”时期环保规划及实施情况为基础，结合我国环保发展实际，识别“十二五”时期的重大工程领域，提出重大工程概念蓝图。

（三）“十二五”时期我国环保投入供需趋势分析

以工业污染治理和城镇污水处理基础设施建设领域为重点，预测“十二五”时期环保投资需求。分析我国当前工业污染治理和城镇污水处理基础设施建设的投资主体及主要资金来源，比较各类资金的使用特征。在分析我国投融资政策趋势基础上，预测我国“十二五”时期环保投资的主要融资渠道及资金供给量的变化。

（四）环保投入资金落实机制国际经验分析

以工业污染治理和城镇污水处理基础设施建设项目为重点，充分剖析日本、美国等发达国家的环保投入资金落实机制，提炼发达国家的成功经验，并讨论其在我国应用的可行性。

（五）“十二五”时期我国环保投入资金落实机制建议

在借鉴国际经验的基础上提出环保投入资金落实的保障措施和资金落实机制，提出调动地方投资积极性、吸引社会资本投入的政策建议。

四、主要结论

（1）伴随我国社会经济的全面发展，我国的环保投资主体正在变化，环保投资主体多元化的局面逐渐形成，中央政府、地方政府、污染企业以及从事环保工作的其他营利性机构等均成为环保项目的投资主体。其中，政府要对责任主体难以判别或责任主体太多、公益性太强、没有投资回报或投资回报率小的领域（如生态环境建设与保护、区域环境污染治理、国际履约、环境管理能力建设和部分城市管网建设等），以及对社会资金缺乏吸引力的项目发挥主导投资作用。另外，即使在社会资金愿意投入的城市污水和垃圾处理、供热供气等领域，最终承担投资和运营费用的仍是政府和使用者。社会资金介入只是让政府和使用者优先享受设施服务，然后逐步分期偿还费用。

（2）研究对“十二五”时期地下水污染防治、土壤污染防治、固体废弃物污染控制、农村环境污染防治、生态保护、大气污染控制和水污染控制等领域的重大工程提出了规划蓝图。其中，地下水污染防治应以地下水保护与污染控制工程建设、地下水污染监测与评价体系建设、地下水污染预警应急体系建设、地下水污染防治技术体系建设、污染防治监管法律体系和管理体系建设为重点。土壤污染防治应以农村地区土壤污染修复工程和工业土壤污染修复工程为重点。固体废弃物污染控制应以危险废物处置工程、污泥处置工程、城市生活垃圾处理工程和大型电子废弃物处理处置工程为重点。农村环境污染防治应重点围绕农村环境综合整治和农村面源污染防治，加大农村生活污水处理力度、进一步规范畜禽养殖工作，控制畜禽污染、大力推进农村生活污染治理、严格控制农村地区工业污染、控制农村面源污染、积极防治农村土壤污染和加强农村自然生态保护。“十二五”时期在生态领域重点开展生态保护区的区划工作，加强生态保护区的管理工作；进一步加强重点生态保护区的建设工作；逐步开展与适应气候变化相关的生态保护工作；加强对生物多样性与生物安全的管理工作；逐步开展我国河湖岸带保护工作等。大气污染防治工作应进一步加强 SO_2 排放控制，逐步开展 NO_x 排放控制，进一步强化一次颗粒物排放控制，及时启动挥发性有机物排放控制，逐步开展 O_3 和细粒子污染控制。最后，“十二五”时期应通过进一步加强城市污水处理基础设施建设、加快未达标污水处理设施的升级改造工作进程、加强工业废水排放的监管工作，提高工业废水处理水平，鼓励推广工业园区集中式污水处理模式、继续实施重点流域水环境综合整治工程，选择部分重点流域实施 TN、TP 控制试点等方式继续加大水污染控制力度。

（3）“十五”时期，我国污水设施建设资金主要来自地方政府和国债，国际金融组织和企业融资也发挥了重要作用；“十一五”前期各项融资渠道的变化为：企业融资进一步发展；长期建设国债发行总量虽有所压缩，但是污水设施建设得到更多的重视；随着经济的发展，地方政府在污水设施建设上的投入更多。“十一五”后期，随着“4 万亿”投资计划的出台，财政资金对污水设施的投入力度有所加大。以此判断“十二五”时期，地方配套资金仍然是污水设施建设资金的主要来源，企业融资将成为第二大资金来源。中央预算内资金也将发挥较大的作用，加上国债资金中的中央拨款资金，中央财政资金将成为我国城市污水设施建设的第三大资金来源。

（4）在工业污染治理领域，企业是重要的投资主体，其主要资金来源是自有资金和银行贷款。此外，政府也通过财政性补贴（包括排污费补助和其他补助）的方式参与了工业污染治理投资。“十一五”时期，企业自有资金在工业污染治理投资中的比例高达 87.8%，是我国工业污染治理最主要的资金来源。相比之下，财政性补贴在工业污染治理项目中份额不足 5%，而银行等金融机构在工业污染治理领域发挥的作用也并不明显。对各种资金类型的特征进行对比分析可知，财政补贴满足工业污染治理项目对资金稳定性和使用成本的要求，但由于规模小，因此覆盖面较窄，受益主体有限。商业银行贷款能够满足资金的稳定性和供给规模的要求，但由于使用成本较高，工业污染治理项目通常因为没有经济收益而难以承受。如何将财政补贴资金和商业银行贷款这两种类型的资金相结合，充分发挥各自的优势，为工业污染治理项目提供大量稳定、低成本的资金是解决“十二五”时期工业污染治理投融资难的一个思路。

（5）日本通过采用积极的财政投融资推动了工业污染的集中治理，顺利渡过了工业污染治理投资的高峰期。其中，以优惠贷款为主的政策性资金的运作机制是应用较为广泛且有效的方式。通过政策性金融机构提供的优惠贷款，企业自身的投资压力大为缓解，有助于企业更积极地开展工业污染治理工作。政府通过贴息等方式为政策性金融机构进行亏损补偿，与直接对企业进行补贴相比，其资金使用效率有了大幅度的提高，不仅可以很好地控制风险，还能引入大量的社会资金，更大程度地发挥了政策性资金的效用。

（6）美国环保局（US Environmental Protection Agency）通过清洁水州立滚动基金（Clean Water State Revolving Fund，CWSRF）支持污水处理基础设施建设投资。这是一个政府性基金，其主要资金来源包括联邦政府拨款、州政府配套资金、收入免税债券（Tax-exempt

Revenue Bond）的收益、贷款偿还金、基金投资收入等。其中，联邦拨款和州政府配套资金作为启动基金的种子，是CWSRF长期稳定可靠的资金源。此外，拨款与配套资金以及对债券的免税政策都有效地降低了基金的融资成本。CWSRF提供了包括贷款、直接/间接购买或担保地方债券以及购买公债保险等多元化的资金投入方式，但是，各州的具体形式和涉及种类并不相同，多根据具体情况自行调整甚至创新。CWSRF 的成功要素包括：中央和州一级财政的稳定支持、全面的金融市场运作、完善细致的制度保障、明确统一的管理部门与充分利用基层组织相结合以及方向明确的鼓励机制。

五、政策建议

如何在保证投资规模的基础上提高资金使用效率是环保投入资金机制设计要解决的关键问题。在资金规模方面，主要通过加大财政投入力度和财政资金对社会资本的带动作用来实现；在资金使用效率方面，主要通过改变资金管理与使用方式、加强资金审计力度来实现。基于此，本研究主要提出以下建议：

（1）加大财政投入力度。我国“十二五”时期的环保投入需要公共财政资金的有力支撑，并由此形成高效的资金带动作用。要保证环保财政投入力度，应增加或强化环保财政预算的财政收入来源，主要包括：①建立完整的资源有偿使用机制，强化资源价值概念，主要包括资源税、环境税、城市建设维护费、排污权有偿使用费等相关税费机制；②建立严格的资源占用补偿与经济惩罚机制，将“谁污染，谁付费”的观念渗透到生产和消费行为中，主要包括消费税、燃油税、排污费、生态补偿等；③利用政府的信用资源，积极争取国际金融组织、外国政府的优惠贷款和各种援助。

此外，加大环保财政投入力度尤其需要加大中央财政投入力度。目前我国环保领域财政投入主要依靠地方财政，中央财政在弥补财政实力薄弱地区的环保投资能力和支持具有跨区域意义的重要工程等方面发挥的作用还比较欠缺。为了更好地统筹全国的环保建设，同时利用好地方政府在具体工程建设中的优势作用，应主要通过转移支付的方式（主要是财力性转移支付和专项转移支付）加大中央财政对环保领域的投入。

（2）调整专项资金的管理与使用方式。专项资金仍然是我国环保投入的重要方式，为推动我国环境保护事业发挥了积极作用，同时也存在较大的局限性，例如，目前专项资金的来源主要是政府财政资金，在政府财政资金整体投入规模不足的情况下，专项资金的投入规模相对我国巨大的环保投资需求而言矛盾突出；此外，目前专项资金的使用方式较为单一，限制了专项资金的作用。因此，建议专项资金从以下方面进行调整：

①整合现有环境类专项资金，实施统一管理。将现有环境类的专项资金整合为环境保护专项资金。在这一专项资金之下设立主要的环保领域，包括工业污染治理、环境基础设施建设、生态保护、农村环境问题、全球环境问题等。根据不同阶段环保工作的重点，设置不同主题的专项领域。

②充分发挥各级财政资金的带动作用，努力扩大资金规模。两种模式可以扩大资金规模：一是通过中央财政资金投入带动地方财政资金投入，主要是通过地方配套资金的形式实现；二是通过政府财政投入带动社会资金投入，主要通过适当运用市场化手段，实现财政资金对社会资本的撬动作用。具体手段包括拿出一定比例的财政资金作为种子基金，以

产业基金形式进行运作，吸引低成本的社会投资，或通过发行金融债券进行低成本资金的筹集。

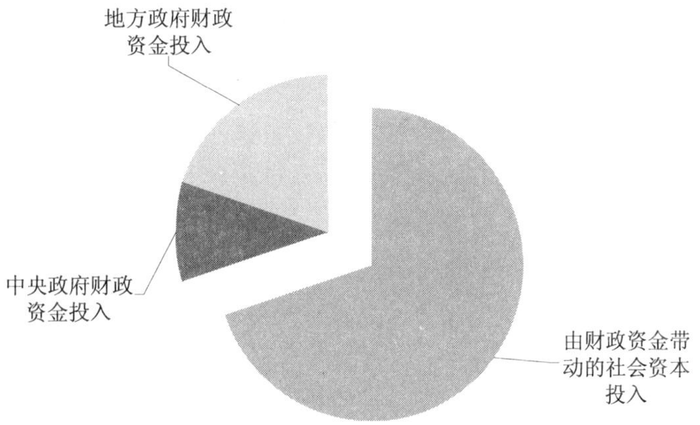

图 1 财政资金的带动作用示意图

③促进资金使用方式的多元化。根据资金使用成本差异，采用多元化的资金使用方式：一是无偿使用，主要包括财政拨款、赠款等。其中，财政拨款主要用于公益性强、经营性低的项目及经济落后地区；赠款主要用于专项资金支持项目的前期开发、部分技术问题的解决等。二是有偿使用，实现方式主要是贷款。贷款利率也可以根据实际情况给予不同的优惠，例如负息、零息和低息贷款。所谓的负息贷款，实质上是拨款与贷款方式组合起来，需要偿还一定的资金，但是偿还总额少于拨款和贷款总和。此外，还可利用贴息手段实现低息贷款。贴息作为与贷款资金配套的经济激励，可根据具体情况进行不同程度的贴息。贷款期限可以根据贷款对象的经济条件分为短期、中期、长期贷款，通过适当延长贷款期限，减轻贷款人的还款压力。为了带动各种资金的投入，可要求资金使用者筹集一定比例的配套资金。配套比例可根据不同贷款对象的经济能力进行调整。

④加强专项资金使用规划，提高资金使用效率。建议设立专项资金管理委员会，加强对专项资金的管理。专项资金委员会的主要职能包括：制定资金使用规划，包括年度资金需求、不同资金使用方式的比例、投资方向等；项目评审，借助专业项目评审人员的力量，通过科学评审加强项目前期研究与规划，提高项目实施的可行性，提高资金使用效率；项目审计，在资金投入完成后针对资金使用情况开展审计工作，开展项目实施后评估。

（3）积极利用市场机制，吸引社会投资，形成多元化的投入格局。尽管我国环保投资的主要事权主体是各级政府，但在当前巨大的环保投资压力下，仅靠政府财政资金投入难以实现我国的环境保护目标。当前，我国的环境保护产业市场正处于上升期，积极利用市场机制，通过合理的政策引导，鼓励社会资本参与环保投资，尤其是环境基础设施等投资额较大、资金沉淀性强、市场机制能够发挥作用的行业，逐渐形成多元化的投入格局，不仅有利于我国环境保护目标的实现，也能够推动我国环保产业的发展。

“十二五”环保公共财政政策研究

一、课题研究背景与目标

我国环境保护事业经过了30多年的发展，取得了显著的成效，但由于处于特定发展阶段的经济增长和人口压力，资源瓶颈约束凸显、环境污染、生态退化的压力越来越大。加大环境保护资金投入是实现环境保护目标的物质基础和财力保障。从总体上来说，我国环保投入总量与现实客观需求仍存在着较大差距，不能满足当前环保任务的需要，财政体制和制度上也存在着与环境保护不相适应的激励，这就要求我们切实转变发展方式，多渠道增加环保投入，特别是要加大公共财政环保预算保障，完善资金投入机制，并从财政体制、制度创新等方面进一步增强财政政策对环保的支持。

本课题研究以全面落实科学发展观和推动环境保护的三个历史性转变为指导，以实现经济、环境的协调发展为出发点，按照公共财政发展的趋势，提出中国公共财政框架下支持环境保护的政策体系，为建立确保环境规划实施的财力保障机制提出相关的政策性建议。

二、研究内容

（1）财税体制变迁及其对环保投资影响研究。将环保投资研究放在财税体制大背景下进行研究，重点研究1994年“分税制”改革后中央和地方财政支出责任的划分、财政收入分成对环境保护投资的影响，分析地方环境事权和财税支撑能力之间严重的不对称性及其对环保投资筹措的影响。

（2）环境保护政府事权划分研究。合理界定中央、地方、企业在环境保护中的事权，明确其职责；从与环保事权相适应的角度划分环境保护有关财权（税权、收费权），并提出优化财权分配格局的建议，并考虑财税支持实际可能，建立与财权纵向分配格局匹配的环境事权分配格局。

（3）拓宽环保投资渠道的主要途径，包括预算投入、长期建设国债、政府性基金、环保专项资金、政府CDM支出等；国家财政资金介入环保投资的方向与重点，创新政府财政环保投资的方式，完善中央预算内环境保护专项资金渠道，以及在财政转移支付中加大环境保护因素的权重。

三、主要结论与政策建议

（一）建立健全与财力相匹配的环境保护事权划分机制

1．完善体制，落实责任，科学界定中央与地方的环境事权

应明确中央与地方、地方各级政府间环境事权划分及其投资范围和责任，比如根据环境项目效益外溢范围的大小，中央政府应负责跨区域的环境问题等，地方政府负责当地环境问题。中央政府还应就流域、区域间环境保护（治理）效用外溢的地方环保支出建立科学、规范的环保补偿机制和环境转移支付制度。

根据公共财政的原则和要求，中央政府的环保事权可包括：①全国性的统一规划和政策制定的战略性工作，如统一制定环境法律法规、编制中长期环境规划和重大区域和流域环境保护规划，统一进行环境污染治理和生态变化监督管理。②对全社会污染减排监测、执法，对全国环境保护的评估、规划、宏观调控和指导监督。加强区域、流域环保工作的协调和监督，查处突出的环境违法问题。③负责具有全国性公共物品性质的环境保护事务等全局性工作，例如跨省流域（大江、大河）水环境治理、国家级自然保护区管理、历史遗留污染物的处理处置，以及大气污染、温室效应的监测和应对。④承担一些外溢性很广、公益性很强的环境基础设施的建设投资，跨地区、跨流域的污染综合治理，特别是加强对重点流域、大气和土壤面源污染防治的投入。⑤国际环境公约履约、核废料处置设施建设、国家环境管理能力建设。⑥全国性环境保护标准制定、环境监测建设等基础性工作。⑦组织开展全国性环境科学研究、环境信息发布以及环境宣传教育。⑧平衡地区间环保投入能力、进行环保财政转移支付等。

地方政府负责具有地方公共物品性质的环境保护事务。我国《环境保护法》第十六条明确规定："地方各级人民政府，应当对本辖区的环境质量负责，采取措施改善环境质量。"具体来说，地方环境事权可包括：①辖区环境规划、地区性环保标准的制定和实施；②辖区内的环境污染治理，如水环境治理、垃圾处理；③辖区内环境基础设施建设；④地方环境管理能力建设，包括环境执法、监测、监督等；⑤辖区所属单位的环保宣教、科研等。应因地制宜根据当地所处的流域、区位、环境特征进行分类界定，同时还应进一步在省以下地方政府各层级之间合理划分和配置。

2．强化地方财政对环保的预算投入

尽管多数环保投资具有区域间的效益和成本外溢，但环境成本与地方经济发展具有一定的成本对应关系，地方环保事业与地方经济发展、社会发展、人民生活息息相关，也是地区发展长远利益所在，地方政府有责任、有义务加强当地的环保投入。为了落实相关政府部门和行政官员的环保责任，在预算讨论（人大）的环节，要确立环保支出的优先和重点保障地位，设定具有约束力的投入目标要求；预算安排和执行的环节，要严格相关制度和操作规程，确保环保预算资金安全、有效地用于环保支出；在使用的环节，要建立健全环境保护目标责任制，加强评估和考核。要强化监督，确保中央和上级环保专项资金和转移支付资金必须切实、全部、有效地运用到环境保护项目的支出上，杜绝任何形式的挪用和截留。地方政府应积极转变传统发展模式，花大力气提高发展的质量和效率，促进经济、

环境、资源、人口发展的最佳结合，增强财政的环保支出能力。同时中央和上级政府也应主导优化地方财政体制安排，切实提高地方政府特别是基层政府的环保投入能力。

（二）建立稳定的、制度化的、有约束力的环保预算投入机制

（1）做实“211 环境保护”科目，建立长期稳定的环保经费增长机制。2006 年财政部正式把环境保护纳入政府预算支出科目，即“211 环境保护”科目，为建立环境财政制度奠定了坚实的基础。当前的主要任务是将其做实，确保“有渠有水”。作为改善民生的重要内容之一，环境保护应被提升至与农业、教育、科技等并重的位置上，构建环保支出与GDP、财政收入增长的联动机制，确保环保科目支出额的增幅高于 GDP 和财政收入的增长速度。为了保证这一经费增长机制的顺利实施，应将这一机制指标化，作为地方政府政绩考核的指标之一，并配合相应的奖惩制度。在建立稳定增长的环保预算经费来源方面，可以考虑 3 种办法：一是规定各级财政预算安排的环保资金应高于同期财政总收入的增长幅度；二是规定当年政府新增财力主要应向环保投资倾斜，建议中央在每年新增财政收入中按照 5%～10%的比例专项用于环境保护，专项资金纳入国家发改委基本建设程序统一管理，将石油特别收益金所得资金部分用于污染治理工程；三是规定财政环保支出应占国内生产总值或财政总支出的一定比例。重新科学地核定环保投入占 GDP 的恰当比例，为环保目标的实现提供足够的资金保障。除了参考国际上的成功经验和我国自身经验之外，更为重要的是，要根据绿色 GDP 核算原则来理性地找到环保投入与 GDP 之间恰当的比例关系。

（2）应逐步提高政府预算中环保投资的比重。在我国，尽管政府或公共部门环境保护投资占环境保护总投资的比例要高于发达国家的平均水平，但政府环保部门的财政预算支出占国家财政预算总支出的比例却明显低于发达国家，平均相差 10 倍左右。因此，增加环保投入首先应增加国家财政预算用于环境保护的支出。在未来的公共财政改革中，预算内投资将会改变过去投资范围过宽、重点不突出、包揽过多的格局和弊端，一般性竞争领域的投资将会大幅压缩，而国家基础性、公益性、战略性的产业和领域的财政预算内投资将会大幅增长。显然，增加环保投入符合国家预算内投资改革趋势。

（3）稳定长期建设国债用于环保的支出。考虑到未来我国环保投资的巨大缺口，我国在长期建设国债总体规模下降的同时，应在国债项目结构的选择上，以科学发展观为导向，继续采取倾斜扶持安排。稳定长期建设国债用于环保的支出份额，在财政政策转型、国债发行规模调减的情况下，将环境支出转预算内安排，以确保整个政府环保财政投资保持相当规模，不至于下降过猛，从而确保我国环保事业发展的连续性。

（4）提高排污收费标准，做大“环保专项资金”。现行排污收费存在着征收标准偏低、与环境的真实成本或环境治理所需的资金相差甚远、不能有效弥补排污行为所产生的外部成本、法律规范层次较低、实际征缴率偏低、惩罚力度不够等诸多问题。建议政府在现行排污费征收标准基础上，设定目标，在一定期限内，分阶段将现在的排污费标准提高到污染治理的成本，并在时机成熟时启动排污费向环境税的改革，以提高其征缴的法律约束力；提高 SO_2、COD 等主要污染物排污费的征收标准，让排污企业感到缴纳排污费与上治污设施的投入一样、成本一样、压力一样，甚至感觉到缴纳排污费比治理污染投资的压力更大，最终形成“投资治理污染更划算的科学理念”，并积极、主动付诸行动；

在提高排污收费标准，加强征收管理的过程中做大“环保专项资金”，同时优化“环保专项资金”的使用方向，重点向以下两个领域倾斜：一是注重支持发展节能和可再生能源技术，以便从根本上杜绝污染物的产生。这有利于扭转“先污染，后治理”的环保老路；二是用于重点污染防治、区域性污染防治、污染防治新技术、新工艺的开发示范和应用等。

（三）创新财政环保投入方式，提高投入绩效

为最大限度地发挥有限财政资金投入的效率和效果，应积极创新投入方式，提高投入绩效。对于一些公益性强、投资额大、战略意义突出的项目，财政应积极给予投资支持，可通过多种公私合营、合作的方式进行。财政预算投资也可更多地采取贷款贴息、担保、BOT、TOT、PPP（公私合营）、PFI（私人资本参与）的方式来支持环保项目建设，支持和引导多元化、多渠道的环保投入机制的形成，可以使有限的预算资金通过乘数效应放大投资效果。应积极探索“以奖代补”的投入方式，以激励地方财政加大环保投入。中央财政可将对地方污水处理设施建设和 COD 削减成绩突出的地方给予奖励，成绩好的多奖，成绩小的少奖，没有成绩的得不到奖励，改变过去地方政府在污水处理设施建设方面普遍存在的“等、靠、要”思想，提高地方政府的积极性，明确地方政府责任。此外，“以奖代补”还有利于推进污水处理产业化进程，通过推进污染治理项目招投标制度，引导社会资金投入，推动污水处理产业化进程。

（四）建立健全环境财政转移支付制度

建立环境财政转移支付制度应以科学发展观和“五个统筹”为最高原则，以“谁开发谁保护、谁污染谁治理、谁受益谁补偿”为基本原则，同时坚持因时因地制宜、区分具体情况、循序渐进的具体工作原则。具体建议是：

一是在转移支付公式中充分考虑环境因素。根据环境要素的特点，在中央一般性转移支付制度中，增加如下因素：国土面积，这一系数既要考虑生态效应的功能，又要考虑财政的承担能力；现代化指数；生态功能，在国家确定了各地区的生态功能定位后，可以对每一功能区，确定一个系数，纳入转移支付的范畴。

二是加强地区间基于环境因素的横向转移支付制度建设。目前，我国通过中央财政纵向转移支付方式开展的环境保护和生态补偿，主要体现在“退耕还林”、“天然林保护工程”、“退耕还草”和湿地保护等方面，而在区域与区域之间、流域之间、行业与行业之间、经济主体之间的环境保护转移支付仍然处于空白状态。生态环境作为公共服务，具有显著地域性和层级性。生态环境对于一个区域、流域或产业来讲，其区域公共服务的属性决定了谁受益谁必须付费，这是横向转移支付制度的一个重要理论依据。建立基于环境因素的横向转移支付制度，是实现环境服务制度化、有偿化和效益化的一个重要体现。

三是将环保（特别是功能区）作为转移支付制度考虑的一个重要因素。逐步建立基于主体功能因素的财力性转移支付制度。第一，在分档确定一般性转移支付系数时，考虑主体功能区的因素，提高限制和禁止开发区的转移支付系数，降低重点开发区的转移支付系数，以体现财政对放弃开发权的地区的倾斜，并通过纵向转移支付的形式体现横向转移支付的目标；第二，设立限制开发区和禁止开发区转移支付类别，灵活采用增量返还、定额

补助和比例补助等方式，加大对限制和禁止开发区的转移支付力度，切实起到均衡区域财力和公共服务能力的作用；第三，参照农村税费改革转移支付和调整工资转移支付，结合现有的退耕还林、退牧还草转移支付，对推进主体功能区形成造成的增支减收按照一定的系数予以补偿，降低主体功能区形成对地方财力造成的影响，实现平稳过渡。

区域和跨界水环境保护协调管理制度与政策研究

一、课题研究背景与目标

（一）研究背景

水资源经济学提供了水资源高效配置的基本原理，水环境经济学提供了水环境高效保护的理论依据。但是，对于一个国土辽阔、水域众多、强政府体制、区域壁垒森严的大国而言，区域和跨界水环境保护尚缺乏直接管用的理论成果，也缺乏行之有效的政策手段。因此，研究区域和跨界水环境保护的协调管理制度及其政策措施，是一个十分紧迫的时代课题，更是“十二五”时期急需回答的课题。

（二）研究目标

由于跨界水环境保护的公共性和外部性特征，往往使得政府成为水环境保护的供给者。为了向公众有效提供高质量的水环境，尤其是跨界水环境，环境经济学者应当为政府提供理论支持和政策咨询。这种基于理论研究的对策研究成果便成为政府的思想需求。本课题研究将向课题委托单位提交完整的课题报告《区域和跨界水环境保护协调管理制度与政策研究》。争取形成下列创新：

（1）通过案例分析提炼出“分散化的协作模式”、“统分结合的协作模式”和“一体化的协作模式”3 种类型 4 种具体形式的国际跨界河流治理模式。

（2）基于生态经济系统的分析提出产业生态化战略、消费绿色化战略、资源节约化战略和生态经济化战略等跨界河流治理的战略目标，以及针对政府、企业和家庭三大主体的强制性机制、选择性机制和引导性机制等实现这些目标的政策矩阵。

（3）在众多流域调研基础上，提出推进水权制度改革、推进排污权制度改革、推进主体功能分区规划、建立水量水质监测机制、环境污染应急机制、环境损害赔偿机制等基本制度的构想。

（4）针对流域管理机构存在的“重水资源管理、轻水环境管理”的问题，提出流域管理机制改革的 3 种模式，提出公众参与的重点，以及相应的试点建议。

（5）针对缺水地区提出基于产权界定的“双总量控制、双有偿使用、双交易机制”政策，针对富水地区提出基于跨界水质考核的生态保护补偿和环境保护奖惩政策。

二、研究思路

本课题以课题组成员的已有研究成果为基础，按照立项单位的委托意图，首先按照下列 4 条线索开展研究：一是通过文献综述找出已有相关研究的不足，二是通过案例分析揭示发达国家的成功经验，三是通过政策述评指出已有政策的缺陷，四是通过实地调研找出现实存在的突出问题。基于这四个基础，结合“十二五”时期我国环境保护的基本国情和时代特征，提出我国区域和跨界水环境保护的基本制度及政策措施。

三、研究内容

（一）引言

主要回答课题研究意义、研究基础和研究框架。

（二）发达国家跨区域水环境保护的模式总结与经验启示

本报告专门选择欧洲的莱茵河、英国的泰晤士河、美国的田纳西河、澳大利亚的墨累-达令河 4 个案例为对象，分析解剖国际跨区域水环境保护的做法、模式和经验。

（三）我国跨省区域水环境保护协作的总体思路

在对我国跨界水环境保护的现状及政策进行评析的基础上，提出我国区域和跨界水环境保护必须实施产业生态化、消费绿色化、资源节约化、生态经济化的总体思路，以及包括别无选择的强制性制度、权衡利弊的选择性制度和道德教化的引导性制度等在内的制度结构。

（四）我国区域和跨界水环境保护的基本制度构想

基于我国跨界环境污染的严峻现状以及市场化程度的基本判断，我国应着力进行“三大制度改革”和“三大机制创新”。“三大制度改革”就是水权制度改革、排污权制度改革和生态补偿制度改革；“三大机制创新”就是信息披露机制创新、联合应急机制创新和环境损害赔偿机制创新。

（五）我国“十二五”跨省水环境保护的协作机制与政策建议

针对我国“十二五”时期水环境保护的阶段性特征，提出水权制度改革、水污染权制度改革等政策建议。

四、主要结论

（一）经验启示

本报告选择欧洲的莱茵河、英国的泰晤士河、美国的田纳西河、澳大利亚的墨累-达令河 4 个案例进行分析。结果表明：发达国家跨区域水环境保护的模式按照一体化程度由弱到强的顺序大致上可以分成 3 种类型：一是分散化的协作模式，典型代表是欧洲莱茵河的治理，以“协调性组织+社会化机制”为基本特征；二是统分结合的协作模式，典型代表是墨累-达令河的治理，以“管理性组织+市场化机制”为基本特征；三是一体化的协作模式，典型代表分别是泰晤士河的治理，以“一体化组织+集中式机制或盈利性机制”为基本特征以及美国的田纳西河的治理，以“一体化组织+盈利性机制”为基本特征。

发达国家跨区域水环境保护的实践给中国跨界水环境保护提供有益的启示：树立“河流有生命”的观念是搞好思想基础；编制全流域和谐发展的统一规划是行动指南；制订全流域共同遵循的相关法律是根本保证；成立全流域各方参与的协作机构是组织保障；进行全流域相互监督的环境监测是技术基础；建立全流域合作共赢机制是基本要求；开展环境信息交流和公开是重要条件；鼓励全流域公众参是一个法宝。

（二）总体思路

我国在区域和跨界水环境保护中面临着下列 3 个突出的问题：经济总量的迅速扩张与水环境容量的有限性与水环境容量利用效率低下之间的突出矛盾；对水资源需求的无限增长和水资源供给的有限约束之间的矛盾；水环境保护具有极强的正外部性导致水环境保护供给的不足，而水环境污染具有极强的负外部性导致水污染排放的过度。

我国在跨界水环境保护上存在下列问题：一是“重管制手段，轻经济手段”，经济手段的运用严重不足；二是浓度控制机制与总量控制机制、功能控制机制发生严重冲突；三是“条”与“条”、“条”与“块”、“块”与“块”之间的矛盾纷繁复杂。我国区域和跨界水环境保护的基本背景是：人口众多，经济薄弱，污染严重，环境脆弱。因此，制度设计必须遵循下列 5 个原则：统筹环境保护与经济发展的原则；统筹局部利益和全局利益的原则；统筹当前利益和长远利益的原则；统筹水环境与水资源的原则；统筹地表水和地下水的原则。并要采取别无选择的强制性制度、权衡利弊的选择性制度和道德教化的引导性制度，大力实施经济生态化战略、生态经济化战略、生态经济协调发展战略型。

（三）制度构想

基于我国跨界环境污染的严峻现状以及市场化程度的基本判断，我国应着力进行“三大制度改革”和“三大机制创新”。

“三大制度改革”就是水权制度改革、排污权制度改革和生态补偿制度改革。水权制度改革要明确界定流域初始水权尤其是跨界的区域水权，严格控制流域水权总量以保障生态水权，实施初始水权有偿使用制度，鼓励在行业与行业、区域与区域、用水户与用水户之间开展水权交易。排污权制度改革要严格确定流域排污权总量，有偿使用初始排污权，实施排污许可证制度，鼓励排污权在企业和企业之间的交易。生态补偿制度改革要基于流域主体功能分区规划，实施严格的全流域产业发展准入政策，根据保护力度和保护效果确定补偿力度和补偿标准。

“三大机制创新”就是信息披露机制创新、联合应急机制创新和环境损害赔偿机制创新。涉及跨界的水环境监测需要建立相互监督的水量水质监测机制。同时，大力推进流域环境信息的披露，为公众参与环境保护奠定信息基础。跨界污染的联合应急解决机制应建立污染方（致害人）政府和被污染方（受害人）政府会议通报、现场办公、联合调查等协作机制。环境污染损害赔偿机制要建立包括行政调解和行政裁决在内的行政处理制度，建立向法院提起民事诉讼、向法院申请调解、在法院成立诉讼上和解等在内的司法制度，建立环境污染损害责任保险制度、环境污染损害风险赔偿基金等社会化制度。

五、政策建议

针对我国“十二五”时期跨界水环境保护的阶段性特征，我国“十二五”时期跨省水环境保护应建立“三大协作机制”和“两大政策措施”。

（一）三大协作机制

“三大协作机制”是指跨省环境管理机制、跨省公众参与机制和流域法规保障机制。

跨省水环境保护管理机制有3种模式可以选择：模式1是原有流域管理机构不变，成立流域管理委员会，隶属于国家发展和改革委员会；模式2是改造原来的流域水利委员会，成立流域管理委员会，隶属于国家发展和改革委员会；模式3是原来的流域机构设置均不变，由跨省流域各省市自愿组建流域合作与协调委员会。基于上述不同模式的利弊比较，“十二五”期间可以对不同模式进行试点。

跨省公众参与机制的建设，要推进流域水环境保护的社团组织建设；要推进流域水环境保护的公众参与；要推进流域水环境监督的公众参与。

流域法规保障机制建设，应进一步完善和修订国家涉水法律制度，加强流域水环境保护法律制度建设，如加强流域规划、明确管理职责、加强流域立法、加强环境执法等。

（二）两大政策措施

“两大政策措施”是指适合于缺水地区的“双总量控制、双有偿使用、双产权交易”的政策和适合于富水地区的基于跨界断面水质监测的生态补偿政策和环境保护奖惩政策。

对于缺水地区，跨界水环境保护应采取“双总量控制、双有偿使用、双交易机制”的政策框架。“双总量控制”就是水权总量和排污权总量应根据生态水权和环境容量进行总量控制。“双有偿使用”就是初始水权和初始排污权实施有偿使用制度。“双交易机制”就是鼓励用水户获得的水权和排污者获得的排污权根据边际收益或边际治理成本的差异开展交易。实施该政策需要市场条件、经济条件、法制条件、技术条件等。这些条件有些已经基本具备，有些可以创造条件。因此，中国已经基本具备推进水权制度改革和排污权制度改革的条件。

对于富水地区，跨界水环境保护应采取基于跨界水质考核的生态保护补偿与环境保护奖惩政策，即环境保护得力并出现生态效益的溢出时应当给予补偿，环境保护不力并导致环境质量下降时应当进行惩罚。如果流域内水质的功能要求为“M（水质的低端要求）—N（水质的高端要求）”，那么如果水质状况超过 N，实行生态保护奖励；如果水质状况为处于 M 与 N 之间，给予生态保护补偿；如果水质状况低于 M，实行环境保护不力的惩罚。实施生态保护奖惩政策需要具备一些条件：功能定位条件、在线监控条件、法律制度条件等。我国已经基本具备这些条件。

环境保护规划实施和考核机制研究

一、研究背景与目标

“十二五”是我国加快转变经济发展方式和实现2020年全面小康社会建设目标的重要战略机遇期，也是需要环保规划着力解决重大环境问题的关键时期。这要求环境保护规划要担负起从整体上、战略上和统筹规划上来研究和解决环境问题的重任。

实施一直是环境保护规划的薄弱环节，考核机制的不健全则导致环境保护规划缺乏足够的权威性，成为规划难以有效实施的重要原因。因此，研究并探索建立一套有效的环境保护规划实施与考核机制，极为迫切。

本课题研究主要有5大目标：①探讨目前中国环保规划在实施与考核中存在的主要问题；②形成能够指导中国环保规划实施机制的公共政策分析框架；③提出完善中国环保规划实施机制的具体措施；④提出建立环保规划考核机制的思路和方案；⑤形成将环保规划指标纳入党政干部考核指标的思路。

二、研究思路

本课题研究的基本思路是：

首先，系统梳理公共经济学、公共管理理论、政策科学、政府绩效评价理论等关于政策实施与考核的相关研究成果，探讨实施与考核在政策生命周期中的功能，并按照机制设计原理，提出环境保护规划实施与考核的机制运行模型。

其次，对主要发达国家政策实施与考核的历史与现状进行整理，总结这些国家提高政策实施绩效的主要做法，以及通过强化考核机制来保障实施绩效的相关措施，提炼出可供中国借鉴的主要经验。

再次，从目标设定、任务分解、实施协调、资源共享、公众参与、监督与激励、保障能力、实验与纠偏等方面对目前我国环境保护规划实施与考核过程中存在的问题与原因进行系统诊断。

最后，提出强化环境保护规划实施效果的主要机制，提出建立环境保护规划考核机制的思路、指标体系与保障措施。

三、主要研究内容

（1）环境保护规划理论基础。包括环境保护规划的内涵与属性、环境保护规划与环境公共政策的关系、环境保护规划与其他规划的关系、公共政策实施理论等。

（2）环境保护规划实施机制。按照公共政策实施理论框架，提出保护规划实施与考核的机制运行的分析框架。

（3）实施对策。针对我国环境保护规划实施的现状与问题，提出完善实施机制的思路与具体建议。

（4）环境保护规划考核机制。包括政府绩效考核的理论基础，我国环境保护考核的历史、现状以及存在的问题，完善我国环保规划考核的思路与具体措施建议，考核的指标体系与考核办法。

四、主要结论

（一）规划实施是一个不断自我完善的政策生命周期过程

规划与政策一样，是一个从目标提出、执行实施到纠偏完善的政策过程，包括一套完整的机制：①宣传机制。赢得其他实施者以及受众的支持。同时，有利于不同实施者之间的相互沟通。②任务分解机制。对规划所要求的工作内容进行科学有效分解，保持规划实施机构责、权、利统一，避免实施机构之间相互推诿或者争权夺利。③实施协调机制。加强不同等级、不同职能实施机构的合作交流。④资源共享机制。克服实施机构由于信息不对称而引发的合作困难。⑤保障性财政预算机制。确保执行资源充分并得到有效利用。⑥激励与监督考核机制。通过反馈式激励提高实施机构和人员的工作效率。通过实施机构内部监督以及公众监督，对政策实施的具体责任者产生约束，并起到预警作用。⑦实验与纠偏机制。避免实施主体的机械主义以及减少因环境变化和规制对象变化导致的规划失灵现象。

（二）“重前轻后”的实施模式降低了我国环境保护规划的实施绩效

目前，我国环境保护规划管理与实施为典型的“重前轻后”实施模式，存在“重编制，轻实施，淡评估，弱考核”问题。由于实施不力以及监督、考核等环节的薄弱，使得现有环境保护规划的许多任务无法真正落实，规划目标难以保证。具体表现为：规划的法律地位模糊，缺乏法定约束力；规划本身缺乏执行力与可操作性；地方环境保护行政主管部门执行力不足；缺乏不同层面的有效沟通与协调，导致实施结果偏差或效率低下；规划实施的监督和保障体系不完善；规划实施缺乏相应的评估、考核和责任追究机制；规划实施的公众参与有限，政策工具单一；制度和文化环境削弱了规划的实施效果。

（三）提升考核的权威性与科学性是规划实施的重要保障

我国的环保考核制度主要有环保目标责任制、城市环境综合整治定量考核、节能减排考核以及将环保纳入政绩考核体系等，现有的环保考核调动了各级政府环境保护和节能减排的积极性，在环境管理乃至整个经济社会发展中发挥了重要的引导、激励与约束作用。但是，现有环保考核的权威性、系统性、科学性等仍需要进一步完善。具体体现为：①权威性不强。现有考核由部门实施，考核主体的权威性不够。虽然考核结果对地方党政领导具有一定约束力，但在实施过程中，往往是环保部门在孤军奋战，有时甚至演变为对部门工作而不是地方政府环保工作的考核。②系统性不足。在目前的环保考核体系中，具有全局性和系统性的环保规划目标难以在有限的环保考核指标中体现，导致环保规划的目标难以实现，环保规划的法律地位弱化。虽然许多地方环保考核合格，但生态环境仍在继续恶化，导致新的环保规划不得不依据环保现状降低环保目标，使得本应是前瞻性、引导性规划变成了事后的弥补性规划。③科学性欠缺。现有考核指标体系设计的针对性不强，考核指标存在过于繁琐、重点不突出、针对性不强等问题。因此，必须进一步完善现有的环保考核体系，建立环境保护规划的考核机制，并将环保规划实施情况纳入党政干部政绩考核指标体系之中，以强化环保规划的法律地位，彰显其引导功能。

五、政策建议

（一）完善环境保护规划的实施机制

1. 环境保护规划的法律保障机制

尽快研究制定环境保护规划实施与考核的相关办法，明确规定环境保护规划考核的主体、客体、程序等，及时修订党政干部政绩考核等相关文件，明确环境保护规划实施情况在党政干部政绩考核中的地位。

2. 规划任务分解机制

在环境保护规划编制完成后，由环保部门会同监察等部门，对规划中的重点任务进行细化分解，编制系列配套的环境保护专项规划。

3. 规划实施协调机制

加强环保规划对环境建设和管理的调控作用，形成地方政府"一把手"负总责、分管领导抓落实、各部门协同参与的环境保护规划实施、跟踪的体制机制；探索建立高效的环境保护规划管理网络，健全规划实施的决策—协调—执行机制。

4. 规划实施的资源共享机制

建立环保部门与发改、经贸、水利、国土、工商、海洋等部门的资源共享和信息沟通机制。以各级环保部门为核心，汇集、传递信息，不断加强环境保护规划实施相关信息的上行、下行和平行传递。

5. 规划实施监督考核机制

建议将环保规划评估与考核结果纳入党政干部政绩考核体系之中，并出台相关的规定、办法，保证环境保护规划评估与考核的合法性和权威性。

6. 规划实施激励和惩罚机制

严肃对待环境保护规划年度考查、中期评估、期末考核和专项考核的结果，根据考核评分情况制定严格的奖惩措施，并落实到位。

7. 公众参与机制

在规划编制、实施的全过程中，采取座谈会、协调会、公布规划草案、网络问政等多种形式广泛听取社会各界的意见，增强环保规划工作的透明度和公众参与度。

8. 保障性财政预算机制

切实保障各类实施主体完成既定任务和目标所需的人力、财力、物力、信息、技术等投入，使实施主体真正有能力肩负起落实、监督环境保护规划的责任。在环境保护规划及规划实施办法中，明确规定财政投入的比例及年度投入的增长幅度，各级人大、政协要加强对环保投入情况进行监督、检查，并将结果及时报告给同级政府和向社会公开。将环境保护规划资金投入情况作为年度考查、中期评估、期末考核的重点内容。

9. 规划实施与纠偏机制

各级政府部门要加强环境保护年度计划实施的总结工作，各级政府每年都要在调研上一年度任务进展的基础上，根据该地区和部门所反映出来的普遍问题，形成调整意见，向上级政府汇报，经确认后付诸实施。各级政府要及时检查和发现本辖区内实施不力的地区和部门，勒令递交整改报告，并督促检查整改的落实情况。对于那些时间跨度长、投资大的重点工程，要建立专门的动态跟踪制度，及时发现偏差并迅速组织解决。

（二）建立环境保护规划的考核机制

环境保护规划考核机制建设应该遵循注重时效、简单易行、群众认可、奖惩合理4个原则，分步推进，具体的措施建议如下。

1. 建立科学权威的考核组织管理体系

建议考核工作由环保、监察、发改、财政等多部门共同组织。建议拓展国务院节能减排工作领导小组的职能，由其同时负责环境保护规划的考查、评估与考核工作。

2. 建立考核指标的数据分析与处理系统

首先，制定环境保护规划考核的统一环境监测办法，并保证环境监测设备的先进性和各地监测网络的完整性；其次，做好指标的统计准备工作，按照从重点到一般的思路，逐渐完善环境保护规划各项指标的统计工作，建立相关统计报表的报送、审定等工作机制；最后，对全国主要环境质量监测点进行调整，使监测点的设置能够全面反映一个地区的总体环境质量状况。

3. 建立动态与差异化的考核模式

为增强地区间考核结果的可比性，建议在“十二五”期间，先建立全国统一的考核构架，以此为基础探索有限差异化的考核方式，按照区域经济发展与环境问题的具体特征，增设针对性的考核指标。

4. 建立规范化的考核监督机制

形成考核的内部监督机制。为了避免考核过程中出现弄虚作假行为，建议在考查、评估和考核的过程中，强化人大、政协的监督作用，对考核过程的各个环节进行监督、检查。

形成考核的外部监督机制。建议在环境保护规划考核结果审核之后，将结果在媒体上公示。同时，开辟监督热线、网上监督、举报箱等途径，接受群众的监督和反馈，对群众反映比较集中的问题进行核实，一经查实，要对结果及时纠正并追究相关责任人。

5. 建立法律保障机制

制定专门的环境保护规划考核实施办法，对考核的程序、方法、指标以及考核结果应用等做出规定。建议修订《环境保护违法违纪行为处分暂行规定》，制定专门的环境保护规划考核不合格等情况的处理意见；对《党政领导干部考核工作暂行规定》、《党政领导干部选拔任用工作条例》等文件进行修订，为环境保护规划考核结果纳入党政领导干部绩效考核体系提供法律依据。

非环保系统资金投入、项目运作经验与借鉴

一、课题研究背景与目标

（一）研究背景

节能减排、环境保护已经成为国家宏观战略的重要组成部分，更是国家环保部门的重要任务。节能减排、环境保护需要大量的资金投入，虽然我国环境保护资金投入逐年增加，但是仅仅依靠政府资金是远远不够的。因为要达到节能环保的目的，一方面是大量环境保护基础设施的完善和建设，更重要的一方面是节能环保技术的开发和应用，以带动产业升级、经济发展模式的转变。所以如何引导资金进入节能环保领域是一项重要而紧迫的任务。

（二）研究目标

一是通过对交通基础设施建设项目发展的回顾，系统总结其在资金投入、资金筹集、投融资模式及项目运作等方面的方法和技巧，为环境保护建设项目的资金投入、项目运作提供借鉴；二是通过研究，提出解决节能环保资金的具体方法，引导民间资本在节能环保领域发挥更大积极作用；三是提出节能环保金融产品创新及绿色金融体系构建的政策建议。

二、研究思路

课题组通过收集资料和实地调研，具体分析交通系统的资金来源，并总结分析各种资金来源对环保系统的适用性；具体分析交通系统投融资模式，并总结分析各种投融资模式对环保系统的适用性；具体分析交通系统项目运作流程，并总结分析流程对环保系统项目的适用性。在研究的过程中，课题组采用理论和实务、定量与定性、规范与实证等相结合的方法进行研究，并适时征求有关专家的建议，以提高研究结论的科学性和可行性。

三、研究内容

本课题主要分为 7 部分进行研究。

（一）交通系统发展概述

我国的交通系统发展取得了很大成就，路网规模不断扩大、结构明显优化；农村公路

实现历史性巨变，通达通畅工程基本完成；公路绿化、养护水平进一步提高；交通建设投资发展规模也不断扩大。“十二五”时期，交通系统将围绕建立完善的综合运输体系，加快推进交通基础设施的战略性布局，完善基础设施网络，优化基础设施结构，促进形成连通全国、普惠城乡的交通基础设施体系，更好地服务于全面建设小康社会目标的实现。

（二）交通系统投融资演进分析

本部分从 3 个方面分析交通系统投融资演进过程，一是普通国省干线的投融资演进，分别分析了政府计划投资时期、市场化融资大发展时期、投资规模相对滞后时期、迈向公共财政投资新时期的投融资情况；二是高速公路建设投融资的演进，分别分析了投资政策框架初步确立期、市场融资日益丰富期、融资政策短暂调整期、融资政策深化发展期的投融资情况；三是农村公路建设投融资的演进，分别分析了以群众投工投劳为主的时期、以以工代赈及交通扶贫为主的时期、财政投入大幅增加时期的投融资情况。

（三）交通系统投融资现状分析

全国交通固定资产投资完成额迅速增长，2001 年为 2 968.0 亿元，2009 年增至 11 142.8 亿元，2009 年是 2001 年的 3.8 倍。其中，公路固定资产投资完成额 2001 年为 2 670.0 亿元，2009 年是 2001 年的 3.6 倍；水路固定资产投资完成额 2001 年为 174.0 亿元，2009 年是 2001 年的 5.1 倍。同时，在交通建设资金来源构成中，银行贷款和地方筹资是主要资金来源。2001—2009 年的 9 年间，我国公路完成建设投资 49 054.6 亿元，其中来自中央政府的国债资金和车购税资金只占到 14.18%。这意味着，大约 86%的建设资金是依靠银行贷款、地方筹资以及其他方式来解决的。考虑到地方筹资中有部分仍使用的是银行贷款资金，因此实际上银行贷款资金占公路建设投资比重超过 50%。相对来说，中西部地区公路建设基本依靠政府投资和银行贷款两个主要资金来源。

（四）交通系统政府投入资金来源专题探讨

本部分主要从政府投入的角度分析交通系统的资金来源，分别分析了车购税和燃油税开征的背景、作用及实施效果。车购税取得了以下成效：一是提高了资金的运行效率；二是改进了资金监督的效果；三是提升了交通项目的管理水平。燃油税的作用主要有：一是有利于控制汽车尾气，能够减轻环境污染和节约能源；二是有利于缓解城市交通拥堵，有助于走出“唐斯定律”怪圈；三是有利于降低交通系统的债务风险；四是有利于促进税负公平和普通交通服务均等化。

（五）交通系统市场化融资专题探讨

在这个专题探讨中，主要分析了市场化融资的模式，主要有信托、债券、股票、BOT、资产证券化、金融租赁、票据业务。分别阐述了以上各种融资模式的概念、在交通系统融资中的适用性及取得的融资效果。目的是通过对各种融资模式的分析，为环保系统融资模式的设计提供参考。

（六）交通系统建设项目运作探讨

本部分主要论述了交通系统建设项目运作方式的演进，主要经历了政府包揽制、法人负责制、分类管理制3个阶段；交通系统建设项目运作比较典型的方式是代建制，其主要作用是能够确保项目前期工作的科学性和严肃性、提升项目的管理水平和工作效率、实现项目控制、遏制腐败、改进政府对项目的监管，另外，在交通系统建设项目运作过程中特许经营也是常见方式之一；并详细分析了交通系统建设项目运作的资金监管。

（七）交通系统投融资的经验及对环保系统的借鉴

根据课题报告前几部分的研究可以得出交通系统投融资发展的主要经验有：一是宏观经济形势是交通系统投融资发展的重要条件；二是政府的合理作为是交通系统投融资发展的内在动力；三是培育企业投资主体激发了交通系统投资的活力和效率；四是市场化融资是交通系统投融资发展的重要手段；五是规范高效运作是交通系统投融资发展的重要保证。在分析环保系统服务与交通系统服务的共同属性、差异性的基础上，提出了环保系统借鉴交通系统投融资经验促进自身发展的思路与对策，对策主要包括：一是制定好环保系统投融资发展的规划；二是促使环保系统进行投融资方面的制度创新；三是促使环保系统建立长期稳定的财政资金来源渠道；四是积极创造条件构建多类型企业环保投资主体；五是通过出台政策法规实现环保系统投融资的均衡化；六是促进环保系统项目运作的规范化、高效化，加强对环保项目运作资金的监管。

四、主要结论

根据环保系统服务和交通系统服务的共同属性和若干差异，借鉴交通系统投融资经验，可以确立环保系统“十二五”时期“分级分类、各有侧重”的投融资思路。所谓“分级分类、各有侧重”，是指按照受益范围大小和是否公益性将环保系统投融资划分为4种类型，中央政府、地方政府、非政府投资者分别发挥不同的投融资作用。

对于受益范围为全国或多省的纯公益性环保系统服务，比如国家环保规划编制和政策法规制定、环保共性技术研发、先进清洁技术引进、环保能力建设、危险废物处置等，应当借鉴交通系统的经验，积极争取中央政府财力支持。资金来源包括中央财政预算和环境税等。

对于受益范围为一省（城市）的纯公益性环保系统服务，比如地方环保规划编制和政策法规制定、环境监测、污水处理、垃圾处理等，应当积极争取地方政府财力支持。资金来源包括地方财政专项预算和污水处理费、垃圾处理费等。

对于受益范围为一省（城市）的准公益性环保系统服务，比如污水处理、垃圾处理等，应当借鉴交通系统的经验，积极吸引非政府投资者参与。资金来源包括自有资本金、证券融资和各种银行贷款等。

至于纯商业性环保系统服务，应当借鉴交通系统的经验，完全按照市场规则由非政府投资者进行投融资，非政府投资者自主决策、自担风险，政府通过政策法规进行引导，对企业行为进行监管，社会对企业行为进行监督。

五、政策建议

（一）制定好环保系统投融资发展的规划

建议单独编制环保系统投融资专项发展规划。在环保系统投融资专项发展规划中，需要以深化环保系统投融资改革为龙头；以建立项目储备制度，提高投资决策质量，推行法人招标和代建制、特许经营制，加强项目运作管理和拓宽融资渠道、开发融资服务品种、创新融资方式等为重点；提出环保系统投融资发展目标，推出完成目标的工作方案和具体措施。

（二）促使环保系统进行投融资方面的制度创新

环保系统投融资方面的制度创新，包括政府环境事权与财权的统一、给予投资主体的公平待遇、排污权抵押贷款融资、收费权和特许经营权质押贷款融资等。

（三）促使环保系统建立长期稳定的财政资金来源渠道

在建立稳定增长的环保预算经费来源方面，可以考虑：规定各级财政预算安排的环保资金要高于同期财政总收入的增长幅度；规定当年政府新增财力主要应向环保投资倾斜；规定财政环保支出应占国内生产总值或财政总支出的一定比例。国家应重新核定环保投入占GDP的恰当比例，尤其是要根据绿色GDP核算原则核定环保投入与GDP的恰当比例。[①]除经常性环保预算支出之外，环保主管部门还应申请设立一些具有特殊用途的环保专项资金。借鉴交通系统开征车购税的经验，环境税的开征也很有必要。

（四）积极创造条件构建多类型企业环保投资主体

建设项目的环保“三同时”制度，有利于各种企业成为环保投资主体。这些有助于环保系统投资主体的培育。但由于起步较晚，环保系统在培育企业投资主体方面还缺乏经验，需要向交通系统学习。一是积极推动环保企业改制上市、兼并重组，提升投资能力和投资水平；二是加强对特许经营的研究，鼓励国内外企业采取多种特许经营方式向环保领域投资。我国目前出现了委托治理和集中治理的运作模式，能够实现专业分工和规模经济效应，在提高污染治理投资效率和治理效果方面作用显著。同时，委托治理和集中治理模式还有利于提高污染企业的达标排放率，有利于增强企业的综合竞争能力，有利于环保服务业的发展。[②]所以，建议对建设项目“三同时”制度进行改革，将建设项目“三同时”制度与污染集中治理、提供污染治理专业服务结合起来。对于中小企业的建设项目或大企业的中小型建设项目，推行污染集中治理，鼓励企业合资建设污染治理设施，鼓励专业服务公司提供污染治理的专门服务。

---

① 见《促进环境保护的公共财政政策研究》（苏明等），研究报告，2009年。

② 见《中国环境保护投融资机制课题组总结报告》，中国网。

（五）通过出台政策法规实现环保系统投融资的均衡化

环保主管部门应当高度重视“十二五”时期的投融资政策法规工作，既要争取财政融资，又要积极利用市场化融资，实现环保系统投融资的均衡化。一是出台环保投融资的财税政策法规，建立环保财政投入合理增长的机制，转变财政资金使用方式，建立健全环境财政的纵向转移支付制度，完善环保投融资的税收政策法规。二是出台环保投融资的金融政策法规，推行绿色信贷政策，支持发展多样化绿色金融体系，包括绿色创业投资、绿色证券、绿色信托、生态基金、环境金融工具、排污权交易、环境保险等，鼓励开发融资性绿色担保业务。三是出台环保投融资的其他政策法规，出台对地方环保投资进行引导的政策法规，认真清除不利于环保的产业政策法规，完善环境价格政策法规，逐步建立反映资源稀缺程度、环境损害成本的生产要素价格机制。

（六）促进环保系统项目运作的规范化、高效化，加强对环保项目运作资金的监管

一是加强项目策划，建立环保项目储备库，推行项目的科学民主决策。二是实行项目分类管理和项目法人负责制度。三是加强对环保项目运作的质量控制。四是加强对环保项目运作的资金监管。

焦化行业结构减排潜力与实现途径研究

一、课题研究背景与目标

（一）研究背景

中国工业和信息化部2010年8月8日公布的18个工业行业淘汰落后产能企业名单中，涉及企业数较多的行业有：水泥762家，造纸279家，印染201家，焦炭192家，炼铁175家，铁合金143家，制革84家。焦化行业因存在资源利用效率较低、污染严重、技术落后等重大问题而引起国家相关部委和社会组织的高度重视。为了适应我国“十二五”节能减排的总体要求，焦化行业的结构调整与减排已迫在眉睫。目前，我国焦化行业存在的主要问题包括：

1. 产能过剩严重，结构调整效果缩水

受世界金融危机影响，2008年下半年我国焦炭行业受到冲击，产量下降。但是在国家4万亿元投资等一揽子扩内需、保增长、调结构措施的激发下，我国焦炭产量在经历了2008年9月—2009年5月连续9个月负增长后，从6月份开始转为正增长。据国家统计局数据显示，至2010年8月全国焦炭产量累计2.56亿t，按此生产速度静态计算，2010年底焦炭产量将达到3.84亿t，超过2009年的3.45亿t，也将远远超过2010年国家批准的符合《焦化行业准入条件》企业名单的总设计生产能力（2.4亿t）。从2010年8月全国分省市焦炭产量统计数据可发现，除天津、吉林、上海和青海外，其他省市的焦炭产量均为正增长。由此不难发现，虽然自2005年1月1日起，国家颁布实施《焦化行业准入条件》以来，各级地方政府行业主管部门、焦化行业协会和焦化企业积极努力，坚决执行“遏制焦化行业低水平重复建设和盲目扩张趋势，促进产业结构升级，规范行业发展，维护市场竞争秩序”方针，在淘汰落后和技术改造工作方面取得了一定成效。但是，必须指出的是，由于国家政策制定与地方政府经济快速发展要求的冲突，应对金融危机的权宜之策等，致使针对焦炭行业准入条件的具体实施、监督以及生产过程的节能减排措施的建立都存在执行难或伪执行的现象。焦化行业结构减排的道路仍很漫长，效果仍不乐观，力度仍需加大。

2. 产业布局不合理，资源配置利用率低

世界发达国家焦炭主要用于钢铁冶炼，其中95%焦炭生产能力布局在钢铁企业内部，目的是焦炭生产过程所产生的煤气、余热、焦油等能在钢铁生产过程中得到充分利用。目前我国焦化行业现有年产焦炭能力3亿t，只有33%焦炭生产能力分布在钢铁联合企业内，而67%焦炭生产能力为独立焦化生产企业，中小独立焦化企业平均年产能不到20万t，企业规模小、布局分散、生产工艺、技术和装备落后，管理水平低，产业链短，成本和能源消耗高，生产集中度低，缺乏市场竞争力。此外，资源综合利用水平还不高，环境污染问题严重，这在一些小焦炭厂尤为突出。难以实现煤炭资源综合利用、行业资源优化配置。

3. 生产环境污染较高，资源浪费严重

焦炭生产大量排放废水、废气、苯并芘等有害污染物，是污染最为严重的行业之一。现已建成的独立焦炭生产企业中，只有少数大型机焦炉和城市供气机焦炉的煤气得到了全部或部分利用。

4. 出口无法遏止，污染换利润现象严重

焦炭行业是典型的水、气污染负荷大户，发达国家都在减少或取缔本国焦炭生产，而转为以进口为主。我国对焦炭出口加征40%关税。2009年我国累计出口焦炭54万t，同比下降95.5%。但是随着世界经济的逐步复苏，2010年累计出口量为335万t，较2009年激涨513.5%。

5. 重视生产污染，忽略源头污染

我国67%焦炭生产能力为独立焦化生产企业，独立焦化企业通常建在炼焦煤源地或自己拥有煤矿。煤炭开采过程中的必然产物煤矸石约占煤炭量的10%～20%，其长期露天堆积后，引起严重水、气、土壤污染，与“谁污染，谁治理”的原则完全相悖。

（二）研究目标

分析焦化行业结构减排的重点方向和关键环节，提出政策建议与技术保障。提高国家环境保护“十二五”规划中针对焦化行业环境保护规划的可操作性和执行力。

二、研究思路

本课题从分析国家颁布实施《焦化行业准入条件》的背景和必要性出发，通过分析焦化行业目前存在问题的原因所在，对比国内外技术差距，测算减排潜力，厘清焦化行业结构减排重点，结合结构减排的技术经济成本、社会影响和环境效益，提出结构减排的优化策略和政策建议。

三、研究内容

（1）结合国家《焦化行业准入条件》，分析焦化行业结构减排的重点方向，开展不同情景减排潜力测算，厘清结构减排的关键环节。

（2）分析焦化行业结构减排的技术经济成本、社会影响和环境效益，提出结构减排的优化策略。

（3）提出推进焦化行业结构减排的政策建议和技术保障要求。

四、主要结论

（一）造成我国焦化行业目前所存在问题的主要原因

（1）出现产能过剩的主要原因是：由于国家政策制定与地方政府经济快速发展要求的冲突，应对金融危机的权宜之策等，致使针对焦炭行业的相关治理措施存在执行难或伪执行的现象。

（2）产业布局不合理，资源配置利用率低的主要原因是：部分焦化企业作为或为了规避关停而作为城市煤气供应市政配套设施或化工企业生产。我国焦炭生产主要集中在山西、陕西、云南等煤炭生产地区，具有资源多、人力与环境成本低、利润高等优势。缺乏国家层面的跨行业（焦炭、钢铁）宏观统筹，使问题解决难有成效。

（3）生产环境污染较高，资源浪费严重的主要原因是：我国独立焦化企业生产过程产生的余热、煤气、焦油不能有效回收，污水处理、脱硫等设施达不到环保要求；以往土焦（含改良焦）炼过焦的土地被焦油污染，无法再复垦；我国焦化生产存在“只焦不化”、违法违规或超标排放的环境污染严重现象，白天“零排放”夜间“乱排放”的现象屡见不鲜；现阶段对 NO_x 排放的监察还没有列入规范中，致使大部分企业忽视对 NO_x 的回收和监测。

（4）出口无法遏止，污染换利润现象严重的主要原因是：煤炭资源使用成本低，污染成本低，人力资源成本低，地方经济持续增长的发展需求。

（5）重视生产污染，忽略源头污染的主要原因是：由于过去对焦化行业污染的注意力仅放在炼焦生产过程中所产生的污染物，所以炼焦煤开采过程中的煤矸石一直未纳入焦化行业考虑范畴，其所带来环境危害也基本与焦化行业脱钩。

（二）焦化行业结构减排重点方向与环节

（1）结构调整方向与环节：当前，要保证炼焦行业健康地向前发展，必须加强炼焦产业结构调整。在淘汰落后产能的同时，要重点支持大型和特大型焦炉的建立，彻底淘汰土焦、改良焦设施；制定淘汰炭化室高度小于 6 m 的机械焦炉的工作计划，鼓励和支持焦炉向 8 m 或者 9 m 的焦炉方向发展，促进总量平衡和结构优化。逐步推广新型煤化工，取代传统煤化工。关键环节包括：①焦炉大型化自动化；②提高捣固炼焦炉行业准入条件；③大力推广或强制地面除尘站与车载式焦炉烟尘治理技术；④重点开发和推广干法熄焦技术，特别是具有自主知识产权的大型化的干法熄焦技术和装备；⑤煤炭-能源化工一体化多联产。

（2）焦炉煤气减排重点方向与环节：①开发利用煤气的联合工业用户；②焦炉煤气制化工产品；③焦炉煤气制氢；④焦炉煤气甲烷化供应城市用户；⑤焦炉煤气发电；⑥焦炉煤气还原铁；⑦煤气脱硫技术。

（3）焦油减排重点方向与环节：在煤焦油加工过程，要创新地从煤焦油中精制出更多的精细化工产品，这是炼焦行业转变经济增长方式、提高经济增长质量的重要途径。关键环节包括：①可采取各焦化厂之间合并或集中处理的方式，也可采取独立专营的煤焦油产品公司来集中加工各焦化厂的煤焦油；②同一区域或相近区域内的几个焦油加工企业，将同一馏分分别集中到一起加工，一个焦油加工企业集中精力发展一种或两种馏分的深加工；③以生产碳素原料为主要目的的加工路线和最大限度提取单体产品为主要目的的加工路线在我国应兼顾；④开发针状焦产品。

（4）粗苯减排重点方向与环节：①粗苯集中加工；②粗（轻）苯加氢。

（5）焦化废水减排重点方向与环节：①NH_3-N 脱除；②脱氰、脱色；③中水利用。

五、政策建议

针对焦化行业的结构减排，本研究从政策层次提出以下在“十二五”期间的建议：

（1）严格控制新增焦炭产能，促使产能和市场需求基本相适应，提高焦炭出口关税，限制出口数量。

（2）彻底淘汰土焦、改良焦，将 6 m 顶装焦炉和 4.3 m 捣固焦炉作为《焦化行业准入条件》新标准。

（3）按产品链或产业链鼓励企业跨行业联合重组，提高炼焦副产品的综合利用和企业竞争力。

（4）建立并实行严格的焦化行业环境准入制度，建立环保综合评价制度，制定适合国情并具前瞻性的焦化企业水、气排放标准和污染物排放总量限制；

（5）发展新型现代煤化工，开发煤气化、碳一合成、发电和固体废弃物资源化处理等先进工艺。

附件：

表 1　不同焦炉年产 200 万 t 焦炭的关键指标对比

焦炉类型	7.63 m 焦炉	6 m 焦炉	4.3 m 焦炉
炭化室高度/ m	7.63	6	4.3
结焦时间/h	25	19	20.5
每孔推焦量/t	43.8	21.4	13.4
日推焦次数/次	113	255	357
吨焦投资/元	900	760	370
劳动生产率提高/%	227	60	—
装炉煤堆比重（干煤）/（t/m^3）	0.82	0.75	0.76
污染物排放比例/%	0.32	0.72	1

表 2 湿法熄焦与干法熄焦污染物排放统计

工艺过程及项目	湿法熄焦			干法熄焦		
	放散源	源类型	吨焦尘排放量/(g/t)	放散源	源类型	吨焦尘排放量/(g/t)
焦炭输送	熄焦车	面源	5～10	热焦车	面源	5～10
熄焦	熄焦塔		15～50	除尘装置排气管	点源	1～20
焦炭处理（1）	焦台除尘装置	面源 点源	0.5～1 1～10	终冷装置的除尘排气管	点源	4～30
焦炭处理（2）	筛焦除尘排气管	点源	1～65	筛焦装置的除尘排气管	点源	2～65
总计			22.5～136			12～125
人工和材料费支出/美元	－2.50					－6.50
基本投资费/美元	－2.0					－12.0
蒸汽产值收入/美元	0.00					＋7.00
以上 3 项总计	－4.50					－11.50

表 3 各种焦炉煤气脱硫工艺的技术经济指标比较

项　目	脱硫工艺						
	FRC 法	TH 法	HPF 法	改良 ADA 法	AS 法	Sulfiban 法	PDS+栲胶
计算规模/(m^3/h)	30 000	30 000	30 000	30 000	30 000	105 000	30 000
塔后 H_2S 质量浓度/(mg/m^3)	≤20	≤200	≤50	≤20	≤500	≤200	≤50
塔后 HCN 质量浓度/(mg/m^3)	≤100	≤150	≤300	≤50	≤500	≤150	≤300
脱硫效率/%	99.7	98.3	99.3	99.7	92	97	99.3
脱氰效率/%	93	93	80	96.6	67	93	80
脱硫碱源	煤气中氨	煤气中氨	煤气中氨	纯碱	氨水	单乙醇胺	煤气中氨
终冷水量	少	少	少	多	少	少	少
脱硫废液处理	废液焚烧生产硫酸	废液氧化生成硫铵母液	废液掺入炼焦煤中	废液蒸发结晶生产粗制产品	无	无	废液掺入炼焦煤中
基建投资/万元	6 752	8 187	2 211	2 211	3 000	7 283	2 211
操作费/(元/m^3)	0.010 8	0.018 8	0.012 1	0.015 0	0.017 7	0.017 8	0.012 1
成本/(元/m^3)	0.033 5	0.048 4	0.020 1	0.023 0	0.028 5	0.026 5	0.020 1

表4 A^2/O^2、A/O^2、A^2/O 和 A/O 法处理炼焦废水的比较结果

方法 参数		A^2/O^2		A/O 法		A^2/O 法		A/O^2 法	
工艺流程		厌氧-缺氧-好氧-好氧组合工艺		缺氧-好氧组合工艺		厌氧-缺氧-好氧组合工艺		缺氧-好氧-好氧组合工艺	
处理效果	项目	去除效率/%	出口质量浓度/（mg/L）	去除效率/%	出口质量浓度/（mg/L）	去除效率/%	出口质量浓度/（mg/L）	去除效率/%	出口质量浓度/（mg/L）
	COD	98.5	＜100	72.0	＜250	96.6	＜100	98	＜70
	挥发酚	99.9	＜0.2	99.8	＜0.2	99.9	＜0.3	99.9	＜0.2
	氰化物	99.5	＜0.5	92.0	＜3.0	98.5	＜1.5	99.5	＜0.5
	硫化物	99.6	＜0.2	99.6	＜0.5	99.0	＜0.2	99.6	＜0.2
	石油类	99.0	＜5	98.5	＜5	95.0	＜5	99.0	＜5
	NH_3-N	95.0	＜15	50.0	＜100	92.8	＜25	85	＜50
投资费用/（万元/座）		1 300		800		1 000		1 100	
运行费用（水）		15 元/t		10 元/t		12 元/t		13 元/t	
操作管理		控制条件较严格，温度维持相在 20～40℃，缺氧池 pH 值在 7.0～8.0		一般，COD、NH_3-N 不能确保稳定达标		对废水的 pH、温度、回流比、停留时间、废水的成分及浓度等有严格的要求，否则会造成细菌死亡，失去污水处理能力		控制条件较严格，温度维持相在 20～40℃，缺氧池 pH 值在 7.0～8.0	

宁夏环境监测能力建设重点领域方案案例研究

一、课题研究背景与目标

（一）研究背景

“十二五”期间，我国仍将处于工业化和城市化快速发展阶段，经济结构调整和粗放型经济增长方式的转变还需要较长时间，污染减排任务仍然相当艰巨，改善环境质量的难度持续增加和人民群众不断提高的环境需求之间的矛盾更加突出，并将迎来资源能源消耗和人口数量增长高峰，我国经济发展和整体环境形势将面临更加严峻的挑战。“十二五”时期是实现建设全面小康社会目标承上启下的关键时期，也是需要环保规划着力解决重大问题的战略机遇期，为此，做好国家环境保护“十二五” 前期规划工作对统筹“十二五”时期环保各项工作、推动落实科学发展观、探索环保新道路、推进历史性转变、建设生态文明、实现经济社会又好又快发展具有重要意义。环境保护规划的编制和实施需要从战略高度看待中国的环境保护问题，充分借鉴“十一五”时期积累的经验教训，超前谋划，统筹兼顾，改革创新，明确“十二五” 期间乃至2020年我国环境保护工作的总体设计及构想，为科学编制“十二五”环保规划奠定良好的基础。

为了进一步集思广益，充分发挥科学民主原则，提高环境保护规划的针对性、可操作性和执行力，确保做好国家环境保护“十二五”规划的编制和实施，环境保护部规划司和环境保护部规划院决定对“十二五”国家环境保护规划以课题的形式开展前期研究工作，《国家环境监管能力（监测领域）建设重点领域方案案例研究》即是前期26个研究课题中第22号课题，本课题由宁夏环境监测中心站中标并承担研究。

（二）研究目标

通过本课题的研究，形成以下研究成果，为编制国家“十二五”环境监管能力建设规划提供思路和依据。

（1）西部地区典型省市环境监管能力建设方案。

（2）典型领域环境监管能力建设方案。

（3）国家“十二五”环境监管能力建设基本思路。

二、研究思路

本课题以 2007 年为数据基准年，以宁夏为西部典型省市，与“十一五”中期评估工作相衔接，调查并收集了宁夏环境监测能力的问题与不足，对环境监测能力现状进行了评估分析，统筹考虑“十二五”期间乃至 2020 年环境保护目标和任务，以 2015 年和 2020 年为两个规划目标年，提出“十二五”期间环境监测能力建设的重点领域和建设方案，产出两项研究成果，即《宁夏环境监管能力（监测领域）建设方案》和《国家“十二五”监管能力（监测领域）建设基本思路》，并作为我国西部典型省市的案例研究，为国家“十二五”环境规划编制提供思路和依据。

三、研究内容和主要结论

在《宁夏环境监管能力（监测领域）建设方案》研究内容中，介绍了宁夏环境质量状况、污染源分布及污染物排放情况，并着重对宁夏环境监测能力各方面进行了全面分析，包括人才队伍、运行经费、达标建设、定额标准等方面。研究结论认为：

宁夏各级环境监测站编制严重短缺，与西部建设标准相比较，编制短缺率在 30%～90%，技术人员数量远远满足不了监测工作需求；环境监测队伍业务素质下降，缺乏高素质人才和综合型人才，不能满足新形势下监测业务拓展的需要；由于编制和工资待遇问题，监测队伍不稳定，直接影响监测工作的正常开展。宁夏各级环境监测站人员结构见表 1。

表 1　宁夏各级环境监测站人员结构情况统计

机构名称	人员情况/人								
	编制	在岗	大专以上人员比例/%	专业技术人员					编制短缺率/%
				总数	高级	中级	初级	比例（高：中：初）	
一级站									
宁夏环境监测中心站	47	73	79	58	18	12	28	31：20：48	−47.8
二级站									
银川市站	42	73	100	34	12	6	16	35：18：47	−40.0
石嘴山市站	30	50	93	19	2	10	7	10：53：37	−57.1
吴忠市站	36	37	76	26	3	11	12	11：42：46	−48.6
固原市站	20	30	70	18	3	6	9	17：33：50	−71.4
中卫市站	12	7	100	5	1	2	2	20：40：40	−90.0
三级站									
灵武市站	6	8	100	2	0	1	1	0：50：50	−40.0
青铜峡市站	7	11	86	9	0	5	4	0：55：45	−30.0
平罗县站	2	8	100	1	0	1	0	0：100：0	−80.0
中宁县站	17	17	76	13	0	5	8	0：38：62	+70.0
同心县站	18	23	52.2	2	0	1	1	0：50：50	+80.0
合　计	237	337	85.1	187	39	60	88	21：32：47	

注：编制短缺率指与全国环境监测站西部建设标准相比较。

宁夏各级环境监测站运行的总费用为 3 106.9 万元。国家拨款 951 万元（30.6%），主要用于国控重点源监督性监测和国家监测网运行（黄河出入境断面、沙尘暴、酸雨、重点城市空气等监测）补助。地方拨款 1 160 万元（37.3%），主要用于监测人员工资、福利（978 万元）等，仅有少部分（181.6 万元）用于补助监测业务费。运行经费缺口 995.9 万元（32.1%），主要是省控重点源的监督性监测和聘用人员工资、福利等费用，这部分费用主要由各级监测站社会服务性收入给予补充。由于运行经费缺口较大，已经对环境监测正常业务的开展产生了一定影响。宁夏各级环境监测站运行总费用情况见表 2。

表 2 宁夏各级环境监测站运行总费用情况 单位：万元

站级	站名	总运行费用	人员经费	基本运行费用	监测业务费用	国家拨款	地方拨款		总运行费用缺口
							监测业务	工资福利	
一级	宁夏环境监测中心站	485.27	259.8	51.47	174.0	117.0	23.0	197.4	147.9
二级	银川市站	527.2	246.6	37.6	243.0	121.0	16.8	172.2	217.2
	石嘴山市站	634.6	164.0	33.6	437.0	277.0	128.0	128	101.6
	吴忠市站	410.3	149.4	16.9	244.0	143.0	3.6	147.6	116.1
	固原市站	192.1	102.0	17.1	73.0	17.0	6.9	84	84.2
	中卫市站	445.9	49.2	5.7	391.0	276.0	2.0	49.2	118.7
三级	灵武市站	64.3	28.0	2.66	33.6	0	0.5	24	39.8
	青铜峡市站	73.6	35.2	5.8	32.6	0	0	28	45.6
	平罗县站	57.7	17.6	6.5	33.6	0	0.8	8	48.9
	中宁县站	101.8	68.0	5.2	28.6	0	0	68	33.8
	同心县站	114.2	81.0	8.63	24.6	0	0	72	42.2
	合 计	3 106.9	1 200.8	191.1	1 715.0	951.0	181.6	978.4	995.9

注：1. 总运行费用=人员经费+基本运行费用+监测业务费用。
2. 总运行费用缺口=总运行费用－国家拨款－地方拨款。
3. 为课题研究方便，没有将环境监测站向社会提供服务时的收入和支出计入总运行费用。

宁夏各级环境监测站基本仪器配置数都未达到国家西部地区标准。各站配置率为 31.3%～95.0%，各级监测站标准配置总数应为 995 台（套），达标缺配数达 244 台（套），总配置率 75.5%，即缺口率 24.5%，补齐缺口共需经费 1 663.7 万元。

宁夏各级环境监测站应急和专项监测仪器配置数也都未达到国家西部地区标准。各站配置率为 31%～81.0%，各级监测站应急和专项监测仪器标准配置总数应为 278 台套，达标缺配数达 96 台（套），总配置率 65.5%，即缺口率 34.5%，补齐缺口共需经费 610.4 万元。由于各级监测站的仪器设备配置还未达到国家标准，导致部分环境监测工作无法正常开展，影响了监测站的综合实力。宁夏各级环境监测站仪器达标建设情况见表 3。

表 3　宁夏各级环境监测站仪器达标建设情况

站级	站名	基本仪器/台套				应急和专项监测仪器/台套			
		标准配置数	缺配数	配置率/%	补齐经费/万元	标准配置数	缺配数	配置率/%	配置经费/万元
一级	宁夏中心站	200	10	95.0	230.0	48	9	81	67.4
二级	银川市站	137	13	90.5	171.1	32	6	81	42.3
	石嘴山市站	125	12	90.4	209.7	32	7	78	55.0
	吴忠市站	94	11	88.3	191.0	32	13	59	77.2
	固原市站	98	35	64.3	223.4	32	22	31	122.8
	中卫市站	86	25	70.9	224.7	32	11	66	74.3
三级	灵武市站	53	24	54.7	75.2	14	4	71	29.2
	青铜峡市站	53	25	52.8	81.2	14	4	71	29.2
	平罗县站	51	29	43.1	52.8	14	10	29	45.6
	中宁县站	50	27	46.0	48.3	14	4	71	37.0
	同心县站	48	33	31.3	156.3	14	6	57	30.4
	合　计	995	244	75.5	1 663.7	278	96	65.5	610.4

注：1. 配置率是现有仪器台套数占国家标准应配台套数的百分比。

配置率=（标准配置数－缺配数）/标准配置数

2.《全国环境监测站建设标准》中，仪器配置包括基本仪器、应急监测仪器和专项监测仪器 3 部分。在基本仪器中包括污染源监督性监测仪器。标准规定，污染源监督性监测仪器数量由各站根据当地污染源数量决定，由于宁夏各地污染源数量不同，所以基本仪器达标配置数各站也不相同。

宁夏 11 个环境监测站的监测用房都未达到国家西部地区标准。现有监测用房面积仅占达标面积的 52.9%，其中，办公用房只有吴忠市和青铜峡市 2 个环境监测站达标，其余 9 个监测站均未达标。宁夏各级环境监测站监测用房情况见表 4。

表 4　宁夏各级环境监测站监测用房情况

站级	站名	总面积/m^2	监测用房/m^2	达标差额/m^2	办公用房/m^2	人均办公面积/（m^2/人）	达标差额/m^2
一级	宁夏环境监测中心站	3 185	2 200	−300	985	13.5	−1.5
二级	银川市站	2 300	2 000	−500	300	4.1	−10.9
	石嘴山市站	1 920	1 354	−1 146	566	11.3	−3.7
	吴忠市站	3 500	2 100	−400	1 400	37.8	+22.8
	固原市站	800	500	−2 000	300	10.0	−5.0
	中卫市站	310	250	−2 250	60	8.6	−6.4
三级	灵武市站	280	250	−750	30	3.8	−11.2
	青铜峡市站	800	465	−535	335	30.5	+15.5
	平罗县站	850	732	−268	118	14.8	−0.2
	中宁县站	480	360	−640	120	7.1	−7.9
	同心县站	421	368	−632	53	2.3	−12.7
	合　计	14 846	10 579	−9 421	4 267	13.1	−1.9

注：达标差额计算中，按国家西部地区标准，监测用房面积一级站为 2 500m^2，二级站为 2 000 m^2，三级站为 1 000 m^2。办公用房人均 15 m^2。

各级监测站人均办公用房只有吴忠市和青铜峡市环境监测站达标，其余 9 个监测站都未达标。

课题还对当前环境监测能力建设差距进行了分析，对“十二五”环境监测能力建设需求进行了预测，并提出了未来能力建设指导思想、目标与原则以及能力建设的主要任务。同时，对能力建设的投资进行了详细估算，研究结论认为，宁夏环境监测能力建设总投资额为 9 023.7 万元。

课题还制定了能力建设的实施计划，并提出了能力建设的 4 项保证措施。

在《国家“十二五”监管能力（监测领域）建设基本思路》研究报告中，将我国环境监测预警体系划分为环境监测网络、环境监测能力体系、环境预警与信息发布平台 3 大部分。环境监测能力体系又包括环境监测法规与技术方法体系、环境监测质量管理体系（软件）和人才队伍体系、监测基础设施（硬件）。“十二五”规划重点实施“三个一工程”，即环境监测预警体系中“一个网络、一个体系、一个平台”建设工程。根据以上建设内容，提出了国家“十二五”环境监测能力建设目标和基本思路。

最后，还对 6 方面规划内容提出了规划依据，并首次在国内提出了环保系统机构资源整合重组、提高整体运作效率的设想。

四、部分规划内容的依据

（1）规划内容 1：实行环境监测从业人员职业资格制度，规范环境监测行业用人行为，落实环境监测人员各项待遇，把住人员入口关，从源头上保证环境监测队伍的基本素质。

建议环保部在全国范围内通过公开考试招聘一批优秀监测人才充实到各个省级站，省环保厅在全国（省）范围内招聘优秀监测人才充实本省各级环境监测站，并提高聘用人员待遇。

规划依据：由于监测人员编制大多停留在二三十年前的水平，各环境监测站人员老化、断层现象非常严重。随着环境监测工作量的不断加大、工作要求的不断提高，聘用人员已成为各站不约而同的选择。而聘用人员经费只能靠单位创收来解决，没有稳定、可靠的来源渠道。聘用人员偏低的待遇，造成优秀的人才聘不来、现有聘用人员中表现突出的又留不住。环境监测队伍建设严重滞后，已成为制约环境监测工作向前发展最为突出的问题。

在西部地区，本身人才缺乏，再加上人事制度的原因，优秀人才即使通过招聘程序，往往也进入不了监测系统，所以提出由上一级部门招聘人才向下一级用人部门分配的规划方案。

（2）规划内容 2：环保系统资源整合重组，提高整体效率。现有辐射环境监督站辐射监督职能交由环境监察部门负责，辐射监测职能交由环境监测部门承担，辐射监测（监督）站与省环境监测中心站合并。

对于一些经济欠发达、污染较轻的建制县，建议县级监测站与县监察大队合并，成立县环境监测监察站。

另外，具备条件的县（区）可设立或加强三级环境监测站。若暂不具备条件，可考虑由地市级环境监测站代行该区域三级站的环境监测职能。必要的话，可在人力、物力方面对承担三级站监测任务的二级站予以倾斜。

规划依据：辐射监测如同重金属、COD、温室气体监测一样，是环境监测的一个要素，人为地将辐射监测与其他监测分开，割裂了环境质量监测的完整性，往往一项工作，需要上级部门协调两个监测站共同完成，既影响了对环境质量的评价，又造成了人力、物力的浪费。所以，将辐射与环境监测站合二为一成为一个有机的整体，既有利于工作效率提高，也为国家节约了资源。

以宁夏实际情况分析，宁夏现有县级环境监测站 5 个，其余 8 个县目前只设有监察大队，设有监测站的县全都是一套人马，两块牌子（环境监测站和环境监察大队），大多数都是和环保局合署办公，平均人数 10 人左右，技术力量薄弱。设备仪器达标率不足 60%，监测和办公用房严重不足。在这种实际情况下，再人为分成两套监测仪器、两套人马、两套用房，分散和削弱了县级环境监管能力。因此，部分县级监测和监察部门合并，监测和监察都得到了加强，消除了很多人为的不利因素，提高了工作效率，也为国家节约了人力、财力、物力。

（3）规划内容 3：把环境监管能力建设列入地方政府环保政绩考核指标。

规划依据：一些地方政府只注重节能减排，而不重视监管能力建设，而监管（监测）能力是节能减排的三大体系之一，完成节能减排目标，离不开环境监测。所以，应将监测能力建设投入作为考核地方政府环保政绩的考核指标。

（4）规划内容 4：继续完善国家环境质量标准。

规划依据：宁夏某城市受某企业废气污染，空气中经常出现难闻的恶臭气味，居民难以忍受，但环保部门报告该城市空气环境质量为良好天气，引起城市居民的不满并对环保部门产生质疑。主要原因是现有环境空气质量评价指标中，没有恶臭项目，标准的不完善导致了监测质量报告与环境质量不相符。所以，需要继续完善有关国家环境质量标准。

（5）规划内容 5：继续完善监测方法和技术体系。

规划依据：目前，一些监测的项目不能完全反映环境质量状况的特征，现有的国家标准分析方法对不同量值的含量水平、不同种类的样品还存在一定的缺陷，当样品的浓度水平不同、基体不同时存在很大的差异。

受仪器装备的开发、研制水平的限制，一些污染物尚缺乏一些标准的分析方法，在应对突发性污染事故和环境应急事故时，现有的快速分析方法尚不能做到完全准确定量。

（6）规划内容 6：合理划分事权，明确国家和地方的监测责任和任务分配。

规划依据：详见课题报告。

宁夏饮用水源保护管理体系试点研究

一、课题研究背景与目标

（一）研究背景

党中央、国务院高度重视饮用水的安全问题，中央领导多次批示要求做好饮用水的安全保障工作，保证人民群众喝上放心水。胡锦涛总书记指示：切实保护好饮用水水源，让群众喝上放心水作为首要任务。按照党中央、国务院的要求，2005 年以来全国饮用水安全保护工作取得了显著成果。但整体上由于各项工作时间紧、任务重、资金短缺、技术准备不足，各部门采用的标准、规范和数据时段不同，加之缺乏严谨的前期研究课题的支持，规划目标制定和对策措施的可操作性较差，直接影响了“十一五”规划目标的实现。

宁夏是全国 6 个重度缺水的省区之一，属典型的资源型缺水地区。20 世纪 90 年代以来，黄河来水持续偏枯，水资源形势更为严峻。随着西部大开发战略的实施和全面建设小康社会步伐的加快，宁夏经济社会步入快速发展时期，供水、水污染防治和水生态保护压力不断加大，水资源总量与发展需求之间、生产用水、饮用水、农业灌溉用水、生态用水之间存在的矛盾愈来愈尖锐。调查结果表明：“十一五”期间，宁夏在资源型缺水造成的饮水困难没有根本好转的情况下，由于污染造成的水质性缺水矛盾日益凸显，加之水源地环境保护工作的严重滞后，直接导致饮用水水源地水质呈下降趋势。部分水源地因保护区内农田种植、畜禽养殖、农田退水、生活、工业，以及周边工业园区、排污沟、加油站等污染，NH_3-N、亚硝酸盐、氟化物等污染物严重超标，给宁夏人民的生活、经济发展带来巨大隐患。“十二五”期间，全国十大工程宁东煤化工基地的建成和投产，将会对宁夏的饮用水环境保护工作带来极其严峻的挑战，必须从战略的高度超前谋划、尽早规划、全面保护，因此课题的实施对宁夏社会的稳定、经济的可持续发展、人民的健康以及各级政府的决策具有十分重要的战略意义，同时作为西部资源型城市发展的技术依据，有着十分重要的社会和经济效益。

（二）研究目标

（1）基于水源地基础环境现状和主要问题，分析经济社会发展的需求，建立“十二五”水源地环境保护规划目标体系；

（2）在全面调查评估不同类型水源地水质安全、应急建设的现状和存在问题的基础之上，探讨水源地应急安全保障的建设要求，提出水质监控预警体系建设方案；

（3）基于水源地风险污染源识别、评估、管理体系研究，提出应急保障方案；

（4）提出不同类型水源地典型重点治理与修复工程方案。

二、研究思路

（一）全面调查，重点评估

全面调查宁夏城乡饮用水水源地基础环境，重点评估其环境禀赋、环境质量、环境监管与环境风险状况，确定饮用水水源地环境保护的主要问题。

（二）超前谋划，统筹兼顾

综合饮用水的源水、供水、用水特征，统筹考虑“十二五”经济社会发展和广大人民群众生活水平提高对饮用水水源提出的更高要求，以地下水水源地保护为重点，研究确立宁夏 2015 年、2020 年饮用水水源保护规划目标。

（三）综合分析，全方位设防

综合宁夏区域水环境质量、污染源普查和总量减排等相关环境管理工作，全面分析饮用水水源地污染防治、监控预警、宣传教育、环境管理、环境政策等问题，提出饮用水水源地环境保护对策、建议。

（四）深化研究，力争突破

深化地下水型饮用水水源保护研究，力争在地下水型水源地风险污染源识别、评估、污染风险评价体系、管理和应急保障方案方面有所突破。

三、研究内容

课题重点剖析了近 10 年来宁夏饮用水水源地保护面临的主要问题和发展趋势，通过“十二五”水源地保护技术、政策需求和区域经济技术可行性的综合分析，提出了 2009—2020 年宁夏饮用水水源保护目标；本着定性分析与定量考核相结合原则，研究提出了 5 个方面 15 项指标组成的水源地规划目标体系；围绕水源地环境管理目标和分段建设、逐步实施的原则，就宁夏城乡饮用水水源地监测站点布设、水质监测指标、水质监测频率、污染监测技术提出三级水质优化监控方案。并结合区域环境重大事故以及自然灾害可能对饮用水水源地引发的污染和破坏风险，提出饮用水水源地水质安全监控三级预警体系建设方案，旨在最大限度降低水源地污染和破坏风险，保障水源地水质安全；将银川平原水源地保护区内废水和土地利用类型两个主要影响因子的综合指数评价结果，与修正后的 M-DRASTIC 模型天然状态下的地下水防污性评价结果相叠加，从天然状况和人为污染两个方面综合考虑地下水源地的防污性风险评价方法，为我国平原区的地下水水源地的防污性风险评价提供了具体的方法和应用实践；在此基础上提出的银川市地下水水源地风险评估应急保障方案，包括了应急组织结构、水源地防污性分级、基础信息调查数据库等 12 个步骤，对保障地下水水源地的防污性能提出了较全面的解决方案；针对西部地区水文地质、环境特点和社会经济发展趋势，研究提出了不同地区、不同类型饮用水水源地的环境管理对策与建议，以期为西部地区饮用水环境保护工作的深入开展提供技术依据。

四、主要结论

宁夏水源地整体环境禀赋较差，当地优质水资源匮乏。水库型水源地水量受限于降雨量影响，供水保证率较低，水质受自然环境影响，氟化物、硫酸盐背景值普遍较高；河流型水源地均为引扬黄河水，水质、水量受限于黄河来水水质和提水设施影响，水源地区位条件较差；地下水水源地，南部和中部饮用水资源严重短缺，苦咸水、高氟水广布，灌区水源地防污性能较差，饮用水资源全面退化。整体基础环境状况不容乐观，水质污染状况令人担忧。城镇饮用水水源地污染情况总体良好，局部恶化，主要污染源为工业污染源和农业面源；乡镇饮用水水源地，水质和管理情况均低于城镇饮用水水源地，主要污染物为总大肠菌群、氟化物、硫酸盐、总硬度、Mn、Fe、NH_3-N、亚硝酸盐。主要污染来源为水文地质本底影响和面源污染。地下水综合评估结果表明，地下承压水水源地也已受到不同程度污染。

宁夏是全国 6 个重度缺水的省区之一，随着经济社会的迅速发展，饮用水水源安全保障形势严峻，突出表现为缺水与用水低效伴生、水生态退化和水环境污染并存。至今尚未建立全面有效的管理体系，多头、分段式管水方式，严重制约着饮用水水源地管理工作的深入开展；水源地环境保护法制建设亟待加强，水源地监控滞后。一是各地城市集中饮用水水源地监测项目远不能满足国家饮用水水质 109 项监控项目的要求，有机物监控尚处于空白，难以全面科学客观评估水质状况，也无法及时、准确消除污染隐患。二是饮用水水源地监测点位大多为水厂的汇水口处，这对于方圆几十公里、数十口机井、周边水文地质条件十分复杂的地下水水源地来说，难以及时监控水源地水质变化情况，一旦发现污染就已到了无法挽回的程度。三是自动化程度低。现场调查结果表明，目前饮用水水源地监测全部为手工监测，严重影响了动态监控工作的开展。四是监控技术亟待提高。宁夏地下潜水和承压水具有极高的相关性。目前，由于缺乏饮用水水源地相关研究，宁夏的饮用水水源地环境保护工作无论是水源地保护区的划分技术，还是污染物的迁移转化途径、污染防治对策、治理措施研究方面尚处于较为盲目的水平，严重影响了相关规划的实效和饮用水水源保护工作的深入开展。

五、政策建议

（一）政策层面

建议尽快建立和完善地方水环境保护法律法规，通过立法强化饮用水水源地环境保护管理，利用法律约束机制调节各方利益冲突，加强区域饮用水水源环境保护。明确各职能部门保护饮用水水源地的职责，将饮用水水源地保护工作纳入国民经济和社会发展规划、计划，保证保护目标的实现。针对西部地区生态环境脆弱、地下水源地影响因素复杂，完善饮用水水源保护区管理制度，完善水源保护区目标责任制和定量考核管理办法，提高饮用水水源保护执法、监督、管理水平。完善取水审批制度，严格实施“取水许可证制度”，限期关停单位自备机井，加强农用机井管理，严禁乱采滥用地下水资源，鼓励工业取用地表水，限制开采地下水。建立补偿机制，尽快建立饮用水水源保护区经济补偿制度、谁保护水源谁受益，谁用水谁补偿，保证饮用水水源保护区群众利益，形成各方自觉自愿保护饮用水水源的积极性；确保水源保护良性发展。建议中央政府通过专项资金和补助继续加大西部地区饮用水水源地保护扶持力度，各级地方政府在环保投资中增加饮用水水源地保护投资，保障防治资金的基本来源。加强宣传教育工作，鼓励群众参与监督。

（二）技术支撑层面

建议城镇饮用水水源地环境保护实施分区、分流域、分地表水和地下水（潜水、承压水）的区域性立体化保护战略。合理配置水资源：从区域污染防治入手，合理确定城市产业规模，优化产业结构，推动发展方式转变；推进节水型和防污型社会：少产污、少排污，加强推动中水回用，从根本上解决污染源的排放问题，确保饮用水资源的可持续利用。积极推进农村饮用水水源保护分区化、供水设施集中化、基础设施配套化、管理模式规范化、水质监控常规化“五化”建设；完善饮用水水源监控管理制度，加强国家农村饮用水治理改造工程的监督、审计和科学论证工作，确保各项工程实效；结合农村环境综合整治，加大农村环境污染源治理，减少污染物排放。

全面提高用水效率，建设节水型、防污型社会，加强生态建设，广开水源，从区域水环境保护的大局出发，根据各地的水资源情况科学合理配置水资源；围绕环境保护规划与管理、合理开发利用、水质保护与修复、水质净化处理、水生态监测监控、事故预警等现实需求，结合已有工作基础，针对薄弱环节，有计划、有步骤地开展一批科技支持项目研究，为饮用水水源环境保护提供科学技术支持；建立饮用水水源环境保护技术保障和技术支持空间信息数据库，及时提供国内外先进的科技保障和技术支持信息和技术；加强饮用水水源监控、预警、应急系统建设；加强区域水环境综合污染防治，加强水资源的统一规划和管理，依照实际补给量控制开采，做到采补平衡，保证饮用水资源可持续利用。

四川饮用水源保护管理体系试点研究

一、课题研究背景与目标

（一）研究背景

饮用水安全问题关系到广大人民群众的健康、生命安全和社会的和谐稳定，随着我国工业化、城镇化进程快速推进和经济社会快速发展，水资源开发利用程度不断加大，水体污染日益严重，水源水质不断下降。党中央、国务院高度重视饮用水安全工作。2006 年 2 月 28 日，国务院召开专题会议研究饮用水安全问题，要求加强饮用水水源地水污染防治，努力改善水质。四川省省委、省政府高度重视饮用水水源地保护，先后颁布了《四川省饮用水水源保护管理条例》、《四川省人民政府关于加强农村饮水安全工作的通知》（川府函[2005]188 号）、《四川省人民政府办公厅关于加强城镇饮用水安全保障工作的通知》（川办发[2006]12 号）、《四川省人民政府关于加强饮用水水源保护工作的通知》（川府函[2006]58 号）等一系列规章制度。

“十二五”时期，是实现 2020 年全面小康社会建设目标的关键时期，也是需要环境保护规划着力解决重大问题的关键时期。为探索“十二五”饮用水水源保护的技术和政策需求，提出饮用水水源地环境管理对策建议，防治城市和农村集中式饮用水水源地污染，保障饮用水水源安全，根据国家环境保护“十二五”规划前期研究总体安排，设置“课题 10 典型省份饮用水水源保护管理体系试点研究”研究课题。

（二）研究目标

综合分析饮用水水源地基础建设、环境管理、污染预防、污染治理及应急保障等问题，探索“十二五”饮用水水源保护的应急预警、河流型饮用水水源地风险污染源识别与评估方法，提出饮用水水源地环境管理对策建议。为“十二五”期间防治城市和农村集中式水源地的环境污染、保障饮用水水源安全奠定基础。

二、研究思路

充分利用已有研究成果，客观真实反映现状。以点带面，分析饮用水水源地现有管理体系的不足与差距。实事求是，与“十一五”中期评估相衔接，科学谋划“十二五”饮用水水源地环境保护目标。充分借鉴国内外经验做法，立足于现状，综合考虑社会经济发展水平，提出饮用水水源地水质预警体系；统筹现有技术水平，制定饮用水水源地污染源监管与应急保障方案。

项目技术路线具体见图 1。

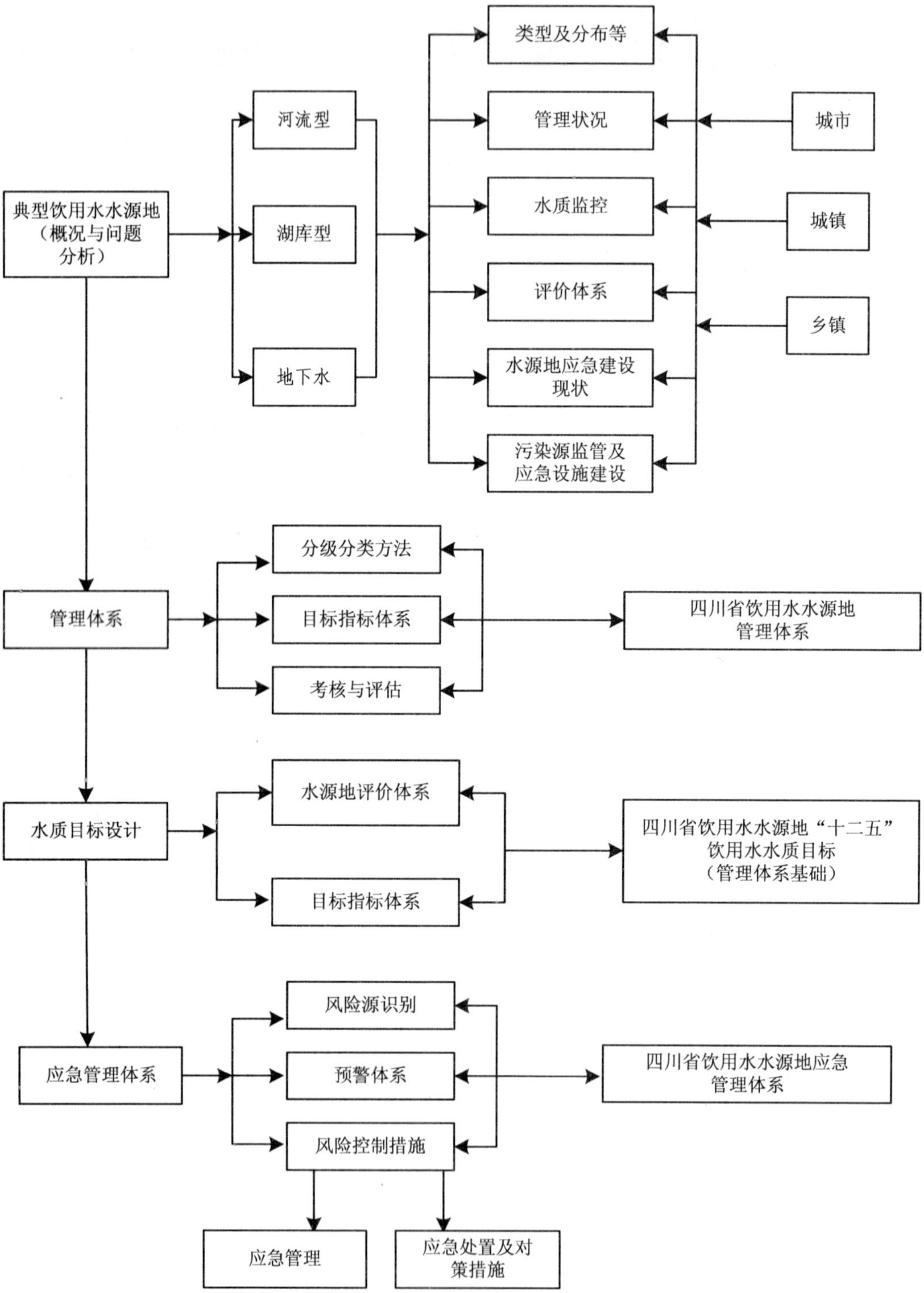

图 1　技术路线图

三、研究内容

（一）饮用水水源地管理状况分析

利用城市饮用水水源地调查、城镇饮用水水源地基础环境状况调查与评估、乡镇饮用水水源地基础环境状况调查与评估成果，分析饮用水水源地类型及分布特点、水质监控、评价体系、应急建设、污染源监管及在水源地管理中存在的问题。

（二）水源地管理体系构建研究

以四川省饮用水水源地为对象，在对已有调查成果分析的基础上，针对水源地管理中存在的问题，探讨水源地管理机构、管理体系、监管部门以及饮用水水源地管理指标体系的构建，破解水源地多龙治水的问题。

（三）提出“十二五”饮用水水源地水质目标及指标体系

以四川省饮用水水源地为研究对象，在对四川省饮用水水源地达标状况分析评估基础上，提出水源地评估指标体系以及“十二五”饮用水水源地水质目标。

（四）应急管理体系研究

通过对典型区域河流型水源地上游、保护区内及其支流内入河排污口、化工点源分布调查，分析在突发污染事故时可能引起污染物迁移、影响饮用水水源供水安全的风险，提出河流型饮用水水源的风险污染源识别、评估办法。在此基础上，研究提出河流型饮用水水源地水质监控预警建设方案与应急管理方案。

四、主要结论

（一）饮用水水源地的分级分类管理

在水源地分类基础上，结合水源地所在水体的敏感程度、供水规模、水源地重要性（城市功能定位），将水源地分为 5 级，实行分级管理。分级判定依据见表 1。

从水源地供水安全角度，结合现有法律法规对水源地保护和管理要求，从水源地水量、水质、生态环境状况、监管能力、应急能力、后续水厂等 6 个方面构建水源地管理指标体系，共 18 项，具体见表 2。

具体针对 1～5 级水源地，各管理指标再进一步细分为 5 级要求，实现对各级水源地的分级管理。

表 1　集中式饮用水水源地分级管理判定表

项目	所处流域位置（地表水型）	供水人口/万人				
		≥20	10～20	1～10	0.5～1	≤0.5
水体敏感度	源头	3	4	5	5	5
	上游	3	3	4	5	5
	中游	2	2	3	4	5
	下游	1	2	3	4	5
	地下水					
	潜水及岩溶水	2	3	3	4	5
	承压水	3	3	4	5	5
城市功能定位	省会城市或国家环保重点城市	1	1	1	1	1
	地级市（州）政府所在地城市	2	2	2	2	2
	县级政府所在地城镇及一般乡镇	3	3	3	4	5

表 2　水源地管理指标体系

类型	序号	名　　称	指标说明	评估方式
质量指标	1	水质评价	评估水源地水质状况	定量
		湖库富营养化程度		定量
	2	污染评价	评估水源地污染状况	定量
水量指标	3	水资源利用率	评估水源地供水安全性	定量
		地下水开采率		定量
生态环境	4	水源地上游来水水质达标情况	评估水源地水质背景状况	定量
		地下水背景		定量
	5	保护区水源涵养林等地占保护区总面积百分比	评估水源地土地利用状况	定量
	6	化肥施用强度（折纯）	评估保护区农田面源发生情况，推广绿色农业	定量
	7	产业结构类型	评估水源地保护区周边及上游产业结构，分析水源地存在的环境风险	定性
监管能力	8	管理机构	考核评估水源地管理机构建设和运行情况	定性
	9	管理体制和制度法规	评估水源地管理制度完善情况	定性
	10	是否划分保护区	保护区是否规范性划分，并设置标识	定性
	11	保护区污染源整治情况	评估水源地污染源整治情况	定性
	12	监测能力建设	考核水源地监测能力建设情况	定量
	13	水源地保护投入	为确保饮用安全，在水源地保护投入情况	定量
应急能力	14	水源地预警能力建设	分析针对常规风险、突发事故的应急反应能力	定性
	15	风险管理	开展水源地风险排查，建立风险名录，以及应急物资储备库和应急处置技术储备库	定性
	16	应急能力建设	针对水源地存在的风险，采取了针对性应急措施，单一供水城市建立应急水源地、编制应急预案	定性
后续水厂	17	后续水厂处理工艺	考核水厂后续处理工艺是否采取针对性措施	定性
	18	后续水厂监控能力	考核后续水厂对进水水质的监控能力	定性

（二）饮用水水源地规划水质目标设计

根据四川省饮用水水质现状和超标因子特点，结合水源地分级管理规定，提出饮用水水源地水质目标：到 2015 年，饮用水水源地水质稳定达到功能要求，饮用水水源地水质达标率大于 90%（不包括天然劣质地下水本底超标部分），全分析有毒有机物 100%达标；到 2020 年饮用水水源地水质达标率大于 95%（不包括天然劣质地下水本底超标部分），全分析有毒有机物 100%达标。

纳入各级管理的饮用水水源，评价因子按定期报告制度（月报）指标，其中地表水类大肠菌群、TN、TP 不参与评价，对个别因子，后续水厂采取针对性去除工艺措施，该因子可不纳入评价。评价方法采用单因子评价法。

（三）饮用水水源地应急管理体系

1．风险评估

饮用水水源遭受污染的风险评估过程分为 4 个步骤：界定评价范围、识别潜在污染源、分析风险值及公布评价结果。在饮用水水源遭受污染的风险值分析过程中，两个基本的因素为水源所在地理位置的缺陷和潜在污染源所造成的威胁。风险值分析分为定量分析和定性分析。

进行定量分析时，需要设计出风险值的评分原则。将评价范围内所有点源造成污染的累积风险值和所有面源造成污染的累积风险值分别乘以各自的权重再相加即得到待评价饮用水水源地遭受污染的风险值。

为了更直观地表示饮用水水源遭受污染的风险程度，也可采用低、中低、中等、中高和高 5 个等级来对饮用水水源遭受污染的风险进行定性地描述。5 个定性等级的划分是在对所有参评的饮用水水源遭受污染的风险值进行统计计算的基础上进行的。

2．预警技术

水源地风险预警主要包括常规风险预警和突发污染事故预警。

常规风险预警即建立水源地水质动态数据库，通过定期评估、分析，给出水源地水质变化趋势，及时给出水质“恶化”信号，便于分析查找原因、制订方案对策。

突发污染事故预警系统由实时监控系统、数据库和分析工具、数据处理分析中心、快速通信系统组成。实时监测系统提供实时的水质资料；数据库和分析工具包括各种污染物质资料库和能够模拟污染物迁移转化的模型，实时预测及掌握水源水水质变化，预报事故影响范围；数据处理分析中心根据水质状况和影响阀值判断是否发生预警，预警级别分为红、橙、黄 3 级；快速通信系统满足信息快速交流的需求。

根据水源地分级管理要求，对各级水源地预警系统进行分级管理。

3．应急管理体系

应急管理体系主要是指针对水源地预警系统发出的警情及时启动应急处理措施，包括应急预案和应急机制，前者是针对突发污染事故的应对和缓解措施的一套程序化、规范化、详细的操作性文件和规定，后者是保证应急预案能够顺利实施的机构和条件。

突发性水污染事故的应急工作需要强有力的应急组织机构负责执行，其组成主要包括应急指挥机构、现场应急指挥机构、支持保障机构、新闻机构、信息保障机构。

应急机制主要包括预测与预警、预案启动、应急处置、处理方法、应急结束、信息发布、应急保障、宣传、培训与演练、应急监测。

水源地风险防范技术主要包括加强灾前防范、建立应急处置技术库、建立饮用水水源基础环境数据库、建立有效的预警应急机制。

五、对策建议

（1）完善饮用水水源保护管理法规体系。通过立法的形式，将水源地的保护纳入法制轨道，使饮用水水源地保护工作有法可依。

（2）建立饮用水水源环境保护管理机制，明确各级政府与部门相关职责。形成地方各级人民政府负责、供水单位具体实施、政府相关职能部门落实职责、监察部门监督的有效管理模式。供水单位认真落实水源地管理职责，组织水源地保护管理制定，配备专兼职管理人员，建立水源地保护巡查制度，并及时将水源地保护区内违法行为报告政府和相关职能部门，提出确保饮用水水源地水质安全的意见和需要实施的措施。各职能部门组织落实政府为保护饮用水水源地政策措施，组织审核或实施水源地管理机构提出的保护水源地的意见和措施。

（3）加强饮用水水源地污染源治理。对不能达标排放的工业企业限期治理，必要时实行关、停、并、转、迁。根据水源地周边人口集居度，分批分期建设污水处理设施，减轻生活污染源对饮用水水源水质的影响。加大面源治理力度，在保护区实施绿色农业。做好水源保护区内的生态保护和水土保持工作。

（4）加强水源地环境监测能力建设。构建不同级别的水质监测体系。通过完善设备、加强技术人员培训等措施，提升县级水源水质常规指标监测能力、地级特定有毒有机污染物监测能力，形成常规监测与应急监测相结合的监测网络，为饮用水水源地预警系统建设提供数据支持。

（5）落实流域水环境容量总量控制措施。尽快开展饮用水水源保护区划分或调整工作，设立标识，依法整治污染源，落实二级和准保护区的容量总量控制制度，保证水源保护区水质达标。对保护区上游提出保护区边界来水的水质要求，制定流域与区域的容量总量控制计划，协调、督促上游采取污染防治措施，确保饮用水水源保护区水质安全。

江苏省主要大气污染物排放总量控制目标确定与分配方法研究

一、课题研究背景与目标

（一）研究背景

目前，我国处在工业化、城市化和农村现代化快速发展阶段，在未来一段时期内，我国经济仍将呈持续快速发展的态势，但以煤炭为主要能源的格局在相当长的时间内不会改变，这将意味着未来一段时期内我国环境保护形势依旧严峻。江苏作为我国东部沿海、长江下游经济发达地区之一，更是面临着经济、社会发展和环境保护的矛盾，人口、产业和城市高度密集、环境资源不足、环境负荷过大、环境容量较小，因此江苏的环境资源比其他所有发展要素显得更加稀缺和宝贵，科学合理的环境保护规划是实现可持续发展的第一要素。

“十二五”时期，将是实现2020年全面小康社会建设目标的关键时期，也是需要环境保护规划着力解决重大问题的关键时期，环境保护规划的编制和实施将面临严峻挑战。江苏省地处长三角地区，是全国唯一既有酸雨控制区又有SO_2污染控制区的省份，SO_2、NO_x污染控制形势十分严峻；2008年江苏省地区生产总值突破3万亿元，人均地区生产总值超过5 500美元，已经达到了“库兹涅茨环境曲线”的“拐点”，环保工作面临新的形势。

通过本课题的研究可以解决江苏省主要大气污染物总量控制目标的确定方法、确定原则及向辖区内各市进行总量分配的具体方法，将会对江苏环保工作起到良好的推动作用，另外本课题研究成果将对其他省份的相关工作起到良好的示范作用，为其他省份制定“十二五”主要大气污染物总量分配方案提供方法依据。

（二）研究目标

（1）通过研究区域污染物排放现状、环境容量、污染物排放强度之间的关系及环境经济发展规律，研究江苏省主要大气污染物总量控制目标的确定方法，并用来确定江苏省“十二五”主要大气污染物总量控制目标。

（2）通过分析各省辖市的污染物排放现状、减排强度、社会经济发展现状之间的关系，研究确定江苏省主要大气污染物总量控制目标的分配原则、分配方法和分配方案。

（3）提出经济技术可行的污染物控制方案，提出SO_2、NO_x重点源总量减排清单编制技术方法。

二、研究思路

（1）通过对江苏省"十一五"减排执行情况的回顾，揭示江苏省"十一五"减排存在的问题及"十二五"减排的潜力，为江苏省制定"十二五"大气污染物减排计划和分配方法提供依据，确保江苏省"十二五"大气污染物排放总量控制目标及分配方法的科学性和可操作性。

（2）通过对江苏省大气污染物减排与空气质量改善内在联系的研究，揭示污染物排放总量和环境空气质量之间的内在联系，为"十二五"大气污染物排放总量控制目标的确定提供依据。

（3）研究成果有利于江苏省"十二五"主要大气污染物控制目标的确定和污染物总量的分配，同时为全国其他省份制定"十二五"主要大气污染物总量分配方案提供方法依据。

（4）研究目的：为推动我国总量控制方法从"目标总量控制"向"容量总量控制"的逐步转变提供支撑。

SO_2、NO_x排放总量控制目标确定与分配方法研究具体思路见图1、图2。

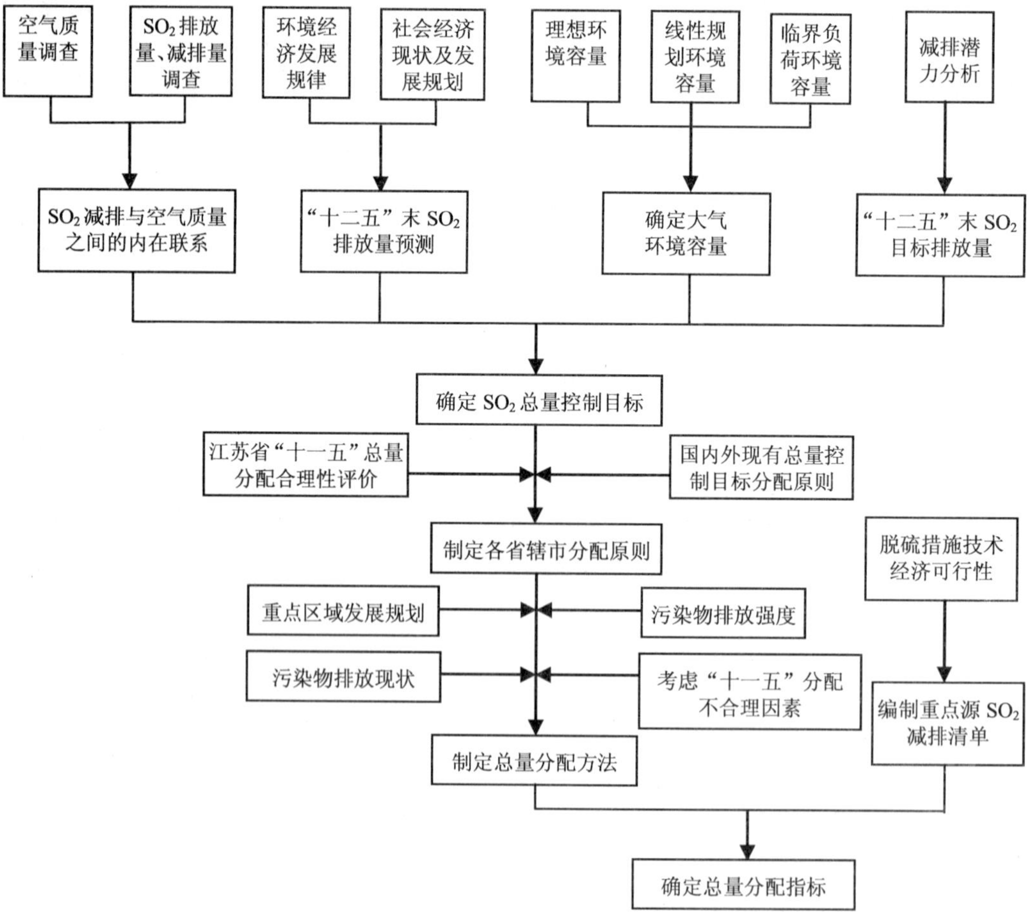

图1 SO_2总量研究的总技术路线图

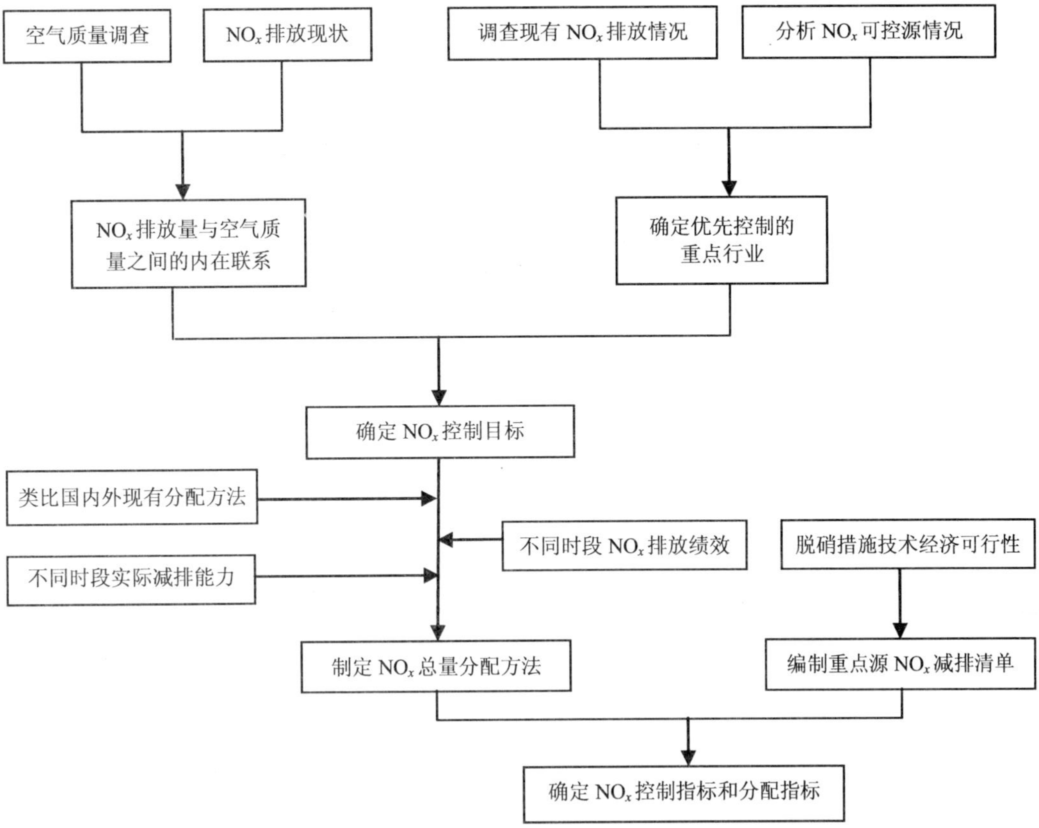

图2 NO_x总量研究的总技术路线图

三、研究内容

（1）全面收集近年来江苏省范围内环境空气质量控制点的监测资料；全省及辖区各市SO_2总量年排放量、重点工程、重点行业及重点源“十一五”期间减排执行情况；全省及辖区各市重点污染源基础资料；重点行业NO_x排放现状；各降水监测点监测资料；各气象站点地面气象资料；近年来全省及辖区各市国民生产总值、人口、面积、能源消耗量及汽车保有量；国民经济发展规划、行业发展规划等资料。

（2）研究近年来江苏省主要大气污染物减排与空气质量改善的内在联系，建立主要大气污染物排放量与环境空气质量间的定性或定量的响应关系，为江苏省“十二五”主要大气污染物减排目标和分配方案的确定提供依据。

（3）分析江苏省“十一五”主要大气污染物减排工作的执行情况以及存在的问题，探索江苏省“十二五”主要大气污染物减排的潜力，为“十二五”大气污染物减排目标和分配方法的研究提供基础。

（4）利用《江苏省城市大气环境容量及总量控制对策研究》、《基于环境容量的总量控制研究》等成果，结合江苏省大气环境容量核算结果，并考虑社会经济发展状况、环境空气质量现状、空气污染物特征、污染物排放现状、“十一五”减排强度等制定江苏省“十二五”主要大气污染物总量控制目标。

（5）通过调研国内外的大气污染物总量控制目标确定方法、分配原则，结合江苏省辖区各市社会经济发展水平、产业结构特征以及大气污染控制水平等因素，在公平、公正、公开以及合理的原则下，研究不同分配原则在江苏省辖区各市的适用性，制定适宜的总量分配原则。

（6）充分考虑各省辖市的实际情况，并在江苏省“十二五”主要大气污染物控制方案的基础上，研究 SO_2、NO_x 重点源总量减排清单编制技术方法。

四、主要结论

（一）主要大气污染物总量控制目标的确定方法

以总量控制目标与区域环境质量相结合、与环境经济发展规律相结合、与区域减排潜力相结合为基本原则，综合考虑 3 个目标排放量来确定“十二五”主要大气污染物总量控制目标。3 个目标排放量分别是：①以环境容量确定的“十二五”末目标排放量；②以环境经济发展规律确定的“十二五”末目标排放量；③以减排潜力确定的“十二五”末目标排放量。由于三者均为目标排放量，拟平均考虑三者所占权重，由此给出总量控制目标确定的公式：

$$R=\frac{R_1+R_2+R_3}{3}$$

式中：R——“十二五”末总量控制目标，万 t；

R_1——以环境容量确定的“十二五”末目标排放量，万 t；

R_2——以环境经济发展规律确定的“十二五”末目标排放量，万 t；

R_3——以减排潜力确定的“十二五”末目标排放量，万 t。

（二）主要大气污染物总量控制目标分配方法

“十一五”大气污染物总量分配评价结果表明，江苏省总量分配从土地面积等因素分析，存在不公平现象，因此主要大气污染物“十二五”总量分配应坚持公平性原则、不突破总量控制目标的原则、可操作性原则、择优扶持原则等四大原则。

1. SO_2 总量控制目标分配方法

（1）电力行业 SO_2 总量分配方法

江苏省到“十一五”末 135 MW 及以上机组全部完成炉后脱硫，中小机组单位发电耗煤量较高，脱硫效率相对低于大机组，其 SO_2 排放绩效值高于大机组，因此在“十二五”电力行业 SO_2 总量分配时考虑不同机组采用不同的排放绩效值。不同机组 SO_2 排放的绩效值见表 1。

表 1 江苏火电机组不同机组 SO_2 排放绩效值

机组	不小于 135 MW 机组	大于 6 MW、小于 135 MW 机组
统计排放绩效值 GPS/[g/(kW·h)]	0.6	1.3

SO_2总量指标的计算公式如下：

$$M_i = CAP_i \times 5\,500 \times GPS_i \times 10^{-3}$$

式中：M_i——第 i 机组的 SO_2 总量指标，t/a；

CAP_i——第 i 机组的装机容量，MW；

5 500——平均发电小时数，h；

GPS_i——SO_2 排放绩效值，g/(kW・h)。

热电联产机组的供热部分折算成发电量参与分配，用等效发电量 D 表示。计算公式为：

$$D_i = H_i \times 0.278 \times 0.3$$

式中：D_i——第 i 机组供热量折算的等效发电量，kW・h；

H_i——第 i 机组供热量，MJ。

热电联产机组总量指标公式为：

$$M_i = (CAP_i \times 5\,500 + D_i/1\,000) \times GPS_i \times 10^{-3}$$

式中的符号同上。

为了鼓励燃用煤矸石或其他低热值煤，仍然按照"十一五"《SO_2总量分配指导意见》要求，燃烧煤矸石或入炉燃料收到基低位发热量低于 12 550 kJ/kg 的发电机组，排放绩效值为表 1 中规定值的 1.2 倍。

（2）非电力行业 SO_2 分配方法

非电力行业大气污染物总量分配方法应考虑污染源排放现状、地区经济贡献、土地面积、战略性发展规划、环境容量等因素，通过江苏省"十一五" SO_2 总量分配存在问题分析，发现 SO_2 总量分配方案留下深刻的"以现状排放量为依据"的痕迹，利用基尼系数分析从土地面积上看，分配结果不够均衡，对不同地市发展存在不公平的成分。因此，基于上述因素的考虑，确定非电力行业 SO_2 总量分配方法如下：

非电力行业 SO_2 总量分配公式：

$$R_f = R - R_d$$

$$R_{fi} = \left(0.35\alpha_i + 0.5\beta_i + 0.15\gamma_i\right) \times R_f \times \left(1-q\right)$$

$$\alpha_i = P_i N_i \Big/ \sum_{i=1}^{13} P_i N_i$$

$$\beta_i = G_i / G$$

$$\gamma_i = T_I / T$$

式中：R_f ——江苏省"十二五"非电力行业 SO_2 总量控制目标，t；

R ——江苏省"十二五" SO_2 总量控制目标，t；

R_d ——江苏省"十二五"电力行业 SO_2 总量控制目标，t；

R_{fi}——i 市"十二五"分配到非电力行业的 SO_2 总量控制指标，t；

α_i、β_i、γ_i——分别为 i 市 GDP、排放现状、土地面积调节系数；

P_i——i 市非电力行业 SO_2 排放强度，kg/万元；

N_i——i 市“十二五”末 GDP 预计值，万元；

G_i——i 市 2010 年 SO_2 排放量，t；

G——全省 2010 年 SO_2 排放总量，t；

T_i——i 市土地面积，km^2；

T——江苏省土地面积，km^2；

0.35、0.5、0.15 分别为基于 GDP、污染物排放现状、土地面积的分配权重系数。

$$q = 0.35 \times N_l / N \times 100\%$$

式中：q——预留总量占非电力行业控制总量的比值；

N_l——战略性规划在“十二五”末 GDP 预测值，万元；

N——江苏省“十二五”末 GDP 预计值，万元；

0.35——取值来源于 GDP 总量分配权重系数。

2．NO_x 总量控制目标分配方法

实现 NO_x 总量控制首先要摸清目前排放量，江苏省电力行业为 NO_x 重点排放行业，且电力行业具备排放基数清楚、易于监测和统计等特点，因此“十二五”期间江苏将选定电力行业作为 NO_x 控制总量对象。

江苏省“十二五”电力行业 NO_x 总量分配按照不同时段采用不同的排放绩效值进行。为了合理选取不同时段的 NO_x 排放绩效，首先摸清每个火电企业 NO_x 排放现状，是否采用了净化措施，然后调研适合我国火电行业的脱硝措施，结合理论 NO_x 排放量公式：

NO_x 排放量（t）＝1.63×耗煤量（t）×[燃煤含氮量×氮的转化率（%）+0.000 983]

利用实际和理论相结合的方式确定合理的排放绩效值 GPS/[g/(kW·h)]，核算结果见表 2。

表 2 江苏省“十二五”135 MW 及以上火电机组 NO_x 总量分配绩效值

时段	第 I 时段机组	第 II 时段机组	第III时段机组
统计排放绩效值 GPS/[g/(kW・h)]	2.5	2.2	1.1

根据如下计算公式，将 NO_x 排放量分配至各火电企业。

$$N_i = \text{CAP}_i \times 5\,500 \times \text{GPS}_i \times 10^{-3}$$

式中：N_i——第 i 机组的 NO_x 总量指标，t/a；

CAP_i——第 i 机组的装机容量，MW；

5 500——平均发电小时数，h；

GPS_i——NO_x 排放绩效值，g/kW・h。

热电联产机组的供热部分折算成发电量参与分配，用等效发电量 D 表示。计算公式为：

$$D_i = H_i \times 0.278 \times 0.3$$

式中：D_i——第 i 机组供热量折算的等效发电量，kW·h；

H_i——第 i 机组供热量，MJ。

热电联产机组总量指标公式为：

$$N_i = (\text{CAP}_i \times 5\,500 + D_i / 1\,000) \times \text{GPS}_i \times 10^{-3}$$

式中的符号同上。

（三）减排清单编制技术

1. SO_2减排清单编制技术

本课题着重讨论电力及钢铁行业的减排情况，其他行业（如建材、化工）有条件企业可参照中小型火电行业治理措施实施减排计划。

SO_2的减排量计算公式为：

$$Q_s = P \times \eta \times \gamma$$

式中：Q_s——SO_2的减排量，t/a；

P——SO_2的排放量，t/a；

η——SO_2脱除效率，%；

γ——脱硫措施的可用率，%。

根据上述公式，针对不同行业重点源的具体情况，计算得到该重点源的减排量。

针对江苏省的特点，在考虑切实可行的减排方案时，不同行业采用不同的方法，不仅要考虑脱硫效率，投资成本、运行成本，同时还要兼顾其副产品，不对环境造成较大影响，如副产品排入水体造成水体富营养化，排入大气形成气溶胶等。

以现状排放量为基础，通过脱硫工程措施来预测“十二五”期间已建企业SO_2的减排空间。通过脱硫设施的正常运行及改进，不同行业不同企业采用不同的脱硫方法，以此为依据，确定SO_2的减排空间。

2. NO_x减排清单编制技术

本课题主要考虑火电和机动车NO_x的减排情况。针对不同的产生源，采用不同的措施。

（1）电力行业

NO_x的减排潜力主要从以下几个方面进行考虑：

①已上脱硝措施并且运行效果较好的企业暂不考虑；

②机组容量大且NO_x排放量大的企业必须采用脱硝措施；

③针对不同时期的火电厂建设项目采取分别对待，对应第Ⅰ、Ⅱ时段的火电厂已采用脱硝措施的，保障其脱硝效率，对于第Ⅲ时段的火电厂必须采用脱硝措施。

目前，选择性催化还原法（SCR）和选择性非催化还原法（SNCR）脱硝效率较高，但运行成本高，不适宜大面积推广，因此建议推广低氮燃烧技术，对于有条件采用选择性催化还原法（SCR）的企业，建议低氮燃烧技术与SCR结合使用。

NO_x的减排量计算公式为：

$$Q_n = N \times \beta \times \lambda$$

式中：Q_n —— NO_x 的减排量，t/a；

N ——NO_x 的排放量，t/a；

β ——NO_x 脱除效率，%；

λ ——脱硝措施的可用率，%。

针对江苏省的实际情况，“十二五”期间建议 300 MW 以下的中型机组、有空间改造的小型机组首选低氮燃烧技术进行脱硝，其成本较低，效果较好；300 MW 以上且有空间改造的运行期较长的大型机组，采用低氮燃烧与 SCR/SNCR 配合使用进行 NO_x 减排。

（2）机动车

根据机动车的分车型保有量、平均车速下的平均排放因子和分车型平均年行驶里程等变量可计算求得机动车 NO_x 的排放量，计算公式如下：

$$\mathrm{EQ}_p = \sum P_j \times M_j \times \mathrm{Ef}_{pj} \times 10^{-6}$$

式中：EQ_p ——机动车 NO_x 排放量，t；

P_j ——计算年份机动车保有量，辆；

j ——车型分类；

M_j ——平均行驶里程，km；

Ef_{pj} ——平均排放因子，g/km。

确定机动车的减排潜力，可以从以下几个方面考虑：① 机动车保有量的增长情况；② 减少车流量、提高车速和改善行驶工况；③ 倡导使用清洁能源；④ 加强机动车尾气排放管理，提高排放标准，限制高污染、高能耗机动车的发展。

五、政策建议

污染物总量控制作为改善环境质量的重大举措，在环境保护工作中发挥了重要作用。但为总量控制而总量控制、为污染减排而污染减排的倾向还比较明显。为了能科学制定总量控制目标及其分配方法，应将环境容量、经济增长及减排潜力等因素纳入考虑范畴内。

不同地区的社会经济发展水平、产业结构、生产技术水平、污染控制水平，以及未来发展规划等各不相同，在污染物总量分配时，要既不保护落后、也不限制落后地区的发展，公平对待污染物总量的分配。污染物总量的分配既要符合各地实际情况、发展需求和环境容量等因素，又要表达形式简洁，易于操作实施。分配方法从原理到内容，从结果到表达形式都应该充分体现实用性和可操作性。总量分配既要考虑现有实际情况，也不能抛开具有发展潜力地区的需求，特别对省及以上政府部门批准重点发展区域，在总量分配时适当倾斜，以满足规划发展需要。

山西省主要大气污染物排放总量控制目标确定与分配方法研究

一、课题研究背景与目标

总量控制实施以来，在推进企业污染治理、调整产业结构、促进经济发展方式转变、改善区域环境质量方面的作用有目共睹。山西作为我国重要的煤炭、电力、焦化、冶金和化工产业基地之一，1985—2005 年，受产业结构不合理、环保基础设施落后以及地形、气象条件等因素影响，省内大气环境严重恶化。“十一五”期间，在原国家环保总局的指导下，在省委、省政府领导的重视和全社会的共同推动下，山西实施政策创新、首建“部门联动”。首创“区域限批”、首推“末位淘汰”、首建“自动监控”、首开“奖惩问责”，以完成 SO_2 总量控制这一政治指标为切入点，在下达总量控制指标的同时，层层下达二级天数等指标，年年通报考核结果，全面提升了各级政府的环保意识，使山西省的环保工作出现了历史性转变：山西省 2008 年 SO_2 排放量较 2005 年减排 13.69%，11 个省辖市环境空气中 SO_2 的浓度也明显下降，由 2005 年的全部未达到二级标准，到 2008 年已经有 8 个城市达到环境空气质量二级标准。山西省的实践证明，以总量控制推动环境质量的整体改善是一套行之有效的办法。

但是目前总量控制在实施过程中仍然存在一些问题，“十一五”期间简单按照各地历史排污量进行总量控制目标的确定与分配，给管理上带来诸多困难，如各市总量控制目标与环境容量不协调、客观上限制了某些经济落后地区的发展等问题。

为了进一步细化主要污染物总量控制目标的确立与分配方法，协调经济发展与环境保护之间的关系，提高大气污染物排放总量控制目标和总量分配方法的科学合理性，促进科学发展、社会和谐，进行本课题的研究十分必要。

二、研究思路

在归纳总结国内外现有大气污染物排放总量目标确定及分配方法的基础上，确定本研究主要思路为：

（1）介绍山西省大气污染物总量控制与管理的背景条件特征；

（2）分析“十五”以来山西省大气污染物减排对环境空气质量的影响；

（3）回顾山西省大气污染物总量控制历程，总结山西省实施总量控制的经验和问题；

（4）提炼山西省“十二五”大气污染物总量控制方法，制定山西省总量控制指标筛选、总量控制目标确定、总量控制目标分配、污染源减排清单编制的基本原则和方法；

（5）筛选“十二五”期间山西省大气污染物总量控制指标；

（6）初步确定“十二五”山西省主要大气污染物的总量控制目标；

（7）将总量控制指标分配到各市和各行业；

（8）编写山西省“十二五”大气污染重点源减排清单。

三、研究内容

（一）山西省大气污染物总量控制与管理的背景条件特征

山西省简称晋，省境山环水绕，构成与邻省的天然分界。北邻内蒙古自治区，南与河南毗邻，东以太行山与河北省为界，西与陕西省隔河相望。地处华北西部的黄土高原东部，北纬 34°34'～40°43'、东经 110°14'～114°33'，东西宽约 300 km，南北长约 550 km，全省面积 15.6 万 km^2。

山西群山环抱、地形复杂，空气系统呈封闭和半封闭状态，静风日数多，山风与谷风有规律的交替，形成明显的地方环流，不利于大气污染物的转移扩散。此外，自然生态植被脆弱、降水量少，环境自净能力不高。加之山西省电力、冶金、焦化等支柱行业均以煤炭为主要燃料，环保技术不高，污染物排放量大。且主要城市和大部分工业基地主要集中于大同盆地、忻定盆地、太原盆地、长治盆地、临汾盆地、运城盆地 6 个盆地中，在 13.6% 的面积上居住着 53.7%的人口，集中了 70%的产值，扩散困难，更加重了空气污染。

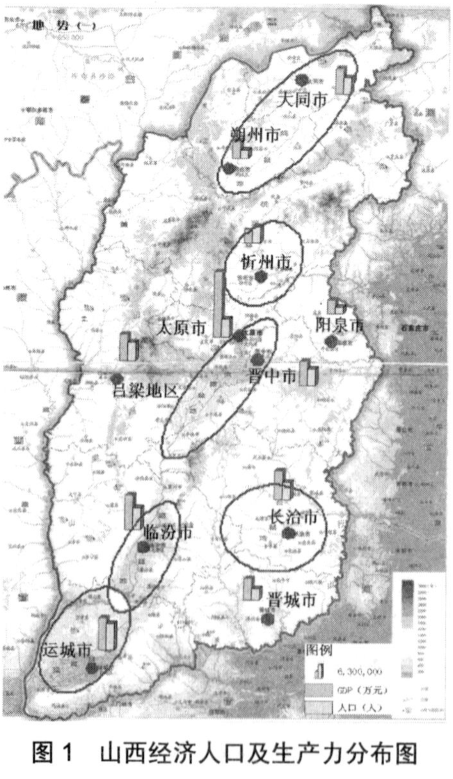

图 1　山西经济人口及生产力分布图

2000—2008 年山西省主要大气污染物的排放量如图 2 所示。

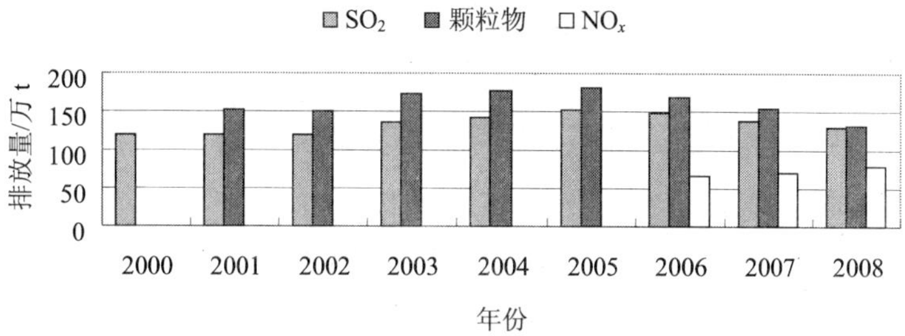

图 2 山西省历年大气污染物排放量

使用 Origin 分析 2001—2008 年山西省环境空气主要大气污染物的浓度与排放量之间的关系，但是线性正相关关系在统计学上意义并不显著。可能是由于污染物的减排不仅是量的减少，还包括污染源类型（如源高）的改变，此外受温度、湿度、风速、降雨量等气象因素的影响，以及颗粒物、NO_x 在大气中参与反应，发生转化，导致浓度与排放量之间的关系较为复杂。

（二）山西省主要大气污染物总量控制目标的确定

1. 实施总量控制的主要污染物

SO_2 是“十一五”期间我国进行总量控制的指标，“十二五”期间我国仍将继续对其进行总量控制。我国在“九五”和“十五”期间曾对烟粉尘进行过总量控制，且山西省烟粉尘排放量大，2005 年山西省烟粉尘排放量分别居全国第一位和第三位，有必要在“十二五”期间进行总量控制。根据目前国家“十二五”环境保护规划编制思路，“十二五”期间对 NO_x 实施总量控制势在必行，且自 2006 年起，NO_x 被纳入环境统计范围，初步具备了实施总量控制的基础。因此选择 SO_2、烟粉尘、NO_x 作为山西省“十二五”大气总量控制指标。

2. 主要污染物总量控制目标确定

山西省大气污染物总量控制目标以 3 个因素的最小值确定：一个是根据减排潜力确定的总量控制目标 Q_1，另一个是由大气污染物环境容量确定的总量控制目标 Q_2，第三个是根据环境库兹涅茨曲线确定的总量控制目标 Q_3。

（1）根据减排潜力确定的总量控制目标 Q_1

参考国家《主要污染物总量核算细则》，以 2007 年山西省主要大气污染物排放量为基础数据，核算山西省“十二五”期间结构减排、工艺进步、工程减排量和新增污染物排放量，能够得出“十二五”末山西省主要大气污染物的排放量，其中，SO_2 为 116.76 万 t、烟尘为 81.32 万 t、粉尘为 46.57 万 t、NO_x 为 89.90 万 t。

（2）由大气污染物环境容量确定的总量控制目标 Q_2

采用《制定地方大气污染物排放标准的技术原则与方法》（GB/T 3840—91）测算各地市对主要大气污染物的理想环境容量，如表 1 所示。

表 1 山西省环境容量

项目	SO_2	PM_{10}	NO_x
环境容量/万 t	159.73	253.52	278.67
80%的环境容量/万 t	127.78	202.82	222.94

（3）根据环境库兹涅茨曲线确定的总量控制目标 Q_3

以"十五"以来山西省排污数据和经济统计资料为基础，使用统计软件 Origin 建立库兹涅茨曲线模型如图 3 所示。

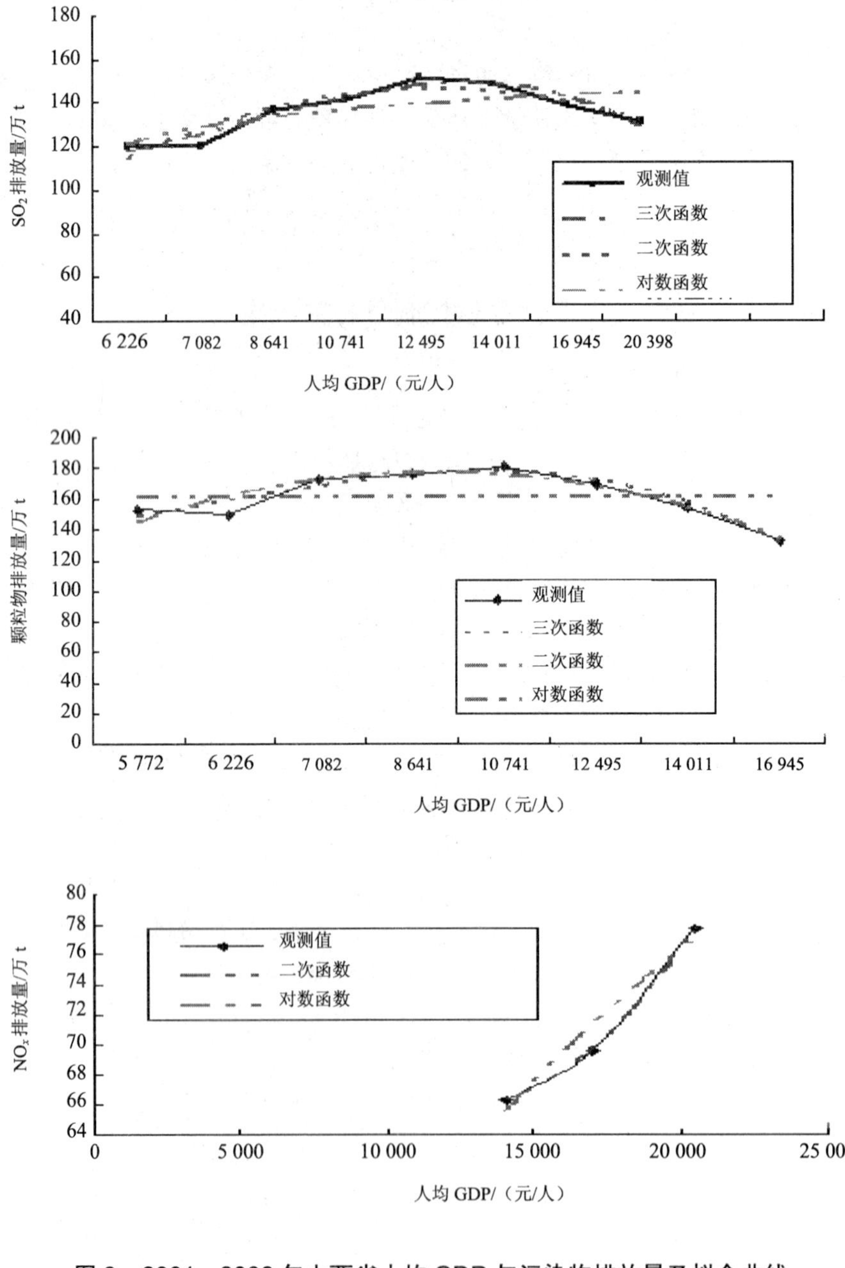

图 3 2001—2008 年山西省人均 GDP 与污染物排放量及拟合曲线

根据模型，预测 2015 年各大气污染物排放量，结果为 SO_2 114.82 万 t、颗粒物 132.24 万 t、NO_x 122.81 万 t。

（4）“十二五”末山西省总量控制目标的确定

取 3 种方法的最小值，初步确定 2015 年山西省主要大气污染物总量控制目标如下：SO_2 114.8 万 t、烟尘 81.3 万 t、粉尘 46.6 万 t、NO_x 89.9 万 t。

（三）山西省主要大气污染物总量控制目标的分配

采用德尔菲和层次分析法相结合的方法将大气污染物总量控制目标向各地市和行业进行分配。初步拟定一些可能影响总量控制目标分配的因素，并设计专家咨询表，请相关领域的专家及环境管理人员给各因子打分，采用德尔菲法对各因子粗排序，剔除最终得分低于 60 分的因子。根据得分情况，选择国土面积、环境质量、大气扩散条件、污染物排放量、工业增加值、产业结构与发展潜力 6 项作为将总量控制目标向各市分配的主要考虑因素。采用 AHP 法，让专家对以上两两比较得到判断矩阵，引入 1～9 标度，得到各指标之间的量化结果，采用方根法计算指标的权重，各因素权重依次为 0.245 、0.093 、0.106 、0.199 、0.120 、0.239 ，各地市的总量分配结果如表 2 所示。

表 2　各市主要大气污染物总量控制目标的分配情况

地市	分配量/万 t			
	SO_2	烟尘	NO_x	粉尘
市 1	9.28	6.16	8.03	4.76
市 2	9.24	6.37	7.51	3.63
市 3	7.88	5.75	6.26	2.96
市 4	9.92	7.18	7.8	4.09
市 5	10.48	7.34	8.22	4.29
市 6	8.40	5.3	6.31	2.9
市 7	10.50	7.3	8.06	4.03
市 8	13.83	9.55	10.34	5.31
市 9	11.93	8.41	8.91	4.63
市 10	11.65	8.16	9.05	4.72
市 11	11.71	9.77	9.42	5.29
合计	114.8	81.29	89.91	46.61

采取同样方法，选择污染物排放量、污染治理水平、产业效益 3 项作为将总量控制目标向行业分配的主要考虑因素，各因素权重分别为 0.575 、0.255 、0.170 ，结合 2007 年各行业污染物排放量，计算得出各行业的总量分配结果，如表 3 所示。

表 3 主要大气污染物的行业分配结果

行业	分配结果/万 t			
	SO_2	烟尘	NO_x	粉尘
电力	37.26	32.54	33.13	7.93
焦化	11.58	7.93	8.52	6.73
黑色金属冶炼	17.41	11.71	12.3	11.53
有色金属冶炼	8.07	4.14	4.73	0.72
化工	6.91	4.14	4.73	1.32
建材	6.91	5.09	5.68	1.92
煤炭	9.24	6.04	6.63	7.33
其他	17.41	18.34	18.93	9.13
合计	114.80	81.30	89.90	46.60

（四）山西省大气污染重点源减排清单

在充分了解各行业主要污染源污染物排放量、污染治理措施、去除效率及技术、经济可行性的基础上，在符合产业政策前提下，按照企业排污量大、污染物去除效率低的原则，筛选现有污染源，编写了山西省“十二五”大气重点源减排清单，具体内容如表 4 所示。

表 4 山西省大气污染重点源减排清单汇总表

项目	SO_2	烟尘	NO_x	粉尘
电力企业/家	11	5	34	5
冶金企业/家	35	34	0	38
焦化企业/家	35	4	0	7
减排量/万 t	19.62	6.17	20.02	6.92

经核算，“十二五”期间山西省主要污染治理工程的投资约需 390 亿元，年运行费用约为 63.4 亿元，所需污染治理费用以企业自筹为主，重点工程适当辅以财政补助。

四、主要结论

（1）“十一五”期间在环保部的指导下，在省委、省政府领导的重视、山西省环保干部的努力和全社会的共同推动下，山西省以完成 SO_2 总量控制指标为切入点，年年通报考核结果，全面提升了各级政府的环保意识，通过实施政策创新、部门联动、区域限批、末位淘汰、自动监控、奖惩问责等措施实现了环保工作的历史性转变。截至 2008 年，山西省减排 SO_2 20.76 万 t，至今已超额完成了国家下达的“十一五”减排任务，有 72.7%的省辖市环境空气质量达国家环境空气质量二级标准。山西省的实践证明，以总量控制推动环境质量的整体改善是一套行之有效的办法。

（2）但是，“十一五”期间山西省的总量控制存在基础资料有待完善，产业结构与总量控制的矛盾日益突出、环境监管能力建设和在线监控设施的运行管理亟须加强、工业企业空间布局不合理、总量控制目标的分配过多依赖于现状排放量，客观限制某些经济落后地区发展、总量控制主要依靠行政手段等问题。“十二五”期间我省将总结经验教训，着力解决以上问题，进一步推进总量控制工作。

（3）在综合考虑山西省大气污染特征、数据来源以及实施总量控制可行性的基础上，选择 SO_2、烟粉尘、NO_x 作为山西省“十二五”大气主要污染物总量控制指标。

（4）在核算减排潜力、环境容量、利用环境库兹涅茨曲线预测山西省 2015 年污染物排放量的基础上，初步确定“十二五”末山西省大气主要污染物总量控制目标为 SO_2 114.8 万 t、烟尘 81.3 万 t、粉尘 46.6 万 t、NO_x 89.9 万 t。

（5）综合考虑各市的国土面积、工业经济贡献率、环境质量现状、产业结构与发展潜力、排污现状和大气扩散条件，将总量控制目标向各市进行了分配。在综合考虑各行业污染物现状排放量、治污水平、产业效益等因素的基础上，将总量控制目标分配到了各行业。

五、政策建议

（1）夯实“总量控制”的数据基础，完善减排档案。在现有多套污染源数据中，以污染源普查资料最为详细全面，能够为总量控制提供详尽的数据基础，本次核算正是以 2007 年污染源普查资料为基础的，建议今后建立污染源普查数据动态更新机制，构建数据共享平台。同时，进一步统一和规范总量控制的基准数据，提高环境统计管理人员水平，完善排污计量设施，充实环境管理部门的审核力量。确保数据符合实际、符合逻辑。

（2）建立排污权交易机制。总量控制的内涵，在于从系统论的角度把总量控制的对象及其所在区域看成一个整体，通过对区域内所有污染源排放量的调控来达到保护和改善区域环境质量的目的。因此，应不计较一两个排污源的得失，采取“点源损失面源补、局部损失全局补、工业损失生活补、行业损失部分补”的方法，允许单一污染源排污总量的增加，通过调整产业结构和淘汰重污染企业等措施来消化新增的排污量。建议建立排污权交易机制，完善相关管理平台及配套政策措施，充分发挥市场经济对总量分配结果的再优化作用。

（3）尊重总量控制的阶段性特点。根据我国所处的总量控制阶段，目前应该进一步分担、削减排污总量，使全局生态环境保持稳定，改善重点城市和水域的环境质量。可以采取的主要措施有：高标准严格控制工业污染源排污量；进行城市环境基础设施建设，如城市污水处理厂、垃圾处理厂、城市集中供热供气，并保证设施的正常运行；进行区域性和流域性生态建设，提高环境自净能力，强化生态功能；进一步从立法上完善总量控制制度。

第五部分

技术方法

污染源普查动态更新调查分析与基数测算方法研究
试点省份资源、能源、环境与经济预测研究
基于输入响应的小流域水污染防治方案研究
农业源污染防治框架、技术与减排测算方法研究
规划实施绩效与社会经济成本案例分析
省级环境保护五年规划技术指南编制
城市环境保护规划编制问题及建议
城市环境保护规划技术指南前期研究
费用效益分析方法在贵州省“十二五”环保规划编制中的应用
战略环评法在湖北省“十二五”环保规划中的应用研究

污染源普查动态更新调查分析与基数测算方法研究

一、课题研究背景与目标

（一）研究背景

“十一五”期间总量减排是以2005年环境统计数据作为减排基数的，客观来说，由于种种原因，“十一五”总量减排基数的确定并不十分理想，主要原因是环境统计数据不能如实反映实际情况。污染减排规划是环境保护规划的核心基础部分，而做好污染减排规划需要主要污染物排放基数作为编制的前提和依据。依托2007年第一次全国污染源普查结果，对其进行动态更新就成为确定“十二五”减排基数的最佳选择，同时利用污染源普查结果并对其进行动态更新也是建立“十二五”环境统计体系平台的基础。因此，环境保护部决定在2009年和2010年开展污染源普查动态更新调查工作，奠定“十二五”主要污染物总量减排工作基础，为“十二五”环境保护规划编制工作提供数据支撑和科学依据。

2009年的污染源普查动态更新调查工作是在时间紧、任务重的情况下，在第一次全国污染源普查工作的基础上，结合现行环境统计制度而设计的。通过后来的实践，发现仍然存在不少问题，需要进一步研究，重新调整和确定2010年污染源普查动态更新调查框架和技术方法，为开展2010年污染源普查动态更新调查工作奠定扎实的基础。

（二）研究目标

对2009年污染源普查动态更新调查进行分析，为制定2010年污染源普查动态更新调查方案、确定“十二五”减排基数提出建议。

制定污染源普查动态更新污染源产排污系数更新方案。

在比对分析污染源普查动态更新调查数据与环境统计数据的基础上，提出主要污染物“十二五”减排基数测算方法。

二、研究思路

本课题主要研究思路如下：

（1）对2009年污染源普查动态更新调查进行分析，为制定2010年污染源普查动态更新调查方案、确定“十二五”减排基数提出建议。

充分考虑到与“十二五”环境统计体系的衔接，分析2009年污染源普查动态更新调查工作方案存在的问题，为形成2010年适用的包括工业源、农业源、城镇生活源、机动车、集中式污染治理设施各类型源的调查技术规定、污染物核算方法等工作方案提供依据，该方案将保证“十二五”减排基数和“十二五”环境统计口径的一致性。

（2）制定污染源普查动态更新污染源产排污系数更新方案。

在全国范围内调研、收集 2009 年污染源普查动态更新调查使用中产排污系数存在的问题，同时在国家层面对主要污染物产排的重点行业系数进行梳理，组织协调系数研究的有关部门和行业协会，制定污染源普查动态更新污染源产排污系数更新方案。

（3）在比对分析污染源普查动态更新调查数据与环境统计数据的基础上，提出主要污染物“十二五”减排基数测算方法。

比对分析 2009 年的污染源普查动态更新调查数据和环境统计数据，结合产排污系数校核，根据 GDP、能源消耗、用水情况、城镇常住人口等反映国民经济发展的指标数据，同时考虑到集中式污染治理设施污染物削减情况的变化，提出“十二五”主要污染物总量减排基数的测算方法。

本课题研究的技术路线如图 1 所示。

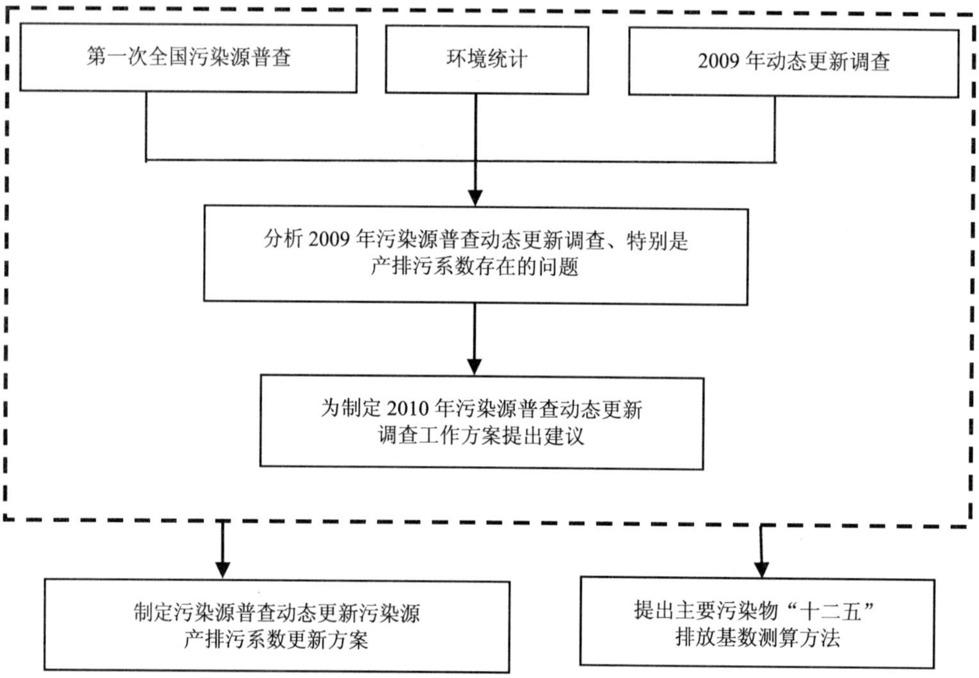

图 1　本课题技术路线

三、研究内容

（一）2009 年污染源普查动态更新调查分析

开展 2009 年污染源普查动态更新结果分析；结合 2007 年全国第一次污染源普查和环境统计，提出 2009 年污染源普查动态更新中存在问题，对制定 2010 年污染源普查动态更新调查方案、确定“十二五”减排基数提出建议。

根据2009年动态更新数据汇总结果，全国废（污）水排放量为587亿t，较普查上升了1.2%。其中，工业废水排放量为218亿t，较普查下降了7.8%；生活和集中式污染治理设施（垃圾渗滤液、危险废物和医疗废物处置厂排放废水）废（污）水排放量分别为369亿t和4 363万t，分别较普查上升了7.4%和2.4%。工业、生活和集中式污染治理设施废（污）排放量分别占排放总量的37.2%、62.7%和0.1%。

全国COD排放量为2 788.2万t，较普查下降了7.9%。其中，工业、生活、集中式污染治理设施（垃圾渗滤液、危险废物和医疗废物处置厂排放废水）COD排放量分别为402.2万t、1 010.1万t、26.8万t，分别较普查下降了28.7%、8.8%和17.5%；农业COD排放量为1 349.2万t，较普查上升了1.9%。工业、生活、集中式污染治理设施和农业COD排放量分别占排放总量的14.4%、36.2%、1.0%和48.4%。

全国NH_3-N排放量为204.3万t，较普查下降了3.8%。其中，工业、生活、集中式污染治理设施（垃圾渗滤液、危险废物和医疗废物处置厂排放废水）NH_3-N排放量分别为16.0万t、141.8万t、2.6万t，分别较普查下降了23.0%、4.8%和18.3%；农业NH_3-N排放量为36.1万t，较普查上升了14.9%。工业、生活、集中式污染治理设施和农业NH_3-N排放量分别占排放总量的8.1%、72.2%、1.3%和18.4%。

全国SO_2排放量为1 904.0万t，较普查下降了17.9%。其中，工业和生活SO_2排放量分别为1 752.9万t和150.1万t，分别较普查下降了17.3%和24.7%，集中式污染治理设施（垃圾、医废、危废焚烧废气）SO_2排放量为0.9万t，较普查上升了10.8%。工业、生活、集中式污染治理设施SO_2排放量分别占排放总量的92.06%、7.89%和0.05%。

全国NO_x排放量为2 011.9万t，较普查上升了11.9%。其中，工业、集中式污染治理设施（垃圾焚烧废气）和机动车NO_x排放量分别为1 320.3万t、2.1万t和631.9万t，分别较普查上升了11.1%、50.7%和15.0%。生活NO_x排放量为57.5万t，较普查下降了1.2%。工业、生活、集中式污染治理设施和机动车NO_x排放量分别占排放总量的65.6%、2.9%、0.1%和31.4%。

2009年动态更新数据汇总与环境统计比较（只包括工业和生活源），COD、NH_3-N和NO_x排放量分别是同年环境统计数据的1.1倍、1.3倍和1.2倍；SO_2排放量数据低于环境统计数据，为环统排放量的90%左右。普查更新中工业NH_3-N和生活SO_2排放量仅为环境统计数据的59.3%和43.4%（动态更新150万t/环境统计346万t）。

（二）制定污染源普查动态更新污染源产排污系数更新方案

分析评估2009年污染源普查动态更新工作中污染源产排污系数，提出产排污系数应用中存在的主要问题，针对不同问题提出相应的解决方案。在此基础上，研究建立“十二五”时期产排污系数动态更新制度。

污染源数据采集方法目前主要有3种：监测数据法、排污系数法和物料衡算法，由于监测数据法和物料衡算法的适用性受到一定条件的限制，因此产排污系数法作为污染源数据采集的主要核算方法来源。据2007年第一次全国污染源普查和2009年动态更新调查数据，几乎80%以上的污染源产排量核算采取的是产排污系数法。

目前涉及污染源产排量核算的环境统计数据和污染源普查动态更新调查数据，分别采用了不同的产排污系数：环境统计采用的是中国环境科学出版社 1996 年第一次出版的《工业污染物产生和排放系数》手册，随着科技进步和工艺、管理水平提高，该版产排污系数显得过于陈旧。第一次全国污染源普查和 2009 年度的污染源普查动态更新调查采用的是第一次全国污染源普查产排污系数，该系数相对于 1996 版的系数来说，充分考虑了产品、原料、生产工艺、规模、治污水平等方面的因素，在准确性上有了一定的提高。但由于污染点源的复杂性、研究时间等因素的限制，在第一次全国污染源普查和 2009 年度的更新调查中，发现产排污系数仍存在较多问题。

产排污系数对微观点源的计算至关重要，产排污系数长期不调整、系数的不准确直接导致数据的准确性难以保证，而污染点源的数据质量又直接关系到减排成效的反映，因此建立产排污系数动态更新机制、保持产排污系数的动态更新对提高污染源产排量数据质量意义重大。产排污系数更新的技术路线见图 2。

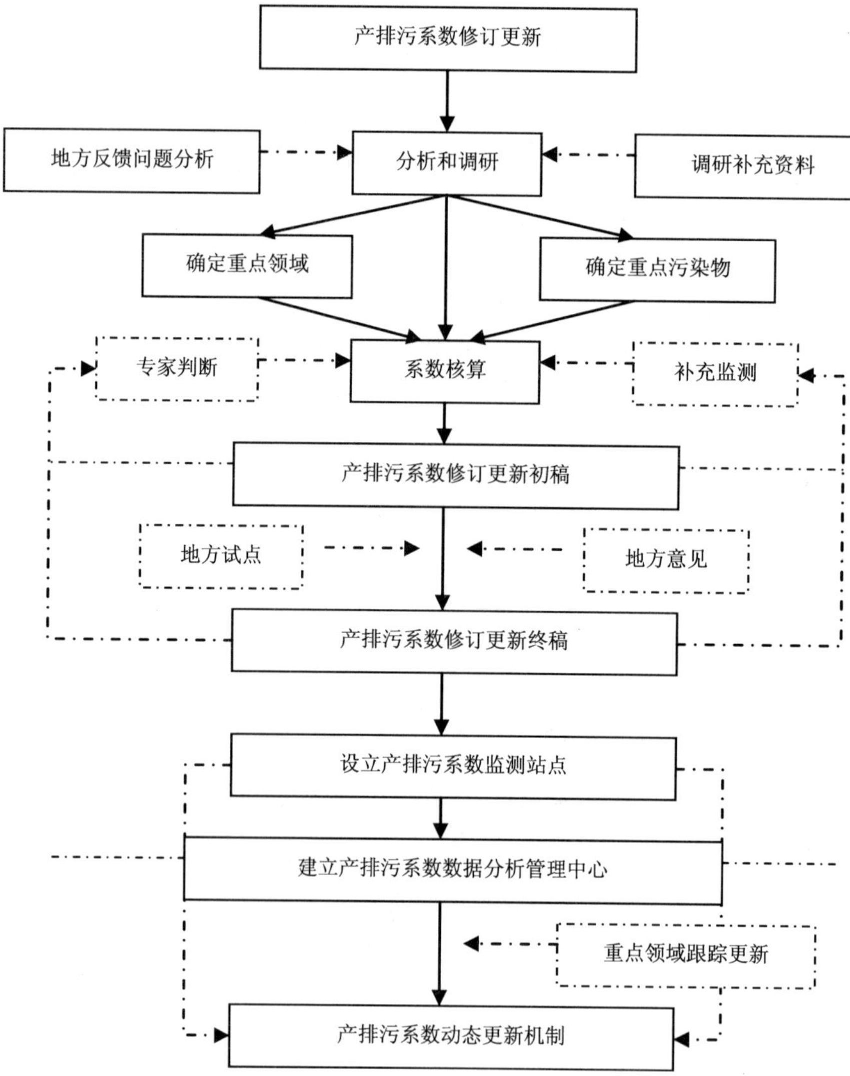

图 2　产排污系数更新技术路线

（三）提出主要污染物“十二五”总量减排基数测算方法

根据 2009 年污染源普查动态更新与环境统计数据的对比分析结果，结合产排污系数校核，提出“十二五”总量减排基数测算方法。

四、主要结论

（一）2009 年污染源普查动态更新调查数据有异常现象

1．部分地区工业非重点污染排放估算比例偏高

根据工业重点调查单位筛选原则和非重点估算方法规定，非重点估算比例不能超过 15%。2009 年动态更新第三次上报数据中仍有部分地区非重点比例超过 15%。

2．生活源基本参数不合理

城镇常住人口和生活能源消费量是决定生活污水和废气污染物排放量的关键因素。由于各地区人口统计口径不一致（城镇常住人口、非农人口）、生活能源消费数据不易获得等客观原因，生活源基本参数在实际填报过程中存在一定不合理性。

3．机动车数据填报不规范

由于正常的部门间协调机制尚未建立，机动车保有量数据获得渠道不畅，即使提供机动车保有量数据也不符合指标统计要求。机动车基表填报仍存在少量地市缺报、普遍地市缺项、部分地市数据异常的情况。

4．农业源基础数据获取困难，工作基础薄弱

部分地区畜禽养殖业 COD 排放量发生突变；全国水产养殖业 COD 排放量较普查增加了 95.6%，其中 20 个地区水产养殖业 COD 排放量增加幅度超过 80%。

5．某些污染物排放量发生突变，或出现负值等异常数据

全国 Hg 排放量 54.8 t，较普查（1.7 t）增加了 3 123.5%；全国氰化物排放量为－55 t。

（二）污染源普查动态更新调查问题分析

1．地方对更新工作重视程度不够，保障条件不到位

尽管大部分地区都非常重视动态更新调查工作，但从动态更新调查来看，部分地区的人员、机构以及经费落实都不到位，工作启动晚，在开展过程中没有按照要求组织人员进行数据现场核查。没有很好地协调农业部门和机动车管理部门，致使农业源和机动车数据存在问题多。

2．更新调查培训不足，各地对工作方案与技术规定理解有偏差

污染源普查动态更新调查，从国家级到省、地市乃至区县级，培训都明显不够，国家是在 2009 年环境统计工作会后才将普查动态更新的内容加入培训教材中，仅培训了部分省市；地方培训也没有遍及，导致更新调查工作人员对工作方案和技术规定理解不到位。

3．地方各级对数据质量把关不严

主要体现在：①污染物产排量核算方法原则执行不严；②产排污系数选用随意；③污染源个体数据质量较差；④对区域宏观数据缺乏把握，数据结构性问题明显；⑤现场核查基本未能开展，数据联合会审形同虚设。

4. 部门间协调机制尚未建立

农业源、生活以及机动车污染调查中涉及的畜禽养殖量、城镇常住人口、生活能源消耗、机动车保有量等基础数据来自农业、统计、公安交通和城建等部门。由于部门间，特别是国家层面上没有建立正常合作机制，一些地方通常依靠部门交情或私人关系获取数据、数据核实，质量无法得到保证；或者由于缺乏必要的沟通，部门间对同一指标的理解存在差异，外部门提供的数据与环保部门规定的指标统计口径不符，造成数据误差。

5. 动态更新调查工作方案和技术规定不够完善

主要体现在：①技术路线存在缺陷；②指标体系繁杂，不够精简；③污染物核算方法不尽合理；④产排污系数本身存在诸多问题；⑤基础参数获取困难。

6. 更新调查软件应用不便

更新调查软件还存在稳定性较差，与第一次污普软件不兼容，数据比对困难，查询、汇总、分析功能不完善等问题。

五、政策建议

（1）针对 2009 年污染源普查动态更新调查数据和工作开展中存在的种种问题，结合“十二五”环境统计体系建立的前期研究，制定 2010 年污染源普查动态更新调查技术路线，以便为“十二五”总量减排基数确定、环保规划等奠定基础。

（2）制定产排污系数中长期动态更新方案，不断滚动更新产排污系数。

产排污系数动态更新方案的目标分为近期目标和中长期目标。近期目标：尽快补充完善 2009 年度动态更新产排污系数。中长期目标：建立产排污系数动态更新工作机制，不断滚动更新产排污系数，设立重点行业和观测/实验站点，根据各观测站点定期收集和整理观测的数据，进行深入分析，根据专家讨论、现场验证等方式，提出产排污系数动态更新建议，适时更新产排污系数。

试点省份资源、能源、环境与经济预测研究

一、课题研究背景与目标

十七大报告指出，经济增长的资源环境代价过高，环境小康需求下的“十二五”环保目标将是 2020 年全面小康社会建设目标最重要的、最薄弱的环节。为保证“十二五”环保规划目标制定的科学性和可操作性，需要建立和完善社会经济发展与资源环境预测的模型和方法。目前，国家层面的环境经济预测模型与方法基本建立，为实现国家层面的环境经济预测与省级层面的有效对接，了解和掌握全国各省市未来经济社会发展、资源能源消耗和环境污染排放趋势，需要对国家层面的预测模型与方法进行科学分解，从而指导各省市社会经济发展及资源环境保护工作。因此本课题的目标即是研究确定将国家预测模型方法分解到省市的方法。

二、研究思路

将多地区与多因素分解相结合，针对国家层面的环境污染各项指标，得到省级层面的分解指标。分解方法是否科学合理，不仅关系到各省市分解结果的准确性，还关系到国家环境保护规划编制和各省市环境保护规划编制的科学性。报告在对国内外分解方法研究现状的总结基础上，提出了基于多因素的多地区分解方法，其基本步骤为分析指标现状、确定影响因素，选择适当的赋权方法、进行合理赋权，综合因素、求得地区综合指数，根据合适的综合指数外推、最终确定目标指标的分解比例。在对该方法的两个关键环节分析之后，将该方法应用于社会经济、水资源消耗、能源消耗、水污染、大气污染、固体废弃物污染等方面典型的、具有代表性的相关指标的分解。最后考虑多地区、多因素对指标贡献率的评价需要，引入分解分析方法，并将其应用于 SO_2 排放量贡献率分解。

三、研究内容

报告提出基于多因素的多地区分解方法，在综合考虑影响因素和地区差异的基础上进行国家指标到省级层面的分解，基本过程如图 1 所示，其基本步骤为：

（1）在各省市范围内，对经济社会、能源环境现状与未来发展趋势进行分析，确定指标分解的影响因素；

（2）计算各因素的影响因子，即确定其权重；

（3）依据各影响因素分值计算各省市综合指数，为考虑各省市未来发展趋势，对其年

度横比的综合指数综合考评；

（4）确定各省市综合指数以后，按照各省市综合指数比例，进行规划指标的分解。

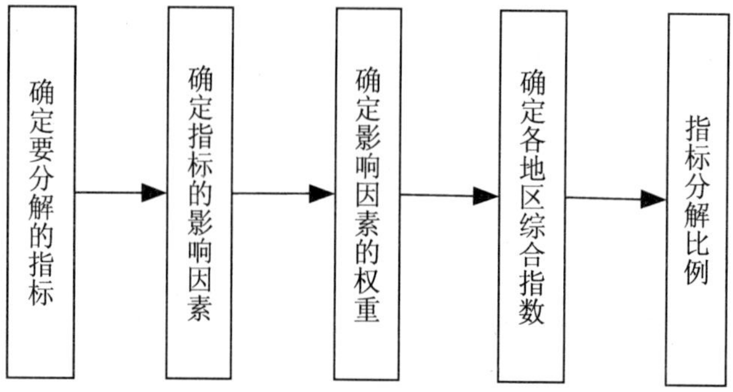

图 1 基于多因素的多地区分解过程

报告分别选取了社会经济、水资源消耗、能源消耗、水污染、大气污染、固体废弃物污染等方面典型的、具有代表性的相关指标进行分解。考虑到各省市基础数据的实际情况以及所需数据的复杂性，针对某些具体指标的分解，力求给出最适用的分解方法。计算中所需数据取自统计年鉴、工业年报、各年投入产出表、相关部门专门调查资料等，部分数据需由原始数据计算获得。以下仅以 CO_2 排放指标为例来说明指标分解过程，过程中非必要图表已略去。

（一）因素选取

1．初始指标

通过前面分析可以知道，影响我国 CO_2 排放量的因素主要涉及经济、人口、产业和技术等方面。经过分析，把各地区影响 CO_2 排放的影响因素用 8 个指标来衡量，分别为 X_1 GDP，X_2 人均 GDP，X_3 总人口，X_4 15～64 岁的人口比例，X_5 城镇人口比例，X_6 工业产值比例，X_7 单位 GDP 能耗，X_8（R&D）支出比例。其中，GDP、人均 GDP、总人口、2005—2007 年城镇人口比重和单位 GDP 能耗可由国家统计年鉴直接查询获得，而其他数据则需根据国家统计年鉴原始数据计算获得。由于 2003 年和 2004 年城镇化数据和能源数据缺失，故本节只对 2005—2007 年的数据进行处理分析。表 1 中列出了 2007 年中国 30 省市相关指标值（西藏能耗数据缺失，不包括港澳台地区）。

表 1 2007 年各项指标数值

地　区	X_1/亿元	X_2/元	X_3/万人	X_4/%	X_5/%	X_6/%	X_7/（t 标准煤/万元）	X_8/%
北　京	9 353.32	58 204	1 633	80.18	84.50	22.27	0.71	30.64
天　津	5 050.40	46 122	1 115	77.80	76.31	52.71	1.02	17.01
河　北	13 709.50	19 877	6 943	74.38	40.25	47.82	1.84	5.97
山　西	5 733.35	16 945	3 393	73.17	44.03	54.80	2.76	4.69
内蒙古	6 091.12	25 393	2 405	76.14	50.15	45.03	2.30	2.24
辽　宁	11 023.49	25 729	4 298	76.69	59.20	47.17	1.70	9.37
吉　林	5 284.69	19 383	2 730	78.08	53.16	41.08	1.52	5.76
黑龙江	7 065.00	18 478	3 824	77.90	53.90	47.09	1.35	5.56

地 区	X_1/亿元	X_2/元	X_3/万人	X_4/%	X_5/%	X_6/%	X_7/（t 标准煤/万元）	X_8/%
上 海	12 188.85	66 367	1 858	77.79	88.70	43.47	0.83	14.09
江 苏	25 741.15	33 928	7 625	74.59	53.20	50.57	0.85	16.85
浙 江	18 780.44	37 411	5 060	74.71	57.20	48.43	0.83	15.59
安 徽	7 364.18	12 045	6 118	68.63	38.70	37.37	1.13	5.77
福 建	9 249.13	25 908	3 581	72.31	48.70	43.45	0.88	9.02
江 西	5 500.25	12 633	4 368	68.40	39.80	41.41	0.98	5.39
山 东	25 965.91	27 807	9 367	74.85	46.75	51.66	1.18	13.81
河 南	15 012.46	16 012	9 360	72.06	34.34	50.01	1.29	5.41
湖 北	9 230.68	16 206	5 699	74.41	44.30	37.39	1.40	8.71
湖 南	9 200.00	14 492	6 355	72.89	40.45	36.69	1.31	5.42
广 东	31 084.40	33 151	9 449	73.51	63.14	47.97	0.75	12.80
广 西	5 955.65	12 555	4 768	68.91	36.24	35.09	1.15	2.23
海 南	1 223.28	14 555	845	69.79	47.20	22.76	0.90	1.06
重 庆	4 122.51	14 660	2 816	69.39	48.34	38.14	1.33	6.12
四 川	10 505.30	12 893	8 127	69.88	35.60	37.26	1.43	7.91
贵 州	2 741.90	6 915	3 762	64.48	28.24	36.75	3.06	1.73
云 南	4 741.31	10 540	4 514	70.02	31.60	36.10	1.64	2.28
陕 西	5 465.79	14 607	3 748	73.00	40.62	46.55	1.36	11.55
甘 肃	2 702.40	10 346	2 617	71.47	31.59	39.37	2.11	3.81
青 海	783.61	14 257	552	71.04	40.07	43.97	3.06	1.35
宁 夏	889.20	14 649	610	70.29	44.02	42.76	3.95	3.09
新 疆	3 523.16	16 999	2 095	71.75	39.15	39.88	2.03	1.26

由表 1 中数据可以看出，各指标数值表现形式不同，计量单位也不尽相同，没有直接的可比性。由于指标较多，且相互间存在关系，如 X_2、X_6、X_7 与 X_1 相关联，X_4、X_5 与 X_3 相关，X_2 同时也与 X_3 有联系，为了减少问题的复杂性，这里利用主成分分析对原指标进行处理。

2. 主成分分析

按照主成分分析方法，步骤分别如下。

（1）标准化处理

为避免影响分析结果，首先需要对原始数据进行标准化处理，即对不同计量单位的指标数据进行同度量处理。这里采用标准差标准化方法进行处理，设 y_{ij} 是标准化处理后的数值，其公式为：

$$y_{ij}=\frac{x_{ij}-\overline{x}_j}{S_j}\quad (i=1,2,\cdots,30;\ j=1,2,\cdots,8) \tag{1}$$

式中：$\overline{x}_j$——样本均值，$\overline{x}_j=\frac{1}{n}\sum_{i=1}^{n}x_{ij}$；

S_j——样本标准差，$S_j=\sqrt{\frac{1}{n-1}\sum_{i=1}^{n}(x_{ij}-\overline{x}_j)^2}$。

标准化处理后的指标数值如表 2 所示。

表 2 标准化后的初始指标数值

地 区	X_1	X_2	X_3	X_4	X_5	X_6	X_7	X_8
北 京	0.023	2.546	−1.019	2.019	2.489	−2.598	−1.069	3.520
天 津	−0.545	1.689	−1.216	1.354	1.931	1.377	−0.677	1.412
河 北	0.599	−0.172	0.994	0.399	−0.527	0.738	0.361	−0.296
山 西	−0.455	−0.380	−0.352	0.061	−0.269	1.649	1.525	−0.494
内蒙古	−0.408	0.219	−0.727	0.891	0.148	0.374	0.943	−0.873
辽 宁	0.244	0.243	−0.009	1.044	0.765	0.653	0.183	0.230
吉 林	−0.514	−0.207	−0.603	1.433	0.353	−0.142	−0.044	−0.328
黑龙江	−0.279	−0.271	−0.189	1.382	0.403	0.643	−0.259	−0.359
上 海	0.398	3.124	−0.934	1.352	2.775	0.170	−0.917	0.960
江 苏	2.190	0.824	1.253	0.458	0.356	1.097	−0.892	1.387
浙 江	1.270	1.071	0.280	0.491	0.628	0.818	−0.917	1.192
安 徽	−0.240	−0.727	0.681	−1.207	−0.633	−0.626	−0.538	−0.327
福 建	0.010	0.256	−0.281	−0.179	0.049	0.167	−0.854	0.176
江 西	−0.486	−0.686	0.018	−1.271	−0.558	−0.099	−0.728	−0.386
山 东	2.220	0.390	1.913	0.531	−0.084	1.239	−0.474	0.917
河 南	0.772	−0.446	1.910	−0.249	−0.930	1.024	−0.335	−0.383
湖 北	0.007	−0.432	0.522	0.408	−0.251	−0.624	−0.196	0.128
湖 南	0.003	−0.554	0.771	−0.017	−0.513	−0.715	−0.310	−0.381
广 东	2.896	0.769	1.944	0.156	1.033	0.758	−1.019	0.761
广 西	−0.426	−0.691	0.169	−1.128	−0.800	−0.924	−0.512	−0.874
海 南	−1.051	−0.549	−1.318	−0.883	−0.053	−2.534	−0.829	−1.055
重 庆	−0.668	−0.542	−0.571	−0.994	0.024	−0.526	−0.285	−0.273
四 川	0.176	−0.667	1.443	−0.857	−0.844	−0.641	−0.158	0.004
贵 州	−0.851	−1.091	−0.212	−2.366	−1.345	−0.707	1.904	−0.952
云 南	−0.586	−0.834	0.073	−0.818	−1.116	−0.792	0.108	−0.867
陕 西	−0.491	−0.546	−0.217	0.014	−0.502	0.572	−0.247	0.567
甘 肃	−0.856	−0.848	−0.646	−0.413	−1.117	−0.365	0.702	−0.630
青 海	−1.110	−0.570	−1.429	−0.534	−0.539	0.235	1.904	−1.011
宁 夏	−1.096	−0.543	−1.407	−0.743	−0.270	0.077	3.030	−0.741
新 疆	−0.747	−0.376	−0.844	−0.335	−0.602	−0.299	0.601	−1.025

（2）建立相关系数矩阵

相关系数矩阵的数值 r_{ij} 的计算公式为

$$r_{ij}=\frac{1}{p-1}\sum_{k=1}^{p}y_{ik}y_{jk}\quad (i,j=1,2,\cdots,30;\ p=8) \tag{2}$$

相关系数矩阵 R 如表 3 所示。

表 3 相关系数矩阵

指标	X_1	X_2	X_3	X_4	X_5	X_6	X_7	X_8
X_1	1							
X_2	0.416	1						
X_3	0.775	−0.118	1					
X_4	0.318	0.725	−0.080	1				
X_5	0.290	0.942	−0.248	0.767	1			
X_6	0.431	0.114	0.320	0.267	0.055	1		
X_7	−0.498	−0.454	−0.371	−0.332	−0.435	0.119	1	
X_8	0.522	0.811	0.132	0.633	0.755	0.048	−0.552	1

（3）计算相关系数矩阵的特征根

利用 SPSS 的 Factor 过程进行主成分分析，得出相关系数矩阵的特征根和方差贡献率，见表 4。

表 4 相关系数矩阵的特征根与方差贡献率

主成分	特征值		
	合计	方差贡献率/%	累计贡献率/%
1	3.955	49.442	49.442
2	1.980	24.747	74.190
3	1.130	14.119	88.309
4	0.368	4.605	92.914
5	0.277	3.461	96.375
6	0.190	2.376	98.751
7	0.058	0.731	99.482
8	0.041	0.518	100.000

基于过程内定特征根大于 1 的规则，这里提取 3 个主成分，且 3 个主成分的累积方差贡献率为 88.309 %，符合主成分累积方差贡献率大于 85%的要求。

（4）计算主成分的载荷矩阵

3 个主成分相应的载荷矩阵见表 5。

表 5 主成分载荷矩阵

	成分		
	1	2	3
X_1	0.648	0.705	0.004
X_2	0.912	−0.291	0.060
X_3	0.184	0.945	−0.155
X_4	0.799	−0.234	0.296
X_5	0.874	−0.421	0.063
X_6	0.226	0.467	0.806
X_7	−0.648	−0.221	0.584
X_8	0.892	−0.067	−0.140

根据主成分载荷矩阵及主成分特征根计算对应特征向量，见表 6。

表 6 主成分特征向量矩阵

	U_1	U_2	U_3
X_1	0.326	0.501	0.004
X_2	0.458	−0.207	0.057
X_3	0.093	0.672	−0.146
X_4	0.402	−0.167	0.278
X_5	0.439	−0.299	0.060
X_6	0.114	0.332	0.758
X_7	−0.326	−0.157	0.549
X_8	0.449	−0.047	−0.132

设 Z_1、Z_2、Z_3 分别代表 3 个主成分，则由特征向量矩阵可知：

$$Z_1 = 0.324X_1 + 0.458X_2 + 0.093X_3 + 0.402X_4 + 0.439X_5 + 0.114X_6 - 0.326X_7 + 0.449X_8$$

$$Z_2 = 0.501X_1 - 0.207X_2 + 0.672X_3 - 0.167X_4 - 0.299X_5 + 0.332X_6 - 0.157X_7 - 0.047X_8$$

$$Z_3 = 0.004X_1 + 0.057X_2 - 0.146X_3 + 0.278X_4 + 0.060X_5 + 0.758X_6 + 0.549X_7 - 0.132X_8$$

至此，在对初始选取指标的主成分分析的基础上，得到 3 个新的综合指标来解释原来的 8 个指标。根据上述 3 个综合指标的表达式，利用表 2 中的标准化值计算各省市的新指标值，见表 7。

表 7 各省市综合指标值

地 区	Z_1	Z_2	Z_3	地 区	Z_1	Z_2	Z_3
北 京	4.617	−3.143	−2.018	河 南	−0.230	2.493	0.217
天 津	2.887	−1.747	1.249	湖 北	−0.043	0.269	−0.600
河 北	−0.029	1.298	0.724	湖 南	−0.565	0.620	−0.842
山 西	−0.980	0.016	2.183	广 东	2.753	2.639	−0.208
内蒙古	−0.333	−0.913	1.290	广 西	−1.575	0.286	−1.295
辽 宁	1.064	−0.159	0.918	海 南	−1.587	−1.797	−2.330
吉 林	0.263	−0.989	0.405	重 庆	−0.997	−0.565	−0.745
黑龙江	0.497	−0.290	0.812	四 川	−0.850	1.403	−1.110
上 海	3.987	−1.975	0.355	贵 州	−3.467	−0.035	−0.138
江 苏	2.586	2.025	0.181	云 南	−1.900	0.159	−0.782
浙 江	2.331	0.692	0.158	陕 西	−0.245	0.071	0.197
安 徽	−1.154	0.770	−1.243	甘 肃	−1.937	−0.486	0.053
福 建	0.420	−0.040	−0.357	青 海	−2.254	−1.321	1.349
江 西	−1.174	0.388	−0.854	宁 夏	−2.465	−1.592	1.768
山 东	1.963	2.697	0.454	新 疆	−1.583	−0.773	0.208

（二）权重计算

考虑各综合指标之间独立性较强，这里仍用熵值法进行赋权计算。首先，表 7 中新指标值由于主成分分析法降维处理出现负值，熵值法求权重要求指标值非负，所以要将表 7

中数据进行非负化处理。这里采用数据平移，具体变换为

$$z'_{ij}=[(z_{ij}-\min(z_j))/(\max(z_j)-\min(z_j)]\cdot\alpha+(1-\alpha) \qquad (3)$$

其中，$\max(z_j)$、$\min(z_j)$ 分别为第 j 列指标值中的最大值和最小值。这里取 α 为 0.5。非负处理后的新指标的数值列于表 8 中。

表 8 非负处理后的新指标数值

地 区	Z_1	Z_2	Z_3	地 区	Z_1	Z_2	Z_3
北 京	1.000	0.500	0.535	河 南	0.700	0.983	0.782
天 津	0.893	0.620	0.897	湖 北	0.712	0.792	0.692
河 北	0.713	0.880	0.838	湖 南	0.680	0.822	0.665
山 西	0.654	0.770	1.000	广 东	0.885	0.995	0.735
内蒙古	0.694	0.691	0.901	广 西	0.617	0.794	0.615
辽 宁	0.780	0.755	0.860	海 南	0.616	0.615	0.500
吉 林	0.731	0.684	0.803	重 庆	0.653	0.721	0.676
黑龙江	0.745	0.744	0.848	四 川	0.662	0.889	0.635
上 海	0.961	0.600	0.797	贵 州	0.500	0.766	0.743
江 苏	0.874	0.942	0.778	云 南	0.597	0.783	0.672
浙 江	0.859	0.828	0.776	陕 西	0.699	0.775	0.780
安 徽	0.643	0.835	0.621	甘 肃	0.595	0.727	0.764
福 建	0.740	0.766	0.719	青 海	0.575	0.656	0.908
江 西	0.642	0.802	0.664	宁 夏	0.562	0.633	0.954
山 东	0.836	1.000	0.808	新 疆	0.617	0.703	0.781

按照熵值法步骤、公式计算 3 个指标的权重，首先给出矩阵（表 8）数据的标准化矩阵，见表 9。进一步求各指标的熵值，最后求得各指标的权重分别为 0.370、0.316、0.314。

表 9 标准化矩阵

地 区	Z_1	Z_2	Z_3	地 区	Z_1	Z_2	Z_3
北 京	0.047	0.022	0.024	河 南	0.033	0.043	0.034
天 津	0.042	0.027	0.039	湖 北	0.033	0.034	0.030
河 北	0.033	0.038	0.037	湖 南	0.032	0.036	0.029
山 西	0.031	0.033	0.044	广 东	0.041	0.043	0.032
内蒙古	0.032	0.030	0.040	广 西	0.029	0.034	0.027
辽 宁	0.036	0.033	0.038	海 南	0.029	0.027	0.022
吉 林	0.034	0.030	0.035	重 庆	0.030	0.031	0.030
黑龙江	0.035	0.032	0.037	四 川	0.031	0.039	0.028
上 海	0.045	0.026	0.035	贵 州	0.023	0.033	0.033
江 苏	0.041	0.041	0.034	云 南	0.028	0.034	0.030
浙 江	0.040	0.036	0.034	陕 西	0.033	0.034	0.034
安 徽	0.030	0.036	0.027	甘 肃	0.028	0.032	0.034
福 建	0.035	0.033	0.032	青 海	0.027	0.028	0.040
江 西	0.030	0.035	0.029	宁 夏	0.026	0.027	0.042
山 东	0.039	0.043	0.036	新 疆	0.029	0.030	0.034

（三）比例求解

根据各指标权重和标准化矩阵，可求得各省市 2007 年在 CO_2 排放指标分解中的综合评价指数，如表 10 所示。

表 10 2005—2007 年综合评价指数及加权平均值

地区	2005 年	2006 年	2007 年	加权平均值
北京	2.970	2.962	2.990	2.978
天津	3.530	3.558	3.567	3.560
河北	3.677	3.653	3.622	3.638
山西	3.594	3.593	3.614	3.605
内蒙古	3.315	3.354	3.400	3.375
辽宁	3.530	3.545	3.559	3.551
吉林	3.290	3.295	3.295	3.294
黑龙江	3.598	3.573	3.475	3.521
上海	3.558	3.514	3.484	3.502
江苏	3.870	3.860	3.856	3.859
浙江	3.636	3.655	3.655	3.653
安徽	3.114	3.107	3.125	3.118
福建	3.367	3.327	3.305	3.319
江西	3.076	3.072	3.138	3.109
山东	3.969	3.973	3.935	3.951
河南	3.660	3.647	3.676	3.665
湖北	3.303	3.302	3.265	3.282
湖南	3.222	3.206	3.224	3.218
广东	3.868	3.865	3.886	3.877
广西	2.993	2.996	3.016	3.007
海南	2.524	2.546	2.570	2.557
重庆	3.012	3.002	3.047	3.028
四川	3.239	3.244	3.257	3.251
贵州	3.120	3.064	3.001	3.035
云南	3.100	3.074	3.057	3.067
陕西	3.288	3.361	3.354	3.349
甘肃	3.099	3.113	3.108	3.109
青海	3.140	3.161	3.188	3.174
宁夏	3.191	3.198	3.204	3.201
新疆	3.148	3.177	3.128	3.147

按照同样的步骤，通过主成分分析和熵值法，可以分别求得 2005 年和 2006 年各年综合指数。通过比较可以看出，各省市年度综合指数横比基本持平，如图 2 所示。对 2005 年、2006 年、2007 年指数分别赋权 1、3、5，求其加权求平均值作为预测的 CO_2 排放量分解比例。按综合指数将各省市进行排名，排名在前的基本都是山东、广东、江苏、浙江、

河南、河北、上海、天津等省（市、区），海南、广西、贵州等省（市、区）排名均在最后，与实际情况非常符合。

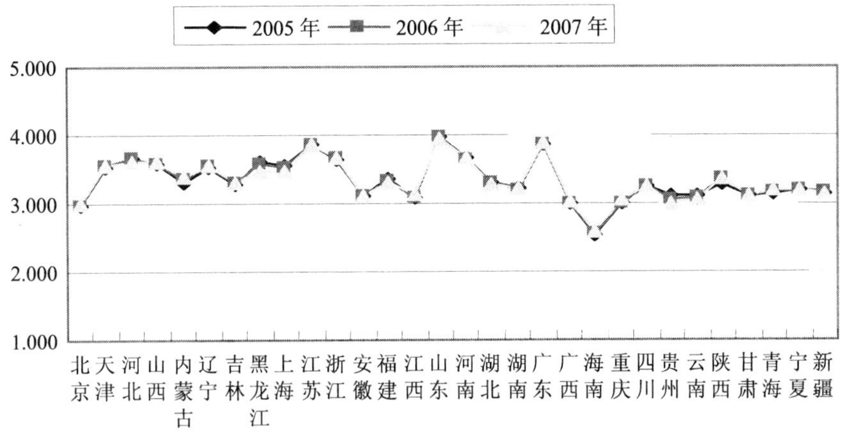

图 2 综合指数年度横比图

四、主要结论

报告针对资源、能源、环境与经济预测中的指标分解进行了相关方法的探索，并就部分指标分解方法进行了实证分析。考虑各种方法的特点，并结合实证结果，针对各种探索方法有以下结论。

（1）报告在定量分析的基础上，提出基于空间分区的指标分解方法，综合了客观现实与人为主观判断，克服了过去在指标分解过程中主观因素较强、人为干扰严重的弊端，提高了规划指标分解的科学性。不同地区有不同的社会经济发展状况和区位条件，报告中的方法充分考虑了对指标分解有重大影响的自然因素和社会经济因素，通过对这些影响因素的综合定量评价进行指标分解，增强了指标分解的合理性与说服力。

（2）主观赋权法是利用评价人员或专家的经验和智慧确定指标的权重，方法设计实施简便易行，但应用中易受到主观因素的影响；客观赋权法是利用观测值所提供的信息确定指标的权重，它不受主观因素影响，但其权数的分配会受到样本数据随机性的影响，两类方法均有各自的优缺点。针对具体的环境指标分解需考虑其影响因素及其他特点，选择最适宜的赋权方法进行计算。

五、政策建议

综合整个报告及以上对各种方法的总结，我们可以看到，指标分解预测的关键工作在于影响因素的选择、因素权重的确定以及预测方法的选择，因此就这 3 个关键程序有以下建议。

（一）影响因素的选择

在选择影响因素时，要尽可能选择对预测指标分解产生影响作用较大的相关因素，包括直接影响因素和间接影响因素。如果考虑因素过多，不但数据不好收集，也必然造成计算上的难度加大，如果选取的因素不够典型和不具有代表性，则会导致预测结果与实际值偏离较远，不能达到预测想要的效果。在按照来源进行因素分解的过程中，难以把实际操作中所有的来源完全包括在因素中。因此在实际预测过程中，根据预测目的的不同和侧重，应该在选择因素的时候做不同的考虑。

（二）预测方法的选择

只有合适的预测方法才能很好地拟合各地区各指标的发展趋势，因此需根据不同的指标、不同的实际情况来选择相应的预测方法，尤其是做中长期的预测时。中长期的预测需要考虑到政府政策效果、经济周期等不规则因素的影响，在做预测时需要采取一定的方法摒弃这些不规则因素的影响，以防止预测结果出现可能产生的较大误差。同时，在选择预测基准数据时，要尽可能选取较多的年份，如果时间序列较短则难以反映出其发展趋势，对预测结果也会产生影响。目前国内外有大量的分解方法，但分解预测方法并不是很多。在前面介绍的几种分解预测方法并不具有普遍适用性，针对不同的分解预测领域，应需采取不同的预测方法。

（三）权重分配的问题

权重直接体现的是各个因素对目标的影响力的大小。但有时候会存在数据不全面、不精确的情况，此时仅仅依靠数据分析赋权的客观赋权方法不能反映出社会经济发展中的政策变动等因素的影响，因此需要将客观赋权方法与主观赋权方法相结合，从而使权重分配更具科学性。同时，权重分配的问题是一个动态的、不断调整的过程。未来的经济、社会、生态发展过程存在着很大的不确定性。因此，在实际中进行指标分解的时候，应该在定量分析基础上，根据规划期内各地区的发展情况，对计算得出的分配比例进行适当地调整，以更符合实际。

基于输入响应的小流域水污染防治方案研究

一、课题研究背景与目标

（一）研究背景

河流、湖库、河口及近海岸水域的富营养化、低氧和有毒藻类水华依旧是全球极为突出且亟待攻克的3个水环境问题。为了应对这3个棘手的问题，首要的难点就是回答如何在不确定性条件下预测和减轻人类活动和自然变化（含气候变化）对水生态系统健康的影响，而基于“水生态系统管理”的流域尺度水体污染物容量总量控制技术是回答这个难点的关键性管理技术之一。作为全球水体污染物总量控制技术的先进典范，美国的 Total Maximum Daily Load（TMDL）计划是在满足水质或水生态标准的前提下水体中能受纳的污染物的最大负荷，并在一定风险水平下将此负荷分配到该污染物的所有点源和非点源的过程；其关键性内容是建立“污染物排放–水体受纳负荷–水质水动力–水生态系统状态”（简称“质–量”）响应模拟模型与TMDL最优分配。因此，本文针对小流域水污染防治方案设计，重点开展流域水体污染物迁移转化过程模拟方法和基于输入响应模拟的流域水污染防治方案最优设计工作。

（二）研究目标

基于流域水体自身的水文、地质特性，其易受到周边人类活动及自然因素的干扰，存在点源与面源污染混杂、负荷来源复杂多变等问题，开展与我国当前监测、管理水平相适应的，与所监测污染物的种类及采样时间、空间分布相匹配的典型水体富营养化污染物来源解析模型，以及污染物负荷输入与水体质量变化响应关系模型研究；其次，综合参考污染源特征、气象、水文因素、土地利用方式等条件，预测各种可能情景下的目标水体水质变化趋势，分析可实现的污染预防与污染物控制途径，开展典型小流域水污染防治方案设计示范，为流域规划环境目标的实现提供技术支撑。

二、研究思路

遵照流域综合管理的思路，以水污染防治的“控制目标—控制指标—方案设计”为主线，本课题将开发与我国监测、管理水平相适应的、监测网络相匹配的流域水体污染物源解析及水质响应机理模拟模型，利用多因子扰动法识别多因素下水污染防治的控制目标、方向和途径，提出基于公平、经济、效率准则的容量总量控制方案设计和基于经济技术分析的最佳减排方案设计，最终形成相应的技术指南，选择典型小流域完成基于输入响应的水污染防治方案设计示范。归纳起来，包括4部分研究任务：

（一）流域水体污染物输入响应机理模拟模型开发

针对监测、管理和数据基础相对完善的小流域，可以选择机理模型SWAT进行高精度、高分辨率的水文、土壤侵蚀与泥沙传输、河道水质过程模拟。

（二）基于输入响应模拟的水污染防治情景设计

首先，应用开发的机理或统计模拟模型，基于单因子扰动法进行单个输入变量（如各个污染源、水文条件、气象条件等）对河道水质影响的灵敏度分析；其次，同样应用开发的机理或统计模拟模型和拉丁超立方随机采样法生成“多输入变量水质”随机样本集，训练贝叶斯回归树模型，预测不同空间分布的多个输入变量（如小流域内多个污染源、土地利用方式等）造成的水质变化趋势，从而识别可控变量（污染源、土地利用方式等）的关键污染防治规模、方向和途径。

（三）基于输入响应模拟的水污染防治方案设计

与传统水污染防治方案设计不一样的是，本课题具有2个特点：①强调流域产业结构与水体资源布局减排方案，实现环境优化社会经济增长方式，从源头控制产生的点源和非点源负荷；②强调方案设计过程的基于输入响应的优化理念，不仅能反映输入响应关系，而且还能快速识别水污染防治最佳方案。在此基础上，形成基于输入响应的小流域水污染防治方案设计技术指南。

（四）典型小流域水污染防治方案设计示范

以滇池流域最为典型子流域——宝象河流域为例，利用本课题丰富的在线观测的气象、水文、污染源、水质、GIS、土地利用、暴雨径流等基础数据，按照基于输入响应的小流域水污染防治方案设计技术指南，验证本课题拟开发的流域水体污染物源解析及水质响应机理模拟模型的科学性、适宜性和实用性。

技术路线见图1。

三、研究内容

本课题形成基于输入响应的小流域水污染防治方案设计技术指南，具体如下。

（一）步骤一：输入数据的准备

模型输入的参数都在ArcView界面下。数据库分为空间数据库和属性数据库（表1）。在进行模型数据加载之前，需要将表1中的数据按照模型格式的需求准备。

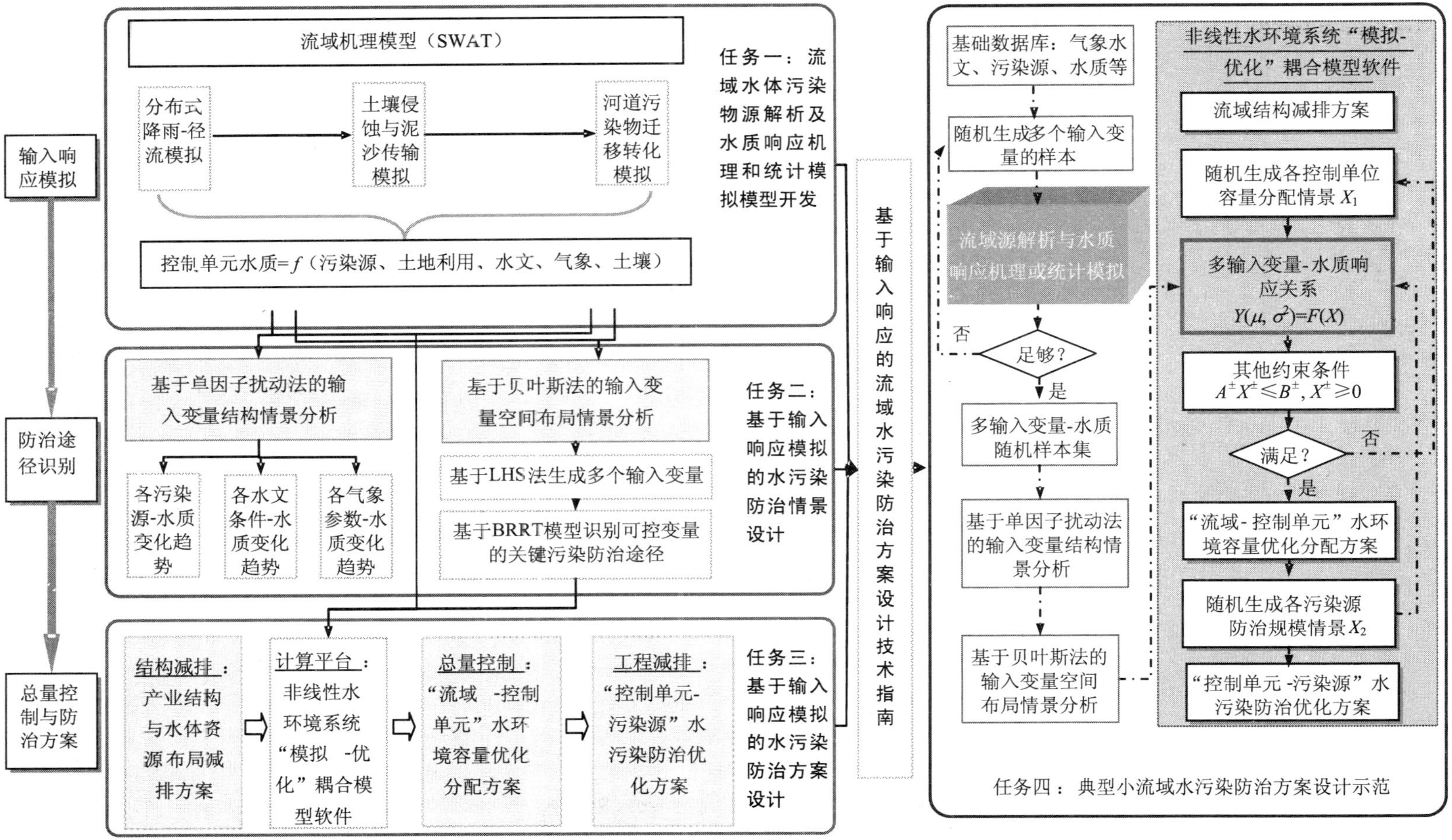

图1 基于输入响应的小流域水污染防治方案设计技术路线

表 1 SWAT 模型基础数据库

数据类型	数据描述
地形	流域 DEM（数字高程）图（1∶50 000 或 1∶100 000）
土地利用	流域土地利用类型及其空间分布（1∶50 000 或 1∶100 000）
土壤类型	流域土壤类型及其空间分布，土壤物理、化学属性
气象	逐日气温、降水、风速、相对湿度、太阳辐射等
农业管理	作物种类，轮作方式，施肥种类、施肥量和时间，灌溉方式等
点源排放	可以以日、月、年时间步长输入点源数据
水文、泥沙	河流日流量和泥沙数据，水库的日出流和入流量

（二）步骤二：模型数据的输入

基于 DEM 的子流域划分。利用流域的实际水系图进行校正，子流域划分的大小可以通过定义形成河流所需要的最小集水区面积来调整，还可以通过增减子流域出口进行进一步调整。

水文响应单元（Hydrologic Response Units，HRU）定义。HRU 是同一个子流域内有着相同土地利用类型和土壤类型的区域。子流域内划分 HRU 有两种方式，一种方式是选择一个面积最大的土地利用和土壤类型的组合作为该子流域的代表，即一个子流域就是一个 HRU；另一方式是把子流域划分为多个不同土地利用和土壤类型的组合，即多个 HRUs。

气象数据加载。选择 Custom database，并加载 weather generator 测站位置表。此后再依次加载降雨、风速、太阳辐射等数据。

点源污染数据加载。在模型 Database 下拉菜单的“Point Source Discharge”选项加载点源数据。

农业耕作数据的加载。作物管理措施（包括播种、施肥、耕地、灌溉、收获、农业化肥施用量）以施肥的方式按不同子流域的施用量输入到 SWAT 型的 SUBBASIN_.mgt 选项中。

（三）步骤三：建立水文与非点源模型

数据库和参数编辑修改完毕后，运行模拟运算，运行界面要确定模拟时间，模拟时间步长（时间步长可以选日、月、年），输出结果选项等。

（四）步骤四：水文与非点源模型输出结果

SWAT 模型可按年、月、日步长输出结果，输出主要文件主要包括子流域（sub）、水文响应单元（hru）、主河道（rch）。输出的结果包括地表径流、地下径流、潜在蒸散、实际蒸散、渗漏量、地下水补给量、土壤含水量、水分传输损失、泥沙产量、各种形态的养分（溶解态、吸附态等）、植物产量、生物量等。

（五）步骤五：水文与非点源模型校准和验证

对流域内某个测站进行校准和验证，总水量可以从河段文件（rch.dbf）的 FLOW_OUT

字段计算得到；TP 可以从河段文件（rch.dbf）的 ORGP_OUT 和 MINP_OUT 字段计算得到；TN 可以从河段文件（rch.dbf）的 NO3_OUT、NH3_OUT、NO2_OUT、ORGN_OUT 字段计算得到。

（六）步骤六：建立水体水质水动力模拟模型

首先，需要将水体根据需要划分水平、垂直两个方向的计算单位，以此模拟水体水质、水动力迁移转化过程。其次，拟定 CE-QUAL-W2 的输入文件，包括河流日流量、日浓度和日温度，输出数据为水体出流流量；边界条件则为大气温度、风速、风向和露点温度等气象数据，初始条件则根据现场监测和 HSPF 输出数据而定。拟定控制文件 w2_Con.npt，设定水动力（扩散、弥撒、混合、湍流等）、污染物迁移转化过程（吸附、沉降、降解等）的参数，可以根据专家经验确定，也可以采用模型自动校准方法。随后，根据现场观测的水位、水质数据来校准 CE-QUAL-W2 模型，使之模拟值与观测值尽量吻合，并有一致的动态趋势。

（七）步骤七：基于“模拟-优化”耦合法的方案优化设计

首先，需要基于上述模拟模型，利用随机模拟（Monte Carlo，拉丁超立方采样法等）产生大量污染源与子流域出口负荷、出口负荷与控制断面水质浓度的输入输出样本。其次，利用 BRRT 模型，将上述非线性输入输出响应关系转化为不确定性分段线性方程，从而代替水文、非点源、水质水动力模拟模型。随后，针对效率、经济性和公平性分配规则，建立基于“模拟-优化”耦合法的水污染防治方案优化模型，参考模型如下：

$$\min / \max g(\tilde{X},\tilde{C})$$

$$s.t\ \tilde{Y} = f(\tilde{X},\tilde{\Theta}) + \varepsilon \leqslant \tilde{Y}^*$$

$$h(\tilde{X},\tilde{A}) \leqslant \tilde{B}$$

式中，$g(\tilde{X},\tilde{C})$ —— 子流域、各污染源最小削减负荷、或最小削减成本、或最大公平程度；

$\tilde{Y}^*$ —— 水质目标；

$\tilde{Y}$ —— 基于输入响应模拟模型的水质预测值；

$\tilde{X}$ —— 子流域、各污染源削减负荷，为决策变量；

$\tilde{\Theta}$ ——系数；

ε —— 估计误差，由 BRRT 计算得到；

$h(\tilde{X},\tilde{A}) \leqslant \tilde{B}$ —— 其他约束条件的统称。

在此基础上，利用 lingo 程序求解上述优化模型，得到在流域尺度各子流域最佳的负荷削减方案，也得到在子流域尺度各污染源最佳的负荷削减比例和工程规模。

四、主要结论

本课题开发的 “模拟-优化”耦合法能实现小流域水污染防治方案的最优设计，计算效率高，且有效降低小流域水污染防治措施的成本。

本课题提出的小流域水污染防治方案设计，可以预测自然因素和资源配置的驱动机制，识别水污染防治的方向、规模和关键途径。

五、政策建议

有必要尽快基于 TMDL 以实现小流域水污染防治，尽快开展不同类型流域的“污染物排放–水体受纳负荷–水质水动力–水生态系统状态”响应模拟模型与 TMDL 最优分配研究工作。

有必要开发基于输入响应的小流域水污染防治方案设计软件平台，为推广 TMDL 典型基础。同时，有必要建立我国流域水环境基础数据库。

农业源污染防治框架、技术与减排测算方法研究

一、课题研究背景与目标

（一）研究背景

2010 年 2 月 6 日环保部、国家统计局和农业部联合发布的《第一次全国污染源普查公报》中表明，我国农业面源（不包括典型地区农村生活源）污染物排放量已经超过了工业污染物排放量，其中化学需氧量（COD）、总氮（TN）和总磷（TP）排放量分别为 1 324.09 万 t、 270.46 万 t 和 28.47 万 t，分别占各自排放总量的 43.7%、57.2%和 67.4%。

目前，我国农业面源污染问题日益突出，尤其是高投入的设施农业和规模化畜禽养殖业，不仅是水体、土壤、大气环境污染的重要来源，还对农产品与饮用水安全、人体健康乃至农村和农业可持续发展构成严重威胁。农业面源污染防治，特别是畜禽养殖业污染防治，已经引起全社会的重视，农业面源污染减排已经迫在眉睫。

（二）研究目标

通过对国际防治农田面源和畜禽养殖业污染先进减排技术与配套政策的总结和归纳，结合第一次全国污染源普查农业源结果和紧迫形势，提出我国农田面源和畜禽养殖业污染防治总体思路。同时比较分析农业面源污染技术现状，提出我国农业面源污染防治技术清单，并在此基础上分析主要污染减排技术在实践上可能带来的环境效益、推广前景以及污染负荷减排测算核算方法，最后提出可操作的政策和管理制度建议。

二、研究思路

在充分调研我国农业面源污染现状和明确农田面源污染对水环境质量影响的基础上，全面分析总结并借鉴发达国家农田面源污染防控先进技术与配套支持政策应用经验，研究提出我国农业面源污染防控总体思路，并结合我国已有防治农田面源污染案例和大量的实验研究结论，进一步探索性研究提出我国最佳农田面源污染减排技术清单和种植/养殖业面源污染减排测算方法以及基于环保型技术清单推行的农业源污染防治政策与管理制度。

三、研究内容

（1）我国农业面源污染现状与农田面源污染对水环境质量的影响研究；
（2）发达国家农田面源污染防控与治理技术及其相关支持政策研究；
（3）我国农业面源防控总体控制思路与框架研究；
（4）我国最佳农田面源污染减排技术清单和种养业面源污染减排测算方法研究；

（5）基于环保型技术清单推行的农业源污染防治政策与管理制度。

四、主要结论

（一）种植业面源污染控制

长期而大量地施用化肥，导致耕层土壤处于营养物质过剩状态，在灌溉、降雨冲刷和农田排水的情况下就会加速土壤营养物质向水体的迁移，造成地下水污染和地表水体富营养化。据估计，全世界每年大约有300万～400万t P_2O_5 从土壤迁移到水体中。30%～50%的地球表面已受到面源污染的影响，并且在全世界不同程度退化的12亿 hm^2 耕地中，约有12%由农业面源污染引起。

1. 法律和政策管理

发达国家主要通过立法措施与补贴激励支持政策来推行最佳管理实践活动的方式（即立法措施、技术措施和经济措施结合）全面系统地控制与治理农业面源污染。如通过将污染治理列入法案（如典型的《清洁水法》）以保障持续的财政预算支持；将环境友好型农业技术（如最佳管理实践措施BMPs和GAPs、保护性耕作、生态湿地技术、病虫害综合生物防治技术）加以明确界定供涉农相关者在生产实践上自由选择采用，实践上又以污染治理项目和计划形式（如环境质量激励计划EQIP和最大日负荷量计划TMDL等）通过激励补贴方式吸引广大涉农者积极自愿地参与农业面源污染的全面防控与治理。

2. 种植业污染控制技术

我国农业发展历史悠久，不乏环境友好型农业技术值得大力推广。在农业种植业方面包括测土配方施肥、保护性耕作、生物固氮、缓/控释肥料、前氮后移技术、水稻稀植-机插-深施肥技术、“两深一精”、秸秆还田、侧条施肥、化肥深施技术、精准施肥、生物肥料、生态沟渠技术等。

3. 种植业污染减排测算方法

种植业面源污染负荷量由各项面源污染防治技术在实际农业生产应用于不同的地形、气候、土壤、作物种类与布局、种植制度、耕作方式、灌排方式等条件下涉及投入过程、田间管理过程和末端尾水处理3个方面综合计算提出。一是投入化肥、农药用量较常规用量的减少量乘以该化肥或农药常规应用时的流失系数（或流失率）可视为投入过程中实际的污染负荷减排量。二是田间化肥、农药施用先进技术（包括药肥减量技术、环保型缓释肥、生物肥料、常规化肥在满足作物生长生态生理需求条件下合理的水肥调控技术、水旱轮作技术、有机无机配施技术、测土配方施用技术、生物/化学可降解低毒低残留农药施用技术等）直接减少的养分氮气态损失、直接减少的N和P渗漏淋失量与地表径流流失量、直接减少的有机磷残留量和淋失量可视为污染负荷的减排量。三是田间沟渠尾水或排水与地表径流通过生态工程技术收获或绿化植被（株）直接以养分形式吸收拦截的N、P量可视为污染负荷的减排量。因此，农田面源污染防治技术应用所产生的环境效益则是上述三方面的污染负荷减排量的总和，见公式1。

$$\Sigma 污染负荷减量=\Sigma 投入N（P）减量\times 流失率\%+\Sigma 先进技术应用N（P）流失减量+\Sigma 生态植物拦截N（P）量 \tag{1}$$

式中：Σ投入N（P）减量=单位面积直接减少N（P）投入量×减量施肥面积；

Σ先进技术应用 N（P）减量=单位面积随径流减少的 N（P）流失量×
该技术应用面积 + 单位面积渗漏淋失 N（P）减少量×该技术应用面积；
Σ生态植物拦截量=单位长度植物吸收的 N（P）量×生态植物覆盖长度。

（二）畜禽养殖业污染控制

1. 畜禽养殖污染控制模式

畜禽养殖业环境污染是世界各国都面临的问题，各个国家都经过先污染后治理这个阶段。许多发达国家在长期的环境污染防治管理过程中，对畜禽养殖业环境污染防治管理已比较成熟。发达国家中大体分为 4 类，以美国、加拿大为代表的农田利用，以欧洲国家为代表的立法限养，以日本为代表的达标排放和以新西兰、澳大利亚为代表的草原限养。而我国由于人口导致的肉蛋奶市场需求量高，加上农田面积有限和水体环境恶化，客观上不能采用欧洲、新西兰、澳大利亚和美国、加拿大养殖模式，主要模式必须以固体粪便资源化利用和养殖污水处理利用或达标排放。

2. 畜禽养殖业污染控制技术

畜禽养殖业污染控制技术主要集中在畜禽粪便处理利用和养殖污水处理两方面，其中固体粪便处理利用技术主要为好氧堆肥技术，目前应用较多的是静态垛、强制通风垛、槽式机械搅拌堆肥等；养殖污水处理技术主要包括厌氧、好氧和深度处理 3 方面，其中厌氧处理技术应用较多的有 UASB、CSTR、USR 等，好氧处理技术如 SBR、生物滤池、氧化沟等，深度处理包括人工湿地、生物氧化塘、MBR 等。

3. 减排测算方法

对于规模化畜禽养殖场和养殖小区的污染物减排量计算参照工业和生活源污染物减排计算方法，即污染物产生量与排放量之差。

（1）畜禽养殖场（小区）污染物产生量

畜禽养殖场（小区）污染物的产生量与该养殖场（小区）内饲养的动物种类、数量和时间直接相关，其计算公式为：

$$WP_i = Q_{\text{animal}} \times EF_i \times DAY \tag{2}$$

式中：WP_i——某种污染物产生量，kg/a；

Q_{animal}——养殖动物的存栏量，头；

EF_i——某种污染物产生系数，g/（头·d），EF_i 可参考《第一次全国污染源普查畜禽养殖业源产排污系数手册》取值；

DAY——该动物在本年度中的饲养天数，d。

（2）畜禽养殖场（小区）污染物排放量

畜禽养殖废弃物（粪便和污水）中含有大量植物生长所需的营养物质，可以通过无害化处理稳定后回用于农田或综合利用。

畜禽养殖场固体粪便携带的污染物排放与其采取的养殖方式、清粪方式、粪便处理利用率等有关，需要收集区域内相关数据。

畜禽养殖场随污水排放的污染物排放量与污水处理工艺、污水水量和污染物浓度有关，需要收集区域内各个养殖场（小区）此类数据。

畜禽养殖场（小区）污染物的排放量按如下公式计算：

$$WD_i = WD_{i,\text{manure}} + WD_{i,\text{wastewater}} \tag{3}$$

式中：WD_i——某种污染物排放量，kg/a；

$WD_{i,\text{manure}}$——养殖动物丢弃固体粪便第 i 种污染物排放量，kg/a；

$WD_{i,\text{wastewater}}$——养殖动物排放污水第 i 种污染物排放量，kg/a。

$$WD_{i,\text{manure}} = (P_{\text{manure}} \times Col - U_{\text{manure}}) \times C_{i,\text{manure}} \tag{4}$$

式中：P_{manure}——畜禽粪便产生量，kg/a；

Col——畜禽粪便收集率，%；

U_{manure}——畜禽粪便利用量，kg/a；

$C_{i,\text{manure}}$——粪便中第 i 种污染物含量，g/kg；

$$WD_{i,\text{wastewater}}' = Q_{\text{wastewater}} \times \overline{C}_{i,\text{wastewater}} / 1\,000 \tag{5}$$ ①

$$WD_{i,\text{wastewater}} = Q_{\text{wastewater}} \times \overline{C}_{i,i-\text{wastewater}} \times (1 - T_i) / 1\,000 \tag{6}$$ ②

式中：$Q_{\text{wastewater}}$——废水排放量，t/a；

$\overline{C}_{i,\text{wastewater}}$——排放废水第 i 种污染物年平均质量浓度，mg/L；

$\overline{C}_{i,i-\text{wastewater}}$——废水原水第 i 种污染物年平均质量浓度，mg/L；

T_i——第 i 种污染物去除效率，%。

（3）畜禽养殖专业户污染物减排量

由于我国绝大多数畜禽养殖还是以农户散养为主，对于这类畜禽的污染物产生排放数量可以采用《第一次全国污染源普查畜禽养殖业源产排污系数手册》中的养殖专业户系数进行核算，即：

$$AD = Q \times (Ce_p - Ce_d) \times 365 / 1\,000 \tag{7}$$

式中：AD——规模以下饲养畜禽污染物减排数量，kg/a；

Q_{animal}——规模以下畜禽存栏数量，头；

Ce_p——规模以下养殖畜禽产污系数，g/（头・d）；

Ce_d——规模以下养殖畜禽排污系数，g/（头・d）。

五、政策建议

（一）法律法规的修改完善及相关政策的颁布和实施

首先，在立法方面，国家有关部门应修改《环境保护法》、《水污染防治法》、《水法》、《水土保持法》、《畜牧法》、《渔业法》、《自然保护区管理条例》等法律法规中有关农业面

① 适用于有污水监测设施的规模化畜禽养殖场。

② 适用于无污水监测设施的规模化畜禽养殖场。

源污染管理的相关条款，加快《畜禽污染防治条例》等农业面源污染控制相关法律法规制定并尽快颁布实施，加大农业面源污染控制标准规范的制定，增加有关农村面源污染防治的内容，提高农村面源污染的管理层次和法律效力。

其次，要减少包括管理体制、管理机构职能等在内的法律间的相互冲突，增加相互关联性。同时，要加强农药污染物管理和鼓励研发使用对环境友好的新农药（高效、低毒、低残留的新型农药剂型）。

第三，需要规制农业有机废弃物和畜禽粪便的循环利用，从政策上鼓励研制和开发有机肥料的生产技术和方法，减少生产和储运中的养分损失，努力提高有机肥资源的农业利用比例，提高有机肥的“广域循环”（异地循环利用）和“静脉循环”（当地循环利用）机制。制定有机肥料施用的法规，根据地区气候、土壤、作物条件制定有机肥的施用量、施用时间和施用方法（包括制定有机肥和无机肥的平衡施用比例），减少施用过程中引起的非点源污染。

（二）责任追究机制及环境监管

我国现行相关法律法规尽管都涉及了农业面源污染的相关污染问题，但都没有规定相应的责任追究条款，并且责任含糊、不具体，致使无法落实。要建立健全责任追究机制，以确保各项法律法规的实施。落实责任追究需要制定具体的实施方法及规定，在相关法律法规中，要明确责任追究的主体、原则、适用范围等。同时，要进一步建立完善责任追究机制的工作程序，将责任追究纳入责任认定审理工作程序。

由于我国环境管理体制和机制的不统一，行业生产与环境管理分属不同部门，因此需要增强畜禽养殖业业主环保意识，加强行业生产部门对环境污染控制的重视程度，同时要加强对规模化畜禽养殖场（小区）环境污染治理工程“三同时”建设及其日常监管，才能有效降低畜禽养殖污染风险。

（三）补贴与税费

从国外一些国家已有的税费政策的使用效果看，税费政策对环境改善的直接效果并不明显，但却加大了农民的生产成本，因此，单纯地依靠目前的税费制度来控制化肥、农药等的用量，以达到控制农业面源污染的目的，基本是不可行的。因此，需要重新制定和完善农业环境税制，增加通过税制和税率来控制化肥农药污染的可操作性和有效性。同时，借鉴发达国家已有的成功经验，农业面源污染控制的政策手段应当主要基于激励和奖励，使农民能够在减少污染的行为中获得明显的经济利益，因此，为控制农业源的污染，应该对从事农业清洁生产或者使用环保型技术的农民进行补贴，以保护农民使用环保型技术的积极性。而研究农业清洁生产补偿标准、方式、补偿主体等，构建激励机制，是今后推行农业清洁生产和环保技术应用的前提和保证。

（四）政府行动计划

农业面源污染防控具有明显的外部性和公共物品属性特征，政府必须起主导作用，实施专项的系统性环境管理保护计划或行动。一方面，要针对农村面源污染的主要因素，如畜牧养殖、化肥、农药，制定专门的环境管理计划，由政府主导，实施专项的系统性环境管理行动。另一方面，要明确地将面源污染控制作为重要方面，纳入总体环境保护计划和综合性的环境保护规划中，如生态规划、重要环境区域规划、水污染防治规划等。我国未来在广大农村地区，可以借鉴国际成功经验，制定由政府主导、多方参与的行动计划，将农村环境保护工作纳入农村经济发展、社会进步和生态改善的大框架下统筹考虑，并积极推动新型农村发展模式的探索，从而达到解决“三农”问题与环境污染的双重目标。

（五）农业清洁生产的推动与可持续农业战略

推行农业清洁生产是我国实施农业可持续发展战略的必然选择。清洁生产是有效的一体化环境管理手段，但在农业领域还没有得到有效的应用。而推行农业清洁生产是一个复杂的过程，需要在技术上、制度上以及组织形式上进行一系列的创新。首先要树立农业可持续发展的核心理念。通过产业发展规划、政府行动计划等政府决策具体体现，并转化为具体的发展行动。同时，要把可持续农业的发展观，作为涉农部门的重要行为和决策价值基础，成为指导农业决策的核心理念，特别是要监督地方政府建立可持续农业发展观。其次，要发展可持续农业技术，技术的发展和应用是实现农村面源污染控制的重要保障。应将农村面源污染控制技术研究列入国家科研重点支持目录，提高相关领域的科研关注度，支持农业科研部门研制开发高效疫苗、低毒低残留农药和兽药以及复合、缓释肥料，研制安全、无污染饲料添加剂新品种和精确施肥技术。只有通过不断改善管理和技术进步，大力实施农业清洁生产，方可有效保证农业污染源头削减、过程阻断与末端治理，从根本上消除和缓解农业污染。

（六）技术研发、培训与技术推广

广大农民是农业污染防控的参与者和执行主体，必须在农业面源污染控制新技术研发上投入相应的人力、财力和物力，建立健全我国农技推广单位并给予财政支持，借助各种方式搞好农业环境友好技术的培训与指导，特别是制订合理有效的培训计划和培训内容，通过农户整体素质的提高，达到防治农业面源污染的目标。美国联邦政府通过构建完善的以农学院为主导的农业科教体系，实现了农业教育、农业科研和农技推广三者的有机结合，从而提高农户的整体素质。我国可以借鉴美国的对农民培训的成功经验，借助目前广大农村地区农技推广站的力量，政府拿出固定的资金，用于每年的农民培训，并且要实现农业教育-科研-农技推广三者的有机结合，制订合理有效的培训计划和培训内容，研究适用于我国的农村环保技术培训创新模式，这样才能够将新型、实用的环保型技术推广到农户，并且提高农户环境保护的自觉意识，通过农户整体素质的提高，达到防治农业面源污染的目标。

规划实施绩效与社会经济成本案例分析

一、课题研究背景与目标

随着现代化农业的发展和畜牧产业体系的构建，畜牧业的生产方式已经逐步由分散型、粗放型向规模化、集约化经营转变，畜禽粪便量的急剧增长和集中排放所导致的环境压力也日益突出。针对规模化养殖污染问题，《国民经济和社会发展第十一个五年规划纲要》、《国家环境保护“十一五”规划》等国家级规划，《国家“十一五”生态规划》、《全国农村环境污染防治规划纲要》等专项规划，均对其有较为明确的环保要求，提出了诸多行之有效的环保措施。统计显示，“十一五”期间，全国畜禽粪便的年排放量约为 30 亿 t，畜禽污染土地负荷警报值已经超过 0.5，部分省市（如北京、上海、山东、河南、湖南、广东、广西等）已呈现出严重或接近严重的环境压力水平。本研究报告主要目标是通过选择并建立针对畜禽污染防治相对应的评估指标体系和评估方法，对“十一五”畜禽养殖污染防治进行绩效评估，测算畜禽养殖污染防治的经济成本，分析畜禽养殖污染防治的实施对社会经济的影响，并提出“十二五”畜禽污染防治的要求建议，进一步完善畜禽养殖污染防治政策措施。

二、研究思路

在对国内外 12 种常用政府项目和环境项目绩效评估方法进行梳理、归纳、对比分析的基础上，本研究选择逻辑框架法为基本方法，对规模化养殖场污染防治涉及的关键利益群体（如当地居民、养殖场、农业部门、环保部门等）进行了详细分析，建立了包括投入层、产出层、目的层和目标层 4 个层次的逻辑框架，识别并设计了绩效评估指标体系，通过对遴选的养殖企业案例及其所在省市各级政府相关法规、政策、地方标准等进行调研分析，对“十一五”畜禽养殖污染防治进行绩效评估，同时测算污染防治的经济成本，分析畜禽养殖污染防治的社会经济影响。

三、研究内容

以 2006—2009 年《中国畜牧业年鉴》和《中国农村统计年鉴》为数据来源，以猪的出栏量、肉牛出栏量、水牛存栏量、黄牛存栏量、乳牛存栏量、家禽出栏量、羊存栏量、马和骡子出栏量、兔子出栏量为依据，并参考畜禽粪便排泄系数，本研究统计计算了“十一五”期间全国各省、直辖市、自治区畜禽粪便排放总量，计算了 COD、BOD、TN、TP

等指标污染物的排放量、土地负荷量及警报值、污染物进入水体量，并以此为基础，对全国畜禽养殖污染做了总体分析和区域分析。

由于我国规模化养殖业发展时间较短，各地自然条件、经济条件不一，养殖场大小不一，粪便产生过程和排放方式也不一样，所以针对不同养殖场，采取的污染治理技术也不尽相同，但养殖场污染处理形式基本可以分为固体粪便处理、液体粪便处理和混合处理 3 类，其表现形式以堆肥、沼气工程和还田等为主。

基于上述分析，本研究以北京、河北、浙江 3 个省（市）的畜禽养殖污染防治为分析对象，筛选其中 6 个具有代表性的规模化养殖场做实地调研，以逻辑框架法及分析所形成的指标体系对调研对象的投入（投资）水平、畜禽粪便处理能力、治理水平进行了重点评估，识别了不同处理手段、不同养殖规模和养殖种类在污染防治上存在的共性问题，通过实际案例的微观运行水平反映目前我国畜禽养殖污染宏观存在的实际问题。分别对以畜禽粪便为原料进行厌氧产沼气和固体粪便堆肥生产商品有机肥的两种效益较好的处理方式，从项目投资、内部收益和单位 COD 治理成本进行了经济测算。此外，本研究还从以下几个方面对畜禽养殖污染防治的社会经济影响进行了分析，包括：①污染治理对居民消费的影响；②清粪工艺对治理成本的影响；③我国畜禽粪便蕴含的沼气资源；④我国畜禽粪便蕴含的肥料资源。

四、主要结论

（一）我国畜禽养殖业污染现状及面临的压力

"十一五"期间，我国每年产生的畜禽粪便约为 30 亿 t（表 1），其中养牛业产生的粪便数量最多，占总量的 50%以上，其次是猪、家禽和羊，总比重占 40%左右，剩余的约 10%是马、驴、骡、兔等。测算显示，我国畜禽粪便的土地负荷警报值维持在 0.5～0.6 之间，超过了 0.4 的安全值，已经体现出对环境的影响。其中，北京、山东、河南、湖南、广东、四川等省市畜禽粪便土地负荷警报值大于 0.7，污染压力尤其突出。2005—2008 年，全国畜禽养殖排放的 TN 土地负荷约 120～150 kg/hm^2，TP 土地负荷约 30～36 kg/hm^2，基本与大面积化肥年使用量限值处于相同水平，而我国每年仅化肥用量就达到 400 kg/hm^2，远超发达国家 255 kg/hm^2 的安全上限，若不有效控制畜禽粪便中的氮、磷元素的流失，则土壤和水体的污染程度将更加严重。

（二）针对规模化养殖场污染防治的绩效评估

"十一五"期间我国针对畜禽养殖业污染防治的国家法规、标准以及地方法规、标准得到了进一步的完善和改进。各省、直辖市以及地区、市、县等环保、农业部门针对养殖业布局、养殖规模、污水处理率、粪便综合利用率、污染治理方式等制定了相应的规划，部分地区根据本地养殖业发展状况和经济条件，制定了适合区域发展的相关法规和标准。

表1 "十一五"期间我国养殖污染物排放情况统计表　　单位：万t

污染物类型	2005年	2006年	2007年	2008年
粪量	235 691.07	238 527.76	194 547.93	197 755.01
尿液总量*	95 081.94	114 034.55	91 692.14	94 900.27
粪便总计	330 773.01	352 562.31	286 240.07	292 655.28
COD	7 854.84	8 010.28	6 569.96	6 788.56
NH_3-N	752.61	766.92	629.09	647.89
TP	431.27	440.63	369.66	385.19
TN	1 799.19	1 831.70	1 497.10	1 538.16

* 因我国规模化畜禽养殖以牛、猪、鸡为主，且牛和猪排尿量占最大比重，因此此处统计的尿液量为牛和猪的尿液量。

从政策导向方面分析，长期以来，我国积极鼓励养殖企业开展干湿分离的粪便资源化再利用，通过建设大中型沼气工程处理废水，建设固体粪便集中处理中心或商品有机肥厂处理固体粪便，形成了适合我国国情的规模化养殖场污染治理方式。规模化畜禽养殖场修建大中型沼气工程的比例由2004年的不足10%提高到2008年的近30%；一些省市如北京市、杭州市，通过财政补贴支持企业建立粪便处理中心，统一收集规模化养殖场或养殖小区的粪便，生产商品有机肥，有力地带动了粪便的资源化、无害化利用。

虽然规模化养殖场建设粪便治理工程的比例有所提高，但大型养猪场和养牛场由于粪便集中排放量大，污染治理设施投资和建设规模有限，处理能力普遍不能满足要求，污水处理后产生的沼渣、沼液也没有足够数量的配套耕地消纳，成为二次污染源。在本研究调研的数个规模化养殖场中，污水治理率均低于30%，并且普遍存在以下问题：①污水处理达不到排放标准；②没有污水消毒处理措施；③缺乏二次污染防治措施。此外，由于过度强调产业发展，规模化养殖速度和数量在短时间内迅速增长，地方环保部门忙于工业、城市的污染管理，针对规模化养殖场的执法能力有限，监督管理手段极为缺乏，再加上与农业部门对规模化养殖场管理上的关系难理顺，多年来畜禽养殖业的环境管理处于较粗放的状态，亟待规范。

（三）社会经济影响分析

现阶段我国畜禽养殖业在污染治理上的成本较低，甚至没有成本，致使养殖门槛低，养殖企业配套污染防治的管理水平低。2003年我国制定的《排污收费管理办法》中明确规定了畜禽养殖业、小型企业和第三产业污染当量值和收费标准，以每头猪污染当量值为1，其每年排放的尿水中的COD含量为5.91 kg，污水排污收费为4.14元/头。而由于畜禽养殖排放的污水粪便可生化性能好，因此将固液分离后的废水经过厌氧产沼气作为民用燃气是现阶段较为流行的处理方式，据测算，以厌氧产沼气方式处理单位COD成本约0.24～0.43元/kg，每头猪每年的污染治理成本约为2.5元，产生的沼气经简单处理，可以供应当地居民日用燃气，相比缴纳排污费而言，具有良好的经济效益、环境效益和社会效益。据预测，到2015年，我国规模化养殖场畜禽粪便资源的实物量将达到32.5亿t，约可产生1 950亿m^3沼气，相当于3.1亿t标煤。但规模化沼气工程的初始投资大，仅靠企业自主投资建设运营的可能性不大，需要国家制定相应的刺激政策并给予一定的补贴。以总投资 300 万元，资金来源为国家拨款、当地政府匹配、企业自筹各占 1/3，日产沼气 3 000 m^3 的沼气工程为例，运行 20 年的内部收益率约 21.82%，具有很好的经济效益。内部收益率跟沼气工程的规模有关，一般日产气低于 1 000 m^3 的沼气工程内部收益率较差。

我国长期以来引导养殖场采取干清粪的养殖模式，农业部农村经济研究中心的研究表明，采用水冲式和水泡式清粪工艺的万头猪粪污水处理工程的投资和运行费用比采用干清粪工艺的多一倍。以万头猪场为例，采用水冲式清粪工艺每天需耗水 210～240 m^3；而采用干清粪工艺则每天仅需 60～90 m^3。干清粪工艺不仅能够大大减少污水的排放量，且污水中的污染物含量低，易于净化处理；分离出的固态粪污含水率低，且含有氮、磷、钾以及有机质等对植物生长有益的成分，经高温堆肥或其他方式的处理后还田能够替代化肥，并且有利于土壤保墒。以全国 391 万处规模化养殖场，5.7 亿头猪单位的存栏量计算，其可收集利用的固体粪便约 2.27 亿 t。按照农业部《有机肥标准》（NY525—2002）生产的有机肥含水量≤20%，N、P、K 总和≥4%，则我国畜禽粪便蕴含的有机肥资源量达 7 600 万 t，能够提供的 N、P、K 总量至少为 304 万 t。

五、政策建议

由于养殖业在我国特殊的产业地位，畜禽污染防治仍然存在很大的压力，预计"十二五"期间，我国的畜禽粪便将继续保持每年 30 亿 t 左右的产量，我国养殖业区域性发展不均衡，因此建议按照畜禽粪便的土地负荷状况将我国各省区市畜禽粪便综合处理率分为 4 个档次，并分别对其粪便处理率作出要求，以缓解畜禽养殖污染压力，见表 2。

表 2 "十二五"我国畜禽粪便综合处理率建议

分类	省、区、市	粪便处理率
Ⅰ类	北京、河南、山东、河北、四川	60%～65%
Ⅱ类	湖南、广东、天津、海南	55%～60%
Ⅲ类	广西、辽宁、江西、贵州、福建	40%～45%
Ⅳ类	其他省、区、市	35%～40%

此外，从政策法规、规划管理、提高技术水平等方面建议重点完善以下几个方面：

（1）加强畜禽养殖污染防治的投资力度和政府补贴力度，推广以厌氧沼气为核心的粪污综合利用处理工程建设和以畜禽粪便为原料的有机肥生产，鼓励有机肥的推广和使用。

（2）加强监管与执法监督，加强环保部门职能建设，将畜禽养殖污染源纳入常规监测范围，履行对规模化畜禽养殖场环境保护管理职责；重点理清环保部门与农业部门在畜禽养殖污染防治上的分工，加强部门间的协作。

（3）针对养殖散户、养殖专业户、规模化养殖场等不同类型的养殖主体，探索分类管理的模式，逐步建立并实施规模化养殖准入制，提高养殖业准入门槛。

（4）积极推广畜禽清洁养殖技术，推广节水技术及设施，加大干清粪工艺改造力度，推进干湿分离、雨污分流，合理冲洗圈舍，从源头控制污染物的产生量。大力推广应用环保型饲料，提高饲料利用效率；采用负压通风、湿帘降温等环保节能型设施和工艺，控制有害气体排放；探索生物发酵舍等新型的养殖污染防治方法。

（5）加强沼液沼渣运输、贮存和使用技术研究，同时加大对沼液沼渣资源化利用的宣传、扶持和推广力度，鼓励农户使用沼液、沼渣，从而保证以沼气工程为核心的畜禽粪便治理工程的正常运转和可持续发展。

省级环境保护五年规划技术指南编制

一、课题研究背景与目标

（一）研究背景

省级环境保护五年规划是省辖行政管理区域内的一项中期环境保护规划，也是省级人民政府组织开展环境保护工作的纲领和依据，在全省环境保护工作中起指导作用。随着我国经济体制改革和政府职能的转换、环境建设和环境管理的加强，环境保护规划的作用及意义越来越显著，规划编制也日益关注环境与经济的关系、关注空间和分类指导、关注规划的技术创新与手段综合等。但在实际操作中，规划编制还存在很多不足之处，如规划与社会经济发展尚未形成有机的衔接；规划内部体系不够顺畅，要素类型与空间载体的分配等有待进一步梳理；技术方法也不够完善。省级环境保护五年规划涉及面广，综合性强，随着经济社会的发展，资源、环境面临较大压力，新的形势对环境保护规划提出了新的要求，为增强规划的针对性、科学性、可操作性，需进一步改进、完善规划编制技术，以指导和规范省级环境保护五年规划的编制工作，加强省级环保规划的指导作用。

（二）研究目标

本次研究目标在于对省级环境保护五年规划编制技术方法进行系统的研究和梳理，并形成技术可行、科学规范的指导性文件，以促进省级环境保护五年规划编制工作的规范化、程序化，指导规划编制人员正确把握省级环境保护五年规划的整体性、综合性、长远性、指导性，提高规划的科学性，使环境规划真正起到促进环境、经济与社会协调发展的作用。

二、研究思路

在资料收集、理论研究和综合分析的基础上，开展省级环境保护五年规划技术指南编制研究。系统地梳理规划编制程序，归纳总结规划编制过程中常用的技术方法，对规划编制中的难点、重点问题进行深入研究，着重分析规划编制中重点内容的关键技术。主要研究内容包括：①研究省级环境保护五年规划的定位，以及省级环境保护规划与国家环境保护规划、省级国民经济和社会发展五年规划、专项规划的衔接处理问题，构建省域环境保护规划的框架体系，提出衔接的规范性技术要求；②研究省级环境保护五年规划研究、规划编制的基本思路、编制流程、技术要求等；③研究省级环境保护规划的重点问题及其关键技术，如目标指标体系、重点任务、重点行业区域、工程项目、可达性分析、多情景方案分析等。

在省级环境保护五年规划技术指南编制研究的基础上，编制《省级环境保护五年规划技术指南（征求意见稿）》，为省级环境保护五年规划提供可操作性的方法指导，并就目标指标、重点任务、保障措施等制定的原则方法、文本编制等进行具体说明和规范。

三、研究内容

（一）总则

从法律性、基础性和综合性三方面对省级环境保护五年规划进行了综合定位，阐述了以环境需求和实际能力定规划的基本导向，提出了规划编制的指导思想要坚持贯彻落实科学发展观、坚持环境保护优化经济社会发展、坚持成果惠及人民、坚持体制机制创新，提出了“以人为本，持续发展；统筹协调、纵横衔接；整体推进、突出重点；污染防治和生态保护并重；实事求是、因地制宜；分类指导、分步推进”的六大编制原则。

梳理了省级环境保护五年规划的体系结构，提出应构建以总体规划为统领、以专项规划和下级规划为支撑的多层次网络结构的省级环境保护五年规划体系。

（二）规划编制程序

概括了省级环境保护五年规划的编制程序，将编制工作分为前期准备、规划编制、衔接与论证、报批与实施四大阶段，明确了每一阶段工作的具体内容、组织形式和技术要求，并突出强调了规划编制过程中的公众参与。

前期准备阶段包括组织工作和前期调研。省级环境保护五年规划由省级环境保护行政主管部门牵头编制。前期调研一方面广泛收集资料，另一方面要抓住省域经济社会发展中的突出环境问题、关键问题，梳理确定一批重点研究专题，进行深入调查研究，完成专题研究报告，为编制规划提供第一手资料。

规划编制阶段包括拟定规划编制工作大纲和规划文本起草。在前期资料收集和专题研究的基础上，起草划编制工作大纲，提出规划总体思路、技术方法、主要目标、主体框架和主要任务，明确规划重点，细化工作进度安排。规划编制工作大纲经专家论证，并通过规划编制领导小组的审定，作为文本编写的依据和行动纲领。规划文本起草包括方案拟订、方案优化和规划文本编写 3 个方面的内容。

衔接与论证阶段包括规划衔接、论证和综合协调。规划征求意见稿由省级环境保护行政主管部门送有关部门进行衔接。将衔接完善后的规划文本征求专家意见和建议，深入论证决策的科学性。规划文本修改完善后，由省级环境保护行政主管部门向省发改部门申请召开规划协调会，综合协调各省级相关部门对规划文本的意见建议，不能达成一致意见的，由省人民政府协调决定。

报批与实施阶段包括报批与公布和实施与评估。规划草案经综合协调后，由省级环境保护行政主管部门与省发改部门联合行文，提请省人大或省人民政府审议批准。提交规划草案时应当报送规划编制说明等有关材料。省级环境保护五年规划经法定程序批准后及时公布，同时报国家环境保护部备案。批准后的省级环境保护五年规划由省级环境保护行政主管部门负责组织实施，并在实施过程中适时组织开展对规划实施情况的评估。

在省级环境保护五年规划的编制过程中应实现公众的全过程参与。其参与主体包括政府管理部门、企事业单位、各行业协会、各界专家学者及专业人士、各非政府组织与社会团体和普通公众，通过民意调查、咨询讨论、公众展示等方式，使公众参与贯穿省级环境保护五年规划编制的始终，提高省级环境保护五年规划的科学性、民主性。

（三）规划的重点问题及其关键技术

着重研究了省级环境保护五年规划编制中的几个重点问题，包括现状分析与压力预测、重点区域和重点行业选择、目标指标的设计、规划方案制定和优化、重点任务的安排、重点工程的设置、环保投资和资金筹措、规划衔接等，提出了相应的技术内容和要求。

（1）现状分析。现状分析主要包括经济社会发展概述和环境状况概述，采用目前比较成熟经典的技术方法进行污染源评价和环境质量现状评价。污染源评价内容包括工业、农业和生活污染源评价及综合评价。环境质量现状评价主要包括地表水、近岸海域、大气、声、土壤和生态环境质量现状评价等。

（2）压力预测。压力预测的方法包括定性预测和定量预测，预测的内容包括社会和经济发展预测、环境污染预测、环境治理和投资预测。对预测结果进行综合分析主要包括资源态势和经济发展趋势分析、约束性指标的减排潜力分析、环境污染发展趋势分析、环境风险分析，还应进行环境承载力分析。在压力预测的过程中应辩证理解、合理认识总量控制和质量控制的关系，选择适宜的规划目标导向。

（3）重点区域和重点行业选择。根据省域社会经济、环境特点和环保工作重点，重点区域主要考虑重要生态功能保护区、重要城市群、重要经济集聚区、重点污染整治区等。无论依据何种方式划分，应确保在同一规划范围和空间类型里，划分出来的分区不重叠。重点行业的选择主要考虑3个方面：一是通过污染源评价确定的重点污染行业，包括水污染重点行业和大气污染重点行业；二是可能危害环境与健康的高风险行业，例如危险化学品使用和运输行业；三是目前国民经济发展的主导产业，以及全省经济发展战略中确定将要发展的重点行业。针对不同的重点区域、重点流域和重点行业，提出不同的环境管理对策，以体现分区控制和分类指导的思想。

（4）规划目标指标的设计。规划目标按规划内容划分可分为环境质量目标、污染物总量控制目标、生态保护与建设目标、环境管理目标等，规划目标的确定既要保障国民经济和社会的持续发展，又要促进经济效益、社会效益和环境效益的协调统一；目标既不能过高，也不能过低，做到经济上合理、技术上可行和社会上满意。规划指标的设定应遵循整体性、科学性、规范性、可行性、适应性、选择性6个原则。指标选取上主要考虑约束性指标、环境质量指标、过程控制指标以及相关性指标等4大类指标，可根据省域环境现状及主要问题在规划中设置部分地方特色指标。指标体系的构建要注意3方面的问题：一是要考虑国家同期环境保护的新要求和新指标；二是针对本省环境问题特点和环保工作重点，增加若干新指标，以体现区域差异；三是与本省前一个环境保护五年规划的指标相衔接，保持指标的稳定性，并有所优化。规划指标值确定之后，应结合本省环境质量现状及变化趋势，从环境保护措施和环保工程两个方面分析设定的指标目标值是否可达。

（5）规划方案制定与优化。方案制定和优化主要采用情景分析法和费用效益分析法。

情景分析主要用于规划目标年份的环境负荷及生态效率的确定和规划方案的选择，通过对不同情景方案下社会经济发展情况及相关的污染物产生与削减情况进行模拟预测和比较分析，从总体上给出环境与经济发展的策略框架。费用效益分析主要用于确定规划方案的合理性；确定规划项目实施的优先序；对规划方案实施的效果进行评估。通过以上方法，设定不同的情景选定最优的目标组合和规划方案供决策参考。

（6）重点任务的确定。规划的重点任务应全面覆盖未来五年本省环境保护工作的各个领域，可以根据本省实际情况安排具体内容的详略程度。重点任务的内容可以按照环境要素来组织，或按照工作领域来组织，也可以采用领域与要素结合的方法，总体原则是既要突出一个时期内的环保工作重点，突出相关领域，又要尽量避免重复。在“十二五”乃至相当长的一段时期，省级环境保护五年规划都应该把污染物总量控制、改善环境质量和防范环境风险作为规划重点任务的基本出发点。

（7）重点工程设置。重点工程设置要遵循匹配性、衔接性、可行性、可达性、可操作性的原则。工程项目类型可根据环境要素和工作领域进行分类，一般可分为水环境保护工程、气环境保护工程、固废污染防治工程、农村环境保护工程、核与辐射安全保障工程、环境风险防范工程、生态保护与建设工程和环保系统能力建设工程等大类。重点工程的确定可采取自上而下、自下而上和上下互动的模式。重点工程投资估算中，对于属于专项资金项目或同期其他部门专项规划中已确定的环保工程项目，可直接引用其投资；对于其他工程项目的投资，则可以通过单位工程指标估算、类似工程投资类比和市场询价等方法估算。

（8）环保投资。环保投资主要包括环境污染治理投入和环境管理与污染防治科技投入。东部和经济相对发达省份的环保投资比例应高于国家水平，经济相对落后的中西部省份可根据经济能力在国家水平上适当降低。规划中应明确提出建立多元化的环保资金筹措渠道。

（9）规划衔接。省级环境保护五年规划需要与同期国家环境保护五年规划、省级国民经济和社会发展五年规划、省主体功能区规划和省内重大纲领性规划衔接；与建设、水利、农业、林业、土地、海洋等同期专项规划进行衔接；并与地市之间做好衔接协调；同时要承前顾后，传承历史与兼顾未来。衔接的重点包括工作方向的衔接、重要目标的衔接、重点工程的衔接和政策手段的衔接等。规划的衔接工作既体现在规划的前期研究和规划编制过程中，又落实在规划草案征求部门和地市意见中。

四、主要结论

在研究报告的基础上，完成了《省级环境保护五年规划技术指南（征求意见稿）》，内容包括总则（规划定位、规划导向、指导思想、编制原则、规划体系）、规划编制的程序步骤、现状调查与分析、压力预测与趋势分析、重点区域选择和分类指导、规划目标指标的设计、规划的重点任务、规划的重点工程设置、环保投资及资金筹措、省级环境保护五年规划的基本框架与主要内容参考等 10 个章节。

五、政策建议

经过本次研究，发现现阶段在省级环境保护五年规划编制中，理论研究和实践操作脱节现象比较突出。由于环境信息缺乏等原因，某些较为先进成熟的技术方法在规划编制中应用面仍较窄，仅在部分规划内容编制上有所应用，尚无更科学更合适的结合点和落脚点，可达性分析的手段方法仍不成熟。其次，环境规划的基础性研究工作也较为欠缺，排放总量与环境质量的响应关系仍未建立等。因此，建议进一步建立完善的环境信息体系，推进先进技术方法在规划编制中的应用，同时加强环境规划的基础性研究工作，进一步提高规划编制的科学性。

城市环境保护规划编制问题及建议

一、课题研究背景与目标

（一）研究背景

（1）要解决日益复杂和严峻的城市环境问题，需要按规划先行原则编制和实施一个“好的”城市环境保护规划。

（2）编制一个“好的”城市环境保护规划，需要一个“好的”规划编制技术指南。

（3）当前环境规划编制技术规范与标准缺失的情况下，难以编制出“好的”城市环境保护规划。

（二）研究目标

一个好的技术指南，应至少同时具备“权威性与科学性”、“规范性与针对性”、“实体性与协调性”的特点。

1. 城市环境保护规划及其技术指南的科学性

系统、全面、深入归纳总结城市环境保护规划基本理论、技术方法、实践经验，同时研究确立城市环境保护规划的法律定位。

2. 城市环境保护规划及其技术指南的规范性与针对性

（1）编制一部规范的城市环境保护规划技术指南，包括环境保护规划的内容、编制流程、技术方法和审批要求等；同时体现城市环境保护规划技术指南的灵活性，以便于不同城市、同一城市在不同时期、同一规划体系下不同的规划类型之间针对各自的特点进行编制。

（2）编制一部能指导按照综合理性规划（Comprehensive Rational Planning）这一主流的规划模式编制规划要求，又能针对交流型规划（Transactive Planning）、渐进性规划或适应性规划（Adaptive Planning）等非主流规划模式特点的城市环境保护规划技术指南。

3. 城市环境保护规划及其技术指南的功能性与协调性

编制一部满足“规划需求—规划目标—规划方案—项目与工程—措施与对策”等规划编制主要工作环节和基本内容的城市环境保护规划技术指南；其指导编制的城市环境保护规划对外应能与其他相关规划（如城市总体规划、土地利用总体规划、国民经济与社会发展规划等规划）的关系进行协调与衔接，对内可以协调各类环境保护规划之间、环境规划与其他环境管理制度之间的关系。

二、研究思路

首先，基于国内外城市环境规划相关理论研究成果、全国范围内城市环境规划文本的抽样调查和典型案例分析，从编制技术方法、规划管理和实施以及规划体系 3 个角度总结城市环境保护规划编制和实施中存在的问题和经验。其次，研究城市环境规划的法律地位、与相关规划的衔接性分析和规划编制的技术方法和要求。其中城市环境规划的法律地位和相关部门衔接关系的研究既是规划技术框架和技术规范确定的前提，又是规划编制和实施的保障机制确定的依据。最后，结合城市环境规划体系的设计，提出城市环境规划技术规范（标准）的体系框架，并且针对不同区域、不同层次、不同类型规划提出不同技术规范和要求。

三、研究内容

（一）城市环境保护规划理论成果和实践经验总结

包括城市环境保护规划理念与方法学研究综述与成果归纳，典型城市环境保护规划的编制与实施经验总结以及城市环境保护规划相关规范、标准与技术指南编制与执行情况总结。

（二）城市环境保护规划与相关规划的协调性分析与技术衔接

借鉴战略环境评价中规划协调性和一致性分析的思路、方法和评价指标，从城市环境保护规划与相关规划在目标相容、范围一致、定位协调、具体内容和措施衔接等方面进行协调性分析。同时研究城市环境保护规划技术指南与现有相关规划编制规范、技术指南的定位、范畴和相互关系，避免出现不同规范（标准）间关系定位模糊、内容交叉、范围重叠且标准不统一等现象。

（三）城市环境保护规划编制技术流程研究和重点规划内容的技术要求

研究并规范城市环境保护规划编制的技术流程，研究并规范城市环境保护规划的基础调查、现状评估、规划预测、空间区划、规划方案生成与设计、规划环评及费用效益分析的技术规范和图件技术要求等。

（四）城市环境保护规划的保障和实施机制

基于以上研究，从城市环境保护规划功能定位与职能调整、规划体系优化、法律地位、规划能力建设水平提高、环境保护设施及工程项目、对策措施落实等多个角度提出城市环境保护规划编制和实施的保障机制。

四、主要结论

（一）城市环境保护规划现状和存在问题总结

1. 尚无明确的法律和职能定位

至今尚未有环境规划或城市环境规划专项法律法规出台，环境规划立法严重滞后，与环境规划的现实需要脱节。这是导致环境规划只能被动应对、让位于城市规划、经济发展等法定规划及经济发展规划等强势规划的根源。

2. 缺失整体的城市环境规划体系设计

目前存在多种与城市环境规划相关的规划实践类型，而缺乏一个整体的城市环境规划体系对各种规划类型的功能、应用范畴、内容和相互关系进行界定，使得环境规划系统内部混乱，或规划内容重复、协调性不足，或规划缺位。

3. 缺乏环境保护与其他规划相协调的规划成果

大多数城市环境规划是由环境部门独立编制，编制过程中缺少与其他社会经济职能部门的沟通和协调。同时，由于各行政部门条块分割严重，导致城市环境规划与城市规划、国民经济与社会发展规划、土地利用规划以及各部门的环境专业规划之间的衔接性不强。

4. 缺少城市环境规划实施保障机制

无论是理论还是实践，都表现出“重规划编制、轻规划实施”、“重技术方法、轻管理机制”的问题，导致规划的实施受到影响。而城市环境规划定位界定不清、职责主体可能与城市规划中的环境保护篇章等发生交叉，进一步导致规划实施的混乱。

5. 环保部门和城市环境规划的职能定位都需提高

环保部门与其他职能部门之间的关系是统筹管理，分工负责。而现实中由于缺少有效力的契约保障和考评机制，环保部门“统一监督管理”的职能在很大程度上被架空。环境规划不能仅仅作为环境部门系统内部的规划，而应将其上升到国家和地区的全局层面，作为以可持续发展为目标、以环境保护为核心范畴、以统筹和协调为主体功能的协调性规划。

（二）城市环境保护规划编制技术指南现状与存在问题结论

1. 缺少城市环境规划编制技术标准

缺乏国家层面、统一的环境规划编制技术标准，不同地方、不同层次环境规划的责任主体、规划职能定位、规划工作内容、采用方法和成果形式都表现出较大的差异。

2. 技术指南的编制成为相关部门继“城市环境规划”之后博弈的又一个“角力场”

环保部门主导环境规划技术标准的起草与编制的过程缺乏规划主管部门间协同及配合，城市建设和规划等其他部门在相关行政法规许可下可“另起炉灶”，出台部门性的技术规范，使得技术指南的编制成为相关部门继“城市环境规划”之后博弈的又一个“角力场”。

（三）城市环境规划及其编制技术标准研究结论

1. 城市环境规划体系需要一个整体性设计

城市环境规划周期往往和城市建设规划周期保持一致，属于中长期规划，具有宏观性、战略性的特点，这就一方面要求城市环境规划要提升环境规划的功能定位，摆脱部门规划的局限性，发挥其统筹和协调功能；另一方面还要对环境规划体系进行突破创新，形成从宏观到中观到微观的完整环境规划逻辑框架体系。

2. 开展对城市环境规划技术标准体系的顶层设计，系统指导规划技术指南的编制工作

基于城市环境规划编制的实际需要提出需要研究和编制的技术标准的类型、功能和应用范畴、编制的责任主体、内容、计划编制时间等，结合城市环境规划体系设计，参考城市规划技术标准体系，设计包含基础标准、基于要素/方法/程式的通用标准、基于规划类型的专用标准和针对规划成果进行规范的专项标准 4 个层次的城市环境规划技术标准体系，对未来环境规划技术标准的研究和编制工作做出系统性的安排。具体如图 1 所示。

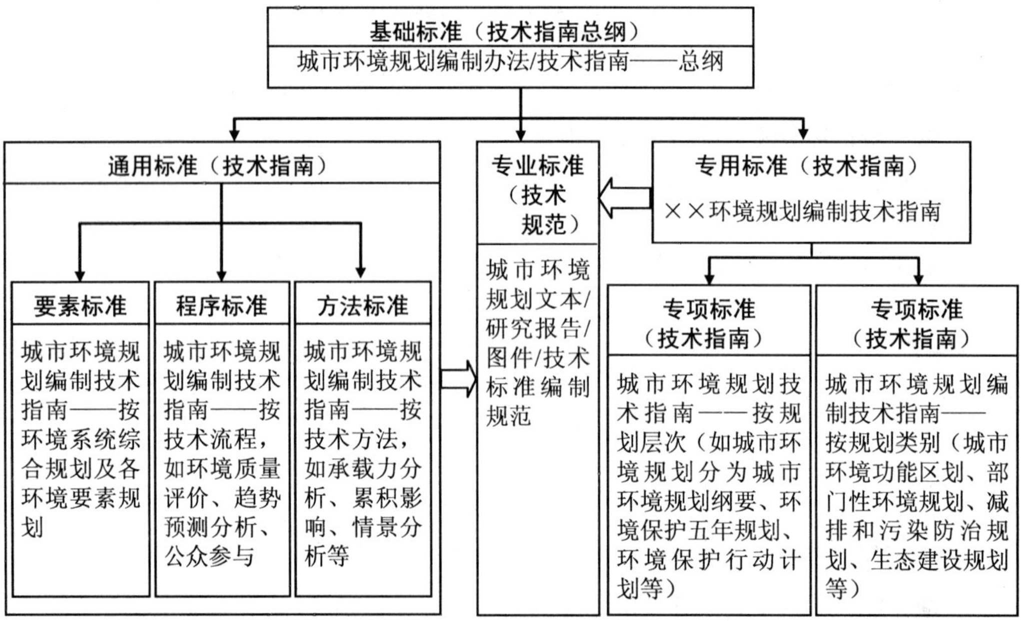

图 1　城市环境规划技术标准体系

（四）城市环境保护规划技术指南研究结论

基于本课题以上的研究内容，最终形成了一部可供参考的城市环境保护规划技术指南。指南分为编制基础规范、工作内容与流程以及关键技术 3 个方面，如图 2 所示。

其中，《指南》规定的城市环境保护规划的详细编制工作程序如图 3 所示。

五、政策建议

（一）编制《城市环境保护规划技术指南》的建议

一个好的技术指南，应至少同时具备“权威性与科学性”、“规范性与针对性”、“实体性与协调性”的特点，具体表现为：

（1）充分应用规划样本和问卷调查成果，保障指南科学性；

（2）参考相关法律和技术法规，体现指南的权威性；

（3）采用理性规划的范式流程，确保环境规划编制的规范性和普适性；

（4）指南编制应遵循适度刚性的原则，具备一定灵活性；

（5）开展与城市规划、环境规划技术规范文件的衔接性分析，征求环境规划相关部门意见，提高技术指南的协调性；

（6）注重环境规划编制管理和实施，丰富技术指南的功能性。

（二）提高城市环境规划编制和实施能力建设的建议

1. 整合其他环境政策，形成引导城市可持续发展的环保约束机制

有必要整合其他环境政策工具，如环境影响评价制度，形成以环境规划为“引导约束”和以规划环境评价为“评价监督”的双重环境保护约束机制，引导和约束与城市发展相关的一切社会经济活动的开展。

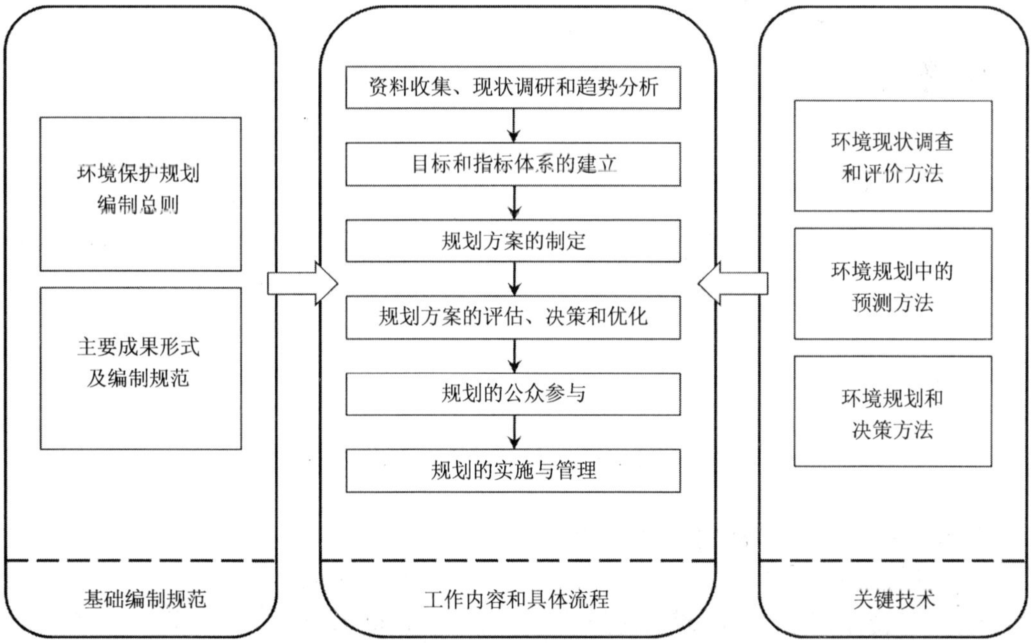

图 2 城市环境保护规划技术指南框架

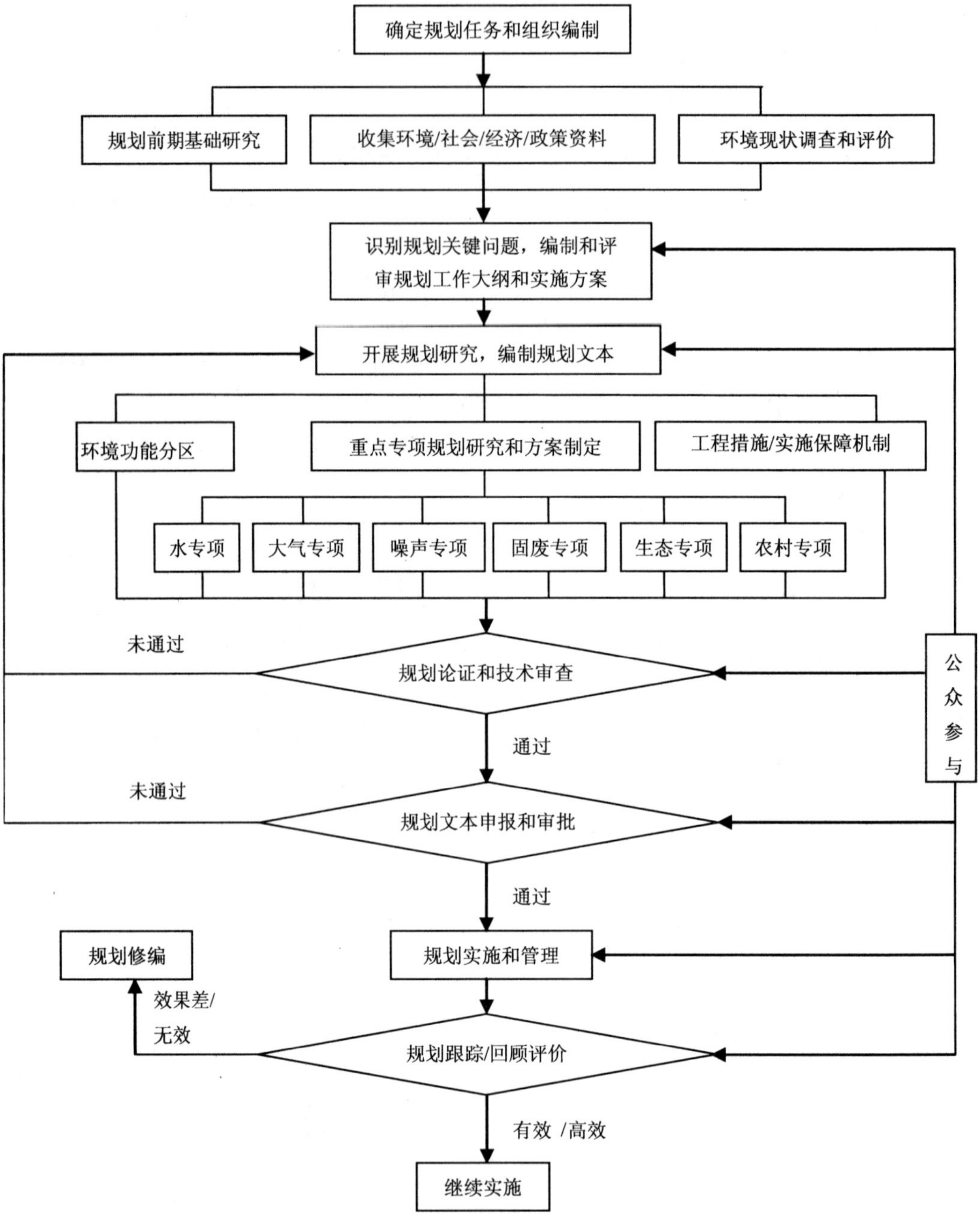

图 3　城市环境保护规划编制工作程序

2. 建立完善的城市环境规划体系和相关技术标准体系

城市环境规划要摆脱部门规划的局限性，发挥其统筹和协调功能，需要对环境规划体系进行突破创新，建立包括战略性环境规划、综合规划和行动计划等不同逻辑层次规划，形成从宏观到中观到微观的完整环境规划逻辑框架体系。

此外，要持续地开展城市环境规划相关技术标准的研究和编制工作，需从整体上对城市环境规划技术标准体系进行顶层设计，明确技术标准类型、功能和应用范畴、编制的责任主体、内容、计划编制时间等，对未来环境规划技术标准的研究和编制工作做出系统性的安排。

3. 开展环境规划跟踪评价，建立规划长效管理机制

开展城市环境规划跟踪评价，对规划实施情况进行监测和诊断，考核环境规划目标的实现程度、实施效果、产生效益，并将评价结果及时反馈到规划主管部门，作为规划修编和调整的依据，确保规划实施合理有效，促进城市环境规划的长效管理机制的形成。

4. 提升环境规划的法律和职能定位，完善规划实施保障体系

对环保部门主持编制的城市环境保护规划，需要专门的城市环境规划立法来明确和强化城市环境规划的法律地位、职能、行政效力等基本属性；其次，建立规范有效的环境规划行政体系，对法律体系进行补充和细化。此外，还需要一整套技术法规体系，对城市环境规划编制、审批、实施、修改和监督等各个环节从法律层面作出明确规定，多方位、多渠道地保证城市环境规划的顺利和有效实施。

城市环境保护规划技术指南前期研究

一、课题研究背景与目标

城市环境保护规划是国民经济和社会发展规划的有机组成部分，是人类为使城市环境和经济社会协调发展而预先对自身活动和环境所做的对时间和空间的合理安排，是政府履行环境职责的综合决策过程之一，是约束和指导政府行政行为的纲领性文件。城市环境保护规划是实施城市环境保护战略的根本途径；是协调城市经济社会发展与环境保护的重要手段和城市政府开展环境保护工作的基本依据；也是合理分配排污削减量，约束排污者的重要手段。

从研究背景与战略需求分析，我国快速城市化进程对城市环境带来了很大挑战，城市环境保护的严峻形势迫切需要出台城市环境保护规划技术指南，迫切需要把城市环境保护摆在突出重要的战略地位；城市是环境污染严重的地区，但同时又是环境保护的重点地区，急需通过编制环境保护规划促进城市健康发展；城市环境保护规划是城市总体规划的重要组成部分，在城市规划中占有十分重要的地位，但缺乏统一的规划技术指南。

为推动城市可持续发展，以科学发展观为指导，将城市环境保护规划上升到与城市总体规划同等重要的战略地位，统一城市总体规划中环境保护规划的内容与深度，健全城市规划设计技术管理制度，提高管理水平，保证规划设计质量，充分发挥环境保护规划的作用，特制定《城市环境保护规划技术指南》。提出城市环境保护规划的法律地位、功能及与其他相关规划的关系；提出城市环境保护规划的框架、重点内容、思路、导向，各项重点规划内容的技术要求，保障和实施机制；提出城市环境保护规划编制技术流程，调查、评估、预测、区划、规划方案的技术规范和图件技术要求等。

二、研究思路

以贯彻落实科学发展观、改善城市人居环境质量、促进城市可持续发展为总原则，系统梳理城市环境保护规划已有的相关研究成果、标准、技术指南、技术导则等内容，保留其中合理的部分，删除过时的部分；根据主体功能区划、节能减排目标、低碳发展目标、循环经济发展要求等，修改、补充、完善城市环境保护规划的相关内容；在此基础上，结合具体的环保规划实践，提出新形势下城市环境保护规划的基本框架与规划的重点内容；进而提出城市环境保护规划的目标体系，提出城市环境保护功能分区和专业分区规划框架。

在规划技术指南编制过程中，力求从市域和市区两个空间尺度开展研究，在城市环境保护规划目标选取中，引入压力指标、状态指标和响应指标，完成城市环境保护规划技术指南研究报告，以研究报告为基础，按照规范术语和技术指南编制要求，提炼形成《城市环境保护规划技术指南》的征求意见稿，征求相关专家意见并修改定稿。

三、研究内容与主要结论

《城市环境保护规划技术指南》的主要内容包括总则、基本内容与编制程序、城市环境调查与评价、城市环境功能区划、城市环境保护预测与城市环境保护目标、城市环境保护与生态建设重点、城市环境保护效益、保障措施与实施机制、成果形式与技术要求、方案报批与实施、附则共 11 部分。

（一）总则

包括城市环境保护总体规划的编制目的、规划背景、规划内涵、规划原则、规划的指导思想、规划的基本功能、规划期限和规划依据等内容。

（二）编制程序

《城市环境保护规划技术指南》的编制程序为：进行城市环境保护现状调查；建立城市环境系统数据库；进行城市环境质量评价和环境容量分析，确定城市主要环境问题；编制《城市环境保护规划大纲》；进行城市环境保护功能区划；预测城市环境保护目标；确定城市环境保护规划目标，包括污染物总量控制目标、污染物的最大允许排放量和削减量目标；提出环境保护重点；进行环境保护规划方案设计；申报城市环境保护规划方案；审批城市环境保护规划方案，共 12 个步骤。

（三）城市环境的调查与评价

城市环境调查与评价的内容包括城市环境特征调查、城市生态环境调查、城市社会环境调查、城市经济社会发展调查、城市环境污染及治理调查、城市环境保护规划相关专项资料调查、城市环境数据处理、城市环境信息采集、城市环境污染综合评价、城市环境质量评价、城市环境容量分析、城市水环境容量分析、城市大气环境容量分析、城市环境影响评价、城市环境风险评价、城市环境保护规划实施效果评价等内容。

（四）城市环境功能区划

包括城市环境功能综合区划、城市水环境功能区划、城市大气环境功能区划、城市噪声环境功能区划等。

（五）城市环境保护预测与环境保护目标

包括城市社会经济发展预测、城市环境容量与污染物产生量及对资源开发利用预测、城市环境污染预测（城市水环境污染预测、城市大气污染预测、城市噪声污染预测、城市固体废物排放预测）、城市生态环境预测、城市环境资源破坏和污染的经济损失预测、城市环境治理与投资预测、城市环境风险预测等。以城市环境保护预测结果为基础，确定的城市环境保护目标包括基于高低尺度的城市环境保护目标、基于时间尺度的城市环境保护目标、基于空间尺度的城市环境保护目标、基于行业类型的城市环境保护目标、基于城市环境保护规划类型的环境保护目标、基于规划内容的城市环境保护目标等，形成的城市环境保护目标体系包括压力目标、状态目标、响应目标、主体目标和扩展目标等。

（六）城市环境保护与生态建设的重点任务

包括城市水环境保护与治理重点、城市大气环境保护与治理重点、城市固体废弃物资源化利用与治理重点、城市声环境保护与治理重点、城市水源地保护与治理重点、城市自然保护区建设重点、城市建筑环境保护重点、城市土壤环境保护与修复重点、城市农村生态环境保护与治理重点、城市生态规划与建设重点等。

（七）城市环境保护效益

包括主要环境保护项目经济效益、生态建设项目经济效益、生态产业项目经济效益、城市环境保护的社会效益、城市环境保护的生态环境效益和城市环境保护的综合效益分析。

（八）保障措施与实施机制

包括城市环境保护规划实施的基本条件，如纳入城市经济社会发展规划、编制年度城市环境保护行动计划、落实环境保护资金、实行环境保护目标管理等；城市环境保护规划管理实施的程序和城市环境保护规划的实施机制与手段，如建立城市环境保护规划管理的政策法规体系、合理的城市环境保护规划管理模式、社会监督工作体系、高素质的专业化管理队伍、直接管制手段、经济调控手段、技术手段、宣传教育手段等。

（九）成果形式与技术要求

《城市环境保护规划技术指南》的成果形式包括文本、图件、附件、多媒体演示系统及可视化表达系统 4 部分。其中：文本包括总论、规划区概况、城市社会经济评价与发展定位、城市环境现状调查及环境质量评价、城市社会经济发展及环境保护目标、城市环境质量预测或污染趋势预测、城市环境功能区划、城市环境保护建设重点、城市生态建设规划、城市环境保护效益分析、规划实施的保障措施与政策建议等。规划图纸包括遥感影像图、环境现状图、主要污染源分布与环境监测点（断面）位置图、生态及环境功能分区图、环境综合整治规划图、环境质量规划图等，图纸成果采用 AutoCAD 或其他可获取坐标信息的矢量绘图软件绘制，绘制在近期编绘的有地形、地物的浅色地形图上，图纸比例一般应为 1/10 000～1/100 000。附件包括规划说明书和专题研究报告。

（十）方案报批与实施

包括城市环境保护规划方案的报批和实施两大部分，当地城市环境保护行政主管部门依据论证后的规划大纲组织对规划进行审查，规划编制单位根据审查意见对规划进行修改、完善后形成规划报批稿；经上一级人民政府城市环境保护行政主管部门审查同意后，报同级人大或人民政府批准，由同级人民政府组织实施。

（十一）附则

包括城市环境保护规划方案的实施主体和城市环境保护规划方案的解释主体等内容，实施主体是当地人民政府环境保护主管部门，解释权属于当地人民政府，需调整时，应按《中华人民共和国环境保护法》等相关法律法规的有关规定进行。

四、政策建议

（一）健全城乡环境保护总体规划体系，形成发展-建设-国土-环保“四位一体”的中国城乡总体规划体系

包括法规体系、行政体系和运行体系。其中发展系统和建设系统的城乡总体规划体系以发展和建设为主，国土系统和环保系统的城乡总体规划体系以保护和约束为主。“四位一体”的城乡总体规划体系是一种可持续发展的城乡总体规划体系，具有高度的综合性、融合性、法制性和约束性。

（二）通过典型示范早日出台城市环境保护总体规划编制办法、技术标准与导则

借鉴城市总体规划和土地利用总体规划出台的相关技术标准、条例、规范、导则，为了规范城市环境保护规划的编制工作，提高规划的科学性，根据环境保护规划的审批规定，建议出台环境保护总体规划的系列国家技术标准和地方技术标准，包括《城市环境保护总体规划编制办法》、《城市环境保护总体规划编制办法实施细则》、《城市环境保护总体规划技术指南》等，并选择典型城市进行示范。通过相关技术标准、条例、规范、导则的执行，推进完善城乡环境保护总体规划体系。

（三）建立城市环境保护总体规划编制的执业制度

借鉴国家建设部门城市总体规划推行规划执业制度和国家国土部门推行规划执业制度的成功经验，建立健全环境保护总体规划编制的执业制度，确保规划编制的科学性、先进性和可操作性。研究讨论个人执业资格管理体系、专业设置和相关法制建设等方面的问题，提出完善个人执业资格管理制度的相关政策建议。

（四）建立城市环境保护总体规划实施效果评估制度

监测和评价应由同级环境保护部门和专门的评价机构共同完成。各级环境保护部门成立规划实施效果评估部门，专门负责规划实施过程中的评估工作，制作评估报告，通过环境保护部门及时反馈同级政府和上级部门。与专门的环境评价机构合作，通过专业化的评价人员和技术力量对城市环境保护进行检测评价，实现评估的科学化和程序化。

（五）制定城市环境保护总体规划考核指标体系

制定科学的城市环境保护总体规划考核指标体系，从环境质量指标、环境建设指标、

环境管理指标 3 个一级指标进行考核。环境质量指标包括空气质量指标、水质指标（饮用水水源地水质、河道水质、湖泊水质等）、噪声指标；环境建设指标包括建成区绿化率、污水集中处理率、污染物排放达标率、城市清洁能源使用率、机动车环保定期检测率、生活垃圾无害化处理率、工业固体废物处理率、危险废物处理率等；环境管理指标包括环境目标任务分解和落实情况、项目建设环评制度落实情况、环境保护机构建设情况、公众对环境保护满意率、公众环境保护知识普及率等。

（六）增设城市环境保护规划的划线管制与强制性内容

借鉴国家发展系统“四线管制”（优化开发区、重点开发区、限制开发区和禁止开发区）、国家建设系统“四区管制”（适建区、限建区、禁建区和已建区）与“四线管制”（红线、蓝线、绿线、紫线）的成功做法，在环境保护总体规划中对不同空间尺度的国土实现划线管制。同时，借鉴城市规划中对强制性内容的要求，在环境保护总体规划中，增加强制性执行的内容，以确保环境保护目标的顺利实现。

费用效益分析方法在贵州省“十二五”环保规划编制中的应用

一、课题研究背景与目标

（一）研究背景

贵州省环境保护规划是《贵州省国民经济和社会发展五年规划》的重要组成部分，是指导一定时期环境保护工作的纲领性文件。环境保护规划主要阐明一定时期内环境保护取得的成绩，分析面临的新形势与新挑战，明确指导思想和战略目标，明确重点工作任务与重点工程，是实现社会经济与环境保护协调发展的宏伟蓝图，是各级政府和职能部门依法履行职责的重要依据。“十一五”之前，贵州省各五年的重要环境保护工作分别以“八五”计划、“九五”计划、“十五”计划形式编制。自“十一五”时期起，环境保护五年工作以规划形式体现，对环境保护目标和措施进行明确规定，并对环境保护规划执行情况进行中期评估和终期评估，充分体现了省委、省政府对规划编制科学性、合理性和可操作性的新要求。

“十二五”时期（2011—2015 年）是贵州省实现“加速发展、加快转型、推动跨越”目标的关键时期，“十二五”污染减排工作将面临着更为严峻的挑战，需要全面控制污染和持续改善环境，为 2020 年基本实现现代化奠定良好的环境基础。因此，科学谋划好“十二五”环境保护规划基本思路，对于推动贵州省“十二五”乃至 2020 年污染减排和环境保护各方面工作，具有十分重要的意义。

然而，环境保护规划在方法学上还并不十分完善，省级层面的环保规划还因各省的经济环境条件不同、资源环境特点不同、发展要求和基础不同，还存在着很多特异性，难以用一种统一的方法去规划。而且从贵州省“十一五”环境保护规划中期执行情况评估结果来看，规划编制的科学性、合理性和可操作性还需要进一步提高，尤其是社会经济发展态势的预测分析、主要污染物排放总量的预测分析、污染物控制措施实施的可行性分析以及实施污染物控制后取得的环境效益分析等尚需要进一步加强。近年来，国内外环境规划技术方法的发展较快，有很多成功的案例，可学习借鉴国外环境规划的理念和方法，结合本省省情，不断探索、总结和形成一套较为适合我国各省省情的环境规划的方法体系，以提高省级环境保护规划的科学性、合理性和可操作性和环境保护规划的执行效果。

（二）研究目标

通过《贵州省“十二五”环境保护规划》费用效益分析方法应用的案例研究，可进一步完善和优化贵州省“十二五”环境保护规划思路和方案，将费用效益分析技术方法应用于贵州省环保规划编制，并获得改善和加强省级环保规划及其执行效果的相关建议。

二、研究思路

总结贵州省环境保护五年规划编制方法及经验，分析存在问题和面临的挑战，以电力行业 SO_2、NO_x 为研究对象，预测“十二五”期间两项污染物排放总量，分析不同污染物总量控制方案的影响，确定污染物总量控制方案；应用费用效益分析方法，对实现既定污染物总量控制指标的工程项目优先排序，为“十二五”环保工程项目的选择提供依据；结合费用效益分析方法在贵州省的应用，对改善和加强五年环保规划及其执行效果提出相关建议。

三、研究内容

（一）贵州省“十二五”主要大气污染物新增量预测

首先对“十二五”期间经济社会发展主要参数、能源消费量进行预测，然后严格按照控制增量的原则，根据污染物排放标准、产业环保技术政策与污染治理技术等预测 SO_2 和 NO_x 新增量。

（二）电力行业污染物总量控制不同情景方案研究

设置两种减排情景，情景 1：SO_2 和 NO_x 按“十一五”削减幅度，即在 2010 年的基础上削减 15%；情景 2：SO_2 减排幅度为在 2010 年基础上削减 8.9%，NO_x 削减幅度为在 2010 年基础上削减 9.8%，并对两种污染物减排途径进行了分析。

（三）不同情景下减排成本和收益的测算

根据《战略环评和费用效益分析方法快速应用指南》中的相关参数对减排成本进行预测；以 PM_{10} 造成的人体健康损失、酸雨和 SO_2 污染的农作物减产损失、酸雨和 SO_2 污染的材料损失、大气污染的清洁费用等为主要指标进行环境效益分析测算。

（四）工程项目的筛选

根据费用效果分析的一般决策原则对各种污染物减排项目按照项目类型分别建立项目库。计算纳入减排项目库中的每个项目的单位投资效果，然后按照单位投资效果的高低排序。

四、主要结论

（一）贵州省“十二五”主要大气污染物新增量预测结果

根据贵州省“十二五”主要大气污染物新增量预测结果表明：2010 年贵州省全省 SO_2 排放总量（“十一五”估算）为 87.36 万 t，“十二五” SO_2 排放增量 42.22 万 t，其中电力行业 SO_2 2010 年排放总量和“十二五”新增量分别为 56.59 万 t 和 12.20 万 t，如表 1 所示；2010 年贵州省全省 NO_x 排放总量（“十一五”估算）为 38.34 万 t，“十二五” NO_x 排放增量 13.36 万 t，其中电力行业 NO_x 2010 年排放总量和“十二五”新增量分别为 25.15 万 t 和 5.17 万 t，如表 2 所示。

表 1 SO_2 排放基数与分行业增量测算表

	2007 年污染源普查 SO_2 排放量	2009 年污染源普查数据调整后的 SO_2 排放量	2010 年 SO_2 排放量（“十一五”估算）	“十二五” SO_2 排放增量
全省 SO_2 排放总量	77.56	82.61	87.36	42.22
电力行业排放量	55.34	64.61	56.59	12.20
其中：自备电厂 SO_2 排放量	6.54	2.91	—	
非电力行业排放量	22.22	18	30.78	30.02
宏观测算结果			30.78	30.02
分行业测算结果	22.22	18	23.06	14.95
冶金行业排放量	1.11	0.019	0.03	0.01
其中：烧结工序 SO_2 排放量			—	
建材行业排放量	3.611	2.22	1.975 7	1.49
其中：砖瓦及建筑砌块	2.53	1.29	0.929 5	0.44
水泥	1.03	0.76	0.873	0.90
建筑陶瓷	0.04	0.12	0.13	0.16
平板玻璃	0.01	0.05	0.043	−0.01
有色金属行业排放量	4.81	2.65	2.685	0.23
石化行业排放量			—	
其中：催化裂化工艺 SO_2 排放量				
其他排放量	12.69	13.12	18.373	12.51

表 2 NO_x 排放基数与分行业增量测算表 单位：万 t

	2007 年污染源普查 NO_x 排放量	2009 年污染源普查数据调整后的 NO_x 排放量	2010 年 NO_x 排放量	“十二五” NO_x 排放增量	其中淘汰落后产能替代 NO_x 增量
全省 NO_x 排放总量合计	31.73	38.92	38.34	13.36	0.747 1
电力行业排放量	20.16	26.2	25.15	5.17	—
其中：自备电厂 NO_x 排放量	—	—	—	—	—
交通运输业排放量	6.69	7.78	7.72	1.63	
其中：黄标柴油车 NO_x 排放量				0	—
水泥行业排放量	1	1.95	2.39	3.32	0.667 1
其他排放量（工业）	3.88	2.99	3.08	2.49	0.08

（二）污染物总量控制不同情景方案污染物削减结果及减排途径分析

根据不同情景下污染物总量控制目标，计算出情景 1 SO_2 和 NO_x 削减量分别为 10.32 万 t 和 4.55 万 t，情景 2 SO_2 和 NO_x 削减量分别为 6.12 万 t 和 2.97 万 t，如表 3 所示。

表 3 “十二五”不同情景下污染物削减量 单位：万 t

情景	总量控制目标（排放量）		产生量		削减量	
	SO_2	NO_x	SO_2	NO_x	SO_2	NO_x
情景 1	58.471 5	25.772	68.79	30.32	10.318 5	4.548
情景 2	62.667 7	27.348 6	68.79	30.32	6.122 3	2.971 4

为确保贵州省污染物总量减排目标圆满完成，“十二五”期间，要坚持以总量控制为主线，做到 5 个落实：一是落实到产业结构调整中，依靠淘汰落后产能腾出总量；二是落实到区域、流域综合治理中，依靠治理减少总量；三是落实到城市建设规划中，依靠优化发展降低总量；四是落实到建设项目评审环节中，“以新带老”消化总量；五是落实到重点企业的发展中，依靠清洁生产削减总量。

SO_2 控制重点：根据 2007 年污染普查数据和 2009 年污染普查更新数据，2009 年贵州省 SO_2 排放主要污染源为火力发电厂，占全社会排放量的 73.35%，占工业排放量的 79.19%。火力发电厂治理对策为：原有电厂完善脱硫设施运行和加强在线监测监督管理，保证脱硫率达到 80%。对未上脱硫设施的矸石电厂上脱硫设施，脱硫率达到 80%。新上火力发电厂上脱硫设施综合脱硫率要达到 85%；自备电厂治理完善脱硫设施运行和加强在线监测监督管理，保证脱硫率达到 70%。对未上脱硫设施的自备电厂上脱硫设施，脱硫率达到 70%。

NO_x 控制重点：根据 2007 年污染普查数据和 2009 年污染普查更新数据，2009 年贵州省 NO_x 排放主要污染源为火力发电厂，占全社会排放量的 57.65%，占工业排放量的 79.58%，其次是机动车，占社会排放量的 25.21%。火力发电控制对策为：原有电厂上低氮燃烧器，加强在线监测监督管理，保证设施正常运行。新上火力发电厂上低氮燃烧器和脱硝设施并保证设施正常运行。

（三）不同情景下减排成本和收益的测算结果

1．不同情景下减排成本测算结果

情景 1 设定下“十二五”期间贵州省大气污染物治理投资和运行费用分别为 30 361.22 万元和 146 758.5 万元，预测分别占 2015 年全省 GDP 的 0.04%和 0.17%；情景 2 设定下“十二五”期间贵州省大气污染物治理投资和运行费用分别为 19 005.28 万元和 95 264.3 万元，预测分别占 2015 年全省 GDP 的 0.02%和 0.11%。预测结果如表 4 所示。

表 4　不同情景设定下大气污染物治理投资和运行费用预测表

情景	削减量/万 t		治理投资/万元		运行费用/万元	
	SO_2	NO_x	SO_2	NO_x	SO_2	NO_x
情景 1	10.318 5	4.548	13 847.427	16 513.788	10 318.5	136 440
情景 2	6.122 3	2.971 4	8 216.126 6	10 789.153 4	6 122.3	89 142

2．不同情景下减排效益预测结果

在减排情景 1 下，预测贵州省的减排效益为 80 476 万元，减排成本为 35 423.9 万元，减排效益是减排成本的 2.7 倍。在情景 2 下，预测贵州省的减排效益为 33 676.7 万元，减排成本为 22 853.9 万元，减排效益是减排成本的 1.5 倍。两种情景的测算结果都表明，贵州省实施污染减排的效益大于成本。结果如表 5 所示。

表 5　贵州省“十二五”期间不同减排情景下的减排效益　　单位：万元

贵州省	健康损失	农业损失	建筑物腐蚀损失	清洁费用	总计
基准情景损失	715 442.7	211 122.5	29 591.4	84 793.0	1 040 949.6
情景 1 的损失	644 066.9	209 726.7	23 529.6	83 150.3	960 473.6
情景 2 的损失	686 775.8	208 110.1	27 594.0	84 793.0	1 007 272.9
情景 1 的效益	71 375.8	1 395.8	6 061.7	1 642.6	80 476.0
情景 2 的效益	28 667.0	3 012.4	1 997.3	0.0	33 676.7

贵州省是我国主要的酸雨控制区，从“十一五”期间的污染减排效果看，实施污染减排后，对缓解贵州省酸雨污染起到积极作用。因此，贵州省“十二五”期间，应继续积极地采取各种减排措施，改善环境质量。

（四）工程项目的筛选结果

根据费用效益分析的一般决策原则，本项目共筛选了 21 个工程削减项目和 30 个管理减排类项目，并对项目重要性进行了初步排序。

五、政策建议

根据模拟分析结果，贵州省实施污染减排的效益大于成本，而且贵州省是我国主要的

酸雨控制区，从“十一五”期间的污染减排效果看，实施污染减排后，对缓解贵州省酸雨污染起到积极作用。因此，贵州省“十二五”期间，应继续积极地采取各种减排措施，改善环境质量。“十二五”期间要实现电力行业减排目标建议采取以下工程、政策及管理措施：

（1）新建燃煤机组全部配套建设脱硫脱硝设施，脱硫效率达到95%以上，脱硝效率达到80%以上。对已投运的脱硫设施中不能稳定达标排放或实际燃煤硫分超过设计硫分的机组进行更新改造，对单机容量30万kW及以上机组、贵阳市单机容量20万kW及以上的燃煤机组实行脱硝改造，综合脱硝效率达70%以上。根据国家产业政策，淘汰落后产能，推动能源结构改变。

（2）突出结构减排，着力降低污染物排放量。按照国家相关产业政策，配合有关部门根据国家已颁布实施的分行业淘汰落后产能标准，进一步加大淘汰力度。

战略环评法在湖北省“十二五”环保规划中的应用研究

一、课题研究背景与目标

（一）研究背景

环境保护规划是我国环境保护工作的重要内容和贯彻落实各级环境保护政策的有效工具，随着环境与发展综合决策机制的建立，特别是规划环境影响评价制度的建立，对环境规划提出了新的要求。目前，省级环保五年规划的内容普遍都遵循着同样的模式，即一是回顾上一个五年规划的执行完成情况，二是结合国家制定的规划目标，提出省级规划目标，三是明确规划的主要任务，四是根据目标确定实现目标的工程项目及投资需求，五是政策保障措施。通常，在以上省级规划的编制模式下，环境规划编制工作是缺乏必要的科学方法引导的，因此，省级环境保护五年规划工作亟须在方法体系上完善，建立一套符合省级需求的环保规划方法，本研究报告是在充分学习国内外战略环评和费用效益分析法的基础上，将战略环评法应用于湖北省“十二五”主要污染物总量减排规划中，为“十二五”总量控制目标的制定提供基础，以提高省级环保规划执行能力，为省级环保规划提供经验借鉴和案例范本，为国家层面的规划评估提供重要基础。

（二）研究目标

通过利用借鉴环境规划战略环评分析技术方法，优化环境规划思路和方案，并将战略环评分析方法应用到省级环保规划的编制中去，提高规划目标制定的科学性，加强对政策措施的优先排序；针对省级环保规划制定和执行过程中存在的问题，对改善和加强五年环保规划及其执行效果提出相关建议，以提高省级环保规划的执行效果。

二、研究思路

开展资料收集，掌握国内外战略环评和费用效益分析法在环境保护规划中的应用，总结学习国际上编制环保规划所广泛采用的方法、先进经验以及适用于中国的方法，结合本省“十一五”环保规划编制和实施过程中存在的问题和需求分析，建立一套适合本省实际的技术方法指导规划编制，为省级环境保护五年规划的编制提供经验借鉴和案例分析。

应用战略环评工具，采用情景分析方法，分领域（水、气等）预测人口和经济社会发展对环境影响的形势分析，将社会经济发展与环境保护有机结合在一起，制定环境保护目标指标体系，提出不同的污染物控制方案。并分析不同污染控制方案对经济社会发展可能产生的影响，提出防控措施。

三、研究内容

（一）情景分析方法概述

情景分析法是战略环评方法的一种。情景分析法在推测的基础上，对可能的未来情景加以描述，同时将一些有关联的单独预测集合形成一个总体的综合预测。它通过对环境的研究，识别影响研究主体或主体发展的外部因素，模拟外部因素可能发生的多种交叉情景以分析和预测各种可能的前景。这种方法最初用于企业管理决策，目前已广泛应用于政府等公共机构的政策分析与战略规划中，如区域发展、交通和垃圾分类等领域，在战略环境影响评价中情景分析法也得到广泛应用。

（二）情景设定和描述

1．情景 1：经济跨越发展，环保严格控制

经济社会发展保持“十一五”期间高速增长水平，地区生产总值年均增长 13.9%。以 2009 年和 2010 年平均人口增长率 2.4%为人口增长速度。主要污染物总量控制目标按照国家以下要求：COD 在 2010 年基础上削减 7.4%（工业+生活 5%），NH_3-N 在 2010 年基础上削减 10.2%（工业+生活 10.4%），SO_2 在 2010 年基础上削减 8.3%，NO_x 在 2010 年基础上削减 7.5%。

2．情景 2：经济平稳发展，环保有效控制

经济社会发展按照《湖北省经济和社会发展第十二个五年规划》目标要求：地区生产总值年均增长 10%，人口增长保持“十一五”期间平均增幅。主要污染物总量控制目标为 COD 在 2010 年基础上削减 4.8%，NH_3-N 在 2010 年基础上削减 5.0%，SO_2 在 2010 年基础上削减 6.5%，NO_x 在 2010 年基础上削减 5.0%。

表 1 情景设定表

	人口增长率/%	GDP 增长率/%	主要污染物排放总量控制目标/%			
			COD	NH_3-N	SO_2	NO_x
情景 1	2.4	13.9	7.4	10.2	8.3	7.5
情景 2	1.8	10.0	4.8	5.0	6.5	5.0

（三）经济社会参数预测

分情景对湖北省“十二五”GDP、工业增加值、城镇常住人口、畜禽增长率、能源消费等进行预测分析。预测结果见表 2。

表 2 经济发展参数一览表

指标	情景 1 取值	情景 2 取值
GDP 增长率/%	13.9	10.0
工业增加值增长率/%	21.3	12.0
城镇常住人口增长率/%	2.4	1.8
畜禽增长率/%		
其中：猪	6.70	5.69
奶牛	4.30	3.66
肉牛	8.21	6.98
蛋鸡	9.75	8.29
肉鸡	12.67	10.77
电力煤炭消费量增长率/%	11.52	9.7

（四）主要污染物新增量预测

1. COD 和 NH_3-N 产生量预测

工业 COD 新增量采用单位 GDP 排放强度法测算，工业 NH_3-N 新增量采用分行业单位工业增加值排放强度法预测。生活源新增量采用产污系数法进行预测。湖北省生活 COD 产污系数取 71 g/（人·d），NH_3-N 产污系数取 8.0 g/（人·d）。农业源产生量预测采用产污系数法。预测结果见表 3。

表 3 COD 和 NH_3-N 新增量预测表 单位：万 t

	COD			NH_3-N		
	工业	生活	农业	工业	生活	农业
情景 1	6.48	9.23	18.9	0.78	1.04	0.72
情景 2	4.78	6.84	15.5	0.55	0.77	0.59

2. SO_2 新增量预测

SO_2 新增量采用宏观测算方法，分为电力和非电力两部分进行测算。电力行业 SO_2 新增量根据电力煤炭消费增量、燃煤硫分和脱硫效率进行测算；非电力行业 SO_2 新增量采取宏观测算方法，根据非电力行业煤炭消费增量、非电力行业单位煤炭消费量的 SO_2 排放强度测算。预测结果见表 4。

表 4 SO_2 新增量预测表 单位：万 t

	电力行业	非电力行业	合计
情景 1	6.51	5.98	12.49
情景 2	5.33	4.9	10.23

3. NO_x 新增量预测

NO_x 新增量预测按照电力行业、交通运输行业、水泥行业、其他行业 4 部分测算，其中交通、水泥、其他行业"十二五"期间淘汰落后产能等量替代部分单独测算新增量。

电力行业NO_x新增量采用单位燃煤量的排污系数法进行测算；水泥行业NO_x新增量根据水泥行业新增产品产量、采用排污系数法进行测算；机动车NO_x新增量分车型进行预测；其他排放源的NO_x新增量按照煤炭消费增量和基准年排放强度测算。预测结果见表 5。

表 5 NO_x新增量预测表 单位：万 t

	电力	水泥	机动车	其他行业	合计
情景 1	4.11	4.04	5.3	4.19	17.64
情景 2	3.77	1.63	4.75	3.43	13.58

（五）主要污染物减排途径及减排量测算

1．水污染物减排途径分析

工业源方面，按照国家产业结构调整要求，重点对造纸、化工、饮料制造、农副食品加工、纺织印染等规模小、生产工艺落后的企业进行结构调整；企业深度治理主要集中在化工、造纸、饮料、食品加工、纺织印染等行业。据统计，工业减排项目 220 个，可实现 COD 削减量 6.24 万 t，NH_3-N 削减量 0.75 万 t。

生活源方面，全省通过结转、新建、扩建城镇污水处理厂，对现有城镇污水处理厂进行提标改造、管网改造、再生水、污泥处理处置等项目实施减排。据统计，生活减排项目 263 个，可实现 COD 削减量 10.53 万 t，NH_3-N 削减量 1.5 万 t。

农业源方面，主要通过畜禽养殖污染治理和取缔重点流域区域水产养殖污染治理。畜禽养殖污染治理重点针对规模化畜禽养殖场和养殖小区进行污染物整治工作；水产养殖重点针对南水北调中线水源区丹江口库区和清江流域开展结构调整、取缔等措施。据统计，农业减排项目 439 个，可实现 COD 削减量 22.44 万 t，NH_3-N 削减量 0.72 万 t。

2．大气污染物减排途径分析

SO_2减排途径主要包括产业结构和工业布局进行调整，电力行业脱硫设施的建设和已建成脱硫设施的运行监管，钢铁行业烧结机的脱硫改造，石化、建材、有色金属及其他行业烟气脱硫的建设。据统计，SO_2减排项目 886 个，预计新增削减量 16.66 万 t。

NO_x减排途径包括电力行业燃煤机组低氮燃烧技术改造和脱硝设施建设，水泥行业NO_x减排适用技术的推广和应用，冶金行业烟气脱硝示范工程建设，35 t 以上的燃煤锅炉低氮燃烧示范工程建设和机动车强制淘汰。据统计，NO_x减排项目 903 个，淘汰车辆 93.3 万辆，预计新增削减量 20.61 万 t。

四、主要结论

根据"十二五"新增量预测和减排途径的分析，得到两个情景下 4 项主要污染物相对于现状的削减比例，见表 6。和设定目标相比，采用相同的减排途径和削减量，在情景 1 下难以达到预定的减排目标，在情景 2 下能够完成预定目标。

情景 1 较情景 2 相比，社会经济发展延续"十一五"时期的快速发展，按照"十一五"

污染物排放强度的降幅，预计到“十二五”末，污染物的排放量会持续加大。导致情景 1 目标不可达的主要不确定性因素有两个方面，一是湖北省经济长期积累的结构性矛盾尚未根本解决。三次产业中，工业比重偏大，工业中重工业又占 70%左右，重工业中资源消耗型产业比重偏大。这种产业结构决定了湖北省单位生产总值能耗水平和主要污染物排放在短时间内大幅下降的难度较大，这就需要重点推进产业结构转型和节能减排工作。二是规划减排项目落实实施的不确定性。减排项目从规划到实施，过程受到资金、气候条件等多种因素的影响，将给减排带来不确定性，尤其是“十二五”新增的减排领域，水泥行业的 NO_x 减排和农业源减排。

“十二五”时期湖北省将实现跨越式发展，经济社会发展与环境容量有限的矛盾势必更加突出，要达到情景 1 下的总量目标任务，重中之重是要进一步推进产业结构转型，逐步转变发展方式。做好各部门之间的规划衔接和协调工作，充分挖掘减排潜力，加大资金投入，优化项目构成，使工程项目能够完全发挥减排效益。

表 6 “十二五”污染物总量减排测算分析表

情景	指标	2010 年预测排放量/万 t	2015 年控制目标/万 t	2015 年预计排放量/万 t	削减比例/%
情景 1	COD	137.7	127.51	133.1	3.34
	NH_3-N	9.81	8.81	9.38	4.38
	SO_2	60.63	55.60	56.46	6.88
	NO_x	64.67	59.82	61.7	4.59
情景 2	COD	137.7	131.09	125.61	8.78
	NH_3-N	9.81	9.32	8.75	10.81
	SO_2	60.63	56.69	54.2	10.61
	NO_x	64.67	61.44	57.64	10.87

注：以上内容中的数据均采用 2009 年研究报告数据。

五、政策建议

根据上述预测分析，提出以下 7 方面的经济社会和环境协调发展综合措施建议。一是加强组织领导、强化目标考核，构建“十二五”污染减排工作管理体系。二是强化结构减排、淘汰落后产能，推动污染减排和优化经济结构相结合。三是细化工程减排、拓展减排空间，确保减排任务与具体减排工程项目相对应。四是强化监管减排，严格环境执法，形成推动污染减排的监测、督查、考核三大体系。五是着重环境质量，优化考核指标，实现环境质量和污染物总量指标双控制。六是加大科技研发，推广减排技术，挖掘新技术、新标准的减排潜力。七是加强减排宣传，动员社会力量，营造全员参与污染减排的良好氛围。

第六部分

其　他

环境规划文献检索分析与综合评估研究
环境规划院（所）发展评估报告
环境规划学科发展评估

环境规划文献检索分析与综合评估研究

一、课题研究背景与目标

（一）研究背景

我国的环境规划编制工作始于20世纪70年代，随之而发展起来的环境规划研究，在逐步夯实环境规划理论基础的同时，重点对规划体系、规划方法、规划技术和规划实施等开展了深入的研究，指导了我国环境规划学科和规划工作的整体发展。进入21世纪以来，环境规划的研究内容逐渐丰富、规划理念日益先进，研究队伍不断壮大，研究成果呈加速增长趋势。目前，我国的环境规划已经发展成为一个纵横交错的体系，并成为整个国家总体发展规划中的一部分。相对于国家总的规划体系而言，环境规划是一个多层次、多要素、多时段的专项规划体系，指导着我国环境保护工作的任务及发展方向。环境规划按区域范围和层次可分为国家环境规划、区域环境规划、部门环境规划等；按环境规划的性质可分为污染综合防治规划、生态规划及专题规划等；按环境要素可将环境规划分为水污染控制规划、大气污染控制规划、固体废物处理与处置规划、噪声控制规划等；按时段划分可分为长期环境规划、中期环境规划以及短期环境规划（年度环境保护计划）等。

为系统了解我国环境规划研究的发展态势并与国际上相关领域进行对比，有必要对30多年来我国环境规划领域的研究成果进行系统的评估，为“十二五”期间国家环境规划专业学科及科学研究的发展提供参考。其中，研究成果是学科发展水平的重要体现，通过分析环境规划专业的成果，能清晰地展示环境规划学科的发展成就、梳理学科发展脉络、总结学科发展规律，并识别出环境规划学科发展的优势和潜力，本研究正是基于此背景开展的。

（二）研究目标

主要目标包括：①系统的环境规划领域研究成果收集，构建环境规划文献数据库；②全面的环境规划领域研究成果评估；③提出环境规划研究发展的系统建议。

二、研究思路

学术论文是学科研究成果最主要的表达方式。随着网络技术的发展，几乎所有领域的学术论文都会公开发表在国内外期刊并以电子资源的形式出现。对公开发表的环境规划相关文献进行检索、分析与总结，是学科研究成果最简捷准确的评估方式。本研究即是在对相关文献检索收集的基础上进行的（图 2-1）。

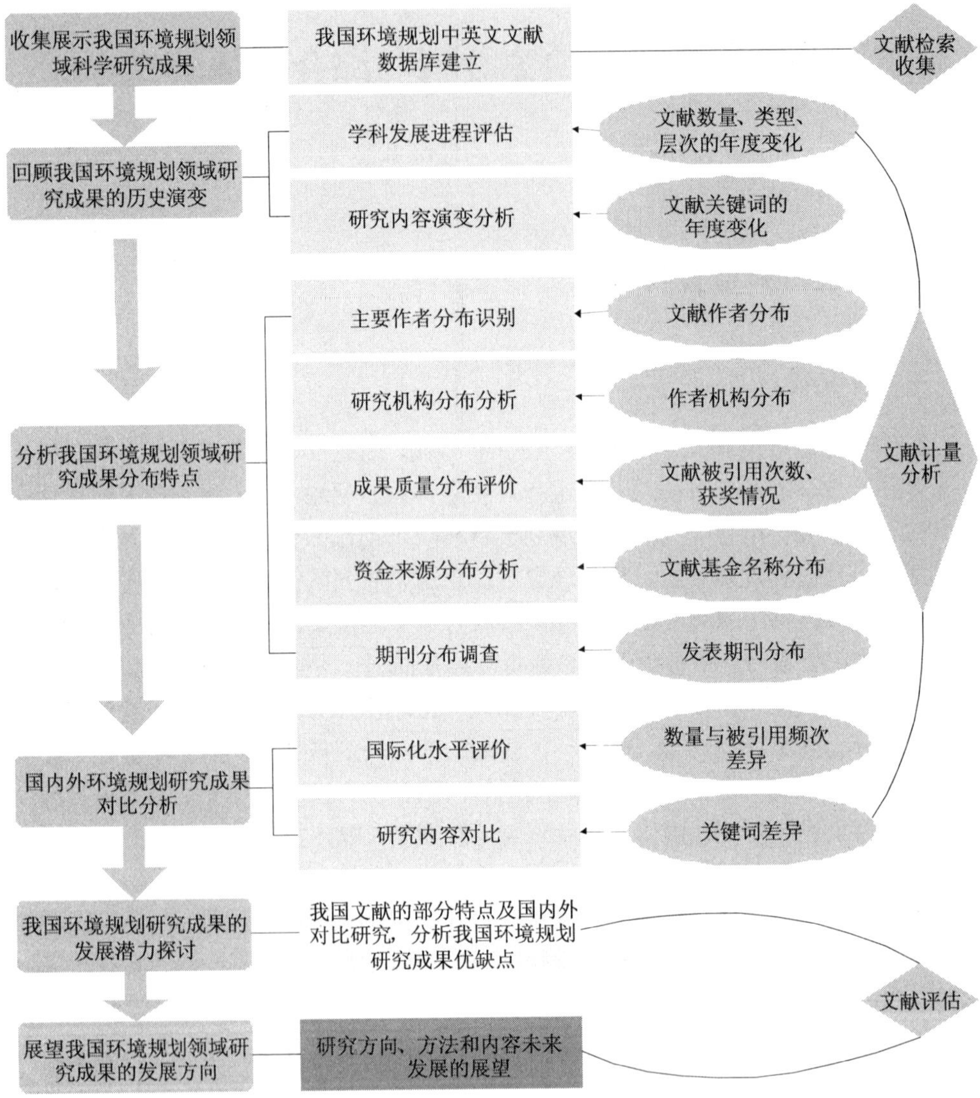

图 1　环境规划学科研究成果评估技术路线

三、研究内容

本研究试图梳理近 40 年来环境规划领域的学科发展脉络，为下一阶段我国环境规划学科的合理发展提供依据。主要内容分为 3 大部分：①环境规划中英文文献数据库的建立；②我国环境规划领域文献的计量分析；③我国环境规划领域文献评估。

明确我国环境规划领域的发展时间和涵盖范围，是进行文献检索与搜集的前提。根据我国环境规划学科发展的进程，选择 30～40 年的时间尺度做总结，具体为 1973—2010 年。领域涵盖范围则通过关键词进行锁定，本研究检索所用的关键词列表建立流程为：重点期刊的选取—词频统计—词汇分类—错误与重复的删除—专家鉴定—关键词表建立。

在数据库的选择上，尽可能涵盖期刊论文、会议论文和学位论文，最终选取期刊涵盖最广的、最具权威性的 CNKI 中国期刊网数据库（包括中国学术期刊网络出版总库、中国重要会议全文数据库、中国博士学位论文数据库和中国优秀硕士学位论文数据库）、ISI 科学引文索引数据库（含会议论文版）和 EI 工程索引数据库作为主要的检索数据库。

通过文献检索、查重及专家判断分析，最终纳入环境规划专业文献数据库的中文文献有 5 343 篇、英文文献有 23 705 篇，其中中国作者发表的英文文献共 1 635 篇，涵盖了近 40 年来我国环境规划领域研究人员和研究机构在国内外期刊公开发表的中文和英文文献以及同时期全球研究人员公开发表的英文文献。基于数据库的检索结果，开展文献计量分析，总结中英文文献研究内容、研究层次、成果发表方式、成果数量和质量、主要研究机构等的分布特点和逐年变化规律，以此为依据对我国环境规划领域的研究成果做定量评估。具体的评估思路如下。

1. 我国环境规划领域研究成果的历史演变分析

通过不同年份公开发表的文献数量的不同，判断我国环境规划的学科发展速度和阶段；通过不同年份研究成果发表方式（如期刊、博硕士论文、会议论文、报纸）的比较，判断研究学者的交流方式、学者类型等信息；通过不同年份文献主要关键词的比较，判断研究内容的演变和当前热点问题。在此基础上，参考我国不同时期的环境政策，分析学科发展演变趋势的政策性原因。

2. 我国环境规划领域研究成果的分布特征分析

统计分析文献作者、研究机构、期刊来源、被引用次数、资助基金等信息，了解我国学者人数与研究成果数量之间的关系，筛选对学科领域有突出贡献的学者、期刊和研究机构，判断主要的学科资助基金来源，为进一步的学科发展评估提供基础。

3. 环境规划的国际研究成果评估及国内外对比分析

遵循上述的文献计量方法步骤，分析国际学者发表的英文文献，探究环境规划的国际发展趋势，并与国内学者发表的中英文文献作对比，总结国内外研究成果的主要差异，确定现阶段我国环境规划研究的国际化水平，剖析我国与国际研究在内容与方法上的不同。

4. 国内外环境规划研究内容与方法总结

以数据库为基础，浏览国内外文献的关键词和摘要，查看重点文献全文，总结出近 40 年来环境规划领域的研究内容和重点方法，为我国学者全局概览环境规划学科内涵、寻找研究重点和研究方向提供依据。

5. 我国环境规划研究的发展潜力分析

通过我国研究成果的历史演变、分布特点与国内外对比分析结果，总结我国环境规划领域研究成果的优缺点与存在问题，判断学科发展潜力。

6. 我国环境规划领域未来的发展方向判断

对我国环境规划领域的发展方向作出判断，分析未来我国未来环境规划领域研究成果数量和质量的发展空间以及可能关注的重点领域。

四、主要结论

（一）时间尺度评估

自20世纪70年代以来，我国环境规划科学的研究经历了一个从缓慢到迅速的发展过程，大体可以分为4个时期：

（1）起始阶段（1973—1985）：这一时期，国内研究环境规划的学者共约150人，公开发表中文文献152篇。文献类型全部为期刊论文，其内容多为生态环境污染和保护理论的概念性探索，主要研究对象为水质和水环境，研究尺度多为城市，成熟的研究方法尚未出现。

（2）尝试阶段（1986—1995）：1986年后的10年间，国内环境规划领域学者有661人，公开发表中文文献545篇，英文文献9篇。发表方式除期刊外，也出现了少量的会议论文和博士学位论文，环境规划专业人才的培养开始出现。这一时期水环境容量等内容逐渐成为研究重点，规划方法的应用开始起步，环境信息系统和少量的模型得到应用，研究尺度仍以城市为主。

（3）发展与完善阶段（1996—2005）：在环境规划学科大发展的20世纪末，领域内研究人员达到3 450人，公开发表中文文献2 296篇，英文文献447篇。发表方式中会议论文和硕士学位论文的比例提高，人才培养得到重视。区域综合管理受到重视，环境规划与生态建设、可持续发展理论开始深入研究，地理信息系统（GIS）、环境信息系统和神经网络模型等研究方法得到广泛应用。

（4）当前（2006—2010）：“十一五”期间，环境规划领域学者已有3 987人，公开发表中文文献2 350篇，英文文献1 179篇，硕士学位论文的比例进一步提高。环境规划的指导思想由静态型的目标规划转向过程控制型的动态规划，规划的体系趋于完整、“编制—实施—评估—反馈”全过程控制体系进一步完善，并且更加注重空间引导与落地控制。区域性研究已经成为主流，研究对象由水环境转向土地、景观等多领域，GIS及各种评价、评估、模拟、预测与优化模型成为主要的研究工具。

（二）国内外对比评估

和国外相比，我国的环境规划研究起步较晚，发展相对滞后。但1996年以后，我国学者在国际发表文献的数量显著增加。2006年以来我国的环境规划学科发展速度已超过世界平均水平，研究成果的水准得到认可，开始得到国际机构的资金支持。

从研究内容上来看，我国早期的环境规划侧重于生态系统、环境保护、可持续发展等概念性的研究，针对具体问题（如水资源、土地利用等）的研究相对较少，2006年以后逐步具体化；国外研究则从对水资源、水质水供应等具体问题开始，生态系统、可持续发展等得到重视。国内的研究尺度在前期以城市规划为主，区域规划为辅，目前区域研究已经成为主流；国外的研究因内容较具体，研究尺度经历了从河流到流域、城市规划到战略规划的发展过程，目前以战略规划和城市规划为主。方法上来看，国内研究广泛采用地理信息系统，神经网络、遥感等手段应用也较多，模型方法近几年逐步得到重视；国外则较为推崇数学模型和优化方法（表 1）。

表 1 不同时期国内外环境规划研究内容的对比分析

时间段	项目	国内中文文献	国内作者的英文文献	国际英文文献
1973—1985 年	研究内容	污染、环境保护、生态、环境管理与预测、水质、水环境、区域管理	无	水资源、水供应、水文地理学、水质、水污染、区域规划、环境保护
	研究尺度	城市为主，区域为辅		城市、河流、水库
	研究方法	尚未成形		数学模型、优化
1986—1995 年	研究内容	污染治理、生态、环境保护、环境质量与管理、水环境容量、环境预测、环境影响评价	河流、环境保护、资源保护、水资源战略	规划管理、水资源、环境保护、水供应、环境影响、水质、战略规划、生态系统、土地利用
	研究尺度	城市为主，区域为辅	不清晰	城市、流域
	研究方法	环境信息系统	未成型	数学模型、最优化
1996—2005 年	研究内容	生态系统概念上升 环境规划与生态建设、可持续发展理论出现	环境影响、水资源、生态、土地利用、可持续发展、区域规划、战略规划	规划管理、环境影响、水资源、环境保护、战略规划、生态学、水质、决策、土地利用
	研究尺度	城市为主，区域未受重视	城市为主，区域开始涉及	城市为主
	研究方法	GIS、环境信息系统、神经网络	数学模型、最优化、遥感、GIS	数学模型、优化
2006—2010 年	研究内容	水环境、景观生态、土地利用、可持续发展、环境影响评价	水资源、战略规划、可持续发展、土地利用、生态、环境影响	管理规划、水资源、环境影响、生态学、战略规划、可持续发展、土地利用、水质、决策
	研究尺度	区域管理成为重点	城市为主	城市为主
	研究方法	多种模型、GIS	最优化、数学模型	优化、数学模型

（二）发展趋势评估

通过对比国内外环境规划专业的发展趋势，可以预测我国未来的环境规划将会兼顾宏观与微观，综合运用景观生态学、恢复生态学和数学模型与优化等多种方法集中研究水资源管理等具体环境问题。从发展基础上看，环境规划最终可能一方面趋向于战略性的规划，为区域（流域）的可持续发展及环境与社会发展的协调提供决策支撑；另一方面趋向于对更为实际和具体的问题进行深入研究，重点关注规划实施、效果评估、规划决策和制度体系的设计，模型技术及环境信息技术的应用将更为普遍和广泛。

综上所述，从文献评估的结果来看，我国的环境规划研究已进入理论研究与实际应用相结合、长期战略规划与区域规划协调进行的快速发展时期，学科内部发展日趋完善，且受到国家决策者和国内外相关领域研究人员越来越多的关注和认可。

环境规划院（所）发展评估报告

一、课题研究背景与目标

（一）研究背景

环境保护从“公害”和“三废”问题，已经发展到国家纲领性的“科学发展观”和“生态文明”的高度。从20世纪70年代开始，中国环境保护事业经历了70年代的萌芽和起步阶段、80年代的奠基和成长阶段、90年代以后的发展和壮大阶段。进入21世纪，特别是“十一五”期间，以贯彻落实全面、协调、可持续的科学发展观为宗旨，“科学发展，规划先行”的发展理念成为当前和未来环境保护工作的指导思想，环境保护工作重心也随之发生了重大转变，从“先污染、后治理”和末端的污染防治向可持续发展、以环境优化经济发展的方向转变，从单纯依靠行政和法律的双重刚性约束机制向“规划先导、行政支持、法律约束、制度保障”的多重规制逐步转变，规划在环境保护事业中的作用愈加重要，环境规划事业出现了快速、良好的发展态势。在此基础上，处于环境规划工作一线的环境规划院（所）也就自然成为影响这项事业乃至整个环境保护工作发展的一个重要因素。

（二）研究目标

通过对全国（不包括港、澳、台地区）31个省、自治区、直辖市环境规划院（所）的发展状况进行调查评估，从支撑环境保护事业发展的角度出发，集思广益，提出环境规划院（所）发展趋势、定位和模式，进一步提升规划对环保事业的支撑和保障。

二、研究思路

以问卷统计、实地调研、会议访谈和电话咨询等方式对环境规划院（所）机构设置、人员编制、专业结构、承担的主要项目及成果、在环境保护工作中的作用等内容进行调查（调查数据截至2010年6月30日），摸清其发展现状，回顾其发展历程，分析其未来发展趋势，从而提出发展定位和模式，对存在的不足提出相应的政策建议，得出评估结论。

三、研究内容

（一）现状调查与评估

调研共发放调查问卷 61 份，反馈问卷 47 份；实地调研北京、上海、河北、山西、辽宁、江苏、江西、陕西等 8 个具有代表性的省、市；对 31 个省、自治区、直辖市（不包括港、澳、台地区）环保系统内部从事环境规划管理和科研的 100 余人进行了面对面访谈和电话咨询。

1. 基本情况

截至 2010 年 6 月 30 日，全国范围内共有 3 家省级环境规划院，其中只有山西省环境规划院 1 家独立法人机构，非独立法人机构分别是山东省环境规划院、青海省环境保护规划院 2 家；各省环保系统科研机构内部设立的环境规划所 23 家，安徽、福建、贵州、西藏、宁夏等 5 省（自治区）环保系统内未设专门环境规划院（所）。环境规划院（所）的经费来源主要包括政府拨款和项目经营所得，目前环境规划院（所）中共计有全额拨款机构 15 个，差额拨款机构 8 个，自收自支机构 3 个。

评估范围内的环境规划院（所）从事环境规划工作的人员 324 人，其中在编人员 184 人，聘用人员 140 人，专业技术人员 307 人，综合管理人员 17 人，在编人员占 56.79%，聘用人员占 43.21%。30 岁以下 179 人，30～45 岁 127 人，45 岁以上 18 人，90%以上的人员小于 45 岁，50%以上的人员小于 30 岁。

评估范围内环境规划院（所）人员中，具有本科以上学历的总人数为 309 人，其中本科 87 人，硕士 188 人，博士 34 人，其他学历 15 人；本科占 28.16%，硕士占 60.84%，博士占 11.00%。硕士研究生以上的高学历人才占 71.84%，职称以中级为主。

评估范围内环境规划院（所）人员中，环境科学类专业占 32.11%，环境工程类专业占 29.32%，生态学专业占 9.88%，资源环境与城乡规划管理专业占 4.63%，地理信息系统专业占 4.01%，前 4 类专业占 75.94%，其余专业占 24.06%。整体上，环境科学和环境工程 2 个专业占到 61.43%。

全国环境规划院（所）独立拥有单价 2 万元以上设备 28 台（套），单价 2 万元以下设备 338 台（套），图书 1 179 册，期刊 30 种，其他专业性资料 726 种（册），11 个省建设了内部局域网络，21 个省与外部互联网形成共享机制，12 个省同时建有内外网络系统，15 个省建立了独立网站或网页，山西、湖南、广东、海南 4 省建立了信息管理系统。

2. 项目状况

评估范围内的环境规划院（所）开展项目 747 项，其中综合类环保规划 120 项，专项环保规划 214 项，规划环评 77 项，政策研究 242 项，工程可研类项目 23 项，其他咨询类项目 71 项。环境规划和环境政策类项目占 77.11%。项目的层次省级占 63.72%，市县级占 25.70%，国家级（含部）所占比例较小。

3. 发展成就

评估范围内的环境规划院（所）已经形成的运行机制主要有两类，一类为事业单位，另一类为企业。事业单位运行机制的环境规划院（所）占较大的比例。事业单位内部又因其性质和经费来源的不同分为全额非独立法人、差额非独立法人、自收自支独立法人。

评估范围内的环境规划院（所）获得各类奖励 48 项，其中国家奖励 7 项，省级奖励 41 项，以省级奖励为主。发表相关学术论文 393 篇（1999—2010 年），上海、浙江、河北发表论文较多。出版专著 11 部。北京、河北、上海等设立有硕士点，辽宁和浙江设立有博士后流动站。

评估范围内的环境规划院（所）中，共提供决策咨询报告 95 份，1/3 的工作是为环境保护行政主管部门的指令性工作提供相关技术服务。

（二）发展历程

环境规划院（所）的发展历程可以分为 3 个阶段。1999—2003 年为起步阶段，这一时期环境规划所均为在本省环科院内部设立，作为环科院的一个职能部门专门从事环境规划及相关政策研究工作。2004—2006 年为发展阶段，这一时期伴随着环境规划受重视程度的提升，环境规划所大量成立。2007 年至今为发展的转折阶段，这一时期除了环境规划院（所）在数量上增加外，也出现了质的变化，2007 年 12 月，全国第一个省级环境规划院——山西省环境规划院的成立，标志着环境规划院（所）的发展进入了全新的发展阶段。

（三）发展趋势、定位和模式

1. 发展趋势

从环境规划院（所）发展的现状调研可以看出，环境规划院（所）的发展从 1999 年第一家环境规划所成立，到 2007 年山西省环境规划院的成立，总体呈现出了快速发展、逐步壮大、日趋成熟的发展态势（图 1）。

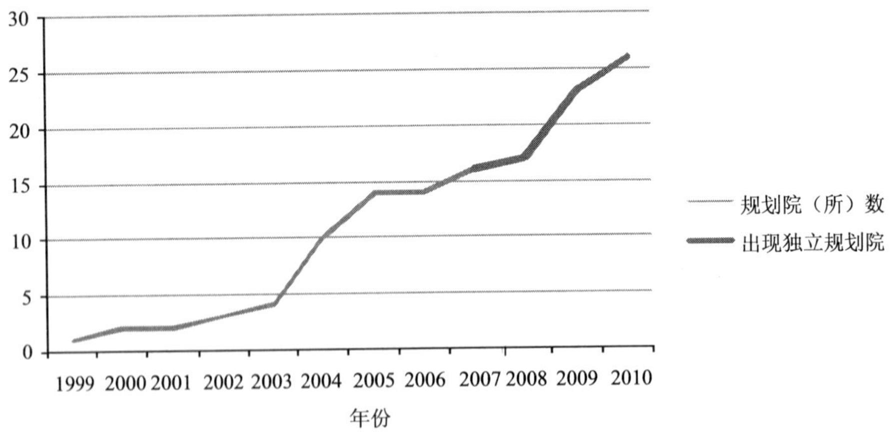

图 1 环境规划院（所）发展趋势图

2. 发展定位

从历史发展的角度和现实的需求出发，环境规划院（所）的发展定位是：依托自身技术优势，为政府宏观决策提供技术支撑，开展环境规划的编制、实施、评估和考核服务，同时积极进行环境规划等相关领域内的环境基础调查、环境管理所需的环境保护政策及技术研究，并发挥自身技术优势，为社会提供环境规划等相关项目方面的技术咨询服务，系统把握区域环境问题，全面服务环境保护宏观决策（图 2）。

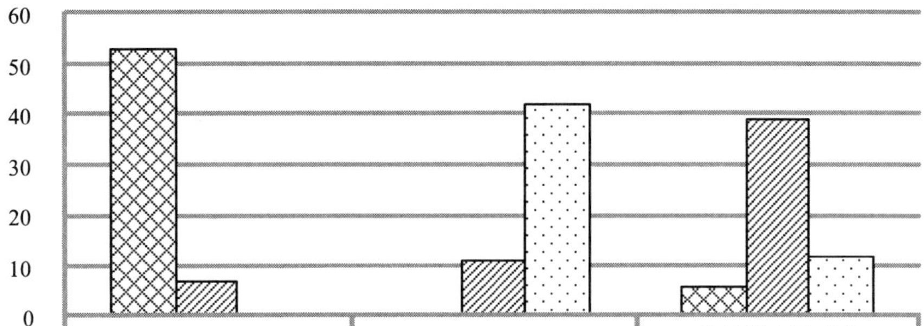

	为政府提供决策支持	为社会提供咨询服务	开展环境保护政策方面的研究
首要/个	53	0	6
次要/个	7	11	39
再次要/个	0	42	12

图 2 环境规划院（所）发展定位调查情况

3. 发展模式

当前环境规划院（所）的发展模式有 5 种，以环科院内部设立专门从事环境规划机构为特征的“一般模式”，以山西省环境规划院为代表的“山西模式”，以山东省环境规划院为代表的“山东模式”，以江苏省环境科学研究院环境规划所（现更名为“大气污染防治研究所”）为代表的“江苏模式”和以青海省环境保护规划院为代表的“青海模式”。以上 5 种模式又可以概括为 4 类，分别为全额或差额独立事业单位模式、全额或差额非独立事业单位模式、自收自支独立事业单位模式、市场化（企业）模式。综合分析：全额或差额独立事业单位模式为首选，考虑客观因素，从“一般模式”逐步过渡到符合现实发展需求的模式，应为环境规划院（所）在发展模式上的路径选择（图 3）。

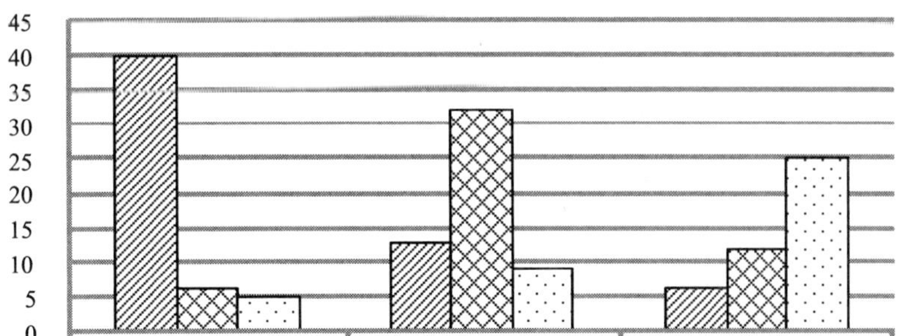

	独立事业机构	现有环保科研机构中增设	市场化机构
首要/个	40	13	6
次要/个	6	32	12
再次要/个	5	9	25

图 3 环境规划院（所）发展模式调查状况

四、主要结论

（1）成立专门性、独立的环境规划院（所），便于深入系统研究区域环境问题，编制符合区域环境管理实际需要的环境规划，是落实科学发展观、实现环保三个“历史性转变”的必然要求。

（2）围绕开展环境规划的编制、实施、评估和考核服务，为政府宏观决策提供技术支撑，并进行环境规划等相关领域内的环境基础调查、环境管理所需的环境保护政策及技术研究，全面服务环境保护宏观决策是环境规划院（所）发展的根本定位。

（3）环境规划院（所）经历了从初期隶属于本省环保科研机构的环境规划所，到今天独立环境规划院（所）迅速建立，以 2007 年山西省环境规划院的出现为转折点，环境规划院（所）发展进入了一个转折发展的关键阶段。

（4）环境规划院（所）经过 10 年的发展，自身建设取得了一定的成效，但是由于还存在机构建设相对滞后、定位与发展模式不明等制约发展的问题，环境规划院（所）发展与现实需求之间存在差距。

（5）基于环境规划院（所）的发展定位和模式，从编制、实施环境规划以及为政府更好地提供宏观决策服务的角度出发，保证环境规划院（所）的公益性色彩，以政府支持为主、以市场参与为辅助的多元化道路应该成为环境规划院（所）未来发展的主导模式。

五、政策建议

（1）建议借开展环境保护“十二五”规划编制的有利时机和条件，积极推动解决环境规划院（所）发展过程中所面临的制约因素，通过行政部门明确其职能定位和发展模式，从而保证环境规划院（所）的健康发展，进一步提高环境规划的科学性和重要性。

（2）建议通过国家出台相关鼓励政策的方式，参照已经建立的独立的环保部环境规划院和省级环境规划院的发展模式，或采取地方立法的方式，通过制定地方环境规划管理规定（办法）和《环境规划法》，推动环境规划院（所）的建立。

（3）建议以环境规划院（所）为发展平台，积聚大量的从事宏观环境保护的人才，抓住当前国家大力发展环境规划院（所）的良好机遇，积极推动环境规划专业学科的设立和发展，形成以机构建立促进学科发展，以学科发展带动机构前进的互动互促机制。

（4）建议从政府财政的角度增加对环境规划院（所）建设方面的投入，并尽可能从机制、体制方面改善当前现状，以更有利于环境规划院（所）的健康、有序发展，以更好地服务于环境保护工作。

（5）建议进一步强化环境规划院（所）的装备设施，加大基础性的资金、设备的投入和系统软件开发，建立对环境规划起相应支撑作用的各种数学模型、信息管理系统等，切实保障环境规划工作。

环境规划学科发展评估

一、课题研究背景与目标

（一）研究背景

“十一五”期间，我国的环境规划在科研、教学、实践以及人才培养等方面取得了丰硕成果，同时，环境规划在理论基础、方法体系、规划对象以及规划与决策等方面也逐步得到完善，并根据国家环境管理的需求，开拓新的研究和应用领域。因此，有必要对我国目前的环境规划实践和技术方法进行评估，总结经验，发现不足，为将来环境规划的进一步发展提供坚实可靠的依据。

（二）研究目标

通过实地调查和网上检索，分析总结我国目前在环境规划中所取得的成绩以及存在的不足，并提出相应的措施以提高我国环境规划的可持续发展。

二、研究思路

为了全面评估我国目前环境规划的发展情况，本研究将通过实地调查和网上检索方式从环境规划学科点建设情况、人才培养情况和科学研究情况进行研究。

三、研究内容

（一）环境规划学科点建设情况

主要调查和分析我国环境规划学科点的单位、学科点负责人、博士点、硕士点、学士点的学科设置和课程开设情况。

（二）环境规划学科人才培养情况

主要调查和分析中国学者编写的《环境规划》教材情况；从事环境规划方向研究的博士学位论文及硕士学位论文情况；中国环境规划学科的学生教育情况。

（三）环境规划学科科学研究情况

主要调查和分析国家社科基金、国家自然科学基金、国家重点科研计划中有关环境规划方向的研究项目情况；中国环境规划学科学科带头人，科研团队的建设情况，及国内环境规划主要相关的研究所情况；中国学者在国内出版的环境规划类著作的情况；中国环境规划学科的专利发明、学术平台建设和专门性研究机构的发展情况。

四、主要结论

（一）环境规划学科点建设情况

截至 2010 年，全国拥有环境规划研究方向的博士生授权点单位 27 个，拥有的全部环境相关学科博士授权点是 40 个，环境规划方向的博士点院校数量占设置有环境相关专业的院校总量的 67%。其中，学科名称为“环境规划与管理”的有 2 所，学科名称为“环境工程”的有 6 所，学科名称为“环境科学与工程”的有 5 所，院校最多的学科名称为“环境科学”，共 9 所，这主要是因为环境规划学科隶属于环境科学学科，而其自身的发展层面还需要进一步扩大。这些院校主要研究方向是环境规划与管理、环境规划与评价等，其中，有 18 所院校以“环境规划与管理”作为研究方向。

截至 2010 年，拥有环境规划研究方向的硕士授权单位 102 个，拥有的全部环境类相关学科硕士授权点的单位有 148 个，有环境规划方向的硕士点数量占环境相关专业总量的 69%。其中，学科名称为“环境规划与管理”的有 2 所，学科名称为“环境工程”的有 15 所，学科名称为“环境科学与工程”的有 18 所，同时拥有“环境工程”与“环境科学”2 个学科的院校有 11 所，院校最多的学科名称与博士点的情况相同，为“环境科学”，共 52 所。这些院校主要研究方向是环境规划与管理、环境规划与评价等，其中，有 54 所院校以“环境规划与管理”作为研究方向，17 所院校以“环境规划与评价”作为研究方向，有 7 所院校以“环境评价规划与管理”作为研究方向，有 2 所直接以“环境规划”作为研究方向：北京大学和西北农林科技大学。

环境规划的硕士点数量只比博士点所占的比例多 2 个百分点，基本上相同，但是数量却远比博士点多。可见环境规划学科的硕士点建设情况虽然好于博士点，但是受到的重视程度是相同的，只要加大建设力度，都还有很大的发展空间。

我国本科院校设置环境规划相关课程的高校一共 314 所，其中，一本高校 127 所，二本高校 169 所，三本高校 18 所。其中，设置有环境规划相关课程的学科名称主要有：环境科学、环境工程、资源环境与城乡规划管理、城市规划、环境监测与治理等。有 202 所高校只有上述中的 1 个学科设置了环境规划课程，而另外一些高校在上述两三个学科中都设置了环境规划的相关课程，其中，有 101 所高校在上述两个学科中设置了环境规划相关专业，有 11 所高校在上述 3 个学科中设置了环境规划相关专业。

课程设置有环境规划（学）、环境规划与管理、环境质量评价与规划、环境监测系统与规划、环境规划与评价、环境评价规划与管理、生态规划与环境评价、城市生态规划、环境总体规划、环境影响评价与环境规划、环境资源规划与区划、水环境规划与管理、环境系统规划与管理、生态（环境）规划、区域（环境）规划、环境规划与设计、区域分析与规划、城乡环境规划与管理、国土规划、环境工程设计规划、城市环境规划等 20 余种。其中，设置环境规划与管理课程的高校最多，这表明，在大多数院校的教学过程中，还没有完全把环境规划与环境管理明确地界定分开，而是选择将这 2 个相互偶联的学科内容结合在一起。

学士学位授予点的环境规划方向主要包含在环境科学等专业中，绝大多数的环境类专业都有环境规划的相关课程设置，因此，本科生教育的环境规划学科在环境相关领域里已经非常普及。

（二）环境规划学科人才培养情况

1992—2009 年，共编写环境规划类教材 20 部，其中，书名为《环境规划》、《环境规划学》、《环境规划理论与方法》类的 5 部，书名为《环境规划与管理》、《环境管理与规划》、《环境评价与规划》、《环境影响评价与环境规划》类的 11 部。

1999—2009 年我国各环境规划领域硕士论文产出情况见图 1，博士论文产出情况见图 2。

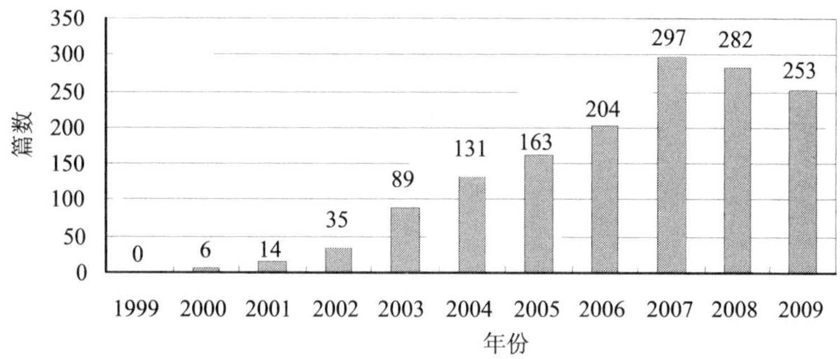

图 1 硕士论文产出数量变化

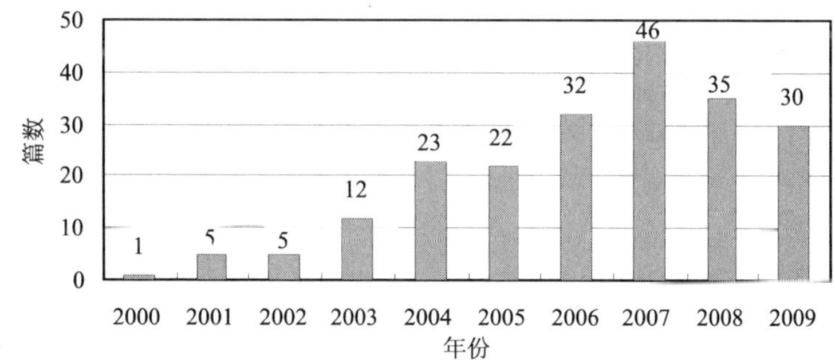

图 2 博士论文产出数量变化

总体上看，硕士和博士论文总量呈逐年增加态势，硕士论文从 2000 年检索到的 6 篇，增加到 2009 年的 253 篇，增加了 41 倍。博士论文从 2000 年检索到的 1 篇，增加到 2009 年的 30 篇，增加了 29 倍，这表明中国环境规划学科研究生培养教育逐年受到重视。博士论文数量与硕士论文相比明显较少，近 10 年来博士论文总量为 211 篇，而硕士论文则达到 1 481 篇，博士论文数量仅占硕士论文数量的 14.2%，主要归因于博士点的建设数量比硕士点少。论文主要研究方向为土地利用规划、生态规划、环境容量、环境评价、环境影响评价、污染控制等。

全国环境规划学科研究生教育名列等级 A 以上的共 29 所，B+等 44 所，B 等 44 所，C 等 29 所。可见大多数的环境规划学科的建设还都处于中等水平。

（三）环境规划学科科学研究情况

国家社科基金项目环境规划学类（不含西部）与西部项目年度变化情况见图 3。1996—2009 年，国家社科基金环境规划学类立项数量达到 196 项，其中面向西部立项 63 项。每年的立项数量逐渐增多，最多的年份达到 33 项。

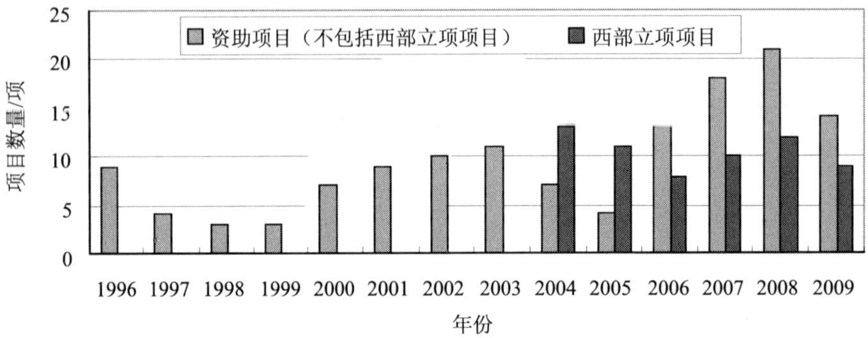

图 3 国家社科基金环境规划学类项目（不含西部）与西部项目年度变化

国家自然科学基金环境规划学类立项项目数量变化具体如图 4 所示。1999—2009 年国家自然科学基金环境规划学类立项数量达到 78 项，立项项目呈现逐年上升的趋势，表明随着环境问题的不断深化和人们对生活质量要求的不断提高，国家自然科学基金对环境规划学的重视程度正在逐步提高。

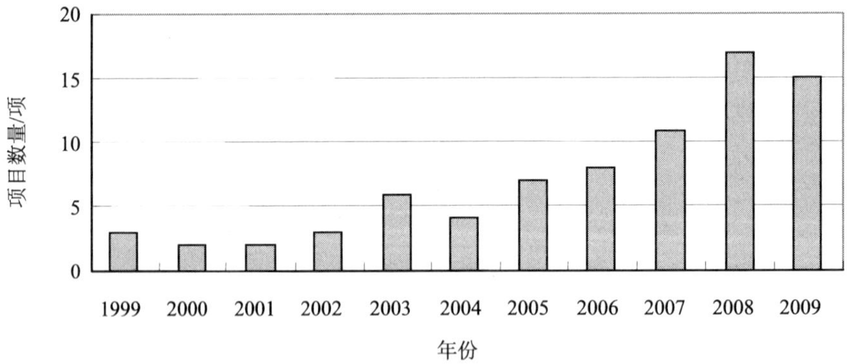

图 4 国家自然科学基金环境规划学类立项项目数量变化

除了国家社科、自然基金以外，国家哲学社会科学规划办公室及教育部还分别于 2006 年和 2004 年开始设立重大攻关项目，环境规划类项目累计立项数量达到 24 项，其中国家社科基金重大招标项目 18 项、教育部社科重大招标项目 6 项。

国内从事环境规划研究团队主要有：环境保护部环境规划研究院、中国环境科学研究院、南京大学环境学院、北京师范大学环境学院、北京大学环境科学与工程学院、清华大学环境科学与工程系、同济大学环境学院、哈尔滨工业大学市政环境工程学院等。

环境规划学术著作出版数量为 186 部，相关发明专利 24 项。环境规划学科的主要学术平台是中国环境科学学会环境规划专业委员会。

（四）学科发展经验

1. 形成强健的环境规划学科团队是发展的关键

目前国内著名的环境规划学科团队有环保部环境规划研究院、中国环境科学研究院等，他们最大的共同点就是以学科带头人领导强健的学科团队。如环境保护部环境规划院以洪亚雄院长为学科带头人的学术团队。因此，在学科建设与发展的道路上，对于学科团队的建设发展是至关重要的。

2. 形成各具特色的学科团队是学科健康发展的保障

我国的环境规划学科团队已经初步形成了各自的研究特色，如清华大学在环境规划方面形成了环境遥感的特色，哈尔滨工业大学立足于水环境规划与管理的研究，同济大学将环境评价与系统分析结合起来并将 Microsoft Excel 软件引入环评等。

3. 强化国际交流合作是加快学科发展的枢纽

加强同国际组织的合作和项目研究，既有利于本国的环保事业，吸取国际上学科发展壮大的经验，又扩大了国际影响力。如南京大学与国外优秀大学和组织机构的交流合作等。

（五）学科发展存在的问题

1. 学科数量不多

环境规划教育已经深入到所有设置有环境类专业的院校中，但单独设立环境规划硕士点博士点的院校还是非常少，大多数把环境规划作为环境科学或环境工程等博士点的一个研究方向，难以满足我国生态文明建设和环境友好型社会的建设需要。

2. 学科总体水平不高

我国环境规划的相关专业由于起步较晚，有些导师是从环境科学或环境工程等相关学科转移过来，环境规划在教学中尚未形成本科、硕士、博士、博士后的教学体系，大多数的教学特别是硕士研究生和本科生的教学只停留在理论阐述上，不能很好地诠释环境规划。

环境规划的学科团队与国际交流合作少，这远远不能满足我国环境规划学科快速进步的发展需求。

五、政策建议

加快学科的数量建设，只有增加学科数量，才能满足学科横向发展的需求；只有加快学科的数量建设，才能满足学科纵向发展的需求；只有数量增多，才能达到环境规划的普及化效果，才能使学科发展壮大。

加强环境规划的理论研究，由于环境规划的相关理论研究比较枯燥，这使得我国环境规划的理论研究明显滞后于环境规划的实践。因此，结合我国当今国情，密切联系当前环境的主要问题，加强环境规划的现实理论问题的研究，是目前我国环境规划学科发展体系中亟待加强的问题。

加强学科团队的建设，注重团队知识结构的发展与合理布局、团队的年龄结构、学科梯队建设，既要有学科带头人领导学科发展，又要有学术骨干抓住科研、教学、实践等重点环节，还要有以硕士生和博士生为主力的青年学者。

加强国际合作，要使中国环境规划学科跻身世界一流水平，必须强调学科发展的国际化问题。

后记

“开门编规划”是我国国家环境保护规划编制方式上的一大创新。2009 年和 2010 年，在继续加强环境规划院内部系统性前期研究的同时，为借鉴外脑、集思广益，环境保护部规划财务司和环境规划院针对“十二五”期间的重点、难点和热点，精心设计了“国家环境保护‘十二五’规划对外委托前期研究课题”，内容包括规划理念、规划目标、现状评估、污染防控重点、污染物减排战略、环保政策、投入保障、地方案例分析等，向社会公开征集了中国科学院、国务院发展研究中心、北京大学、清华大学、国家发改委宏观经济研究院等 70 家承担单位，最终形成了近 500 余万字的研究成果，是《国家环境保护“十二五”规划》前期研究的有机组成部分，为规划财务司、环境规划院最终完成规划研究和编制工作提供了较好的参考。

为了将“十二五”规划对外委托前期研究成果理顺归类，为环境保护工作的管理者、实践者以及环境规划的编制人员提供借鉴和参考，我们将各课题研究成果进行摘要结集出版，集中反映规划院以及各课题承担单位的前期研究成果。在各课题承担单位撰写摘要初稿的基础上，成立了吴舜泽任主编、万军任副主编，王倩、李新、徐彦颖、张南南等参与的编辑委员会，对书稿进行校对、梳理、统稿、完善工作。

在对外委托课题前期研究过程中，得到了环境保护部规划财务司李春红、贾金虎、刘春艳、尼玛多吉、郭忠、刘大为等领导、专家的指导、支持，各课题承担单位积极配合环境规划决策研究，在此一并致谢。由于水平有限，本书仍可能存在纰漏和错误之处，衷心希望读者批评指正。

编　者

2012 年 12 月